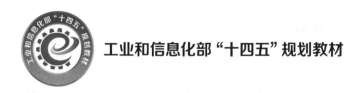

工业和信息化部"十四五"规划教材

现代飞机制造工艺学

李东升 翟雨农 卢 鹄 等编著

北京航空航天大学出版社

内 容 简 介

结合新一代民用飞机、军用飞机的制造特点,并且融合以数字化为基础的设计制造一体化、工艺过程数字化、工艺装备自动化与智能化等技术,本书重点介绍了现代飞机先进材料与结构、零件制造、部件装配及总装集成的相关理论、工艺技术与前沿发展,包括金属薄壁件精密成形、金属整体结构件成形与加工、复合材料结构成形与加工、飞机装配的原理与方法、飞机数字化与自动化装配等技术,突出了现代飞机制造的新工艺和新技术。

本书是为航空航天院校飞行器制造专业、机械工程专业的学生学习"现代飞机制造工艺学"专业课程编写的,可作为飞机设计专业的参考书,也可供从事飞机设计、飞机制造的技术人员参考。

图书在版编目(CIP)数据

现代飞机制造工艺学 / 李东升等编著. -- 北京 :
北京航空航天大学出版社,2025.1. -- ISBN 978 - 7
- 5124 - 4525 - 3

Ⅰ. V262

中国国家版本馆 CIP 数据核字第 2024UY9561 号

现代飞机制造工艺学

李东升 翟雨农 卢 鹄 等编著
策划编辑 蔡 喆 责任编辑 张冀青

*

北京航空航天大学出版社出版发行

北京市海淀区学院路 37 号(邮编 100191) http://www.buaapress.com.cn
发行部电话:(010)82317024 传真:(010)82328026
读者信箱:goodtextbook@126.com 邮购电话:(010)82316936
北京建宏印刷有限公司印装 各地书店经销

*

开本:787×1 092 1/16 印张:22 字数:577 千字
2025 年 1 月第 1 版 2025 年 1 月第 1 次印刷 印数:1 000 册
ISBN 978 - 7 - 5124 - 4525 - 3 定价:69.00 元

前　言

　　飞机制造是一项高度集成的系统工程，其技术水平是一个国家科技创新能力、工业基础和综合国力的重要体现，被誉为"现代工业的王冠"。进入 21 世纪，以数字化技术为基础的设计制造一体化、工艺过程数字化、工艺装备自动化和智能化改变了传统的飞机研制模式，以复合材料为代表的先进轻质材料应用，推动了飞机制造新工艺、新装备的大量涌现，快速、绿色和低成本制造成为新一代军用飞机和民用飞机研制的突出特点，现代飞机制造技术发生了革命性变化。面向大飞机工程等国家重大战略需求及新工科对飞机制造专业人才培养要求，迫切需要丰富和更新飞机制造专业教材内容，夯实现代飞机制造工艺专业基础，深化前沿创新制造工艺认知，以支撑飞行器制造工程等专业核心课程建设质量提升。

　　本书将飞机制造工艺原理与新工艺、新技术和前沿发展趋势相结合，面向现代飞机制造全过程，重点介绍现代飞机先进材料与结构、零件制造、部件装配及总装集成的相关理论、工艺和技术，便于学生在有限的学时内系统学习现代飞机制造工艺。编写过程中，本书汲取了 20 世纪出版的专业经典教材《飞机钣金工艺》、《飞机装配工艺学》、《飞机制造协调准确度与容差分配》和《现代飞机制造技术》的精华，并对学科团队在专业教学及飞机制造领域 20 多年的科研实践和学术积累进行挖掘，以弥补在现代飞机研发至关重要的新材料、新工艺和新技术方面的不足。本书丰富了飞机钣金工艺和飞机装配工艺新技术，补充了整体结构成形与加工、复合材料结构成形与加工以及数字化柔性装配、数字化测量、长寿命连接工艺、自动化装配生产线等新内容，并介绍了增材制造和结构/功能一体化等前沿技术，以使其更加具有系统性、完整性、先进性。

　　全书由李东升教授规划，共分为 6 章。第 1 章由李东升编写，第 2 章由李东升和李小强编写，第 3 章由李东升和李勇编写，第 4 章由李东升和朱伟军编写，第 5、6 章由翟雨农和卢鹄编写。郑国磊和李卫东为本书第 2 章和第 3 章的编写提供了宝贵的资料，中国商飞上海飞机制造有限公司、航空工业沈阳飞机制造有限公司为本书编写提供了素材和资料，使本书的内容与飞机研制生产一线的工艺技术结合得更紧密，作者在此一并表示感谢。

　　飞机制造是一个综合性很强的专业领域，本书涉及的知识面广，难免存在不当之处，敬请广大读者和同行批评指正。

作　者

2024 年 8 月

目　　录

第1章　绪　　论 ……………………………………………………………………… 1

　1.1　现代飞机的研制过程及特点 ………………………………………………… 1

　　1.1.1　飞机数字化研制体系 …………………………………………………… 2

　　1.1.2　飞机数字化研制特点 …………………………………………………… 4

　1.2　飞机的结构与材料 …………………………………………………………… 6

　　1.2.1　现代飞机的结构 ………………………………………………………… 6

　　1.2.2　飞机的主要材料 ………………………………………………………… 11

　1.3　现代飞机制造工艺及发展 …………………………………………………… 21

　　1.3.1　飞机数字化制造工艺 …………………………………………………… 21

　　1.3.2　飞机先进制造工艺及发展 ……………………………………………… 25

　习　　题 …………………………………………………………………………… 27

　参考文献 …………………………………………………………………………… 27

第2章　金属薄壁件精密成形 ……………………………………………………… 28

　2.1　金属薄壁件的分类及成形特点 ……………………………………………… 28

　　2.1.1　金属薄壁件的分类 ……………………………………………………… 28

　　2.1.2　金属薄壁件的成形特点 ………………………………………………… 28

　2.2　金属薄壁件塑性成形原理 …………………………………………………… 29

　　2.2.1　塑性变形的应力-应变关系 …………………………………………… 29

　　2.2.2　薄壁件塑性成形极限及成形精度 ……………………………………… 31

　　2.2.3　薄壁件塑性成形工艺仿真 ……………………………………………… 33

　2.3　蒙皮数控拉伸成形工艺 ……………………………………………………… 33

　　2.3.1　拉伸成形工艺原理 ……………………………………………………… 34

　　2.3.2　拉伸成形常见缺陷与解决措施 ………………………………………… 38

　　2.3.3　蒙皮拉形数字化工艺 …………………………………………………… 39

　　2.3.4　数控拉形机 ……………………………………………………………… 43

　　2.3.5　拉形用模具 ……………………………………………………………… 44

　2.4　型材数控拉弯成形工艺 ……………………………………………………… 45

　　2.4.1　拉弯成形工艺原理及特点 ……………………………………………… 45

　　2.4.2　型材拉弯成形主要缺陷及质量控制 …………………………………… 46

　　2.4.3　型材拉弯工艺仿真实例 ………………………………………………… 51

　2.5　管材数控绕弯工艺 …………………………………………………………… 52

2.5.1　绕弯工艺原理 ··· 53

2.5.2　弯管工艺主要缺陷及质量控制 ······················· 53

2.5.3　弯管数字化工艺 ······································· 56

2.6　橡皮成形工艺 ··· 58

2.6.1　橡皮囊液压成形工艺 ··································· 59

2.6.2　橡皮垫成形工艺 ······································· 63

2.7　充液成形工艺 ··· 64

2.7.1　充液成形工艺原理及特点 ······························ 65

2.7.2　充液成形设备及应用 ··································· 67

2.8　钛合金热成形工艺 ·· 68

2.8.1　热成形工艺原理 ······································· 68

2.8.2　热成形工艺参数 ······································· 69

2.8.3　热成形机 ··· 71

2.8.4　热成形模具 ··· 73

2.8.5　钛合金热成形应用实例 ································· 74

2.9　超塑成形及扩散连接 ·· 77

2.9.1　超塑成形原理及特点 ··································· 78

2.9.2　扩散连接原理及特点 ··································· 80

2.9.3　超塑成形/扩散连接组合工艺 ··························· 83

习　　题 ·· 87

参考文献 ·· 87

第3章　金属整体结构件成形与加工 ································ 90

3.1　整体结构件的分类和特点 ······································ 90

3.1.1　整体结构件的分类 ····································· 90

3.1.2　整体结构件的工艺特点 ································· 92

3.2　整体结构件的数控加工工艺 ···································· 94

3.2.1　整体结构件的数控加工特点 ···························· 94

3.2.2　数控加工设备及工艺 ··································· 96

3.2.3　数控加工编程与仿真 ·································· 102

3.3　整体壁板成形 ·· 104

3.3.1　壁板数控喷丸成形 ···································· 105

3.3.2　壁板蠕变时效成形 ···································· 111

3.3.3　壁板滚弯成形 ·· 117

3.3.4　壁板压弯成形 ·· 118

3.4　蒙皮类零件加工 ·· 120

3.4.1　蒙皮数控切边 ·· 120

3.4.2　蒙皮化学铣削加工 ···································· 123

　　3.4.3　蒙皮镜像铣削加工 ……………………………………………… 124

　3.5　框类零件成形 ……………………………………………………… 125

　　3.5.1　框类零件锻造成形 ……………………………………………… 126

　　3.5.2　框类零件热拉弯蠕变成形 ……………………………………… 128

　3.6　整体结构增材制造 ………………………………………………… 132

　　3.6.1　增材制造的原理及特点 ………………………………………… 132

　　3.6.2　激光增材制造 …………………………………………………… 133

　　3.6.3　电子束增材制造 ………………………………………………… 137

　　3.6.4　摩擦焊增材制造 ………………………………………………… 139

　习　　题 ………………………………………………………………… 143

　参考文献 ………………………………………………………………… 143

第4章　复合材料结构成形与加工 ……………………………………… 145

　4.1　复合材料预浸料制备 ……………………………………………… 145

　　4.1.1　预浸料的分类 …………………………………………………… 145

　　4.1.2　预浸料的制备 …………………………………………………… 147

　4.2　复合材料热压罐成形工艺 ………………………………………… 149

　　4.2.1　预成形体的自动铺放工艺 ……………………………………… 149

　　4.2.2　热压罐固化成形工艺 …………………………………………… 155

　　4.2.3　热压罐成形数字化工艺 ………………………………………… 166

　　4.2.4　热压罐成形工艺在飞机典型结构中的应用 …………………… 171

　4.3　复合材料液态模塑成形工艺 ……………………………………… 176

　　4.3.1　复合材料预制体工艺 …………………………………………… 176

　　4.3.2　液态模塑成形工艺原理及特点 ………………………………… 180

　　4.3.3　树脂传递模塑成形工艺仿真模拟 ……………………………… 190

　　4.3.4　液态模塑成形工艺在飞机典型结构中的应用 ………………… 191

　4.4　蜂窝夹层结构成形工艺 …………………………………………… 193

　　4.4.1　蜂窝夹层结构特点 ……………………………………………… 194

　　4.4.2　蜂窝夹层结构成形工艺及应用 ………………………………… 196

　4.5　热塑性复合材料成形工艺 ………………………………………… 198

　　4.5.1　热压成形工艺 …………………………………………………… 198

　　4.5.2　自动铺放原位固化成形工艺 …………………………………… 201

　　4.5.3　连续纤维3D打印成形工艺 …………………………………… 201

　4.6　碳纤维树脂基复合材料结构加工 ………………………………… 202

　　4.6.1　复合材料构件加工工艺及方法 ………………………………… 203

　　4.6.2　复合材料构件切削加工 ………………………………………… 206

　　4.6.3　复合材料构件打磨工艺 ………………………………………… 209

　4.7　复合材料结构超声检测及质量控制 ……………………………… 210

　　4.7.1　超声检测技术 ……………………………………………………………… 211

　　4.7.2　超声无损检测技术在复合材料结构上的应用 …………………… 214

　4.8　复合材料结构功能一体化 …………………………………………………… 214

　　4.8.1　结构功能一体化的基本概念 ……………………………………… 215

　　4.8.2　复合材料电磁吸波结构 …………………………………………… 216

　　4.8.3　复合材料电磁透波结构 …………………………………………… 220

　　4.8.4　复合材料结构健康监测 …………………………………………… 223

　习　　题 …………………………………………………………………………… 224

　参考文献 …………………………………………………………………………… 225

第5章　飞机装配的原理与方法 ………………………………………………… 228

　5.1　飞机装配的基本原理和过程 ………………………………………………… 228

　　5.1.1　飞机装配特点 ……………………………………………………… 228

　　5.1.2　飞机结构分解与三级装配 ………………………………………… 228

　　5.1.3　装配基准 …………………………………………………………… 230

　　5.1.4　装配定位方法 ……………………………………………………… 232

　　5.1.5　装配工艺过程设计 ………………………………………………… 235

　5.2　飞机装配协调与容差分配 …………………………………………………… 236

　　5.2.1　基本概念和理论 …………………………………………………… 236

　　5.2.2　飞机装配准确度 …………………………………………………… 246

　　5.2.3　飞机制造的互换协调方法 ………………………………………… 252

　5.3　飞机装配工装 ………………………………………………………………… 261

　　5.3.1　工装构成 …………………………………………………………… 261

　　5.3.2　典型结构装配工装形式 …………………………………………… 266

　　5.3.3　装配工装的设计与安装 …………………………………………… 267

　5.4　飞机结构连接的基本方法 …………………………………………………… 268

　　5.4.1　制　孔 ……………………………………………………………… 269

　　5.4.2　连　接 ……………………………………………………………… 272

　5.5　飞机总装配 …………………………………………………………………… 278

　　5.5.1　大部件对接及水平测量 …………………………………………… 278

　　5.5.2　系统与设备的安装调试 …………………………………………… 282

　习　　题 …………………………………………………………………………… 283

　参考文献 …………………………………………………………………………… 283

第6章　飞机数字化与自动化装配 ……………………………………………… 285

　6.1　现代飞机装配模式的发展 …………………………………………………… 285

　　6.1.1　传统装配模式 ……………………………………………………… 285

　　6.1.2　数字化装配模式 …………………………………………………… 287

6.2　数字化装配工艺设计 ……………………………………………………… 289
　　6.2.1　基于模型的数字化定义 ……………………………………………… 289
　　6.2.2　基于 MBD 的装配工艺规划 ………………………………………… 289
　　6.2.3　装配仿真 ……………………………………………………………… 290
　　6.2.4　基于数字量传递的互换协调方法 …………………………………… 292
　　6.2.5　数字孪生驱动的装配工艺设计 ……………………………………… 295
6.3　柔性工装 ……………………………………………………………………… 295
　　6.3.1　柔性装配工装的构成及工作原理 …………………………………… 296
　　6.3.2　柔性装配工装的典型应用 …………………………………………… 296
　　6.3.3　柔性装配工装的发展趋势 …………………………………………… 308
6.4　数字化测量 …………………………………………………………………… 309
　　6.4.1　飞机装配测量的类型 ………………………………………………… 310
　　6.4.2　常用数字化测量设备 ………………………………………………… 312
　　6.4.3　通用测量分析软件 …………………………………………………… 318
6.5　自动化连接 …………………………………………………………………… 319
　　6.5.1　自动化补偿 …………………………………………………………… 319
　　6.5.2　自动制孔 ……………………………………………………………… 320
　　6.5.3　自动钻铆 ……………………………………………………………… 324
　　6.5.4　电磁铆接 ……………………………………………………………… 325
　　6.5.5　自动涂胶密封 ………………………………………………………… 326
6.6　飞机自动化装配生产线 ……………………………………………………… 327
　　6.6.1　飞机装配生产线的特点 ……………………………………………… 327
　　6.6.2　飞机装配生产线规划 ………………………………………………… 328
　　6.6.3　总装自动化生产线 …………………………………………………… 334
习　题 ………………………………………………………………………………… 338
参考文献 ……………………………………………………………………………… 338

第1章 绪 论

飞机制造作为战略性高技术产业,是衡量一个国家科技创新能力、工业水平和综合国力的重要标志之一,是高端制造能力的重要体现,是国际竞争力的主要表现,因此被誉为"工业之花"。自20世纪90年代开始,随着全球范围内军用和民用飞机升级换代竞争性提速,现代飞机正朝着高性能、长寿命、高可靠性、轻量化及低成本制造等方向快速发展。特别是数字化技术的快速发展及应用,新工艺、新装备大量涌现,革命性地改变了传统的飞机研制模式,大幅度缩短了研制周期,降低了制造成本。在"设计—材料—制造"三位一体的相互促进和作用下,现代飞机制造呈现出数字化、自动化、柔性化、绿色化的特点,正在向智能制造发展。

高性能、高减重、长寿命、高可靠性、低成本要求,推动了现代飞机研制技术的发展。新一代飞机性能要求不断提高,军用飞机需具有超机动性、超声速巡航、超隐身能力、超视距打击等先进战技指标性能,民用飞机需要满足安全性、经济性、舒适性、环保性等严格的适航标准。同时,新一代飞机对寿命要求也在不断提高,军用飞机要求6 000飞行小时,大型军用运输机为6万飞行小时,大型客机为9万飞行小时、6万个起降(30年服役寿命),新一代宽体客机B787提出服役寿命50年的要求。为实现上述目标,除采用先进的规范、设计与评定方法外,还必须以先进的机体材料、结构构型和制造工艺来保证,即"设计是牵引,材料是基础,制造是保障"。

1.1 现代飞机的研制过程及特点

飞机产品是一个大型复杂系统,结构复杂度高,内部空间十分紧凑,具有外形气动要求严格、设计更改频繁、产品构型众多、零件材料和形状各异、各类系统布置密集(机上载有各种设备、仪表和附件等20多个系统)、零组件数量巨大(如B777有300多万个零部件,苏-27有10多万个零部件)、装配协调关系复杂等特点,如图1-1所示。因此,飞机制造技术难度大、研制流程长、工程艰巨、协作面广、管理困难,是综合性高技术产业。

(a) 大型民用飞机   (b) 军用飞机

图1-1 飞机复杂构造

1.1.1 飞机数字化研制体系

飞机研制是一个系统工程,涉及材料、机械、电子、自动控制等多学科领域,并且涉及大量的人员和各种资源。在飞机研制中实现性能、成本和周期这三方面的最佳统一,是航空制造业所面临的巨大挑战。为了解决传统的二维图样设计制造模式难以满足上述需求的突出问题,自 20 世纪 80 年代后期以来,随着 CAD/CAM(计算机辅助设计/计算机辅助制造)、计算机信息和网络技术的发展,并行工程、精益生产、敏捷制造等理念的出现,新技术的应用和革新,使得现代飞机研制过程发生了革命性变革,形成了覆盖设计、试验、生产制造及维护全过程的数字化协同研制理念和模式,从根本上改变了传统的飞机研制技术体系,飞机研制模式进入数字化时代,并取得了显著的效益。图 1-2 所示为飞机研制技术体系的变化。图 1-3 所示为飞机数字化研制模式。

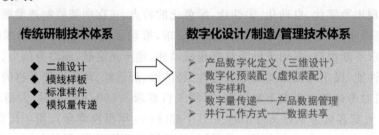

图 1-2 飞机研制技术体系的变化

1. 产品数字化定义

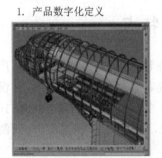

2. 知识获取与重用

3. 供应商协同

4. 现实模拟

5. 数字化制造

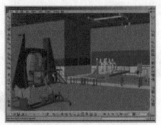

6. 虚拟维护

图 1-3 飞机数字化研制模式

20 世纪 90 年代初,波音公司在研制 B777 时首次采用了无纸设计、并行工程等数字化技术,率先实现了 100% 的数字化产品定义和三维数字化预装配,使 B777 成为全球第一个全数字化定义的飞机(全机数字样机);并通过实施飞机构型定义与控制、制造资源管理等大型工程,使得 B777 的研制周期比 B767 缩短了几乎 50%,因设计更改而返工减少了 50%,装配时出现的问题数量减少了 50％～80％,制造精度提高了一个数量级。21 世纪初,洛克希德·马丁公司在 JSF(联合攻击战斗机,即 F–35 前身)研制中建立了以洛克希德·马丁公司为核心的全球性虚拟企业协同平台,涵盖了用户、设计、制造、计划、数据管理、协同等主要内容,连接了世界上 30 个国家近 50 个企业,实现了 JSF 项目主制造商和位于多个国家的供应商之间异地、异构信息的集成和协同工作。JSF 项目成为了第一个基于全球虚拟企业制造的飞机项目,开创了数字化生产方式,使制造时间减少 66％,工装减少 90％,制造成本降低 50％。

2004 年启动的 B787 项目研制中,波音公司进一步展示了其全球化的飞机全生命周期数字化协同研制模式。波音公司从设计开始便在其合作伙伴中全面推广使用 MBD(Model Based Define,基于模型的定义)技术,即在三维模型中包含产品的形状以及全部制造特征在内的信息,并在管理中完全以三维模型为设计制造的唯一依据。由于全面采用了 MBD 新技术,研制周期缩短 50％,出错返工率减少 75％,成本降低 25％,仅用 3 年时间 B787–8 实现首飞,并于 1 年后投入航线。波音公司构建的全球协同研制环境,实现了对 B787 项目协同研制(见图 1–4)的支持,飞机零部件全球采购,主制造商波音公司只负责设计、集成和服务(产业链顶层)。这一模式给世界航空制造业提供了一个崭新的系统方法和解决方案,真正实现了大型飞机研制的全生命周期数字化协同研制过程与系统的全面集成。

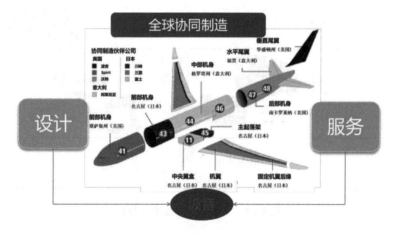

图 1–4　B787 全球协同制造

飞机数字化研制模式的内涵特征如下:
- 产品数字化:产品数字建模和预装配,并行产品定义;
- 设计数字化:飞机构型定义和控制,多变共用模块设计,整体件,减少分立零件;
- 试验数字化:功能样机、性能样机,减少或简化实物试验;
- 制造数字化:数字化生产线,大幅度减少工装模具,全面推行数字化制造方式;
- 飞行数字化:构建虚拟飞行环境;
- 管理数字化:以项目为龙头建立全球虚拟企业协同平台,实现供应商协同。

1. 数字化研制方式

为了满足飞机性能要求,在较短的研发周期内控制成本、协调众多参研单位,数字化并行协同技术成为了现代飞机研制的主体。其核心是运用数字技术改造传统的生产研制方式,实现飞机研制技术、信息和资源等在协同环境中的无缝集成,从而改变传统飞机的研制过程。一方面,使得分布于不同地域的多个航空企业联合起来实现信息资源共享和协同工作,共同完成整个飞机的研制过程;另一方面,促使企业自身的组织结构由传统的金字塔式多层递阶结构向网络式扁平化结构方向发展,研制方式也由以功能为中心的串行模式向以过程为中心的并行协同研制模式转变。

2. 数字样机

飞机产品的数字化定义的最主要目的是得到实现并行协同研制的数字样机(Digital Mock-Up,DMU)。数字样机的建立与飞机研制过程密不可分,是飞机研制的核心,统一、完整的数字样机对于飞机研制过程具有重大影响,在它的基础上构成了连续、动态、数字化的飞机制造工程全生命周期的产品数据流和信息流。因此,要实现研制的信息共享和工作协调,必须采用数字化定义技术建立与全生命周期一致的数字样机。

根据飞机研制过程,数字样机分为一级样机、二级样机和三级样机。一级样机是在概念设计阶段建立的方案数字样机(全机级设计,如飞机主几何模型);二级样机是在初步设计阶段建立的数字样机(部段级的设计,如部段主几何模型、空间分配模型等);三级样机是在设计阶段建立的详细数字样机(零部件的详细设计,如定义文档),如图1-5所示。

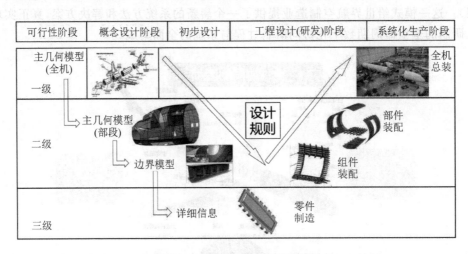

图1-5 飞机研制三级数字样机

1.1.2 飞机数字化研制特点

随着信息技术、计算机技术的快速发展,促进了 CAD/CAM/CAE/CAPP/PDM 等工业软件的成熟和应用,提升了飞机研制的数字化水平。全三维信息相关的设计制造技术在飞机研制中得到全面应用,为实现飞机研制过程的全数字量传递、并行协同、设计制造一体化提供了有力支撑。全三维信息相关的设计制造一体化,是指以全三维数模为核心,并以其作为唯一依据贯穿整个设计、制造和检验全过程,并行协同地完成产品的设计、制造和检验工作。其中,全三维是指设计制造全过程的全部信息(包括几何、非几何信息,如加工、装配、检测等制造工艺信息,构型管理信息,物料信息等)采用三维模型来表达;信息相关是指从设计到工艺、工装、检验全部以三维模型为核心进行关联设计,确保信息唯一,相互关联;一体化是指以集成环境为基础,从设计到制造全过程单一数据源数据管理,并行协同地完成飞机设计、制造和检验。因此,现代飞机的研制具有以下几个特点:

1. 数字量传递——单一数据源

传统的飞机研制是以结构模线为代表的模拟量传递几何信息(即模线样板法),各传递环节的人为误差,各制造依据之间的协调误差,零件成形模具、装配型架等工装的制造误差,以及零件制造误差等各个环节的误差累积,极易造成飞机零部件装配不协调。现代飞机的研制以产品全数字化定义为基础,采用数字量传递,简化了研制过程,减少了协调环节,确保了研制依据的一致性,从源头上避免了各类误差传递,从过程中避免了误差逐步累积。数字量传递具有唯一性和一致性,有效保证了飞机产品零部件制造精度和装配互换协调性。

采用数字量传递几何信息的优势:①有利于通过 CAD 技术、CAE 仿真技术、DPA 技术、VR/AR(虚拟现实/增强现实)技术等来提高产品设计结构的合理性、可靠性、工艺性;②有利于通过 CAM、CAPP、FMT、CMS 等技术来提高飞机结构零件的制造准确度和互换协调性;③有利于通过 CAD/CAM 和数字化测量等技术来提高工艺装备制造安装的协调准确度,简化工装和协调路线等,实现少无应力装配,提高飞机产品的互换协调准确度,提升工作效率和飞机产品质量。

2. 设计制造一体化——并行协同

传统的飞机产品研制模式大致按照概念设计—详细设计—工艺设计—加工制造—物理样机—试飞试验—批产的顺序工作,是一种设计与制造分离的串行研制模式。在此模式中,设计主要负责飞机产品的工程定义,制造则负责工艺设计、工装设计、生产制造以及采购、质量检验等工作。由于设计人员缺少与后续专业人员的沟通,没有系统地考虑产品的综合成本、可制造性、可装配性等因素,使得早期发放的设计数据变动频繁,工程更改单的数量巨大,导致大量的设计缺陷在制造装配环节才被发现,造成开发成本增加和研发周期加长。

产品三维数字化定义技术、数字化仿真技术和数字化制造技术的广泛应用,使传统的串行研制流程变革为数字化并行研制流程。并行研制流程采用并行工程的思想和数字量传递的制造方法,飞机设计人员从开始就考虑到飞机全生命周期内各阶段的因素,强调各专业间的协同工作,使后续可能出现的问题在设计早期阶段就被发现,并得到解决,使飞机在设计阶段就具有良好的可制造性、可装配性、可维护性,最大限度地减少反复,缩短生产准备和制造时间。

在并行协同研制体系下,飞机的数字化研制分为方案论证、初步设计、装配设计、详细设计、试制试验、试飞试用 6 个阶段。以并行产品数字化定义为主线,结合产品数据管理,形成飞机设计的主流程,把工艺设计、工装设计等工作提前到产品设计阶段,使工艺人员在并行协同设计过程中,通过对产品进行工艺性分析,提出工艺要求和建议,并贯彻到产品设计当中,从而确保数字化定义成果可直接为生产所用。同时,以飞机设计各专业的性能和工艺仿真分析作为辅流程,在不同设计阶段,建立对应的功能、性能和工艺仿真分析模型,通过辅流程对产品(或系统)的功能和性能进行仿真和优化分析,提出修改建议或对产品的功能和性能进行确认。飞机产品的数字样机经过各设计阶段的不断改进和完善,其功能和性能最终满足设计指标要求,产品数据逐渐成熟,达到打包发放给数字化生产线的状态。

从图 1-6 可以看出,数字化并行协同研制流程具有并行性、约束性、协调性和一致性几个显著特点。产品和制造工艺设计在同一时间框架内并行进行;设计产品时,要考虑制造工艺的约束性,保证零件易于加工、装配;产品和制造工艺设计应密切协调,以保证周期和质量;要求并行工程的参与人员对产品和工艺的重大决策问题意见一致。

并行协同研制流程,是指从产品设计、工艺和工装设计及生产准备等的并行协同,促使其实现了飞机设计—制造一体化研制模式,极大地缩短了飞机研制周期。多专业、多领域的并行协同,也使得飞机研制的质量获得提高,研制成本降低。

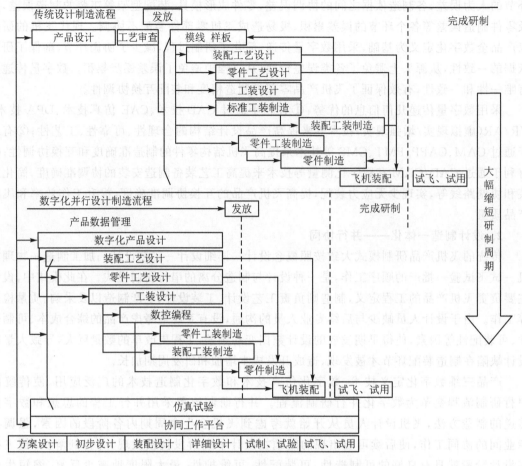

图 1-6　传统飞机串行研制流程和数字化并行研制流程比较

1.2　飞机的结构与材料

　　飞机是一个功能繁多、结构复杂的系统,包括以机翼、机身为代表的机体承载结构,以航空发动机为代表的动力系统,以及以控制、通信为代表的航电系统。其中,机体结构尺寸大、外形复杂,是由大量形状复杂、连接面多的弱刚性薄壁零件(金属或非金属)组成的薄壳结构,对外形精度、结构刚强度和疲劳寿命有很高要求,是承受载荷、控制方向、保障飞行安全的关键结构。由于飞机结构形式、功能复杂,零部件数量多,协调关系复杂,服役环境恶劣,设计要求高,因此制造难度极大。随着飞机寿命及技战指标的不断提高,推动了高比强度、高比模量、高断裂韧性、抗应力腐蚀的飞机结构材料的发展。"一代飞机,一代材料"是航空工业发展的生动写照,结构材料是提高飞机性能的基础。新材料的创新应用,进一步促进了飞机结构及其制造工艺的快速发展。因此,为满足新一代飞机高性能、长寿命、高可靠性、低成本等要求,现代飞机结构与材料正朝着大型化、整体化、轻量化方向发展。

1.2.1　现代飞机的结构

　　飞机结构既要满足静态极限强度、疲劳寿命要求,同时又涉及受损伤结构的剩余静强度与疲劳寿命(检查时间间隔)及超声速飞机的热应力要求。现代飞机的机体结构已经从关键部位的极限强度校核、结构稳定性和操纵性设计,到结构疲劳寿命预测与评估,进一步发展到结构损伤容限设计。结构安全性要求越来越高,结构形式越来越复杂,设计与制造难度越来越大。

1. 民用飞机的结构特点

民用飞机是指用于非军事用途的飞机,其体型和运载量大,安全性、经济性、舒适性、环保性要求是其突出特点。民用飞机的常规布局形式包括机身、机翼、尾翼、发动机、短舱/吊挂和起落架组成。机身由机头、前机身、中机身、中后机身及后机身组成,采用半硬壳式筒体结构;机翼一般采用后掠翼设计,形成半硬壳式悬臂结构,由中央翼、外翼及翼梢小翼(翼尖)组成。机体材料主要选用铝合金、铝锂合金、钛合金、耐蚀钢和复合材料等先进材料。图1-7所示为典型民用飞机机体结构。

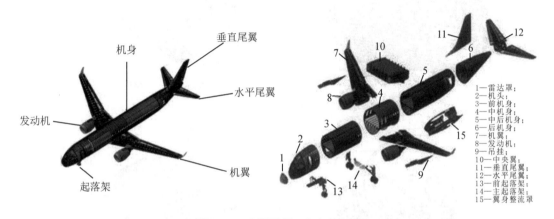

图 1 - 7　典型民用飞机机体结构

(1) 机　身

图1-8所示为典型机身筒段结构图,机头壁板由蒙皮、加强垫板和长桁组成。构成机头的外壳,承受增压载荷、气动载荷和惯性载荷作用,是飞机主要受力构件;在机头前部驾驶舱侧面,采用了无长桁密框结构的壁板。

民用飞机机身用于装载乘员、设备和有效载荷,横截面一定时,有尽可能大的内部空间。机身由各筒段装配而成,是飞机结构的基本部分,其中,中机身下部与中央翼形成组合结构,通过各种接头,与外翼形成飞机整体。机身筒段由蒙皮、长桁、隔框、地板梁等构件组成,地板梁和长桁用来承受弯矩引起的轴向力,而隔框用来形成和保持机身外形、承受局部空气动力载荷以及各部件传来的集中载荷,并将之分散地传给蒙皮。蒙皮既是维形构件又是承力件,除承受弯矩引起的轴向力外,还要承受全部剪力和扭矩。

机身蒙皮是变厚度结构(1~6 mm),通过铆接或胶接、螺接等方式与长桁、隔框形成壁板,多块壁板构成机身半硬壳结构。隔框在自身平面内刚度较大,隔框剖面上有内外缘和腹板,由多段连接而成,分为普通框和加强框。加强框为框平面无开口的封闭结构,分为环形加强框和腹板加强框。梁是机身的纵向构件,在机身的不同部位有不同的结构形式,其中龙骨梁贯穿整个中机身下部,由位于中央翼下部的盒段和位于主起舱位置的盒段组成;龙骨梁上部与中央翼连接,主要传递整个机身前后弯曲而产生的轴向力。长桁也是机身的纵向构件,但截面尺寸较小,一般采用挤压和板弯型材,并与机身蒙皮铆接形成壁板。随着复合材料在机体结构的大量应用,新一代宽体客机采用长桁与蒙皮一体化成形的复合材料壁板结构,替代了铆接壁板结

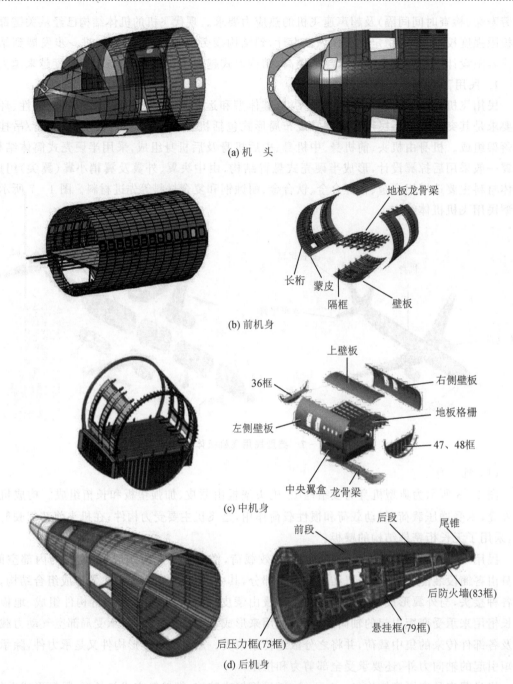

(a) 机头

地板龙骨梁

长桁　蒙皮　壁板

隔框

(b) 前机身

上壁板

36框　　　　　　右侧壁板

左侧壁板　　　　　地板格栅

47、48框

中央翼盒　龙骨梁

(c) 中机身

前段　　后段　　尾锥

后防火墙(83框)

悬挂框(79框)

后压力框(73框)

(d) 后机身

图1-8　典型机身筒段结构图

构,采用先进的复合材料缠绕铺放一体化成形工艺,实现了机身筒段的整体制造。

（2）机　翼

大型民用飞机中央翼结构横穿整个中机身,是整个飞机的受力枢纽。外翼是飞机的升力面,用来产生气动升力,保证飞机的飞行性能,并用于安装发动机,储放燃油等。图1-9所示为机翼结构。机翼结构类型包括梁式(单梁、双梁和多梁)、单块式及多腹板式,是由骨架和蒙皮壁板组成的薄壁加筋壳体,其骨架由翼梁、桁条、翼肋等构件组成。机翼上的增升装置(前缘缝翼和襟翼)用于改善飞机的起降性能,副翼和扰流片用于飞机的横向操纵。

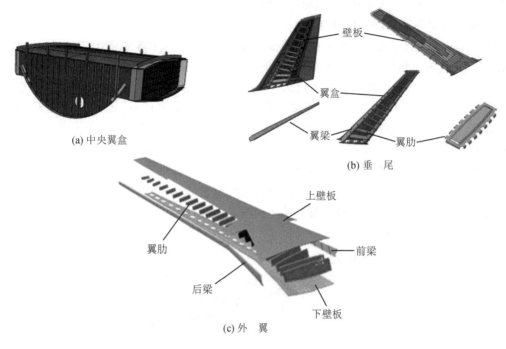

(a) 中央翼盒

(b) 垂　尾

(c) 外　翼

图 1-9　机翼结构

蒙皮壁板覆盖在机翼表面,维持机翼外形。其直接承受气动载荷,参与承受机翼的扭矩和弯矩,并把它们传递到机翼的纵向和横向受力构件上。参与机翼整体受力时,蒙皮壁板和翼梁的腹板组合形成封闭的盒式结构来承受扭矩。蒙皮还与桁条一起组成铆接壁板或加筋整体壁板结构,与翼梁共同承受机翼弯矩引起的轴向力。大型民用飞机的机翼蒙皮壁板已从传统的铝合金板材制造的铆接壁板发展到高强铝合金或复合材料制造的加筋整体壁板;翼梁由腹板和缘条组成,其主要用来承受剪力、弯矩及部分扭矩作用。为了减重,缘条和腹板截面积一般沿翼展方向逐步减小;翼肋用来形成和维持机翼的剖面形状,承受局部气动力载荷或集中载荷并传递到翼梁和蒙皮壁板上。按承载能力,翼肋分为普通翼肋和加强翼肋。普通翼肋支撑蒙皮壁板,加强翼肋的横剖面面积较大,用来承受与机翼相连的其他部件,如起落架、发动机、副翼及机翼上悬挂接头传来的集中力和力矩,并将它们传递到机翼的大梁和蒙皮上。桁条是蒙皮的纵向支持构件,它承受机翼上由弯矩引起的轴向力和局部气动载荷引起的剪力,现代民用飞机采用桁条与蒙皮一体化的加筋整体壁板结构。随着先进复合材料设计制造技术的发展,新一代宽体客机采用了复合材料机翼,机翼的蒙皮壁板、翼梁、翼肋等铝合金构件被复合材料替代。

进入 21 世纪以来,在新一代民用飞机结构中,复合材料和钛合金用量显著增加,铝合金用量明显减少,以 B787 和 A350 为代表的宽体客机,均采用了复合材料机身和机翼。B787 是世界上第一款以复合材料为主体材料的民用喷气式客机,复合材料占全机结构重量的 50%,其复合材料机身筒段有别于传统的四块壁板组合结构形式,均采用了缠绕固化成形的整体结构。A350 客机上的复合材料占飞机结构重量的 52%,除机身尾端采用整体成形外,其余复合材料机身筒段仍采用四块整体壁板拼接而成。我国研制的大型客机 C919 兼具成熟性和先进性,机体结构材料选用先进铝合金及铝锂合金、钛合金及复合材料,在后机身、尾翼等结构上使用了复合材料,用量达到 12%,实现了复合材料在机身结构应用的突破;在机身蒙皮、长桁、地板梁等结构上采了用第三代铝锂合金,用量达到 8.8%,减重效果明显。

2. 新一代军用飞机的结构特点

随着作战模式的变化和技战术指标的提高,战机从第一代中等展弦比、大后掠翼结构,发展到二代、三代的三角翼、可变后掠翼结构,进一步朝着翼身融合、多面体机身结构发展。

图 1-10 所示为典型第三代战斗机结构。以美国的 F-15 和 F-16、俄罗斯的苏-27 和米格-29、我国的歼 10 和歼 11 为代表的第三代战斗机,趋向于多任务、多用途、大航程、低空机动灵活性,在爬升率、盘旋半径、盘旋角速度等中低空跨声速机动性能方面有显著提高,全向探测和攻击等远程作战能力方面得到显著加强;气动布局采用了鸭式布局、无尾布局、三翼面布局等多种形式;广泛采用以三角翼、后掠翼、可变机翼、边条翼机动襟翼、翼身融合等结构设计。为多种形式减轻结构重量,第三代战斗机的框、梁、壁板等主承力结构多采用整体构件,钛合金、铝锂合金、复合材料等先进轻质材料的用量明显增加。

图 1-10　典型第三代战斗机结构

以苏-27 战斗机为例,其采用了翼身融合结构,悬臂式中单翼,翼根外有光滑弯曲前伸的边条翼,双垂尾正常式布局,全金属结构的机体由前机身、后机身、中央翼及布置在中央翼下面的左右进气道、双立垂直尾翼、直轴全动式水平尾翼和起落架组成。全金属半硬壳式机身,钛合金用量明显增加,达到了 16%;其余为铝合金和铝锂合金零件和少量钢件,铝合金仍为主体材料(64%)。为了提高结构效率和减轻飞机重量,大量采用高筋整体壁板,占飞机表面积的一半以上,减少了蒙皮长桁的铆接壁板数量;机身主承力框采用整体框,减少了钣金组合框数量。

以美国的 F-22 和 F-35、我国的歼 20、俄罗斯的苏-57 等为代表的第四代战斗机,采用翼身融合、S 形进气道、内埋弹舱、翼身整体结构(见图 1-11)等新结构和新技术,钛合金和复合材料用量显著增加,大大提升了飞机的寿命和作战性能。

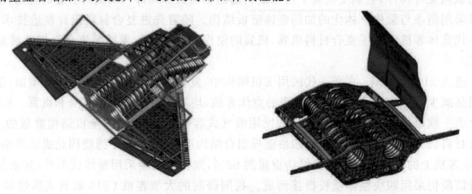

图 1-11　第四代战斗机翼身整体结构

20 世纪 80 年代初,根据美军先进战术战斗机(ATF)计划,洛克希德·马丁公司启动了隐身战斗机 F-22 的研发工作。该机于 1997 年首飞,并于 2005 年列装,成为全球首款服役的第四代战斗机。第四代战斗机的结构特点突出表现在以下几个方面:全部武器均被隐藏在 4 个内埋弹舱中,强调了结构功能一体化、隐身与气动性能的综合设计,采用了先进的复合材料吸波结构、用于抑制电磁散射的锯齿形蒙皮和 S 形进气道等技术。得益于钛合金热等静压铸件、整体锻件、整体壁板以及电子束连接等先进结构形式和新工艺的应用,该战斗机大量减少了机械紧固件和垫片的使用,从而减轻了结构重量并提高了结构性能。同时,机体结构上大量使用了热塑性和热固性复合材料,使得复合材料用量超过 24%,钛合金接近 40%,而铝合金用量则显著减少;整体壁板、大型结构件、复合材料构件在机体结构中占据了重要地位。图 1-12 所示为典型第四代战斗机结构。

图 1-12 典型第四代战斗机结构

F-35 是继 F-22 之后研制的一款具有高度通用性的低成本多用途隐身战斗机,充分利用了 F-22 的最新技术,更加强调了低成本、可维护性和经济可承受性等;采用一次固化整体成形的全复合材料垂尾,S 形进气道等先进结构,实现了结构的整体化;采用与复合材料机身、机翼组成一体的共形天线结构形式,实现了结构功能一体化;采用数字化工艺、柔性化工装及自动化装备,实现了高效、低成本制造。

1.2.2　飞机的主要材料

高性能材料、现代化设计和先进制造技术是发展新一代飞机的三大关键技术。减轻结构重量、缩小结构体积一直是飞机设计追求的目标。新材料的发展与应用是实现飞机减重,增大有效载荷,提高民用飞机的燃油效率、军用飞机的机动性能的基础。为满足现代飞机结构设计目标,传统钢、铝、钛等飞机结构材料被不断改进,新型复合材料应用比例不断提升,性能不断提高。在新一代航空结构材料中,铝合金及铝锂合金、钛合金、复合材料成为当代先进飞机结构的三大首选材料体系。图 1-13 所示为现代飞机结构材料类型。

1. 铝合金

(1) 铝合金的特点及发展

铝合金密度小、塑性高、抗腐蚀、导热及导电性好,具有良好的机械性能、物理性能和工艺性能,是飞机设计中应用最广泛的一类有色金属结构材料,主要用于飞机机身、机翼结构件等。随着对飞机结构性能要求的不断提高,航空铝合金的发展至今已经历了四代。

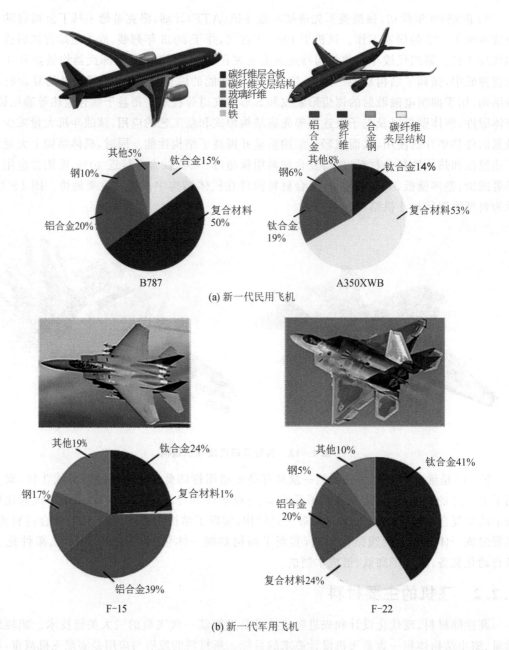

(a) 新一代民用飞机

(b) 新一代军用飞机

图 1 - 13　现代飞机结构材料类型

20 世纪初期至 50 年代，为了减轻飞行器的结构重量并提高其载重能力和航程，材料密度小于2.7 g/cm³ 的第一代铝合金被提出。得益于沉淀硬化技术的应用，以 2024 - T4、7075 - T6 为代表的第一代静强度铝合金，被应用于第一、二代战斗机以及第一代民用飞机的机身和机翼结构。

20 世纪 60 年代，为了进一步解决机体结构应力腐蚀问题，满足机身轻量化需求，第二代铝锂合金得到快速发展。时效处理工艺在铝合金加工领域的成熟应用，使得以 7075 - T73、

7075 - T76 为代表的第二代高强度、耐腐蚀铝合金被广泛应用于第一代民用飞机、第二代战斗机的主体结构上。

20 世纪 70 年代,随着铝加工领域微合金化(Zn、Mn、Ag、Zr、Sc)技术、电解铝高纯化技术、形变热处理技术的发展,满足失效-安全设计需求的第三代铝锂合金逐步走上历史舞台。此时研究人员不再单纯追求低密度,而是通过优化合金成分、加工工艺和热处理工艺等,研发出了韧性、损伤容限、焊接性能均十分优异的第三代铝锂合金。以 7475 - T74、7050 - T74 为代表的第三代高纯铝合金,被广泛应用于第二代民用飞机和第三代战斗机的机身、主翼、水平尾翼、垂直尾翼、进气口等主体结构上。

20 世纪 80 年代末至 90 年代末,针对疲劳裂纹扩展速率、断裂韧性和抗腐蚀性能等问题,新一代高强、高韧、低淬火敏感性铝合金的研制成为航空铝合金结构材料的发展趋势。高合金化与三级时效精密热处理技术的应用,使得以 7150 - T77、7055 - T77、2524 - T39 为代表的第四代耐损伤、高性能铝锂合金,被广泛应用于制造现代飞机蒙皮壁板结构以及第三代战斗机的关键承力部位。表 1 - 1 所列为典型铝合金及铝锂合金的疲劳强度极限和比疲劳强度。

表 1 - 1　典型铝合金及铝锂合金的疲劳强度极限和比疲劳强度

合　金	合金牌号	密度/(g·cm⁻³)	疲劳强度/MPa	比疲劳强度/cm
传统合金	2024	2.79	148	$53×10^6$
	7075	2.82	141	$50×10^6$
第一代铝锂合金	2020	2.71	208	$77×10^6$
第二代铝锂合金	8090	2.54	170	$67×10^6$
第三代铝锂合金	2198	2.69	220	$82×10^6$

(2) 铝合金的热处理

铝合金材料的综合性能提升,除了材料成分配比,很大程度上取决于生产过程中的工艺技术参数控制。对于飞机构件成形而言,铝合金刚性较差且制造难度较大,为获得预期的产品组织和性能,提高飞机构件的制造水平,需要对铝合金材料采用适宜的热处理方式。热处理工艺一般包括加热、保温、冷却三个过程。

- 加热:一般都是加热到相变温度以上,以获得高温组织;
- 保温:使内外温度一致,保证显微组织转变完全;
- 冷却:随炉冷、空冷、水冷。

铝及铝合金热处理的分类如图 1 - 14 所示。其中,铝合金的主要热处理形式是退火与淬火时效。前者是一种软化处理,消除材料中的内应力及加工硬化,使组织趋于平衡;后者属于强化热处理,目的是提高合金的机械强度,其主要的热处理方式是固溶热处理、时效热处理。

退火工艺是指产品加热到一定温度并保温到一定时间后以一定的冷却速度冷却到室温。通过原子扩散、迁移,使其组织更加均匀、稳定,内应力得以消除,可大大提高材料的塑性,但强度会降低。退火包括三大类:铸锭均匀化退火、中间退火、完全退火。其中,中间退火又称局部退火或工序间退火,是指合金在加工工序间、较低温度下短时间保温,以利于继续加工或获得某种性能的组合。完全退火(又称成品退火)是指合金在较高温度下保温一定时间,以获得完全再结晶状态下的软化组织,具有最好的塑性和较低的强度。

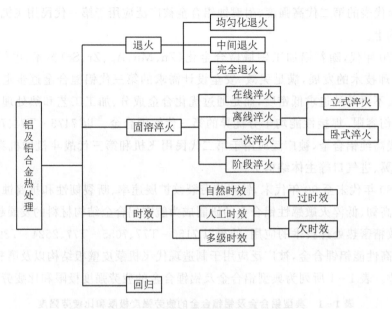

图 1 - 14 铝及铝合金热处理分类

固溶热处理分为常规固溶处理和复合固溶处理。其中,复合固溶处理是指强化固溶及高温预析出的处理。在前期的铸锭阶段,采用"常温处理＋低温处理"的均匀化退火工艺,可控制过渡族元素的析出。这些过渡族元素对再结晶有明显的抑制作用,可提高合金亚结构强化效果,进一步提高合金的断裂韧性及抗应力腐蚀性能,并有效减弱材料的各向异性。

时效热处理可促使合金元素从固溶体内析出,提升合金的性能。这种情况通常在室温下(自然时效)缓慢发生,或者在温度升高(人工时效)的过程中更迅速地发展。人工时效是将铝合金材料加热到较高的温度并保持一段时间,使材料中的第二相或其他可溶成分充分溶解到铝基体中,形成过饱和固溶体;然后,通过快速冷却将这种过饱和固溶体保持到室温,从而使铝合金具有更高强度、更高韧性、更耐腐蚀和抗疲劳等高综合性能。时效热处理的时效温度和时间对时效强化的效果都有影响,不同的时效处理工艺可以直接影响铝合金的抗拉强度、屈服强度、延伸率及晶间腐蚀等级,通常用不同的热处理状态描述人工时效热处理工艺。目前,时效处理方式已从峰值时效发展到过时效,再到回归再时效处理,对应的热处理状态沿着 T6、T73、T76 到 T74、T77 的方向发展。

热处理过程中还包括形变热处理,这是一种将热塑性变形和热处理相结合的工艺过程,改善了过渡沉淀相的分布状态及合金内部的精细结构,合理的形变热处理可以使铝合金获得较高的韧性及耐腐蚀性。形变热处理对于改善 7050、7475 合金的力学性能具有明显的效果。

2. 钛合金

(1) 钛合金的特点及发展

钛及钛合金是 20 世纪 50 年代兴起并开始用于飞机结构的重要金属材料,钛合金具有比强度高、耐腐蚀性好,高温持久性及蠕变性优异等特点。同时,钛合金与先进碳纤维复合材料结构的强度、刚度匹配性好,在电化学方面具有较好的相容性,不会产生电偶腐蚀。其与先进复合材料综合使用,能获得更好的减重效果,大大提高飞机结构效率。目前,钛合金已成为现代飞机机体结构的重要选材,其应用水平是影响飞机性能的重要指标之一。表 1 - 2 所列为钛合金与其他结构材料性能对比。

表 1-2　钛合金与其他结构材料性能对比

牌 号	拉伸强度/MPa	密度/(g·cm⁻³)	比强度/cm
TC4/BT6	895	4.44	202×10^6
TA15	930	4.45	209×10^6
TB5	1 080	4.76	227×10^6
TC18	1 080	4.62	234×10^6
TC21	1 100	4.62	238×10^6
TB6	1 105	4.62	239×10^6
TB8	1 250	4.93	254×10^6
2B06(铝合金)	390	2.76	141×10^6
7B04(铝合金)	490	2.85	172×10^6
30CrMnSiA(钢)	1 080	7.75	139×10^6
300M(钢)	1 620	8.00	203×10^6

　　按平衡状态下的组织结构不同,钛合金可分为 α 型钛合金、β 型钛合金及(α+β)型钛合金;按制备工艺,可分为变形钛合金、铸造钛合金和粉末冶金钛合金;按抗拉强度级别,可分为低强度钛合金(抗拉强度极限<700 MPa)、中强度钛合金(抗拉强度极限为 700~1 000 MPa)和高强度钛合金(抗拉强度极限>1 000 MPa)。低合金化的 α 型钛合金的综合性能优异,其强度虽然较低,但具有较好的室温加工变形性能,因此,主要应用于国内飞机的中央翼下壁板、加强框等。β 型钛合金不仅具备良好的强度、塑性和断裂韧性,还有较高的抗应力腐蚀能力。以TC4 为代表的(α+β)型钛合金在飞机结构中应用最多,约占飞机结构中钛合金用量的 80%。它是一种中等强度的(α+β)型两相钛合金,具有良好的工艺塑性和超塑性,适合各种压力成形及焊接和机械加工,长时间工作温度可达 400 ℃,用于制造加强框、梁及壁板等主承力构件。

　　(2) 钛合金的热处理

　　钛合金的相变是钛合金热处理的基础,为了改善钛合金的性能,除采用合理的合金化外,还要配合适当的热处理才能实现。钛合金的热处理种类较多,常用的有退火热处理、时效处理、形变热处理和化学热处理等。

　　退火热处理的主要目的是消除应力,提高合金塑性及稳定组织。退火的形式包括去应力退火、双重退火、等温退火、再结晶退火和真空退火等。去应力退火的温度低于再结晶温度,可以消除铸造、冷变形及焊接等工艺过程中产生的内应力。双重退火需要对合金进行两次加热和空冷,可以改善合金的塑性、断裂韧性,保证在高温及长期应力作用下组织和性能的稳定。等温退火可获得最好的塑性和热稳定性,适用于 β 型稳定元素含量较高的双相钛合金。再结晶退火用于提高钛合金的抗断裂性能。对于 α 型钛合金,特别是(α+β)型两相钛合金(属于第二类退火),一般不宜采用完全再结晶退火,因为它将会随着组织的不可逆改变(显微晶粒的长大)引起强度和塑性性能显著下降。

　　淬火时效又称强化热处理,是利用相变产生强化效果,对于 β 型稳定系数 $K_\beta > 0.2$ 的钛合金而言,具有非常重要的实际应用意义。一般来讲,淬火温度越高,时效强化效果越明显,但高于 β 转变温度的淬火处理会导致晶粒粗大而导致材料的脆性。对于浓度较低的两相钛合金,可采用较高温度淬火,以获得更多的马氏体;而对于浓度较高的两相钛合金,则选用较低温度淬火,以得到较多的亚稳β相,从而获得最大的强化效果。时效温度和时间的选择应以获得最好的综合性能为标准。一般而言,(α+β)型钛合金的时效温度为 500~600 ℃,时间是 4~12 h;而β型钛合金的时效温度为 450~550 ℃,时间是 8~24 h,两种合金的冷却方式均采用空冷。

形变热处理是将压力加工与热处理工艺有效地结合起来,可同时发挥形变强化与热处理强化的作用,得到与单一的强化方法所不能获得的组织与综合性能。不同类型的形变热处理按照变形温度与再结晶温度和相转变温度的关系进行分类,按变形温度分为高温形变热处理、低温形变热处理和复合形变热处理。高温形变热处理是将构件加热到再结晶温度以上,变形40%~85%后迅速淬火,再进行常规的时效热处理;低温形变热处理是在再结晶温度以下变形50%左右后,再进行常规的时效热处理;复合形变热处理是一种将高温形变热处理和低温形变热处理结合起来的工艺。

化学热处理是指采用渗氮、渗氧等技术手段提升钛合金的表面特性。渗氮处理后的氮化层硬度比未处理的表层高 2~4 倍,明显提高了合金的耐磨性,并有效防止了接触表面上产生黏结,引起摩擦腐蚀。若要提升合金在还原性介质中的耐腐蚀性能,渗氧可将合金的耐蚀性提高 7~9 倍,但合金的塑性和疲劳强度会有一定的损失。

3. 复合材料

(1)复合材料的特点及发展

复合材料(composite materials)是由两种或两种以上材料独立物理相通过复合工艺组合而成的新型材料。它既能保留原组成材料的主要特色,又能通过复合效应获得原组分所不具备的性能,还可以通过材料设计使各组分的性能互相补充并彼此联系,从而获得新的优越性能。复合材料包括连续相的基体材料和分散相的增强材料两种组分。增强材料在复合材料中的主要作用是提供刚度和强度。基体材料用于支持和固定增强材料,传递载荷,防止磨损或腐蚀等。现代飞机中应用的复合材料主要是纤维增强树脂基复合材料,其连续纤维增强体基本构造形式如图 1-15 所示。

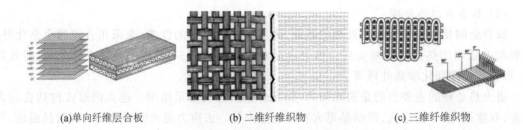

(a)单向纤维层合板 　　　　(b)二维纤维织物 　　　　(c)三维纤维织物

图 1-15　连续纤维复合材料增强体基本构造形式

飞机结构中大量应用复合材料能够带来显著的结构效益。首先,复合材料比强度、比刚度高,且具有独特的力学性能可设计性,可使机体结构减重;其次,复合材料具有优异的抗疲劳和耐腐蚀性能,可延长机体寿命和维修间隔;再次,复合材料零件的设计、制造尺寸大,可显著减少机体装配工作量,应用复合材料可改善和提高结构性能、功能和效能,从而降低运营成本。图 1-16 所示为飞机复合材料用量的发展趋势。图 1-17 所示为民用飞机复合材料应用部位的发展趋势。

源于结构减重需求,20 世纪 60 年代以硼/环氧树脂为代表的复合材料首先应用于军用飞机。经过 60 多年的发展,飞机复合材料结构的设计、材料及制造工艺水平不断提高。先进复

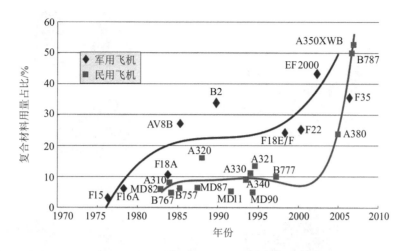

图 1 - 16　飞机复合材料用量的发展趋势

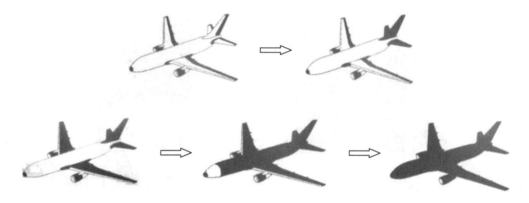

图 1 - 17　民用飞机复合材料应用部位的发展趋势(阴影部分为复合材料)

合材料在飞机结构上的应用大致分为三个阶段,走过了一条由小到大、由弱到强、由少到多、由结构到功能的发展道路。20 世纪 60 年代末至 70 年代初,复合材料被小规模地应用于舱门、口盖、整流罩以及襟翼、副翼、方向舵等操纵面。这些部件通常承受的力较小且结构相对简单。20 世纪 70 年代初,随着复合材料的进一步开发,它们逐渐被用于垂尾、平尾等次承力结构。1971 年前后 F - 14 的硼/环氧复合材料平尾研制成功,成为复合材料发展史上一个重要里程碑。此后,F - 15、F - 16、F - 18、B1 - B、幻影 - 2000 和幻影 - 4000 等机型也采用了复合材料,但其用量一般不超过结构总重的 5%。20 世纪 80 年代至今,复合材料已经扩展到机翼、机身等主承力结构上,这些部件受力很大,因此复合材料被大规模使用。美国麦道飞机公司于1976 年率先研制出 F - 18 的复合材料机翼,并于1982 年进入服役,把复合材料用量提高到了13%;之后复合材料也被用于 AV - 8B 的机翼和前机身,用量达到 26%。此后,先进军用飞机机翼、机身也不同程度地采用了复合材料,如美国的 B - 2、F - 22、F - 35,法国的"阵风"、瑞典的 JAS39,欧洲英国、德国、意大利、西班牙四国的"台风"(EF2000)。目前,军用飞机上复合材料用量占结构总重的 20%～50% 不等,民用飞机方面,A380、B787、A350XWB 等的机身、机翼均大量采用复合材料,用量已超过 50%,如图 1 - 18 所示。

(2) 复合材料的类型

用于飞机的复合材料主要是纤维增强树脂基复合材料。以合成树脂为基体,玻璃纤维、碳

图 1-18　新一代军民用飞机复合材料结构

纤维等作为增强体的树脂基复合材料,比强度、比模量远高于金属材料,如表 1-3 所列,它们可以大大减轻构件的重量。同时,其各向异性材料性能的可设计性,使其可根据工程结构载荷分布及不同使用条件,通过对铺层设计来实现构件的优化设计。此外,复合材料疲劳强度高,断裂韧性好,其疲劳强度极限是其拉伸强度的 70%～80%,远高于大多数金属材料的 30%～50%。因此,纤维增强树脂基复合材料被广泛应用于先进飞机机体结构整体壁板、梁等主承力结构的制造。表 1-3 所列为金属材料和纤维增强树脂基复合材料的比强度和比模量对比。

1) 玻璃纤维

玻璃纤维采用叶蜡石、石英砂、石灰石等矿石为原料,经高温熔制、拉丝、络纱、织布等工艺制备,具有比强度大、弹性模量高、伸长率低、电绝缘、耐腐蚀等优点。玻璃纤维单丝直径为几微米到几十微米,每束纤维原丝都由数百根甚至上千根单丝组成,其采用单位长度的纤维质量作为计量单位。

表 1-3 金属材料和纤维增强树脂基复合材料的比强度和比模量对比

材　　料	密度/(g·cm⁻³)	拉伸强度/GPa	弹性模量/GPa	比强度/cm	比模量/cm
钢	7.80	1.03	210	$1.3×10^6$	$2.7×10^8$
铝合金	2.80	0.47	75	$1.7×10^6$	$2.6×10^8$
钛合金	4.50	0.96	114	$2.1×10^6$	$2.5×10^8$
玻璃纤维复合材料	2.0	1.06	40	$5.3×10^6$	$2×10^8$
碳纤维复合材料	1.45	1.50	140	$10.3×10^6$	$9.7×10^8$

2) 碳纤维

碳纤维主要以聚丙烯腈(PAN)或沥青为前驱体原料,经纺丝、加热氧化、碳化/石墨化、表面处理、上浆等工序制成单丝,单丝进一步捻制成不同丝束大小的纤维。根据前驱体的不同,可以分为聚丙烯腈(PAN)基碳纤维、沥青基碳纤维、黏胶基碳纤维等。根据丝束大小,可分为1K～24K 的小丝束纤维和48K～480K 的大丝束纤维,其中 1K 代表一束碳纤维丝束中含有约1 000 根碳纤维单丝。根据力学性能,可分为通用碳纤维、高强度碳纤维、高模量碳纤维和高强度高模量碳纤维,后两种需经 2 500～3 000 ℃石墨化处理,又称为石墨纤维。

相比玻璃、芳纶、硼等增强纤维,碳纤维在性能、成本及加工性等方面具有较大优势,碳纤维复合材料在飞机结构中得到了大量使用。飞机结构中应用的第一代碳纤维复合材料以日本东丽公司的 T300/环氧为代表,主要用于操纵面和次承力结构。但由于其对冲击、分层等损伤十分敏感,东丽公司、美国 Hexcel 公司进一步研制了具有更高强度和模量、高抗分层能力的第二代碳纤维复合材料(中模量高强碳纤维/180 ℃固化增韧环氧树脂),比基准型 T300 碳纤维拉伸弹性模量提高约 30%,拉伸强度提高约 50%,断裂伸长率提高 16%～30%,而密度仅增加 2%,包括 T800 系列、IM7 系列等,已成为新一代飞机结构的主要材料。目前,第三代高模量高强碳纤维复合材料如 T1000 等,其强度可达 7 000 MPa,模量超过 330 GPa,有利于实现飞机机体结构进一步减重要求。表 1-4 所列为碳纤维性能参数。

表 1-4 碳纤维性能参数

碳纤维分类	中模量高强碳纤维					高强碳纤维		
牌号	T800H	T800S	IMS	IM6	IM7	T300	T700G	HTS
拉伸强度/GPa	5.59	5.88	5.6	5.1	5.4	3.53	4.9	4.3
拉伸模量/GPa	294	294	290	300	300	230	240	240
断裂伸长率/%	1.90	2.0	1.9	1.75	1.85	1.5	2.0	1.8
密度/(g·cm⁻³)	1.81	1.80	1.80	1.75	1.80	1.76	1.78	1.77
纤维直径/μm	5	5	5	5	5	7	7	7

树脂基体分为热固性树脂和热塑性树脂两大类。热固性树脂最早应用于复合材料基体,代表性的有环氧树脂、双马来酰亚胺树脂、聚酰亚胺树脂、酚醛树脂等。代表性的热塑性树脂包括聚醚醚酮(PEEK)、聚苯硫醚(PPS)、聚醚酰亚胺(PEI)等。

1）环氧树脂

环氧树脂是最早用于飞机结构的树脂基体,其材料品种多,与各种纤维匹配性好,耐湿热,韧性好,工艺性优良(铺覆性好、黏度适中、流动性好等),适合大构件整体固化成形,在先进复合材料的树脂基体中占有重要地位。

2）双马来酰亚胺树脂

双马来酰亚胺树脂(简称双马树脂),是为适应新型歼击机对复合材料树脂基体的要求而研发的。双马树脂在170～240 ℃的湿热环境条件下具有较高的强度、刚度保持率,具有良好的抗冲击损伤能力,使用温度高;其固化温度高(185 ℃以上开始固化),并要求在不低于200 ℃的温度下进行较长时间后处理,工艺性较差;可用于大型构件与复杂型面构件的制造。

3）聚酰亚胺树脂

聚酰亚胺树脂为目前高性能复合材料树脂基中耐热性能最高的树脂之一,由其制备的复合材料的使用温度可达到300 ℃。此外,聚酰亚胺树脂还具备强度高、耐温性好等特点,已在航空领域的耐高温部位得到应用。

4）热塑性树脂

与热固性树脂相比,热塑性树脂具有加工效率高、周期短、重复使用、储存期长、易维护、韧性好、抗冲击、耐低温等优点。然而,应用于航空领域的高性能热塑性树脂,由于原材料成本高、成形温度高、熔体黏度大、铺覆性差,目前在飞机结构中的应用尚处于发展之中。表1-5所列为飞机用高性能复合材料树脂基体的力学性能。

表1-5　飞机用高性能复合材料树脂基体的力学性能

树脂类型	密度/(g·cm^{-3})	拉伸模量/GPa	拉伸强度/MPa
环氧树脂	1.3	3.5	72
双马来酰亚胺树脂	1.4	4.0	84
聚酰亚胺树脂	1.4	3.6	107
聚醚醚酮树脂	1.3	3.8	94
聚苯硫醚树脂	1.43	3.3	84
聚醚酰亚胺树脂	1.3	3.0	104

飞机复合材料零件制造以经过树脂浸润的碳纤维单向带和编织布预浸料及纤维预制体为原材料,其中以单向带为主,其结构性能最优且设计自由度大,构造形式以层合板为主。成形工艺以预浸料/热压罐工艺为主,低成本的非热压罐成形工艺技术正在研究发展之中。

4. 蜂窝夹层结构材料

蜂窝夹层结构是飞机结构制造中被广泛采用的轻量化稳定承载结构之一,其由蜂窝芯、面板材料以及结构胶粘剂复合而成,是一种先进的复合材料。蜂窝芯主要包括芳纶纸蜂窝、铝蜂窝及玻璃布蜂窝等,主要承受横向剪切应力;根据孔格的形状,蜂窝芯又可分为正六边形、过拉伸、增强正六边形等,因正六边形蜂窝结构简单、制造成本低、力学性能好,在飞机蜂窝夹层结构中被广泛采用。面板主要由铝合金、玻璃钢及碳纤维复合材料等制造,主要用于抵抗结构轴向弯曲应力,飞机蜂窝夹层壁板结构上主要采用先进碳纤维增强复合材料面板。结构胶粘剂分为环氧类、双马类及氰酸酯类胶粘剂等,其用于黏结面板和蜂窝芯,并在承载过程中将剪力由蜂窝芯传递给面板。飞机用蜂窝结构主要分为夹层壁板结构和全高度夹层结构,分别用于机身和机翼等主承力结构和方向舵、副翼及襟翼等次承力结构,以及雷达罩、整流罩、机身地板及翼肋等。

1.3　现代飞机制造工艺及发展

飞机制造工艺通常指机体结构的制造,主要包括零构件制造、部件装配和总装集成等。飞机的动力系统、仪表系统、航电系统、飞控系统和附件等由专业厂商制造,在总装集成阶段安装,不列入飞机制造工艺范围。由于飞机机体结构的复杂性和弱刚性特点,因而零件数量巨大,大型复杂零构件数量众多,精度和性能要求极高,涉及的材料及其制造工艺方法多。主要的如金属薄壁零件钣金成形、金属结构件加工、复合材料零构件成形与加工、特种工艺以及装配工艺等,在制造和装配过程中会产生变形和不协调问题。因此,飞机制造不同于一般的机械制造,具有特殊性和复杂性。

飞机制造工艺的发展与航空产品的发展相辅相成、相互促进。一方面,工艺技术的发展不断推动新一代飞机的性能提升;另一方面,新一代飞机对性能和功能的需求又牵引了工艺技术的发展。二者相互依存,不可分割。以军用战斗机发展为例,每代飞机都有其材料与工艺的新特点——"一代飞机,一代材料,一代工艺"。特别是以数字化工艺、数字化生产线为主要特征的飞机数字化制造,提升了传统的飞机制造工艺水平,推动了新一代民用飞机、军用飞机先进材料与复杂结构的高精度、高性能、高效率制造。表 1-6 所列为各代军用飞机及其应用的典型材料和工艺。

表 1-6　各代军用飞机及其应用的典型材料和工艺

军用飞机代次	机　型	应用的典型材料	应用的典型制造技术
第一代	F-100、米格-19	铝合金,以 2A12(LY12)铝合金为代表	钣金成形、铆接和焊接
第二代	F-4、F-104、米格-23、幻影-3	以铝合金为主,开始应用复合材料和钛合金	小型复合材料、夹层结构和整体壁板结构制造、数控加工
第三代	F-15、F-16、米格-29、苏-27、幻影-2000、J-10	在铝合金的基础上,钛合金和碳纤维复合材料得到广泛应用	高效数控加工、整体结构成形、抗疲劳制造连接、TIG 焊、超塑成形/扩散连接
第四代	F-22、F-35、苏-57、J-20	复合材料和钛合金用量大幅增加	数字化制造、复合材料整体结构制造、液体成形(RTM)、激光和电子束焊接、自动化装配

1.3.1　飞机数字化制造工艺

随着现代飞机数字化并行协同研制体系的日臻完善,推动了飞机制造工艺数字化,从早期以数控加工为主体的计算辅助制造(Computer Aided Manufacturing,CAM)扩展到零件加工、生产运行、部件装配及总装等全过程的数字化制造(Digital Manufacturing,DM),并形成了以计算机及数控设备为基础、以数字化信息为特征、以网络化传输为手段的支持系统及数字化制造技术体系。基于数字样机建立了以数字量传递为基准的飞机装配协调体系,数字量信息贯穿从设计、加工到装配的整个过程,大大提高了新机研制快速响应能力以及飞机产品质量和生产效率,大幅度降低了制造成本。图 1-19 所示为传统飞机制造与数字化制造对比。

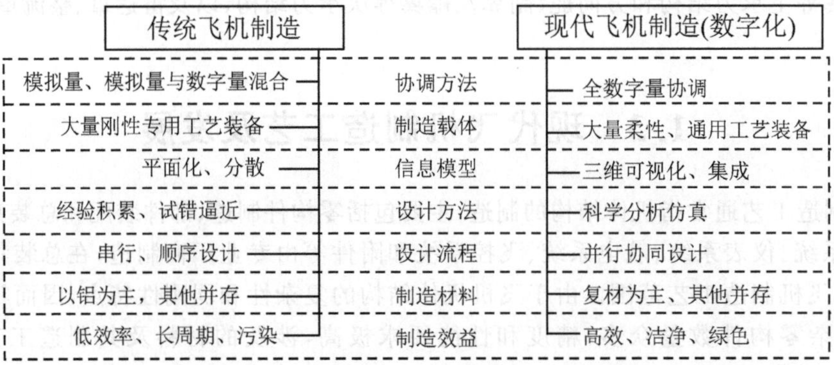

图 1-19 传统飞机制造与数字化制造对比

数字化制造工艺是基于数字化设计的制造,飞机的数字化模型是实现数字化制造的基础,它是指采用数字化手段进行飞机制造工艺设计、仿真和优化,并通过与数字化生产线的数控机床、数字化测量设备等数字制造装备集成和融合,实现零件加工制造、检测以及装配等过程的数字化。

钣金零件是一种金属薄壁零件,如飞机的蒙皮、框、肋、导管等,具有尺寸大、形状复杂等特点,在飞机结构中量大面广。钣金成形工艺是飞机制造的传统工艺,也是飞机制造的支柱工艺之一。现代飞机制造对钣金零件提出了"精准化成形"要求。基于"经验—试错"的传统工艺手段,难以适应精准制造和快速响应制造的需求。采用数字化工艺方法提升、改造传统工艺,使钣金工艺从"经验"走向"科学"。波音公司在 B777 飞机研制过程中,建立了钣金成形工艺分析系统,作为工艺分析、工艺仿真和模具设计制造的手段。如在蒙皮拉形工艺中,通过应用工艺仿真、模具型面回弹补偿等数字化工艺方法,优化了拉形轨迹和模具型面,避免了翘曲和破裂等成形缺陷,大型蒙皮的成形精度和成形质量显著提高,数控拉形机等数控成形设备的效率得以提高;每件蒙皮零件制造成本降低了 $1/3 \sim 1/2$;仅在 B737 项目中,就取消了驾驶舱段消除装配间隙的 45 kg 垫片,从而减轻了整机重量,并有效改善了钣金零件的精密装配问题。图 1-20 所示为蒙皮拉形数字化工艺。

复合材料数字化制造已成为现代飞机制造的主要工艺之一,从下料、铺层、固化、切割、检测到最后装配,要经历繁多的工序和操作,如图 1-21 所示。随着复合材料数字化设计制造技术的成熟和完善,以及自动铺带/铺丝等铺放设备的应用,有效克服了手工铺层等带来的缺陷,零构件成形质量和成形精度得以显著提高。通过采用数字化排样、数控下料、激光辅助定位、自动铺放、成形固化仿真及无损检测等技术,实现了复合材料构件生产准备—铺放—固化—检测全流程的自动化和数字化制造,构建了完整的具有自动化和数字化特征的复合材料数字化生产线。在欧美发达国家,复合材料数字化制造工艺已经得到了工程化应用,尤其在 A380、B787 和 A350 的研制中得以体现,在节约材料、降低成本、提高产品质量和生产效率等方面取得了很好的效果。

数控加工是现代飞机制造的支柱工艺之一,是飞机结构件的主要加工手段。随着数控技术、高精度多轴联动数控机床及工艺技术不断发展完善,通过数字化产品设计、数字化工艺设计、数控装备和数字化测量高度集成和融合,大幅度优化工艺参数,充分发挥数控装备效能,实现了飞机大尺寸复杂结构件的高效数控加工。B777、B787、A340、A380 等结构件的加工,全部采用了以高速加工、加工过程动态仿真、自动装夹定位、柔性制造系统/单元技术等为核心的

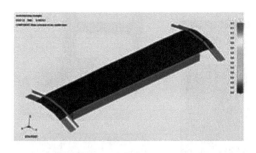

图 1-20　蒙皮拉形数字化工艺

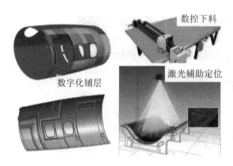
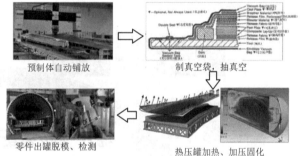

图 1-21　复合材料数字化制造

先进数控加工技术,用于机头骨架、壁板、整体框、机翼大梁、长桁等一些大型/超大型的薄壁件、细长件的加工。空客 A380 的机翼壁板采用了长 31 m、重 3.5 t 的铝合金坯料,在欧洲最大的数控龙门型面铣床上加工,从毛坯铣削到制成机翼壁板大约需要 50 h,过程中 75% 的坯料成为切屑。波音公司开发的自动编程系统,只要读取零件的数字化定义模型,即可自动生成数控程序,实现了快速编程。经过几次加工模拟运行后,第一个零件的质量就完全符合装机要求。相比手工编程,系统生成数控代码的效率明显更高,出错率更低。以往从发布零件设计到加工完成需要 5 周,而现在只需要 5 天。图 1-22 所示为数控加工仿真。

　　飞机装配是飞机制造过程的最主要环节。飞机的机体由数万乃至数百万个零件构成。为满足使用功能、装配维护修理、运输方便等方面的需要,整架飞机在结构上要划分为许多部件、段件和组合机身段、机翼、垂直尾翼、水平尾翼、副翼、升降舵、方向舵、发动机舱、口盖、壁板、梁、框、肋等。飞机装配过程是根据尺寸协调原则,采用装配工具、工装设备,将飞机零件或组件按照设计数据、图样和技术要求,进行组合、连接形成更高一级的装配件或整机的过程。飞机装配可分为组合件装配、部件装配和总装。进入 21 世纪,飞机数字化装配技术得到了快速发展,以柔性工装、数字化测量、机器人制孔、自动钻铆、自动对接为主要特征的数字化工艺手

图 1 - 22　数控加工仿真

段在欧美飞机制造企业普遍应用,大幅度提高了 A380、A350、B787 以及 F - 35 等新一代军民机的装配质量和效率,国内新机型中也得到全面应用。现代飞机制造进入数字化、柔性化、自动化装配时代。图 1 - 23 所示为飞机数字化装配。

图 1 - 23　飞机数字化装配

　　数字化检测是提高飞机制造零部件加工、装配、试验全过程质量数据的收集、传递、分析、反馈能力,提升产品质量控制能力的重要手段,为故障分析、工艺优化、装配过程容差分配、零件优选以及性能调整提供了及时、有效、完整、准确的有源数据支持。这不仅促进了产品性能迭代提升,还确保了可靠性不断增强。飞机制造企业已经普遍采用基于数字化测量设备的产品三维检测与质量控制手段,建立了较完整的数字化检测技术体系,制定了相应的三维检测技术规范,形成了相应的计算机辅助三维检测规划与测量数据分析系统。与此同时,以三坐标测量机、激光跟踪仪、照相测量等为代表的全三维数字化检测技术正在取代传统测量技术,在飞机零部件制造检测中得到越来越普遍的应用,显著提高了飞机制造质量和检测效率。图 1 – 24 所示为零件加工数字化检测。

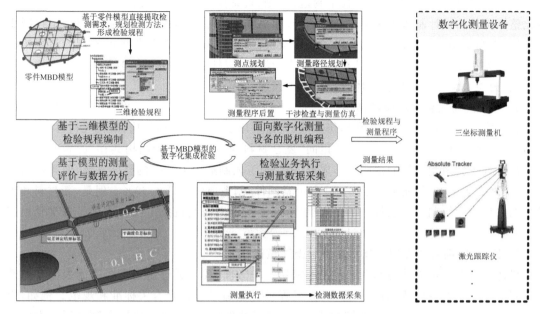

图 1 – 24 零件加工数字化检测

1.3.2 飞机先进制造工艺及发展

以波音、空客、洛克希德·马丁等公司为代表的欧美飞机制造商,引领先进飞机制造技术的发展。进入 21 世纪以来,我国飞机制造进入快速发展阶段,与欧美发达国家的差距逐步缩小,在新机型研制生产中新工艺、新技术得到全面应用。现代飞机制造正在向数字化、柔性化、整体化、绿色化等方向快速发展。

1. 全面采用基于数字量传递的互换协调技术

飞机制造互换协调技术是飞机制造技术的一个重要组成部分,是飞机制造质量控制的一个分支。经验表明,单纯依靠图纸尺寸及公差配合制度很难保证飞机制造的协调互换要求。目前,在航空制造企业中,零件之间、零件与装配工艺装备之间的协调方式已不再依赖于传统的基于模线样板的模拟量协调方法,也不再采用模拟量与数字量混合协调方法,而是从设计、制造、检验到装配的全过程,均基于三维数字化定义的数字量精准传递和协调控制。

2. 大量采用模块化、柔性化、数字化的通用或柔性工装技术

由于在传统飞机制造中主要依赖基于模线样板-标准样件(或局部标准样件)的模拟量协调,因而需要制造大量的样板、标准样件、检验工装、成形模具、焊接夹具、铣切样板、反模型、移形样板以及装配型架等工艺装备。而在现代飞机制造中,则大量采用模块化、柔性化、数字化的通用或柔性工装代替传统的刚性专用工装,数字化标准工装代替实物标准工装,以大幅降低制造成本,缩短制造周期。另外,基于激光测量或机器人定位的经济型可重构工装将成为工装技术发展的一个新方向。

3. 大型轻量化整体结构制造技术广泛应用于飞机结构

采用整体结构是减轻结构重量的一种有效途径,对于以大型整体壁板结构、机身框、翼梁、翼肋和整体接头为代表的大型整体结构件,其在提升飞机结构效率、降低制造成本以及缩短制造周期方面具有非常重要的,现已成为现代先进飞机设计制造领域的一个重要标志。大型整体壁板的喷丸成形和时效成形技术发展迅速,如 A380 机翼下壁板采用预应力喷丸成形技术制造,而上壁板则采用了时效成形技术制造;激光焊、摩擦焊等新型焊接工艺的发展为大型轻量化整体构件的设计制造提供了更多的选择,如 A380 飞机采用激光焊接机身壁板,不仅减少了铆接、提高了结构整体性,而且减轻了结构重量;采用超塑成形及其与扩散连接的组合工艺进行飞机大型整体构件的制造,具有巨大的应用潜力;以钛合金激光熔覆成形为代表的增材制造工艺,为飞机结构的轻量化整体成形提供了新途径。

4．大量应用复合材料整体结构

为了实现轻量化,提高强度和损伤容限,大量应用复合材料整体结构,现代飞机已从"铝为主,钛、钢、复合材料结构并存"的时代迈向"复合材料为主,铝、钛、钢结构共存"的新时代。洛克希德·马丁公司用先进的树脂转移成形(RTM)工艺制造了 F-35 的整体垂尾,使零件数目从 13 个减少到 1 个,从而减少了 1 000 多个紧固件,制造成本降低了 60%。但是,新材料和新结构的大量应用给制造工艺带来了巨大挑战,许多新机型因制造技术没有攻克而多次延迟交付时间。

5．长寿命、高可靠性制造技术越来越受到重视

机体的寿命和可靠性与制造工艺关系密切。一方面,要求通过制造工艺控制表面完整性和材料的内部组织结构状态;另一方面,要确保零件制造过程符合有关标准和规范。例如,以提高表面完整性为目标的高速数控加工工艺、热表处理技术、表面强化技术等得到极大的关注。采用激光冲击强化、超声冲击强化代替传统的喷丸强化、滚压和挤压强化,进一步提高了表面压应力层的深度,大幅度提高了结构的疲劳寿命和可靠性,在新型飞机上得到了快速的发展和应用。

尽管采用整体结构减少了零件数量,摩擦焊等先进连接工艺已经逐渐在机体结构中开始应用,但机械连接仍然是飞机结构连接和装配的主要工艺。随着复合材料在新一代飞机上的大量应用,复合材料结构紧固件与孔的配合普遍采用干涉配合,并采用自动化制孔提高制孔精度,在孔边形成压应力以提高连接的疲劳性能和密封性。同时,大量采用自动钻铆、电磁铆接方法取代手工铆接以提高连接装配的可靠性。

6．采用绿色清洁制造工艺,摒弃污染型制造工艺

绿色制造已成为现代飞机制造技术最重要的发展方向之一,飞机制造作为工业之花,正在大力发展和应用绿色制造技术,最大限度提高资源利用率,实现环境污染最小化。激光制造、精密锻造、精密铸造等各类减少原材料的增材制造近净成形技术发展迅速,对复合材料技术的研究从设计、制造延伸到废物处理,一些高消耗、高污染的传统制造工艺被替代。在零件加工中普遍应用高效数控加工等技术提高设备利用率、减少能源消耗,整体蒙皮壁板加工中去除费重的化学铣切工艺正逐渐被镜像铣切工艺取代。该工艺不仅在蒙皮的整个加工过程中基本没有污染物排放,而且能够回收切屑,加工时间缩短了一半。

7．结构功能一体化代表了现代飞机制造的新方向

新一代军用飞机,特别是隐身飞机中,复合材料结构占据了重要的地位,并向着结构功能一体化方向发展。结构功能一体化复合材料兼顾维形、承载能力,结构吸波、结构透波、智能结构以及导电、阻燃、热防护等特殊功能。以雷达隐身为代表的电磁吸波、透波结构在隐身飞机中获得应用,并进一步向超材料等新的吸波结构方向发展;具有健康监测与诊断功能的智能蒙皮在新一代军用飞机中获得应用,实现了结构的实时健康监测,保证了结构的完整性和飞行安全,并朝着自诊断、自适应、自学习、自修复方向发展。以 F-22 和 F-35 为代表的隐身飞机,在进气道、垂尾等强电磁散射部位,采用了具有电磁隐身功能的结构,显著降低了飞机的雷达散射截面;机头采用了具有频率选择表面的雷达罩,实现了选择性透波电磁窗口。因此,现代飞机工艺进入了结构功能一体化制造时代。

习 题

1. 简述飞机数字化研制体系和特点。
2. 大型客机研制特点和挑战有哪些?
3. 大型客机由哪几个部分组成?各自结构受载有何特点?
4. 简述第四代战斗机的结构特点。
5. 现代飞机的主要材料包括哪些?各有什么特点,主要用在机体哪些地方?
6. 简述飞机制造的主要工艺及其数字化工艺的特点。
7. 简述现代飞机制造工艺的发展。

参考文献

[1] 北京航空制造研究所. 航空制造技术[M]. 北京:航空工业出版社,2013.

[2] 朱天文. 飞机结构全三维设计制造技术[M]. 北京:航空工业出版社,2020.

[3] 范玉青,梅中义,陶剑. 大型飞机数字化制造工程[M]. 北京:航空工业出版社,2011.

[4] 张新明,邓运来,张勇. 高强铝合金的发展及其材料的制备加工技术[J]. 金属学报,2015,51(3):257-271.

[5] 王向明,刘文珽. 飞机钛合金结构设计与应用[M]. 北京:国防工业出版社,2010.

[6] 刘善国. 国外飞机先进复合材料技术[J]. 航空制造技术,2014,463(19):26-31.

[7] 邢丽英. 先进树脂基复合材料自动化制造技术[M]. 北京:航空工业出版社,2014.

[8] 冯子明. 飞机数字化装配技术[M]. 北京:航空工业出版社,2015.

[9] 邢丽英. 结构功能一体化复合材料技术[M]. 北京:航空工业出版社,2017.

[10] 古托夫斯基 T G. 先进复合材料制造技术[M]. 化学工业出版社,2004.

[11] Niu Chunyun, Niu C M. Airframe structural design: practical design information and data on aircraft structures[M]. Conmilit Press,1988.

[12] Zhang Sam, Zhao Dongliang, et al. Aerospace materials handbook[M]. FL,USA:CRC Press,2016.

[13] Welsch G, Boyer R B, Collings E W, et al. Materials properties handbook: titanium alloys[M]. AMS International,1993.

[14] 瓦力金 N 莫依谢耶夫. 钛合金在俄罗斯飞机及航空航天上的应用[M].北京:航空工业出版社,2008.

[15] 王向明. 飞机新概念结构设计与工程应用[J]. 航空科学技术,2020,31(4):1-7.

第 2 章 金属薄壁件精密成形

薄壁零件也称薄壁件,是构成机体结构及气动外形的关键,是飞机结构中数量最多的零件类型。从发展趋势来看,金属薄壁件在现代飞机结构中依然占有相当大的比例,虽然新一代军民飞机中采用的复合材料零件比例大幅度增加,但金属薄壁件(亦称钣金零件)仍然具有不可替代的作用。

塑性成形是以飞机常用的金属板材、型材和管材为对象,利用金属材料的塑性变形来成形薄壁零件的几何形状,实现性能调控的制造工艺,其制造精度和质量直接影响飞机装配、气动外形和结构寿命。因此,钣金成形工艺是航空制造工程的重要组成部分。

近年来,飞机数字化制造技术的发展和应用改变了传统的飞机钣金生产模式,显著提高了零件成形精度和成形质量,金属薄壁件进入精准成形时代,为精密装配提供了保障。

2.1 金属薄壁件的分类及成形特点

2.1.1 金属薄壁件的分类

薄壁件是飞机结构中最为重要、数量最多的一类零件,构成机体的框架和气动外形,如机体表面的蒙皮和口框,机体骨架的隔框、肋和长桁,机体管路的导管等。其具有结构复杂、外廓尺寸大、刚度小、品种项数多、单件生产批量小等特点,成形工艺复杂多样。按材料相似性,可分为型材零件、板材零件和管材零件三大类;根据结构相似性和工艺相似性,可将飞机薄壁零件及其相适应的塑性成形工艺按图 2-1 所示进行分类。

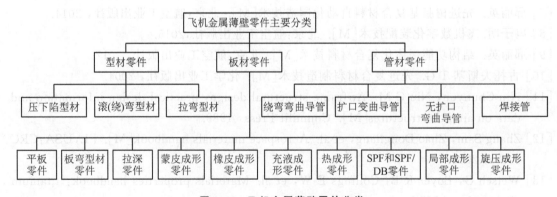

图 2-1 飞机金属薄壁零件分类

2.1.2 金属薄壁件的成形特点

薄壁零件的种类繁多,形式各异,成形方法多种多样,但最基本的变形方式主要包括弯曲、拉深、拉伸、翻边、局部成形(或胀形)等典型成形工序。成形方法虽然很多,但从板料的变形性质来看,无非是"收"和"放"两种。

所谓"收"就是依靠板料的收缩变形来成形零件,"收"的特点表现为板料纤维缩短,厚度增加;所谓"放"就是依靠板料的拉伸变形来成形零件,"放"的特点表现为板料纤维伸长,厚度减薄。例如,拉深即为"收",拉伸、翻边、局部成形即为"放",弯曲中性层以内为"收",以外为"放"。以"收"为主变形方式的成形障碍表现为起皱,以"放"为主变形方式的成形障碍表现为破裂。板料塑性成形理论是金属薄壁件成形的理论基础。

飞机金属薄壁件以变形铝合金材料为主。由于铝合金无同素异构转变,故热处理过程无相变。对于变形铝合金,它的软化是通过退火热处理实现,而它的强化是通过固溶热处理和时效硬化来实现。

自然时效开始阶段,强度硬度基本不变,这段时间称为孕育期。在孕育期内,材料仍然具有接近甚至优于退火态的良好塑性,材料的这种状态称为新淬火状态。在新淬火状态下对铝合金薄壁件进行塑性成形,之后经过自然时效或人工时效达到使用状态的工艺叫"一步法"。在一般情况下,铝合金在淬火后常温下的时效期约为 2 h。如果将新淬火的毛料存放在低温冰箱内(最低达−100 ℃),则时效时间可延长至 72 h。这样就为新淬火毛料留有充分时间,以便经一次成形压成零件,从而大大提高生产率。

在变形铝合金成形过程中,如果零件形状复杂,难以一次成形,就需要进行多道次成形。在此过程中,一般要加入热处理工序,以改善合金的工艺性能和使用性能,发挥合金的性能潜力。

2.2　金属薄壁件塑性成形原理

板料塑性成形理论是飞机金属薄壁件制造的理论基础。它揭示板料塑性变形的规律和特点,为零件成形工艺方案选择、成形工艺设计(成形工序)、模具设计和设备选择等工程解析计算提供理论支撑,并能够分析零件的可成形性,预测零件的成形极限和成形缺陷(如破裂、起皱等),实现零件成形的变形控制和精度控制(如回弹、厚度等)。

2.2.1　塑性变形的应力–应变关系

对于表征金属材料的塑性变形过程,最简单、最基本的方法是通过单向拉伸试验获得材料的应力–应变曲线。试验过程中测量每个变形瞬间的拉力 F 和试件的伸长量 Δl,进而将拉力 F 除以试件初始剖面积 $A_0\left(\tilde{\sigma}=\dfrac{F}{A_0}\right)$,将伸长量 Δl 除以试件初始长度 $l_0\left(\delta=\dfrac{\Delta l}{l_0}\right)$,即可得到假象应力–应变曲线,主要包括弹性、屈服、塑性、细颈、断裂五个阶段,如图 2-2 所示。材料在弹性和塑性区间的变形为均匀变形,金属塑性成形正是利用了材料在塑性区间的均匀变形能力。出现细颈后,材料发生非均匀变形,直至断裂。

屈服点、细颈点和断裂点对材料成形至关重要。屈服点是塑性变形的开始点,为了使金属材料成形,必须使它内部的应力超过屈服点;细颈点是控制材料成形极限的一个重要因素,过了细颈点,变形集中在某一局部区域内进行,产生局部的集中变薄,发生破裂,造成成形失败。

采用单向拉伸试验不仅可以获得材料的屈服应力、抗拉强度等常规力学性参数,更重要的是,还可获得反映材料成形性能的参数,如延伸率、应变硬化指数、厚向异性指数等。对于铝合金等材料,没有屈服平台现象,单向拉伸曲线的弹性和塑性区呈光滑转折,这时常用产生永久变形 0.2% 的应力作为材料的屈服应力,以 $\sigma_{0.2}$ 表示。

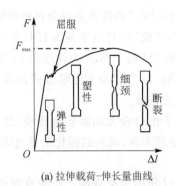
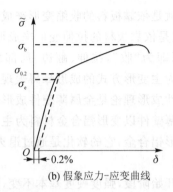

(a) 拉伸载荷-伸长量曲线　　　　(b) 假象应力-应变曲线

图 2-2　单向拉伸试验曲线

相较于弹性变形，塑性变形量更大，试件的剖面积在拉伸过程中不断缩减，使得假象应力反映的应力不是真实的，因此试件的拉应力 σ 实际上应该是变形瞬间的拉力 F 除以当时的剖面积 A，即 $\sigma=\dfrac{F}{A}$；同时，由于塑性成形中材料变形是一个应变逐步累加的过程，故真实应变 ε 用自然对数应变表示，也就是变形前后尺寸比值的自然对数 $\left(\varepsilon=\ln\dfrac{l}{l_0}\right)$。由此可获得图 2-3 所示材料的真实应力-应变曲线，一般塑性变形的应力-应变关系用幂次式 $\sigma=k\varepsilon^n$ 描述，其中 n 为应变硬化指数。

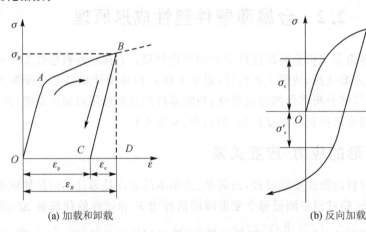

(a) 加载和卸载　　　　　　　(b) 反向加载

图 2-3　真实应力-应变曲线

在塑性变形过程中反映材料应力与应变关系的曲线采用真实应力-应变曲线。大量试验表明，金属材料在常温塑性变形过程中材料体积不变，因此，金属薄壁件的常温成形是一个形状变化、体积不变的塑性变形过程。

材料的塑性变形是一个不断屈服强化的过程。当加载使材料变形至屈服点后欲使变形继续增加，需继续增加载荷，即金属的塑性变形抗力随塑性变形量的增加而增加，这种现象称为应变强化（冷作硬化）效应。材料在弹性变形范围内卸载，应力、应变按照同一路线回到原点，即加载后卸载是可逆的，应力与应变呈一一对应关系，是一种可恢复的变形；但材料进入塑性变形后卸载，应力、应变不按原路线回到原点，不再重复加载曲线已经过的路线，卸载直线与加载时弹性变形的直线段平行，直至载荷为零，如图 2-3(a) 所示。因此，材料进入塑性加载时的总应变包括两部分，即 $\varepsilon_B=\varepsilon_e+\varepsilon_p$，塑性变形作为永久变形卸载后保留下来，弹性变形卸载后消失,此现象称为回弹。回弹是金属薄壁件成形中的一个突出问题。

进入塑性变形卸载后重新加载,材料又开始屈服,塑性变形卸载后重新加载的屈服点等于卸载时的应力,应力-应变关系继续沿着加载曲线变化。因此,在塑性变形阶段应力-应变曲线上每一点的应力都可理解为材料在相应的变形程度下的屈服点,塑性变形的发展意味着材料的继续屈服。

如果卸载以后反向加载,即将试件由拉伸变为压缩,则材料的屈服应力较拉伸时的屈服应力有所降低,出现所谓的反载软化现象,即"包辛格尔"效应,如图 2-3(b)所示。关于反载软化现象,目前还没有比较合适的理论解释,但对建立材料的屈服强化模型至关重要。

综上可知,塑性成形过程中应力和应变不是一一对应关系,必须考虑材料的变形历史。对于简单加载,即只有加载没有卸载的成形过程,应力和应变呈一一对应关系,一般用于成形问题的近似工程解析计算。

2.2.2　薄壁件塑性成形极限及成形精度

薄壁件成形方法多种多样,但成形结果与板料的成形性密切相关。成形性是指板料适应各种成形工艺的能力,主要表现为适应弯曲、胀形、拉深、拉深+胀形复合的变形能力。板料的成形性中最为重要的是成形极限的大小,薄壁件成形中存在两种极限,表现为破裂和起皱。破裂是一种拉伸失稳现象,在成形极限中起主导作用;起皱是一种压缩失稳现象,可通过工艺方法来预防。铝合金薄壁件成形过程中,除了会发生起皱、破裂等缺陷,还会发生一些特殊的表面缺陷,如滑移线、粗晶、橘皮等。

薄壁件成形中一般采用成形极限图来判断破裂的产生,成形极限图一般通过计算或实验方法来建立。实验确定成形极限图的方法是采用标准的实验装置,通过改变试件宽度和润滑条件,基于网格应变分析技术,获得表面极限应变量(ε_1,ε_2),然后把这些点标注到表面应变坐标系中,根据表面极限应变量在坐标系中的分布特征,将它们连成适当的曲线,就是该材料的板料成形极限曲线(FLC,Forming Limit Curve),如图 2-4 所示。

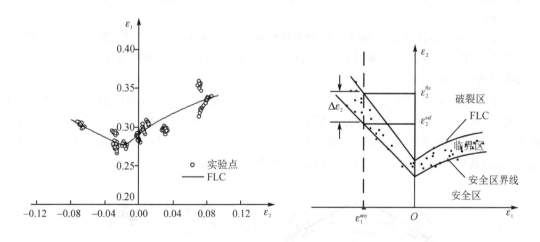

图 2-4　板料成形极限图

由于板料性能、试验条件波动以及人为因素的影响,所以测出的实验数据点往往会分散在应变平面内,呈带状分布。一般通过拟合数据点分布带上限得到成形极限曲线 FLC。考虑到上述实验数据点的分散性,润滑、压边力、毛坯定位、设备精度等生产条件以及材料性能产生的波动对毛料变形的影响,实际生产中会在其变形极限上留出一定的安全裕度来限制毛料的最大变形,从而保证成形稳定进行。常用的方法是,根据极限应变点的分布带给定破裂区、安全区和临界区三个区域:若应变点在破裂区,则零件将发生破裂;若在安全区,则零件是安全的;若在临界区内,则表明有濒临破裂的危险。

成形极限图和网格应变测量技术综合使用,可预见所设计工艺的危险程度,判断所设计工艺过程的安全裕度,帮助找出零件变形的安全裕度、潜在的破裂位置。同时,用于成形故障诊断,帮助发现问题,找出改进措施,合理利用变形可控因素,完善工艺过程。因此,成形极限图是薄壁件生产过程质量控制和监视的有效手段。另外,成形极限图作为一种判据,也用于薄壁零件成形过程数值模拟破裂缺陷判定,指导工艺优化,如图2-5所示。

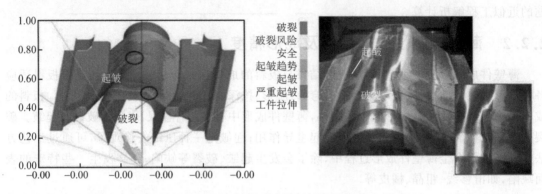

图2-5　成形极限图在铝合金蒙皮拉伸成形中的应用

此外,成形极限曲线与加热温度、应变速率等有关。多道次拉伸成形过程中除了最后一道次是在新淬火状态下成形外,其余都是在退火状态下成形。这就涉及到预变形后中间热处理的影响问题。在中间热处理过程中,除了材料的塑性回复,还会有粗晶、橘皮等缺陷的发生。而这些缺陷的发生与前一道次的变形程度紧密相关,当变形程度达到临界变形程度时,这些缺陷才会发生。

实际工厂中,零件外形准确度一般用零件曲面与拉伸成形模贴合间隙的大小表示,即贴模度。该值一部分是由卸载回弹引起,另一部分是由成形结束时毛料和模具未完全贴合造成(如马鞍形蒙皮凹陷部位等)。

这里回弹是指成形结束后弹性卸载导致的变形,表现为模面形状和成形零件形状之间的几何偏差,如图2-6所示。回弹是指成形载荷卸除后零件弹性卸载到零弯矩状态的一种复杂现象。零件形状偏差来源于成形过程中导致的零件厚度方向不均匀应力分布。由于铝合金屈模比(屈服强度与弹性模量之比)高,导致其变形后回弹比较大。

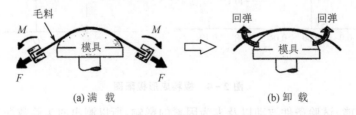

(a) 满　载　　　　　　　　　　(b) 卸　载

图2-6　蒙皮拉形回弹示意图

目前,国内飞机工厂蒙皮贴模度的要求如下:歼击机蒙皮允许间隙≤0.5 mm,局部非配合区间隙可≤1 mm;大型客机和轰炸机,其间隙≤0.8 mm。型材贴模度的要求如下:与气动外形有关并有装配协调关系的允许间隙≤0.3 mm。国外飞机工厂为了实现精密装配,认为目前有关键外形要求的蒙皮贴模度应该从≤0.8 mm 降为 0.3 mm。对于型材,则应从 0.4 mm 或 0.7 mm 降为 0.1 mm 或 0.3 mm。

2.2.3　薄壁件塑性成形工艺仿真

随着有限元数值模拟技术的成熟和应用,飞机金属薄壁零件的成形,如蒙皮拉伸成形、型材拉弯成形、管材绕弯成形、板管充液成形、钛合金热成形/超塑成形等工艺都开发了专用的工艺仿真软件或模块。这些软件或模块充分考虑了工艺特点,甚至考虑了机床运动,可以直接输出特定机床数控程序,方便用户使用。采用工艺仿真可以对零件的可成形性进行分析,对成形中厚度变化、破裂极限以及卸载回弹后的贴模度进行预测,优化工艺参数,优化模具型面、补偿回弹,制定优化的工艺方案,对提高成形精度和质量、缩短制造周期、减少制造成本具有显著的效果,已成为飞机钣金数字化工艺的重要内容,如图 2-7 所示。

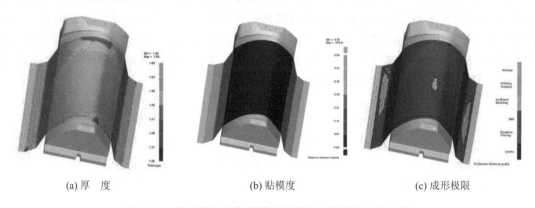

(a) 厚　度　　　　　　　(b) 贴模度　　　　　　　(c) 成形极限

图 2-7　基于有限元数值模拟的蒙皮拉伸成形工艺仿真

2.3　蒙皮数控拉伸成形工艺

飞机蒙皮是机翼和机身的主要外表零件,构成了飞机的气动外形(外蒙皮)和内部结构框架的包皮(内蒙皮),包括机身、机翼、进气道和发动机舱的外蒙皮。蒙皮材料主要以铝合金为主,其外形复杂,包括单曲率和双曲率等多种外形,如图 2-8 所示。蒙皮的结构尺寸较大,长度可达10 m,宽度为 2.5 m,但其相对厚度小,刚性弱;伴有窗口和多台阶变厚度特征(成形后需

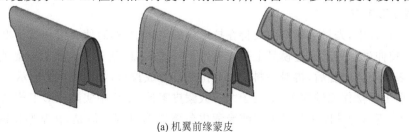

(a) 机翼前缘蒙皮

图 2-8　典型飞机蒙皮

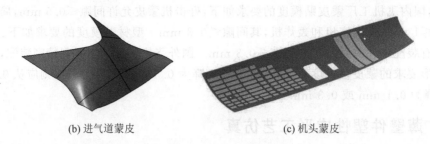

(b) 进气道蒙皮　　　　　　　　　　(c) 机头蒙皮

图 2 - 8　典型飞机蒙皮(续)

化铣或机械铣削加工);表面质量要求高,大型飞机中多为镜面蒙皮。传统成形蒙皮的工艺方法主要有拉形和滚弯等,随着大吨位、大台面数控拉形机的应用,拉伸成形工艺成为飞机蒙皮最主要的成形手段。

2.3.1　拉伸成形工艺原理

拉伸成形简称拉形,基本原理是将板料的两对边夹紧,利用夹钳和拉形模之间产生的相对运动,使板料产生不均匀的平面拉应变而与模具贴合,如图 2 - 9 所示。其实质是通过对板料施加一定的拉应力和弯曲力矩,使板材尽可能进入全塑性状态,从而减小板材的加载弯矩,最终达到减小卸载回弹、提高零件成形精度的目的。它是拉伸变形与弯曲变形的有机结合,特别适合于大型表面光滑薄壁曲面零件(飞机蒙皮)的成形。

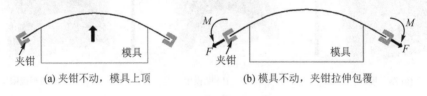

(a) 夹钳不动,模具上顶　　　　　　　(b) 模具不动,夹钳拉伸包覆

图 2 - 9　拉伸成形工艺原理

拉伸成形过程中可以通过预拉、补拉等措施改变厚度截面上的应力分布,使其趋于均匀一致,减少截面弯矩,从而起到降低弯曲回弹、提高成形贴模度的作用,如图 2 - 10 所示。

根据蒙皮零件外形的特点,一般分为横向拉伸和纵向拉伸两种拉形方式,如图 2 - 11 所示。横向拉伸,简称横拉,适用于纵向长度和曲率都比较小的蒙皮零件;纵向拉伸,简称纵拉,适用于纵向长度大且曲率小,横向包角小于 90°的蒙皮零件。

根据拉伸成形工艺特点,还可以细分为包覆成形工艺、拉包成形工艺、带上压拉伸成形工艺。

1. 包覆成形工艺

包覆成形过程中,先将毛料弯曲夹持在拉形机的夹钳中,然后使夹钳和模具相对运动。根据机床特点,拉伸过程可以通过模具上顶或夹钳下拉来实现,使毛料与模具接触直至贴合;当毛料与模具表面完全贴合后,再对毛料施加补拉载荷完成拉形,如图 2 - 12 所示。

包覆成形工艺操作比较简单,适用于大多数蒙皮零件,工厂中实际拉形工艺也多采用此方法,如图 2 - 13 所示为某民用飞机机翼前缘蒙皮包覆成形过程。但是,在某些情况下,包覆成形不能得到期望的成形效果,采用该工艺成形的零件在拉形结束之后,其截面应力分布不均匀,这将导致零件起皱或钳口附近的材料过早发生破裂。

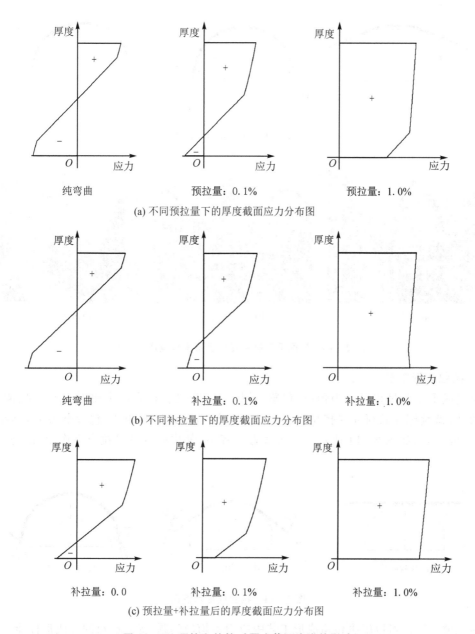

(a) 不同预拉量下的厚度截面应力分布图

(b) 不同补拉量下的厚度截面应力分布图

(c) 预拉量+补拉量后的厚度截面应力分布图

图 2－10　预拉和补拉对厚度截面应力的影响

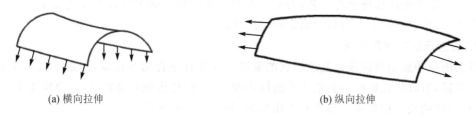

(a) 横向拉伸

(b) 纵向拉伸

图 2－11　蒙皮拉伸成形方式示意图

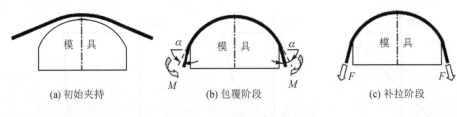

图 2 - 12　包覆成形示意图

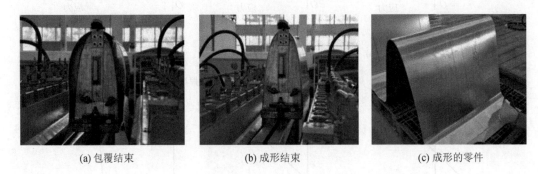

图 2 - 13　某民用飞机机翼前缘蒙皮包覆成形过程

2. 拉包成形工艺

拉包成形工艺过程可分为预拉、包覆、补拉三个阶段。首先由夹钳对毛料预拉伸，然后夹钳摆动，持续施加载荷并保持拉伸方向始终与拉形模具型面相切；包覆贴模后，继续拉伸毛料，完成补拉，如图 2 -14 所示。拉包成形过程中，蒙皮应尽量受拉应力作用，以防止发生起皱。

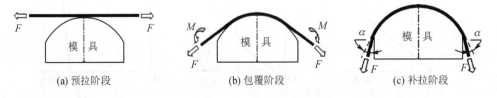

图 2 - 14　拉包成形示意图

拉包成形工艺可以解决包覆成形工艺中应力不均匀问题，提升板料的可成形性能，对于一些曲率变化大的零件尤其适用。如图 2 - 15 所示为某军用飞机进气道蒙皮拉包成形过程，但实际生产中很少使用这种成形工艺，需要工人通过不断试拉来确定成形工艺参数。相对于包覆成形工艺，拉包成形工艺参数的确定比较困难。

3. 带上压拉伸成形工艺

带上压拉伸成形可以成形复杂形状的蒙皮。如翼身融合的 S 形蒙皮，成形过程中需要用到上压装置，有时候在进行马鞍形蒙皮的拉形时，为了避免出现起皱缺陷，也会使用上压装置。目前，新一代的数控拉形机一般具有上压装置，如图 2 - 16 所示。

(a) 拉形中间过程

(b) 拉形结束

(c) 拉形结束后贴模

(d) 拉形出的零件

图 2 - 15　某军用飞机进气道蒙皮拉包成形过程

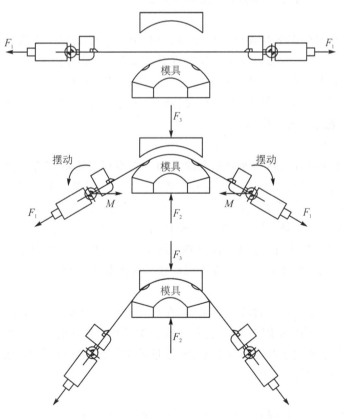

图 2 - 16　带上压的蒙皮拉伸成形工艺示意图

2.3.2 拉伸成形常见缺陷与解决措施

蒙皮拉形工艺中常见的缺陷包括拉裂、起皱、纵向鼓包、滑移线、粗晶以及不贴膜与回弹等。

1. 拉　裂

拉裂分为微观拉裂和宏观拉裂，由局部拉应变过大所致。当钳口圆角半径小或各个钳口齿板的夹持力不均匀时，板料在夹持边缘部分将会出现较大的应力集中，成为蒙皮成形过程中的敏感区域，很容易造成钳口部位的板料发生断裂。对于拱曲大的蒙皮，拉裂也可能发生在最大拱曲区。防止拉裂的主要方法是控制一次拉形的变形量。拉形的成形极限受到很多因素的影响，很难给出确切的数据，一般铝合金的拉形极限变形量的范围是 4%～7%，具体情况还需要结合经验和通过试拉来判断。当零件形状复杂时，不能一次拉成，可以分为两次或三次拉形，中间需进行退火处理。

2. 起　皱

起皱是板料在某种局部压应力作用下产生屈曲大变形的外部宏观表现，是板料在塑性成形中压缩失稳的主要表现形式。例如在成形异向双曲度零件（马鞍形蒙皮）时，由于材料沿模具斜面下滑，特别容易在低凹部分产生皱纹。防止起皱的方法是，在纵拉中尽量使夹头的钳口曲度符合模具两端的对应曲度，在操作中正确配合夹头拉伸和台面上顶的动作；在成形马鞍形蒙皮时，可增加毛料的宽度，用两边余量包住模具圆角阻止材料下滑。除了这些措施之外，也可以在成形时使用上压装置来抑制低凹处的起皱。

3. 纵向鼓包

蒙皮拉形时，板料纵向的拉伸会导致横向收缩，由于沿板宽方向不均匀的夹持力，会使钳口和模具之间的悬空段在拉形过程中极易出现纵向鼓包，严重时会影响零件型面质量。拉形中出现纵向鼓包时，其方向与拉伸力的方向是一致的，因此，不能利用增大拉伸力的方法来消除，必要时可采用手工校平。另外，在钳口夹持时垫上足够长度的薄橡胶垫，可以均衡钳口夹持力，对消除鼓包能起到很大作用。

4. 滑移线

滑移线是塑性变形时材料不连续屈服的产物。它不仅会影响零件的美观程度，而且会影响其疲劳寿命，是导致飞机镜面蒙皮报废的主要原因之一。蒙皮拉形过程中的变形程度、拉形速率、润滑状态及操作方式等都是产生滑移线的影响因素。镜面蒙皮拉形时，滑移带首先出现在夹钳与模具圆角之间的悬空段，并向贴合模具的成形面扩展。通过对变形程度、拉形速度、毛料几何尺寸、润滑及操作方式的控制，能够延缓滑移带的出现。特别是悬空段的变形量，镜面蒙皮拉形的临界变形程度可由悬空段出现滑移带时的临界变形量确定。

5. 粗　晶

粗晶是由于铝合金板料经过临界变形后，在热处理过程中发生再结晶而引起的内部晶粒的长大，在宏观上表现为"橘皮"现象。它会导致蒙皮零件机械性能下降，严重影响飞机的使用寿命。粗晶与变形量的大小及变形部位有关，通过控制铝合金板成形时的变形量，优化工艺和参数，均能有效防止粗晶的产生。

6. 不贴模与回弹

蒙皮在拉形过程中不仅受钳口拉力作用，还受弯矩的作用，零件的各个部位受力状态不尽相同。在卸载后，残余应力会使板料发生回弹现象，回弹会损失较大的成形精度，影响后期的加工和装配工作,进而影响飞机的性能和寿命。为了减小成形时的回弹,在成形过程中施加预拉载荷或补拉载荷,可改变材料截面应力分布,使其均匀一致,从而减小零件的回弹。

2.3.3　蒙皮拉形数字化工艺

板料成形有限元数值仿真技术的发展,为飞机蒙皮精确拉形提供了技术基础,研究人员开发了专用的蒙皮拉形工艺设计与制造软件,形成了飞机蒙皮数字化精确拉形工艺,如图 2-17 所示。首先,从飞机蒙皮零件出发,进行拉形模具型面设计;然后基于数控拉形机,使用拉形模具数模和零件数模,采用几何分析方法进行拉形轨迹设计;之后通过有限元仿真进行验证,优化模具型面和位姿、加载轨迹等工艺参数,并生成数控代码;最后在数控拉伸机上进行 1:1 的蒙皮拉形试制,获得满足质量要求的蒙皮零件。这种全数字化的工艺设计和优化模式,可以借助计算仿真技术进行虚拟验证,输出可靠的工艺方案和数控代码,从而大幅提高工艺设计效率,提升零件制造质量,降低首件试制成本。

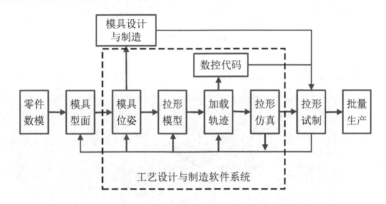

图 2-17　蒙皮拉形数字化工艺路线

结合数控拉形机,已经开发了如图 2-18 所示的一系列蒙皮拉形工艺设计与制造系统软件。通过建立分析模型、进行快速加载轨迹设计与变形跟踪,可实现蒙皮拉形过程贴模和变形的精确控制,可进行快速有限元前置处理,根据加载轨迹反算数控代码,直接输入数控拉形机控制程序进行自动拉形。这些软件已应用到多个型号飞机复杂蒙皮的精确拉形。

某民用飞机机身大尺寸蒙皮零件如图 2-19 所示,其长度达到了 9 546.228 mm,弦宽达到了 1 754.738 mm,毛料厚度为 4 mm,且该零件的材料是新型铝锂合金 2198-T8,强度高但塑性比常规铝合金材料差。强度高、尺寸大、蒙皮厚,这三项特征为拉形模具设计以及拉形工艺参数的确定带来了比较大的难度。

为了快速确定该蒙皮零件首件拉伸的工艺参数,采用了数字化拉形工艺方法。根据蒙皮零件模型设计模具型面,利用蒙皮拉形工艺设计与制造系统软件进行加载轨迹设计及有限元仿真,评估成形变形量和成形缺陷,修改和优化模具型面,优化加载轨迹等,以此获得优化的工艺条件和工艺参数,再制造拉形模具并进行生产性试验。

① 对铝锂合金 2198-T8 进行单向拉伸试验,获得相对纤维方向 0°、45°和 90°的真实应力-应变曲线数据,如图 2-20 所示。

② 以零件型面为依据,以利于材料流动和变形为准则,设计拉形模具,如图 2-21 所示。

③ 根据零件的几何特征,确定了 5 个加载动作步的拉形方案:初始夹持、预拉伸、弯曲钳口、补拉 1 和补拉 2,如图 2-22 所示。

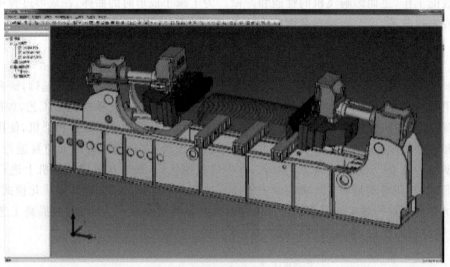

(a) 纵向拉形机

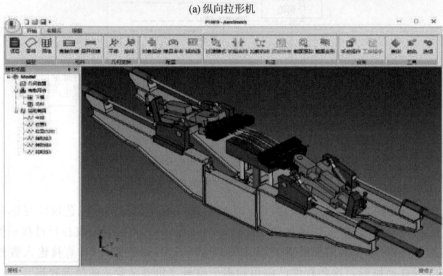

(b) 纵横一体拉形机

图 2 - 18　数字化拉形工艺设计与制造系统软件

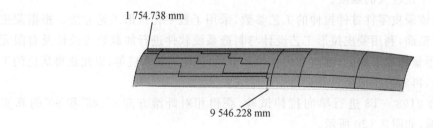

1 754.738 mm

9 546.228 mm

图 2 - 19　某民用飞机大尺寸蒙皮零件

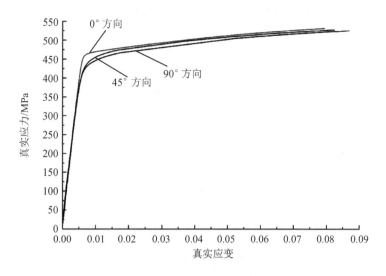

图 2 - 20　铝锂合金 2198 - T8 真实应力-应变曲线

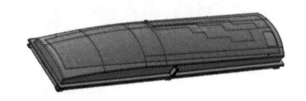

图 2 - 21　拉形模具

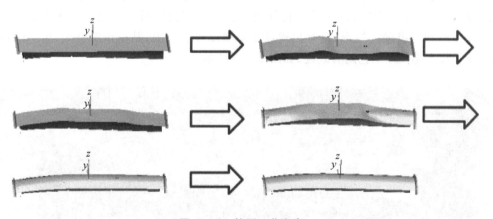

图 2 - 22　拉形工艺方案

④ 根据材料的塑性性能,结合零件几何形状特征,应用蒙皮拉形工艺设计与制造系统软件 AeroStretch - L2x600,计算了模具高度、5 个加载动作步的夹钳位置和姿态参数,包括左右包覆角、拉伸率、左右夹钳的 A 转角和 Z 转角,以及左右夹钳的曲钳口参数,进行加载动作步间的轨迹插值。快速进行有限元前置处理,输出前置处理文件,提交有限元软件 Pamstamp 进行仿真计算,根据有限元计算结果进行了模具型面和加载轨迹参数的优化,获得满足条件的工艺参数。图 2 - 23 所示为优化后蒙皮拉形应变分布云图,毛料整体变形分布较为均匀,各位置

实现了较大的变形以减小回弹,且应变未超过材料的变形极限。左下角由于型面快速向下变化,仿真结果显示贴模情况不够,因此通过模具高度调整和加载轨迹参数优化,实现了完全贴模,如图 2 - 24 所示。

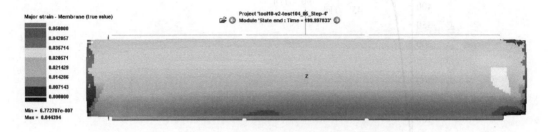

图 2 - 23　蒙皮拉形应变分布云图

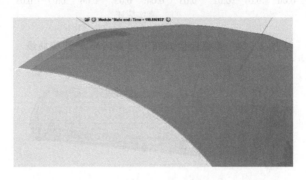

图 2 - 24　左下角贴模情况

⑤ 生产性试验。准备 11 m×2 m 长的毛料,使用蒙皮拉形工艺设计与制造系统软件生成数控代码,导入 ACB FEL2x600 数控拉伸机,设备按代码自动运行,执行优化的加载工艺参数,一次性顺利完成蒙皮拉形,没有出现过度减薄或破裂现象,贴模情况良好,生产性试验成功,验证了数字化拉形工艺的有效性,如图 2 - 25 所示。

图 2 - 25　某民用飞机蒙皮零件的数控拉形

2.3.4 数控拉形机

随着数控技术的发展,蒙皮拉形机也实现了数控化,成为飞机钣金数控成形的典型代表。数控拉形机主要有横拉机、纵拉机、纵横合一综合拉形机。

图 2-26(a)所示为 FET 型蒙皮数控横拉机,其最大成形力的吨位达到 2 500 t,它有 4 个独立水平油缸和 4 个独立垂直油缸,控制一对夹钳进行板材拉伸。如图 2-26(b)所示为 FEL 型蒙皮数控纵拉机,其最大成形力的吨位达到 2×1 000 t,其夹钳包括多个夹钳块,每个夹钳块可以相对转动,形成曲钳口,以使夹钳顺应零件端面外形。图 2-26(c)所示为 VTL 型蒙皮纵横合一拉形机,这种综合拉形机既可横向拉伸成形,又可纵向拉伸成形,还可以通过更换夹钳实现型材的拉弯成形。

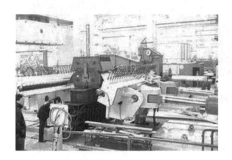
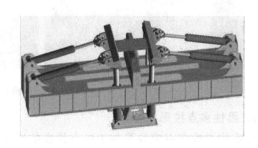

(a) FET型蒙皮数控横拉机

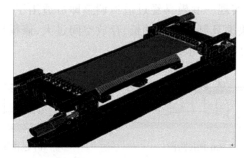

(b) FEL型蒙皮数控纵拉机

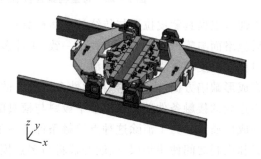

(c) VTL型蒙皮纵横合一拉形机

图 2-26 蒙皮数控拉形机床

2.3.5 拉形用模具

1. 传统拉形模具

拉形模具是蒙皮成形的重要工装,模具基体一般采用木质或者金属外框,模腔内部以金属或者胶合板等作为骨架,再以胶沙、泡沫塑料等进行填充加固,模具型面通过覆以环氧树脂并手工刮磨或机床加工得到,也可通过金属铸造数控加工得到,各种拉形模具如图 2 - 27 所示。

图 2 - 27 蒙皮拉形实体模具

2. 柔性多点拉形模具

可重构柔性多点模具是基于以点代面的思想发展的一种柔性模具。其原理是,以多个高度可调的球面钉柱构成的包络面取代实体模具的连续表面,当调节钉柱高度时,此包络面随之改变,实现一套模具经过适当调整即可适用于不同零件的制造需求,即模具型面可重构。它可以解决模具制造周期过长、存放空间过大、修模困难等问题,是一种新型的飞机蒙皮拉形模具,如图 2 - 28 所示。

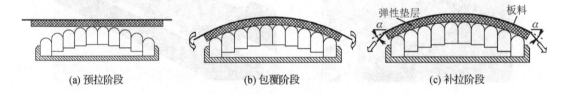

(a) 预拉阶段 (b) 包覆阶段 (c) 补拉阶段

图 2 - 28 可重构柔性多点模具蒙皮拉形工艺原理

柔性多点模具蒙皮拉形与传统的实体模具拉形过程基本一致,但也有区别:柔性多点模具调形后包络面与零件理论内型面并不一致;柔性多点模具表面需要覆盖弹性垫层,以预防离散球面钉柱在蒙皮零件表面产生压痕。

在成形缺陷方面,由于可重构柔性多点模具的模面由钉头阵列顶端所形成的包络面构成,这种不连续的接触条件破坏了成形中板料与模具的接触形态,极易造成凹痕等表面缺陷,影响零件的成形质量。为了消除这种点接触条件造成的零件表面的凹痕缺陷,通常的办法是在多点模具和板料之间使用垫层,以改变板料与多点模具的接触形式。根据柔性多点模具的应用领域不同,所采用的垫层材料及制造工艺也不同,一般使用工业橡胶材料作为模具和板料之间的隔离垫层。选择合适的橡胶材料参数(如硬度和厚度),在蒙皮拉形时几乎可以获得和实体模具拉形条件下一样的零件表面质量,并且所使用的橡胶垫层无须经过辅助工艺便可直接用于生产。拉形结束卸载后,橡胶垫层又可以恢复到原始状态,使用非常简单方便,生产效率显著提高。虽然由于垫层的不规则变形和模面的偏置会导致一定的成形精度误差,但是配合有限元仿真和模面补偿算法等数字化技术,可以对模面进行重新设计,补偿零件的成形精度,达到和实体模具相同甚至更高的精度。

目前,国内外均已研制出柔性多点模具,并开展了蒙皮拉形的实验和应用研究,如图 2-29 所示。柔性多点模具能够实现蒙皮拉形的数字化、柔性化和快速化,并与数字化测量和柔性夹持数控切边等配套,建立蒙皮数字化制造系统,使飞机蒙皮的制造周期缩短 3/4。

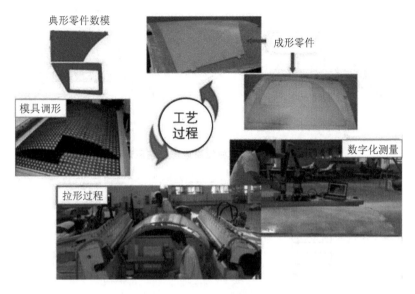

图 2-29　可重构柔性多点模具蒙皮拉形过程

2.4　型材数控拉弯成形工艺

型材零件是构成飞机骨架的主要结构件之一,是一种具有曲率的长细结构,在飞机纵向和横向构件中广为应用,如飞机的长桁、梁和框。

2.4.1　拉弯成形工艺原理及特点

型材拉弯是指通过模具和机床夹钳的相对运动,使型材在拉力和弯矩作用下产生塑性变形,与模具逐渐贴合并获得所需形状零件的成形工艺,如图 2-30 所示。型材在弯曲的同时加以切向拉力,切向拉力使中性层向弯曲内侧移动,甚至完全移出工件内侧,从而使整个截面的应力为拉应力,如图 2-31 所示。当内表面的应力达到或超过材料的屈服应力时零件的回弹明显减小,从而提高零件的成形精度。

因此,型材拉弯在飞机型材弯曲件的制造中得到广泛应用。常采用的拉弯工艺过程为先拉伸后弯曲再补拉,使截面应力趋于均匀,降低截面弯矩,有效控制回弹,如图 2-32 所示。

相对于其他弯曲工艺,拉弯成形有如下工艺特点:
① 能成形相对弯曲半径较大的零件;
② 能成形变曲率型材弯曲零件;
③ 能成形空间结构复杂的型材零件;
④ 具有不同工艺方法相结合的综合成形特点;
⑤ 弯曲精度高,回弹小。

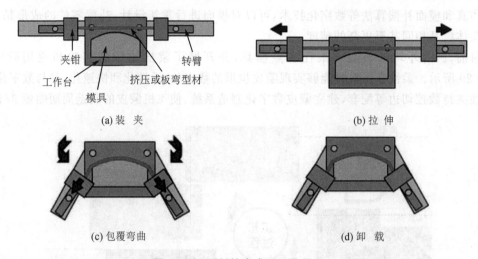

(a) 装 夹

(b) 拉 伸

(c) 包覆弯曲

(d) 卸 载

图 2 - 30　型材拉弯成形工艺原理

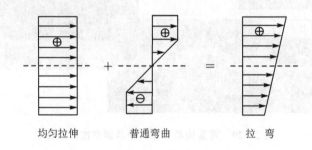

均匀拉伸　　　　普通弯曲　　　　拉　弯

图 2 - 31　型材拉弯成形过程中截面应力变化

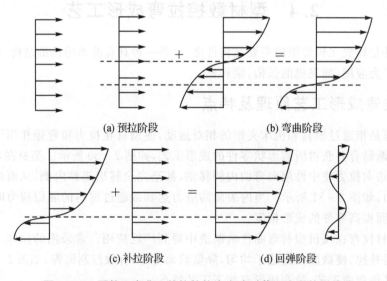

(a) 预拉阶段

(b) 弯曲阶段

(c) 补拉阶段

(d) 回弹阶段

图 2 - 32　预拉＋弯曲＋补拉的拉弯方式对截面应力的影响

2.4.2　型材拉弯成形主要缺陷及质量控制

1. 型材拉弯主要缺陷

型材的拉弯成形,除了和板料弯曲成形一样存在破裂、起皱、回弹等共性问题外,还有它的特殊问题,即截面发生畸变和纵向扭曲等,如图 2-33 所示。

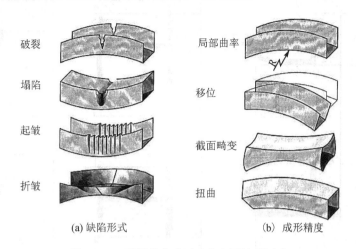

图 2-33　型材拉弯成形工艺主要缺陷形式

(1) 起　皱

起皱是由于预拉力不足或相对弯曲半径过小,在弯曲时材料内区受压失稳而产生的。主要采用柔性填充材料或加大轴向拉力的方法来防止起皱。

(2) 破　裂

产生破裂失稳的原因主要是材料在弯曲时外侧应力超过材料的强度极限。主要采用减小轴向拉力或施加补拉力的方法避免破裂,但是这会增加零件的回弹。由于航空拉弯零件曲率半径较大,一般不会达到零件的弯曲极限。

(3) 截面畸变及挠曲

展边型材、横向弯曲的槽形型材、I 形型材、Z 形型材和 L 形型材、中空异形型材及其他复杂截面型材,当受到较大的压应力或者拉应力时,在拉弯过程中会产生挠曲及截面畸变。这些问题需加装板条、蛇形垫块或用低熔点合金、硫代硫酸钠等材料填充,选择适当的拉伸量,减小摩擦因数来克服。蛇形垫块用锌合金、铝、聚氯乙烯塑料、硬木等制造,用铰链、细钢丝绳或橡皮绳串接,拉弯时垫在型材截面内。当采用铝等较硬的材料制造蛇形块时最好其型面与零件一致,这样可以防止压伤型材。采用带侧压的转台拉弯机时,可用制造成和型材截面相协调的侧压滚轮校形,一般可不使用蛇形块,如果必须用,则可用板条填充型材截面。图 2-34 所示为截面畸变及蛇形块示意图。

(4) 截面变窄和减薄

拉弯零件拉伸量较大时,根据塑性变形体积不变原理,型材的宽度和高度方向尺寸减小,从而产生截面变窄和减薄,影响结构的配合、边距及强度。在转臂式拉弯机上拉弯时,需调整坯料的截面尺寸并选择适当的拉伸量加以克服。

(5) 塌　陷

收边拉弯件因零件腹板刚性大,拉弯时若腹板内侧无良好的支持,会导致腹板与缘板结合处产生塌陷和隆起现象。这主要是由于拉弯模模槽深度过大;变曲率零件半径突变处局部曲率大,变形程度过大;拉伸量过大,腹板产生过量收缩,高度变小。解决方法包括两方面:一方面,模具模槽设计深度应比零件腹板高度缩小 0.5～1 mm;另一方面,生产时若发现拉弯模模槽过深,可在该处模槽底部垫适当厚度的垫片或返修模具。但如果模槽过浅,零件在腹板与缘

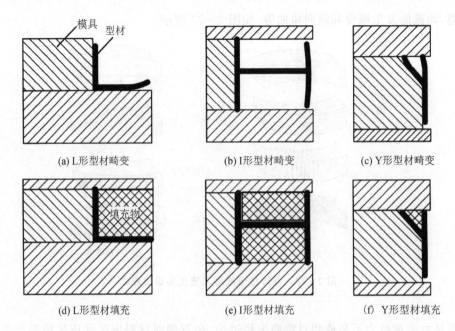

(a) L形型材畸变 (b) I形型材畸变 (c) Y形型材畸变

(d) L形型材填充 (e) I形型材填充 (f) Y形型材填充

图 2 - 34　典型型材的截面畸变及蛇形块示意图

板结合处会产生隆起,需适当控制拉伸量,以减小隆起。图 2 - 35 所示为凹陷及解决方法示意图。

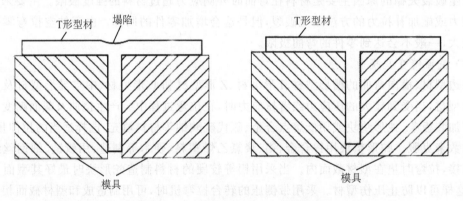

图 2 - 35　凹陷及解决方法示意图

2. 拉弯成形工艺分类及设备

型材拉弯工艺按照成形温度,分为冷拉弯和热拉弯;按照型材零件弯曲方向,分为收边拉弯、放边拉弯和横向拉弯,如图 2 - 36 所示;按照设备工作方式不同,主要有转台式拉弯和转臂式拉弯;按加载方式和次序的不同,又分为 P - M、M - P、P - M - P 三种拉弯方式。

（1）按设备工作方式分类

拉弯机主要分为直进台面式拉弯机、转台式拉弯机和转臂式拉弯机三种。

直进台面式拉弯的基本工作原理是通过两端夹钳夹住型材,同时前顶液压缸推动台面上的模具前顶,使型材贴模成形,主运动分为模具前顶动作和拉伸液压缸拉伸动作。

转台式拉弯的基本工作原理是通过台面的旋转带动拉弯模具一起旋转,同时带动型材在主拉夹头的拉力作用下弯曲贴模,从而完成工件的拉伸和弯曲。旋转的台面上装有拉弯模具及补拉夹头,另一夹头固定在主拉伸油缸的活塞杆端头上。在拉弯过程中,型材将拉伸缸的活

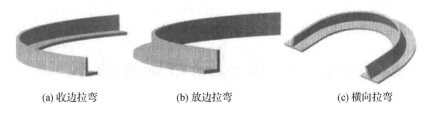

(a) 收边拉弯　　　　　　(b) 放边拉弯　　　　　　(c) 横向拉弯

图 2-36　按型材零件弯曲方向分类

塞杆逐渐拉出,坯料所受的拉力保持不变。弯曲结束之后,再根据工件需要加以补拉,如图 2-37(b)所示。

　　转臂式拉弯的基本工作原理是模具相对台面固定不动,由两侧的转臂旋转带动型材靠模实现型材的拉弯成形。每个转臂上分别装有拉伸油缸,转臂由装在机床身上的油缸用活塞杆带动旋转,模具固定在拉弯机工作平台上,操作时将坯料两端夹紧后,起动拉伸油缸使坯料受拉,然后转动转臂,使坯料绕模具弯曲成形,最后进行补拉,如图 2-37(c)所示是转臂式拉弯示意。转臂式拉弯机在飞机制造中应用较多。

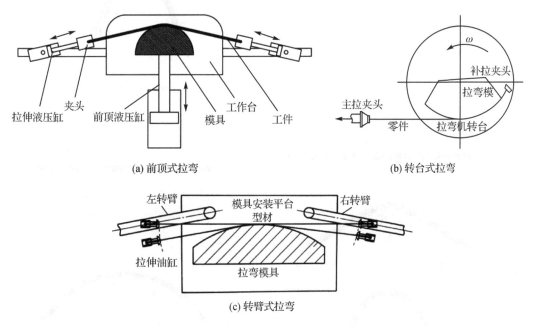

(a) 前顶式拉弯　　　　　　　　　　　　(b) 转台式拉弯

(c) 转臂式拉弯

图 2-37　拉弯机工作方式

（2）按成形加载过程分类

根据轴向拉力与弯矩的组合方式的不同,在航空企业中应用的主要拉弯方法如下:

①　先预拉,后弯曲,即 P-M 法;

②　先弯曲,后施以切向拉力,即 M-P 法;

③　先预拉,后弯曲,最后补拉,即 P-M-P 法。

这些不同拉弯加载过程解决的主要问题是回弹。

（3）按成形加载方式分类

拉弯成形过程加载方式分为力控制、位移控制和变形控制。如图 2-38 所示,当采用力控制方式时,在拉弯过程中控制轴向拉力,这种方式要求设备具有力伺服控制能力,转台式拉弯及有侧压力的拉弯常采用这种方式。当采用位移控制方式时,在拉弯过程中控制夹头的位移,一般通过拉伸缸的位移伺服控制实现。位移控制模式效率较高,大部分拉弯成形设备采用这一方式。变形控制方式用液压执行元件驱动精确设计的机械机构,通过机构的运动控制与其相连接的分段模具的空间运动。型材的变形区从两端开始连续向中间转移,在变形区会合后,完成型材的成形。

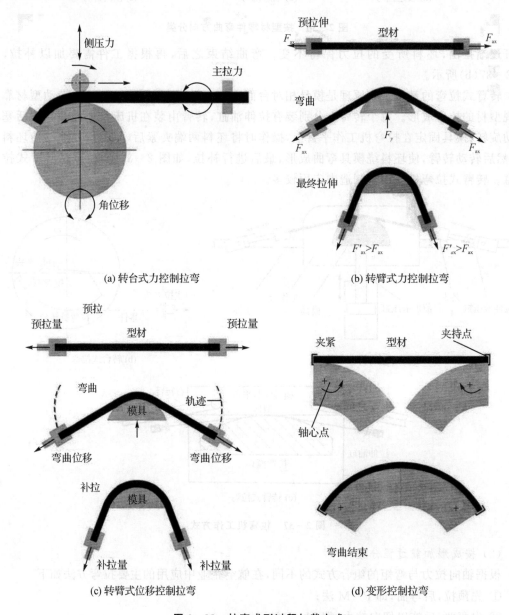

(a) 转台式力控制拉弯

(b) 转臂式力控制拉弯

(c) 转臂式位移控制拉弯

(d) 变形控制拉弯

图 2-38 拉弯成形过程加载方式

图 2-39 所示为具有力控制和位移控制模式的转臂式型材数控拉弯机。

3. 拉弯模具

为了便于制造、调整间隙和返修,航空拉弯模具一般由工作部分、垫板和底板数层拼合组成,用螺栓及销钉连接而成。模具设计中工作面的周长应比零件的切割长度每边加长 10～20 mm,两端圆角半径应不小于 20 mm。工作间隙取 0.2～0.5 mm,也可采用垫薄金属

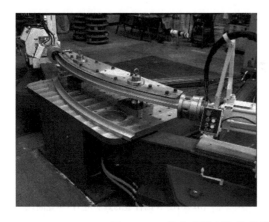

图 2-39　具有力控制和位移控制模式的转臂式型材数控拉弯机

片的方式调整层与层之间的间隙。底板及面板(盖板)一般厚 15～30 mm,为了防止弯曲时划伤型材甚至使型材断裂,底板及面板内侧边应当倒圆角。

为便于在拉弯机床台面上定位,模具上的定位孔和螺栓孔均按机床台面孔位尺寸制造。在这类机床上拉弯截面形状复杂的型材时,为了防止拉弯过程中截面形状发生畸变,可用精制层板、铸铝或塑料等加工成垫块,用细钢绳串接组成柔性垫条,拉弯时垫条预先垫在缘板之间或腹板与模具槽口之间。大型模具应装起重环,并且当模具过重时,在中间部位加减轻孔或其他形式的减轻结构。

拉弯铝合金型材的模具可用精制层板或复合材料板制造,也可采用厚铝板和废旧铝铸造。用于转台式拉弯机上的模具,因工作时需承受较大的侧压力,以选用厚钢板为宜。拉弯模垫板受力较大,应采用低碳钢制造。

为了减少模具成本,便于修模,对于一些大型拉弯件也可采用组合拉弯模具。一般分为底座、支架或挡块、模具块等。

2.4.3　型材拉弯工艺仿真实例

随着工艺仿真技术的应用,基于数控拉弯机开发了专用的型材拉弯工艺仿真软件或模块,用于拉弯成形缺陷预测和工艺优化,实现了工艺与数控拉弯设备的融合和工艺数字化,有效提高了型材拉弯成形的精度和效率。

如图 2-40 所示零件为某型飞机 7075 铝合金变截面变曲率加强缘条。该零件的外形细长、轮廓尺寸大,总弧长 4 655 mm,弦长 2 290 mm,拱高 1 800 mm,包覆角度 188°;截面呈 L 形,夹角沿弧长变化,最大夹角 144.5°,位于零件对称中心面,最小夹角 102.3°,位于零件两端面;最大边宽为 55 mm,零件的厚度为 1.8 mm。零件最终需人工时效至 T6 态。拟采用新淬火状态板弯型材直接进行一次拉弯成形的工艺方法,以避免因淬火产生翘曲变形。通过有限元仿真进行工艺优化,获得合适的工艺参数,以消除零件内侧起皱现象。

根据型材截面积和材料成形性能,可分别选择 3.5、4.2、5.0 t 三种拉伸力的吨位进行拉弯工艺仿真,成形后型材的切向应变云图如图 2-41 所示,其中 LE11 表示切向应变。可以看出,当拉伸力的吨位为 3.5 t 时,型材内侧的起皱现象明显;当拉伸力的吨位增大到 4.2 t 时,起皱现象得到部分抑制;拉伸力的吨位继续增大到 5.0 t,已不再出现起皱现象。

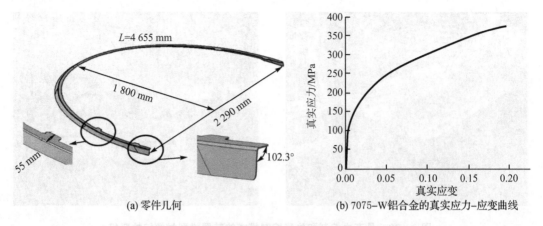

(a) 零件几何 (b) 7075-W铝合金的真实应力-应变曲线

图 2-40   某型飞机 7075 铝合金变截面变曲率加强缘条

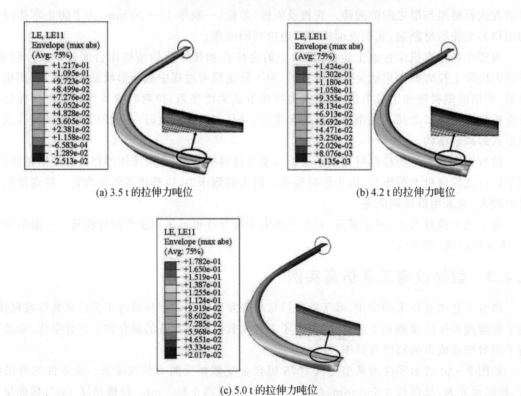

(a) 3.5 t 的拉伸力吨位 (b) 4.2 t 的拉伸力吨位

(c) 5.0 t 的拉伸力吨位

图 2-41   不同拉伸力下切向应变分布云图

2.5   管材数控绕弯工艺

  飞机的液压、燃油、环控和供氧等系统均主要依靠导管来传递工作介质,导管的品种多、数量大,且形状复杂、质量要求高。数控绕弯工艺是制造飞机导管零件的主要工艺,通过数控弯管机可以准确稳定地完成复杂导管零件的精确弯曲成形。

2.5.1　绕弯工艺原理

绕弯是将管材通过夹块夹紧在弯曲模上，随弯曲模一起转动，管材在夹块拉力的作用下滑过弯曲切点，并在弯曲平面的弯矩作用下产生弯曲变形并与弯曲模相接触，形成管件预定的弯曲半径。管材在滑过弯曲切点的同时，其内表面将与芯模产生接触作用，外表面将分别与防皱块和助推压块相接触，端面将与顶推装置相接触，如图 2-42 所示。管材的绕弯成形需要多模具的协同作用和严格配合。弯曲过程中，防皱块可以防止管材的起皱；芯棒可以防止管材的截面椭圆度过大和起皱；压模和顶推装置可以防止管材的壁厚减薄。弯管机、弯管模具是弯管工艺的两个关键工艺装备。

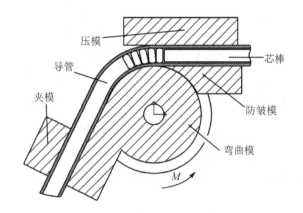

图 2-42　导管绕弯工艺原理图

2.5.2　弯管工艺主要缺陷及质量控制

1. 弯管的主要缺陷

薄壁管绕弯过程可能出现管壁起皱、管壁厚过度减薄甚至破裂、横截面椭圆度偏大（扁化）等成形缺陷，如图 2-43 所示。这些缺陷的发生是多种工艺参数耦合作用的结果，其主要受到弯管模具参数和摩擦润滑条件选择和确定的影响。

（1）截面畸变

在管材弯曲成形时，需要在管材内部填充物料，一般是将芯棒放入管材对其进行支撑。在弯曲后管材的横截面会出现近似椭圆的变形（截面扁化），该缺陷容易引起装配不协调等问题。一般通过增加芯棒的芯球个数和直径，减小型腔间隙，可以有效抑制截面畸变。

（2）壁厚变薄

壁厚变薄出现在弯曲变形最大区域，一般在弯曲的外侧。其主要是因为材料受拉应力过大，使得管材出现过大的变形。如果管材变薄进一步发展，在最薄处会出现裂纹甚至破裂。该缺陷会影响飞机系统的正常运作。可以通过减小芯球直径、减小芯球厚度和个数、增加防皱块与管材的装配间隙、减小芯棒与管材间的摩擦、减小防皱块与管材间的摩擦、增加压块与管材间的摩擦、减小芯棒伸出量等措施来控制弯曲的变薄量。

（3）起　皱

在导管弯曲的内侧容易出现局部材料变厚，如果此处的材料性质不均匀，会导致受力不均，从而产生高于原材料表面的褶皱。这类缺陷会在起皱处形成不均匀应力并影响产品外观

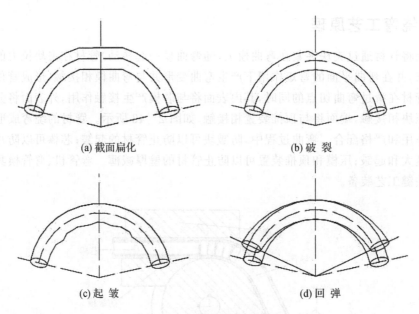

(a) 截面扁化　　　　　　　　　　　　(b) 破裂

(c) 起皱　　　　　　　　　　　　(d) 回弹

图 2 - 43　导管弯曲成形的缺陷

质量。可以通过增加芯棒直径、减小芯球直径、减小防皱块与管材的装配间隙、减小压块与管材的装配间隙、增加弯曲模与管材间的摩擦等措施来克服。

（4）回　弹

由于导管在弯曲过程中存在弹性变形，在弯曲结束后会发生一定的回弹变形。这类缺陷会影响导管弯曲精度，对装配产生一定影响。弯管的回弹控制难度比较大，可以在模具设计中通过回弹补偿等方法加以控制。

2. 数控弯管机

随着数控技术的发展，采用先进的数控弯管机床实现绕弯工艺，它是将传统的手工弯曲与数控机床结合起来的导管弯曲成形工艺。数控弯管工艺主要归结为三个基本动作，即直线送进、空间转角、弯曲，还需要一些弯管辅助动作，如夹模或压模的夹紧、松开，弯曲模的复位等，弯管过程就是这些简单机械动作按一定顺序的组合。数控弯管机由于可以方便地调节工艺参数，能够准确又稳定地完成校直、校圆、送料、弯曲等动作，保证了导管的弯曲准确度。数控弯管工艺批量生产效率高，可满足导管类零件的高精度、高质量的成形要求，在飞机工艺中已逐步取代传统的弯管工艺。

数控弯管机的工作原理：弯曲模固定在机床主轴上并随主轴一起旋转，导管的一端由夹模夹紧在弯曲模上，夹模保持一定的夹紧力，使导管、弯曲模、夹模三位一体转动。数控弯管过程主要有以下步骤：首先，管材进入夹模；然后，根据数控程序进行弯曲，并通过相关模具对导管进行作用，包括通过夹模对零件进行加紧、利用弯曲模具使管材按数控程序进行弯曲等过程。整个弯曲过程是在数控指令下进行的机械动作组合，如图 2 - 44 所示。

常规的数控弯管机是"一管一模"，即被弯曲管件所有的弯曲半径一样，其缺点是弯管过程不能更换模具。为适应一根管子上有多个弯曲半径的弯曲需求，发展了以双模数控弯管机为代表的带有换模机构的数控弯管机。

3. 弯管模具

管材绕弯成形模具包括弯曲模、夹模、压模、防皱模以及芯模（包括芯棒和芯球）等。对于

图 2-44　数控弯管机

不同的管径和弯曲半径,弯管模具成系列,结构基本相似,如图 2-45 所示。

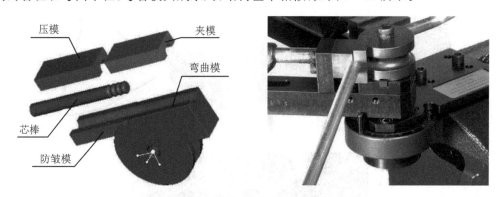

图 2-45　导管弯曲模具结构

（1）弯曲模

弯曲后管件的半径和形状取决于弯曲模,因此,必须合理确定其结构参数。弯管模上的凹槽直径可取与管子外径相同或者略大。如果允许有回弹偏差,则弯管模的半径可以等于弯管半径。若要获得图纸上所规定的弯曲半径,就要考虑回弹值。弯管模要有直线夹紧段,夹紧段的长度为管子外径的 2 倍。需要增加支持力时,可在夹紧段上加一段长度等于或大于管子直径的延长块。

（2）夹　　模

夹模的作用是将管子的一端在弯曲模上定位,保持一定的夹紧力,使管子、模具、夹块三位一体转动,使管子绕着模具弯曲成形。夹模最小夹紧长度为 2 倍管子直径,根据需要可以加长。弯曲薄壁管时,为减少所需夹紧段的长度,可在夹模块上插入可卸夹紧筋。

（3）压　　模

压模用于将管子压在弯曲模的凹槽中,并支撑管子的外半部。一般可分为静止压块和滑动压块。静止压块,压块厚度应均匀,沿长度方向厚度变化应不大于 0.01 mm;滑动模块,用于薄壁管。

（4）防皱块

在弯曲过程中对内侧壁所施加的压力会使紧靠切点后边的管子内侧壁形成皱纹,必须使用防皱块,特别是外径 $D>30$ mm、弯曲半径 $R \leqslant 2D$ 的管子更有必要使用防皱块。

（5）芯　　棒

芯棒在弯曲过程中从内壁支撑着管子,防止管子在弯曲处瘪塌与起皱。芯棒的形状多种多样,对于具有不同相对弯曲半径或相对壁厚的管件,根据其加工要求的不同,应选用不同的形状芯棒。一般情况下,可将芯棒分为两大类:硬式芯棒和软式芯棒,软式芯棒为多球铰链连接形式,在生产中应用较多。在有芯弯管中,芯棒的形状、尺寸及工作位置对弯管质量有较大的影响。为使芯棒顺利插入管坯内,芯棒直径一般小于管坯内径。芯棒与管子内径之间的间隙大小也是影响弯管质量的重要因素。

2.5.3 弯管数字化工艺

为了充分发挥数控弯管的工艺优势,针对导管的数控弯曲,专门开发了数控弯管工艺仿真软件/模块,用于导管弯曲的工艺设计、工艺仿真参数优化、碰撞干涉检测以及离线数控编程等,如图 2-46、图 2-47 所示。

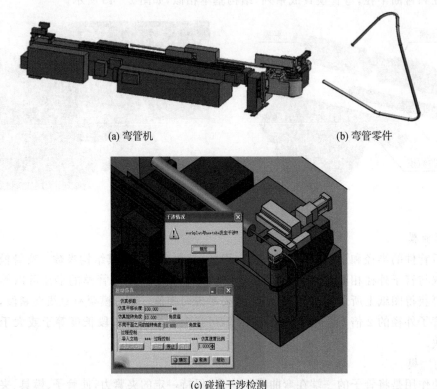

(a) 弯管机   (b) 弯管零件

(c) 碰撞干涉检测

图 2-46 数控弯管仿真及碰撞干涉检测

随着飞机全三维设计制造技术的发展,基于 MBD 的导管数字化制造日趋完善,导管的数字化制造流程如图 2-48 所示,具体如下:

(1) 导管设计

基于 CATIA 的 Tubing Design 模块进行导管零件三维建模后,转换到 Functional Dimension & Annotation 模块添加标注及注释等原来存在于工程图纸中的信息,实现 MBD 建模;或者基于 Tubing Design 模块开发适用于企业现状的导管 MBD 建模模块;模型的注释信息除包含管件规格尺寸及公差等外,还包含以增量弯管数据表示的弯曲路线信息。

(2) 工艺设计

首先进行工艺性审查,将存在的问题反馈给设计,符合要求后转入工艺设计阶段。在工艺

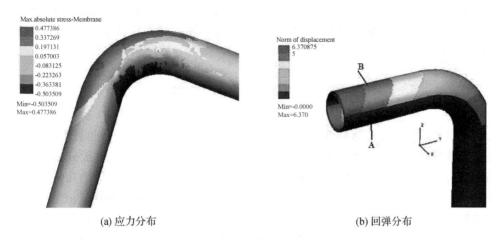

(a) 应力分布　　　　　　　　　　　　(b) 回弹分布

图 2 – 47　数控弯管工艺仿真分析

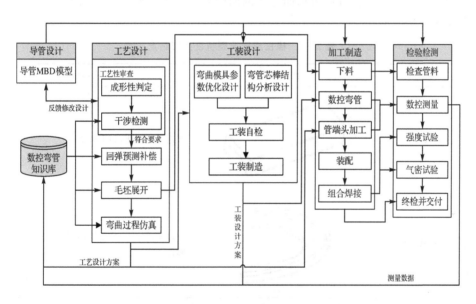

图 2 – 48　基于 MBD 的导管数字化制造流程

设计过程中,若存在以往类似零件的加工记录,可以利用辅助工艺设计及辅助缺陷诊断功能进行工艺设计,否则利用回弹预测系统及有限元仿真软件进行工艺过程模拟并优化工艺参数。最后,将系统生成的模拟弯管过程数据、干涉检测结果、NC 代码、管坯信息等附到管件的 MBD 模型上,完成弯管过程的工艺设计。

（3）工装设计

利用工艺知识库并根据导管零件信息查询弯曲模具信息:若有则直接调用,若无则根据导管 MBD 模型,利用工艺知识库系统的辅助工装设计模块等进行工装模型设计,并进行模具制造及自检;最后将模具信息附加到 MBD 模型上,生成基于 MBD 的管件工艺,准备三维制造模型,完成工艺准备工作。

（4）弯曲制造及检验检测

首先依据 MBD 模型工艺设计阶段管件展开得到的管件尺寸,利用下料机进行下料;下料后对毛坯料进行检验;之后在数控弯管机上进行导管弯曲成形,最后利用数控测量设备对成形后的管件进行检验,并将检测结果数据返回到工艺知识库系统中;对导管端头进行加工,并与螺母或其他需配合部件装配,需焊接处焊接,之后进行强度及气密性试验,检验导管耐压及气密性,终检并交付。

2.6　橡皮成形工艺

在制造飞机的框肋结构薄壁件时,会遇到以下两种特殊问题:一是框肋类零件结构复杂,通常是平面带弯边、变斜角、外缘为变曲率的复杂形状零件,并且零件上一般分布有减轻孔和加强筋;二是框肋类零件的品种多、数量少,许多框肋零件在一架飞机上只用几件。对于上述特殊问题在航空工厂中通常是用橡皮成形方法解决。橡皮成形工艺一般用于成形飞机内部的框、肋、隔板等次承力件,如图 2-49 所示。这类零件的几何特征有直弯边、曲弯边、翻孔、加强筋、浅拉深等,如图 2-50 所示。橡皮成形典型特征的变形特点如表 2-1 所列。主要成形缺陷有回弹、起皱和破裂,其中直弯边和曲弯边的回弹误差最为普遍。橡皮成形工艺分为橡皮囊液压成形和橡皮垫成形。

表 2-1　橡皮成形典型特征变形特点

序　号	类　型	典型图	变形特点
1	直线弯边	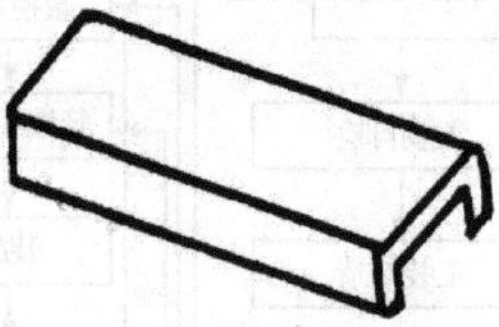	弯边为纯弯曲,如飞机梁
2	凸曲线弯边	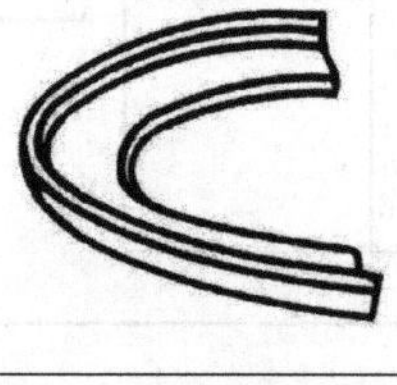	弯边受压应力,易起皱,材料增厚,如飞机机肋、框零件
3	凹曲线弯边	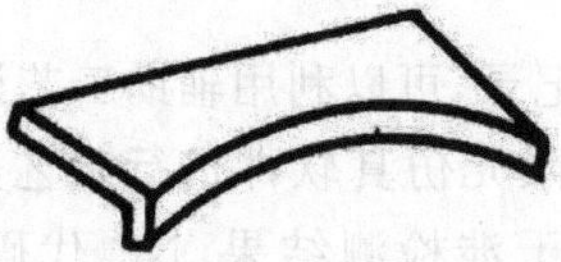	弯边受拉应力,材料拉伸变薄,易破裂,如飞机框缘、开口处加强边
4	凸凹曲线弯边	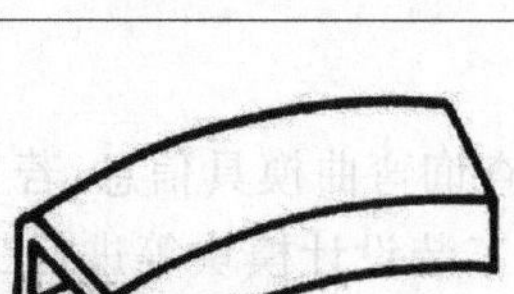	一个弯边受压应力,一个弯边受拉应力,如飞机框缘零件

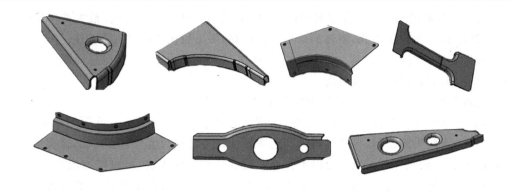

图 2 - 49　橡皮成形的典型零件

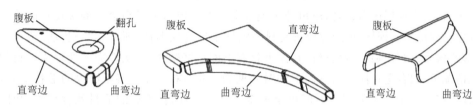

图 2 - 50　橡皮成形零件的主要几何特征

2.6.1　橡皮囊液压成形工艺

1. 橡皮囊液压成形工艺原理及特点

橡皮囊液压成形是利用橡皮作为弹性凹模(或凸模),用液体加压使金属毛料与刚性凸模(或凹模)贴合的一种软模成形方法。成形中一般只需要使用一个凸模(或凹模)——半模,利用充入液压油的弹性橡皮囊提供成形力,完成板料贴模成形,如图 2 - 51 所示。

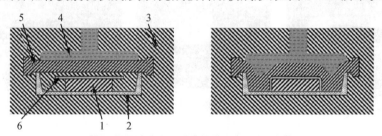

1—模具;2—工作台;3—机床框架;4—橡皮囊;5—橡皮外胎;6—板料

图 2 - 51　橡皮囊液压成形工艺原理

橡皮囊液压成形工艺又可细分为凹模成形、凸模成形、凸模带压边成形及胀形工艺。凸模或凹模成形中,工作台上的模具充当凸模或凹模,而将橡皮囊作为凹模或凸模。凸模带压边工艺用于成形一些侧壁容易起皱的复杂零件。橡皮囊液压成形具有以下工艺优点:

①　模具费用较低,与通常所用模具相比一般可降低 90%。柔性(囊)＋刚性凹模或凸模(半模),模具结构简单,容易加工,模具整修简单,在一套模具上,可以成形不同厚度的零件。模具可用非金属材料和金属材料。生产效率高,特别适合小批量、多品种的飞机零件生产。

②　台面尺寸大,卧式橡皮囊液压成形机台面可达 1.6 m×4 m,可成形飞机大尺寸框肋零件,可一次成形多种零件。

③ 可获得较好的贴模度。橡皮囊单位压力通常在 40～50 MPa 之间，最大的单位压力可达 100 MPa。由于单位压力高，零件的成形准确度高，手工校正工作量大大减少。

④ 成形零件表面质量好，零件表面无擦伤和划痕，厚度变化较均匀，材料内部的损伤率降低，零件质量和结构可靠性显著提高。

⑤ 成形前的准备时间较短，成形中噪声小、安全性高。

尽管橡皮囊液压成形技术具有其优势，但该工艺也存在一些不足。在实际应用中，试错法在该工艺中占有较大的比例，导致材料的利用率较低。与通常的生产方法相比，橡皮囊成形的机床吨位较大，一般在 50 000 kN 及以上。在关键部位放置橡皮块，可以增加成形深度，但成形具有较深的凹窝零件仍受到限制。目前橡皮囊成形工艺主要用于形状简单的飞机铝合金零件。

不贴模是橡皮囊液压成形的缺陷之一，一般发生在模具边角处。解决这一问题的方法是提高成形压力，因为成形压力越高，边角处贴模情况越好。但压力过高会影响橡皮囊的使用寿命，为了减少对橡皮囊的损坏，可通过改善材料的塑性来提高成形性，即采用"一步法"成形。"一步法"成形的核心是利用铝合金板材在新淬火状态下的良好塑性，一次性完成新淬火毛料的成形。在一般情况下，铝合金在淬火后常温下的时效期为 2 h 左右。如果将新淬火的毛料存放在低温冰箱内（−15～−20 ℃），则时效时间可延长至 72 h。这样，新淬火的毛料就有足够的时间进行一次成形压制成零件，从而大大提高生产率。"一步法"成形的典型工艺流程如图 2-52 所示。

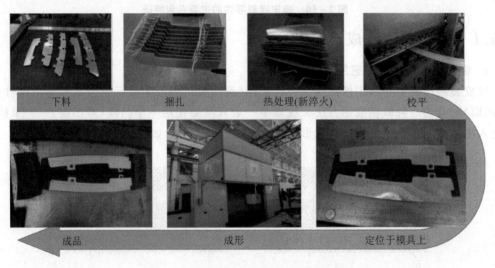

下料　　　捆扎　　　热处理(新淬火)　　　校平

成品　　　成形　　　定位于模具上

图 2-52 "一步法"成形的典型工艺流程

橡皮弯边成形角度回弹是一个突出问题，一般通过试验法、经验公式法和数值模拟法进行回弹补偿，如图 2-53 所示。美国的波音公司通过一系列橡皮囊弯边成形试验，总结出了不同板料 90°直弯边的回弹补偿角参考值如表 2-2 所列。

表 2-2 不同材料回弹补偿角参考值

压力/MPa	板厚/mm	弯曲角/(°)	材　料	补偿角参考值/(°)
100	1～2	90	O 态铝合金	1～1.5
			W 态铝合金	2
			镍铝合金	2～5

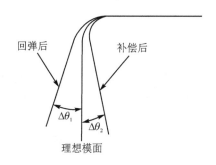

图 2 - 53　橡皮囊液压成形回弹补偿示意图

2. 橡皮囊液压成形机

橡皮囊液压成形机床主要有两类:一类为框架式,另一类为圆筒式。它们的工作原理如图 2 - 54 所示。

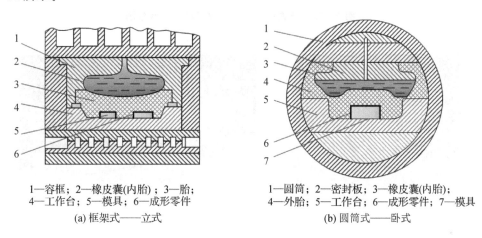

1—容框;2—橡皮囊(内胎);3—胎;　　　1—圆筒;2—密封板;3—橡皮囊(内胎);
4—工作台;5—模具;6—成形零件　　　4—外胎;5—工作台;6—成形零件;7—模具
　　　(a) 框架式——立式　　　　　　　　　　　　(b) 圆筒式——卧式

图 2 - 54　橡皮囊液压成形机工作原理

框架式橡皮囊成形机[见图 2 - 54(a)],上部容框内装有橡皮囊,下部为工作台。将模具和毛料放在工作台上,操纵工作台使之进入工作位置,使容框四周全部处于封闭状态,然后向橡皮囊中充入高压液体。充压的橡皮囊膨胀,压迫位于其下的橡皮垫,使其逐渐充满容框,产生高压,迫使毛料贴附模具形成零件。然后抽去高压液体,使橡皮囊复原,并使工作台退出工作位置,卸下零件。框架立式结构紧凑,但其台面尺寸小、吨位低,一般在几百吨到 1 000 多吨之间,且一次只能成形一个零件,适合于小尺寸零件或深拉深成形。

圆筒式橡皮囊成形机[见图 2 - 54(b)],其结构重量和功率消耗比同等吨位的框架式小得多。台面尺寸大,可以成形大尺寸零件或同时成形多个零件;为了承受液体高压产生的载荷,圆筒床身外面采用钢丝预应力缠绕技术,吨位大,可以达到几千到万吨级。目前,这种机床最大吨位达到 7.7 万吨,可成形面积 1 600 mm×4 000 mm,可成形深度 360 mm,最大成形压力 140 MPa,成形周期为 4 min。另外,为了提高效率,一般配有两个工作台。图 2 - 55 所示为卧式橡皮囊液压成形机结构示意图。图 2 - 56 所示为橡皮囊液压成形机。

3. 橡皮囊液压成形模具

橡皮成形模构造简单,其外缘取决于零件的平面形状。模具的高度视零件的弯边高度而定。由于橡皮的填充流动性不如液体,因此在成形过程中橡皮流入较小的空间困难。容框内压力一般沿成形模高度方向自上而下减小,在底部形成低压区。由于以上原因,模具的高度应

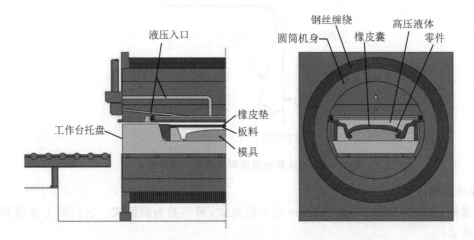

图 2-55 卧式橡皮囊液压成形机结构示意图

(a)立式

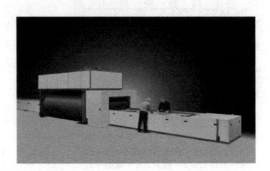

(b)卧式

图 2-56 橡皮囊液压成形机

高于零件的弯边高度 10~15 mm。与零件接触的模具表面应具有较低的表面粗糙度。模具上通常需安装两个定位销,定位销之间的距离应尽可能增大,并避免置于模面的对称位置。

模具材料根据零件形状、尺寸以及产量选用,可以是钢、铝、夹布胶木、精制层板、塑料板和锌基铝铜合金等。精制层板比硬木(例如桦木)的强度大,抗压性较好,一般用于小批量生产;用铸铝或轧制铝板作模具时,模具的加工性良好,但强度低、易变形,不适用于制造形状细长及尺寸大的环形模具;钢强度大、耐磨损、不易变形,但重量大、加工困难,适于制造几何形状复杂、细长且尺寸较大的零件模具;塑料板重量轻、制造简单,但其强度和表面硬度较低,一般用于小批量生产。在飞机研制阶段,一般多选用硬木作为模具材料。锌基铝铜合金的熔化温度不高,铸造性能和复制性能较好,并且有较高的硬度、强度及韧性,在橡皮成形模具中应用较多,可以利用零件数模或回弹补偿的模面对成形模具进行数控加工。

随着 3D 打印技术的不断发展,该技术也被应用到橡皮囊液压成形模具加工中。目前,常用于 3D 打印模具的材料主要有 ABS-M30、PC 和 ULTEM 9085 三种。与传统模具相比,3D 打印模具具有以下优点:① 制造周期缩短 60%~80%;② 工装成本降低 50%~70%;③ 模具重量减少 70%以上;④ 由于 3D 打印材料的多孔性,不需要排气孔和成形润滑;⑤ 3D 打印材料的微量变形会使回弹显著减少,易于模具补偿和修模,如图 2-57 所示。

图 2 - 57　3D 打印的橡皮成形模具

2.6.2　橡皮垫成形工艺

1. 橡皮垫成形工艺原理及特点

橡皮垫成形过程是采用充满厚橡皮垫的橡皮容框作为通用上模,当容框压下或模具上顶产生相对运动时,橡皮受压产生弹性流动,将置于模具上的板料包覆在模具表面上,与模具贴合成形出零件,其工艺原理如图 2 - 58 所示。

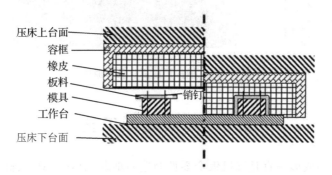

图 2 - 58　橡皮垫成形工艺原理

在成形过程中,将模具放在工作台上,在模具和橡皮垫之间放置要成形的金属板料。机床在液压载荷作用下,工作平台向橡皮垫运动并迫使金属板料向模具方向运动。由于工作台面与容框处于很好的配合状态,发生变形的橡皮迫使板料成形为模具的形状。

橡皮垫成形也是一种半模成形方法,一般为凸模。常用成形压力在 $5\sim36$ MPa 之间。适合于成形小于 3 m 的小尺寸零件。橡皮垫的高刚性(硬度)保证了在成形的初始阶段将板材压紧在模具上,减少弯曲部位发生“隆起”(鼓包)现象,而橡皮囊成形不具备这个优点。因为橡皮囊在接触板材时不能如橡皮垫那样“刚硬”,它需要更高的压力消除弯曲部位的隆起(鼓包)。橡皮垫的高弹性可以实现拉深成形,可以通过更换橡皮垫以适应不同的模具和零件,橡皮垫一般采用聚氨酯橡胶。

2. 橡皮垫成形机

橡皮垫成形机大都采用板式组合框架结构,以上顶式结构为主。机床上部的容框装有橡皮垫,橡皮容框固定,下部为放置模具的工作台,如图 2 - 59 所示。成形零件时,油缸推动工作台向上移动,工作台上的模具顶向容框,被压缩的橡皮在容框和工作台的限制下产生高压,按刚性半模将板料压制成形。橡皮垫成形的主要优点与橡皮囊成形大致相同,但橡皮垫使用寿命相对较长,维护成本低,缺点是单位压力分布不如橡皮囊均匀。

橡皮容框的设计制造非常关键,要求足够的刚性,一般采用整体式高强度锻造合金钢制造;成形力由推动工作台的高压液压缸提供,液压缸采用高强钢制造;外框架包括多个重型热轧钢板,这种框架设计采用整体结构,没有焊接和机械连接。

放置在钢体容框中的橡皮垫占容框的 2/3 深度,对成形效果有重要影响。多年来对于不同种类的橡皮进行了很多实验研究,以进一步提高橡皮垫的性能。橡皮一般应具有接近 0.04%/680 kPa 的压缩性、相对高的屈服点和 350%~650% 的延伸率。

橡皮垫
毛料
模具

图 2-59 橡皮垫成形机工作原理

2.7 充液成形工艺

复杂薄壁零件的成形一直是飞机钣金零件制造的难点,如翼尖蒙皮、机头罩、整流罩、阻力板、油箱、设备舱隔板等,这类零件具有形状复杂、变形复杂等特点,如图 2-60 所示,主要表现为成形中局部胀形或胀形和拉深变形的组合,成形极限低,成形中极易达到材料的成形极限而产生破裂等缺陷。为了解决成形极限低的问题,生产中长期采用落压工艺成形这类零件。落压工艺是利用落锤的冲击力,通过落压模将板料渐次压制成立体复杂曲面零件的成形方法,其构型要素复杂,很少有零件"一锤到底"能够成功,需要大量的手工敲修消除起皱。因此,落压工艺对零件的损伤极大,影响零件的强度和疲劳寿命。同时,落压工艺采用质量较大的铅锌模具,模具制造产生的铅锌污染问题突出,不符合绿色制造要求,落压工艺已被禁止使用。发展新工艺解决飞机复杂薄壁零件的成形是近年来飞机制造领域的一项重要工作。

近 20 年来,充液成形技术的发展,为解决飞机复杂钣金零件的成形提供了有效的解决途径。充液成形是在橡皮囊液压成形工艺基础上发展起来的一项新工艺,采用油或水等作为传力介质,代替传统刚性的凹模或凸模,板料表面在传力介质压力的直接作用下,贴合凸模或凹模而成形。该工艺是一种柔性介质辅助成形技术,有效克服了橡皮囊液压成形压边力不易控制、橡皮囊疲劳损坏、为消除起皱需要的液体压力大等不足,在解决复杂零件的成形中显示出极大的优势。

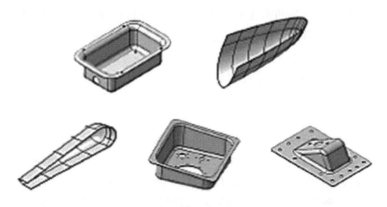

图 2 - 60　典型的复杂薄壁零件

2.7.1　充液成形工艺原理及特点

板料充液成形技术可分为以拉深为主的被动式充液成形和以胀形为主的主动式充液成形。被动式充液成形又称充液拉深,是在传统拉深成形的基础上用充液室代替凹模,通过凸模将板料压入充液室内,并利用液体介质的反作用力形成作用于板料的液压力,促使板料能更好地贴模。这种成形工艺如图 2 - 61(a)所示,主要由凸模、压边圈、凹模、充液室等组成。首先,在液室中充满液体,将板料放置在凹模表面上,压边圈施加压边力将板料压紧。有时,还需要提前建立一定的液室压力以进行预胀成形。随后,凸模向下运动,将板料压入凹模型腔内,依靠凸模压入自然增压或者通过液压系统调节,使充液室的液体介质产生压力,将板料压紧并完全贴合在凸模上,直至成形结束,完成拉深。

充液拉深与传统拉深成形不同,由于凹模被充液室代替,在液压作用下,板料与凸模之间摩擦力增大,零件的侧壁变形相较于传统拉深有所减小。另外,该技术可产生反胀效果,从而提高材料的拉深成形性能。

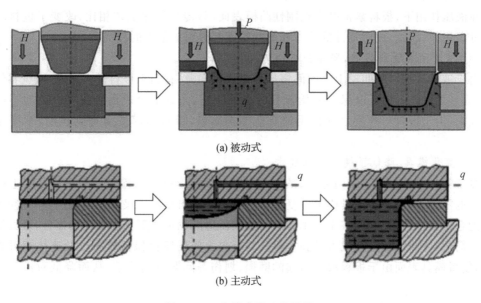

(a) 被动式

(b) 主动式

图 2 - 61　充液成形工艺原理

主动式充液成形实际上是凹模充液成形,如图 2 - 61(b)所示,是一种通过液体压力促使板料自由胀形并使之与凹模贴合的过程。相较于传统拉深,凹模充液成形提高了零件的刚性,自由胀形减小了零件由于局部变形导致破裂的风险,减少了对凸模的需求,却增加了凹模的加工难度。因此,主动式充液成形工艺应用较多。

充液成形具有以下工艺优点:

(1) 提高板料成形极限、减少拉深道次

充液拉深与传统刚模拉深工艺的显著不同点是板料背面存在液体压力,在板料与凸模之间产生摩擦力,且在法兰区存在润滑油膜。一方面,随着凸模下行,充液室主动或被动产生的液体压力促使板料紧紧贴向凸模,从而在板料与凸模之间产生摩擦力,形成了充液拉深成形的摩擦保持效果,相当于板料在凸模的带动下流入凹模,有效减小了板料变形中的径向拉应力。该摩擦力能够不断转移危险断面,使得传力区的承载能力提高。另一方面,在充液室压力达到某一临界值时,液体压力作用使板料法兰区脱离凹模,形成润滑油膜,消除板料与凹模圆角之间的摩擦。如果法兰不采取密封,成形末期液室内的高压液体将会从法兰流出,在板料和模具之间形成一种动态的润滑状态,从而建立有利于提高成形极限的流体润滑效果,提高板料的成形极限。这两种效果的共同作用显著减轻了传统拉深成形中危险断面(即凸模圆角附近)的板料局部变薄现象,从而显著提高了成形极限。因此,充液成形能够提高一次拉深变形的程度,并减少成形道次,在充液成形技术的辅助下,一次拉深的极限拉深系数可降到 $m_{min} = 0.286$。

(2) 有效抑制成形内皱的产生

对于锥形、抛物形等侧壁有锥度或圆弧形状的曲面零件,由于成形时板料存在悬空部分,普通拉深极易产生内皱。充液拉深时,板料自由悬空区域在液压作用下由液体一面贴向凸模,产生与凸模运动方向相反的反胀变形,形成"软拉延筋"。该处应力状态为切向拉应力和径向拉应力,大大降低了悬空部分的起皱趋势。另外,凸模与板料之间建立了有益的摩擦,也起到了减缓起皱的作用。

(3) 提高了零件的形状和尺寸精度

在液压作用下,板料紧密贴合在刚性凸模表面,与传统拉深工艺相比,改变了板料内部的应力分布规律,因此,成形零件的尺寸和形状精度都得到了很大的提高。

(4) 零件的表面质量好,壁厚分布均匀

由于液体从板料与凹模上表面间溢出形成流体润滑,有利于板料进入凹模,减少零件表面划伤,成形零件外表面可以保持原始板料的表面质量,尤其适合表面质量要求高的零件的成形。同时,由于板料与凸模之间作用的有益摩擦效果,板料局部变薄得到控制,厚度分布较均匀。

(5) 简化模具、降低了模具的总成本

复杂零件可在一道工序内完成,减少了多道工序成形所需的模具。对于尺寸接近或者厚度相当的零件,可用一套模具成形。复杂零件只需加工出与零件尺寸相当的凸模,无须加工与凸模配合的复杂凹模型腔,甚至采用圆形凹模或压边圈也可成形异形截面的零件,模具结构得以大大简化,并降低了生产成本;同时,模具与板料之间的摩擦保持效果以及流体润滑效果的作用,使得模具表面由于板料移动引起的磨损、划伤等问题得到缓解,从而降低对模具材料等级要求。

充液成形也有自身的缺点,主要表现在以下几个方面:首先,由于充液液室压力形成的反作用力,使其拉深力大于普通拉深工艺,因此对成形设备的吨位要求高;其次,所需设备复杂,除液压机外,还需要一套独立的液室增压系统;再次,成形过程中需要对液体密封,特别是高压液体的密封。

2.7.2　充液成形设备及应用

充液成形设备是一种专用成形装备,与一般成形压力机类似,由机械系统和控制系统组成,但具体构成和功能有显著差异。机械系统主要由合模装置、模架系统、压力产生装置构成。

合模装置非常关键,用于提供合模力,可以采用单动、双动的四立柱式、框架式或钢丝缠绕结构压力机等。充液成形中板材要承受大面积高压流体压力作用,因此,充液成形中合模力的吨位要比一般成形压力机大。模架系统安装在设备的平台上,主要包括凸凹模、压边圈、液体介质和液室等,还有辅助的上下模板、集油槽、压边缸、导柱导套等。压力产生装置又称增加装置或增压器,是充液成形的专有装置,用于提供成形的液体压力,通过增加装置为充液成形提供高压介质。

充液成形设备已全部实现数字控制,可以精确控制工艺过程及成形加载曲线等。控制系统包括液压控制系统和电气控制系统,液压控制系统主要是对工艺过程控制,包括成形力-凸模行程曲线、液体压力-时间曲线等;电气控制系统主要用于存储工艺数据,如工艺曲线等,可以方便地调用工艺数据,实时显示液室压力等工艺参数和工艺曲线,并自动控制成形工艺过程实现工艺的自动化。

目前,专用的充液成形设备已成熟应用,吨位达到上千吨,其中以瑞典 APT 公司开发的充液成形设备应用最多,如图 2-62(a)所示。国内相关企业和高校也开发了这类专用设备,如图 2-62(b)所示,并在飞机复杂钣金零件成形中获得成功应用,取得显著的应用成效。

(a) 瑞典APT公司开发的充液成形设备与零件

(b) 国内的充液成形设备与零件

图 2-62　充液成形设备与零件

2.8 钛合金热成形工艺

对于钛合金等室温难成形材料,其在常温下的屈服强度($\sigma_{0.2}$)较高,且屈强比(屈服强度/抗拉强度,$\sigma_{0.2}/\sigma_b$)大,弹性模量(E)与模量强度比($E/\sigma_{0.2}$)均较小。因此,钛合金板材在常温下成形时变形抗力大且易开裂,回弹严重,很难成形。然而,在一定的高温状态下($500\ ℃$以上),钛合金的塑性可得到明显的改善,延伸率增加,成形性能显著提高。因此,钛合金板材零件通常采用热成形工艺,主要应用于飞机的蒙皮、隔热框、整流罩、口盖等零件的成形,如图 2-63 所示。按照成形特点,主要分为弯曲成形类零件、翻边类零件、拉深类零件等。

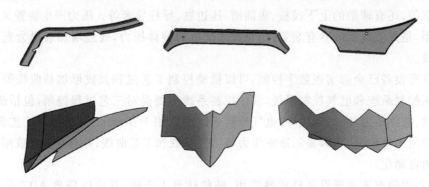

图 2-63 典型钛合金热成形零件

2.8.1 热成形工艺原理

钛合金板材热成形是利用钛合金在加热状态下塑性高、变形抗力低的特点,使零件成形极限提高、回弹量减小、精度提高的一种成形工艺方法。其工艺过程包含等温热冲压及蠕变两个阶段,工艺流程如图 2-64 所示。

① 由加热系统将模具预热到规定温度,再将毛料均匀加热至成形温度,将毛料置于热成形模具上;

② 模具以预定的速度合模,完成零件成形;

③ 保持模具处于合模状态,使板料在保温保压的条件下进行蠕变,利用钛合金高温条件下的应力松弛行为将板料内部弹性应变转化为塑性应变,降低其残余应力;

④ 在一定时间的保温保压之后,去掉工装夹持,取出零件进行空冷。

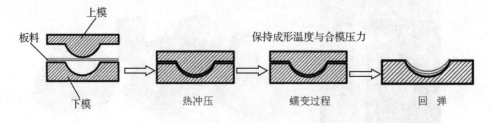

图 2-64 热成形工艺流程图

1. 等温热冲压阶段

等温热冲压阶段,凸模、凹模以及板料均被加热到同一温度,之后进行成形作业。图 2-65

所示为钛合金板材在不同温度和应变速率条件下的真实应力-应变曲线,表明随着温度的升高以及应变速率的减小,应力降低。因此,钛合金热成形应在高温和低应变速率下进行。

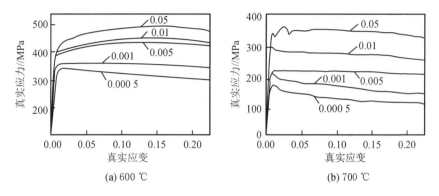

(a) 600 ℃　　　　　　　　　(b) 700 ℃

图 2 - 65　TC4 钛合金真实应力-应变曲线

2. 应力松弛阶段

在等温热冲压过程结束后,应保持上下模具不动,保证压力与温度恒定,在此阶段,板料将经历应力松弛,进而有效降低残余应力,提高贴模精度。在高温环境下,应力松弛时间越长,钛合金内部应力越小,最终趋于一个稳定值。在此过程中,零件内部的弹性应变转变为塑性应变,残余应力降低,如图 2 - 66 所示。

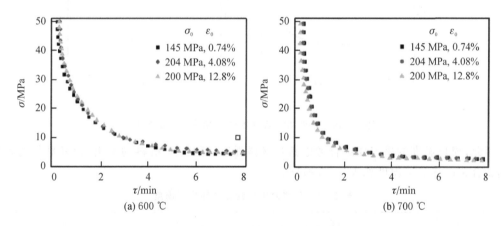

(a) 600 ℃　　　　　　　　　(b) 700 ℃

图 2 - 66　TC4 钛合金应力松弛曲线

2.8.2　热成形工艺参数

钛合金板材热成形工艺的主要影响因素有成形温度和速度、合模压力、保压时间等,它们与材料的塑性有着密切的联系,直接决定着零件的成形质量。温度的作用是降低变形抗力,提高材料塑性和改善成形状态。压力的作用是平衡成形时的变形抗力。时间是材料进入蠕变状态、实现应力松弛的保证。

1. 成形温度

热成形中通过加热使金属软化,增加板料在成形中的最大变形能力、降低变形抗力和提高零件成形准确度。在成形中必须根据原材料的温度-力学性能曲线,以及加热可能对于原材料产生的不利影响(如氢脆等),合理选择成形温度。例如,某些钛合金在 300～500 ℃ 的温度范围内,塑性指标有所降低,温度增到 500 ℃ 时塑性指标才有明显的增加,如图 2 - 67 所示。但在800~850 ℃的高温下,钛合金不仅容易氧化、吸氢,而且还会出现晶粒长大与合金组织变化等不利现象,如图2-68所示。

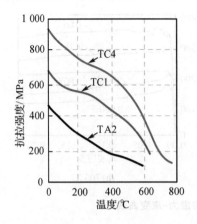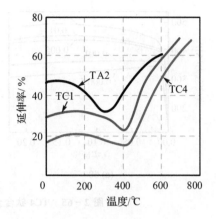

图2-67　温度对钛合金强度和塑性的影响

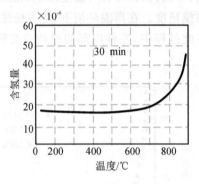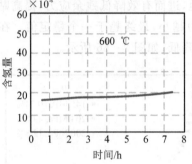

图2-68　温度和时间对TA2钛板含氢量的影响

因此,成形温度的确定要综合考虑其对材料强度、延伸率、材料的氧化、含氢量等的影响,常用钛合金的热成形温度如表2-3所列。

表2-3　某些退火钛合金的热成形温度

材　料	成形温度/℃	材　料	成形温度/℃
工业纯钛	500~650	Ti-8Mn	500~650
Ti-6Al-4V(TC4)	620~775	Ti-6Al-4V-2Sn	600~730
Ti-5Al-2.5Sn	600~800	Ti-8Al-1Mn-1V	600~800

2. 成形速度

材料的成形速度决定了其变形速度,而变形速度对塑性的影响比较复杂,且其影响规律又受到温度的制约。在低温成形时,加载速度对变形抗力和塑性的影响不大,而在中温和高温条件下越来越显著。加载速度和温度对TC4钛合金的强度和延伸率的影响如图2-69所示。然而较长的成形时间会使板料表面污染层的厚度增加,所以在不同温度下的成形时间均有最大上限,即应变速率不能过低。

3. 合模压力

较高的合模压力对于消除已产生的皱纹具有明显作用,但对抑制卸载后的回弹却作用不

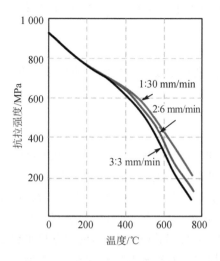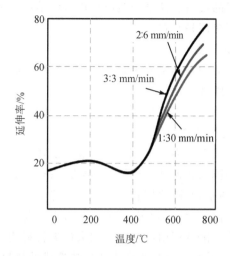

图 2 - 69　加载速度和温度对 TC4 钛合金强度及延伸率的影响

大,因此,应尽量在所选温度下用最小压力,以避免工装变形,同时也能节约设备资源。

4. 保压时间

保压是热成形中的一道重要工艺过程。在成形完成之后,保证压力与温度恒定,在此过程中,板料会发生应力松弛,零件内部的弹性应变转化为塑性应变,总的残余应力降低,从而减小零件回弹。保压时间越长,零件内部残余应力越小,保压时间对于残余应力的影响又与温度有关,温度越高,应力松弛越显著。但是,不能为了提高应力松弛效果而盲目升高温度和延长保压时间,需综合考虑零件残余应力、表面氧化、生产效率等多方面问题。对于 TC1、TC2、TC4 钛合金热成形零件,保压时间通常在 8～20 min 范围内。

某些钛合金的热成形和热校形工艺参数见表 2 - 4。

表 2 - 4　某些钛合金的热成形和热校形工艺参数

材　料	成形温度/℃	成形持续时间/min	校形温度/℃	校形持续时间/min
TA2(99.5Ti)	600	3～5	550	15～20
TC1(Ti - 2Al - 1.5Mn)	650	5	600	20～25
TC3(Ti - 5Al - 4V)	700	2～3	650	10～15
TC4(Ti - 6Al - 4V)	700	3～5	650	15～25
TC4 细晶板	700	1～2	650	5～10
TiCu(Ti - 2.5Cu)	650	1～2	600	5～10
Ti - 8Al - 1Mo - 1V	800	2～3	750	8～12
TA7(Ti - 5Al - 2.5Su)	800	2～3	750	8～12

2.8.3　热成形机

生产钛合金热成形零件需要专用设备——热成形机,这种专用机床是电炉与加压系统的有机结合,需全面考虑加热温度、工作压力、隔热保温、冷却保护、安全操作、加工方法及范围等多方面的问题,是一套复杂的系统工程。应根据热成形零件的大小和热成形温度、压力的大小选用适当的设备。钛合金热成形机床的结构主要由以下几个部分组成：床身、加热炉、电热工作台和隔热保护装置。

1. 床　身

床身为设备的主要承力部件，要求有足够的强度和刚度，开敞性好，使用维护方便。

2. 加热炉

一般为电炉，是热成形机热量产生的源泉，其形式与尺寸大小直接影响到设备的结构和性能。

3. 电热工作台

在热成形机内有上、下两块，起着加热和承压的双重作用，同时又是避免热量向热成形机床底座和锤头传递的隔热体，是热成形机床的关键部件。电热工作台的结构通常由三部分组成，即电热平台、隔热层和水冷板。电热平台，即加热平台、工作平台，供以安放模具、承受垂直载荷，并将载荷传递到床架；电热平台本身既是发热体，又是热源，其中安装有电热元件和测温热电偶等。隔热层由高强度的耐火保温材料构成，它紧邻着电热平台，传递电热平台的重量和工作载荷，并减少电热平台由于传热造成的热量损失。水冷板与隔热层毗邻，确保热量不传递到热压机的底座与锤头上，通过流动水进行冷却，使床身的温度保持正常，同时承受和传递电热平台与隔热层的重量及工作载荷。

4. 隔热保温装置

隔热保温装置主要是指炉壁和隔热门两部分，是防止炉膛或工作腔内热量向外散失的主要"防线"，要求耐高温、隔热效果好，从而减少内部热量损失，获得功率的充分利用和最大节约，同时要求结构设计合理、体积小、重量轻。

图 2-70 所示为典型热成形机，采用四柱式结构、金属或陶瓷加热平台，成形采用下压式结构，机床可以从前后打开；成形区域完全被可伸缩、热绝缘的保护罩包裹，采用多区曲线控温，保证温度的均匀性和可控性，最高可加热到 982 ℃；可精密控制闭合速度、位置点、成形速率和成形吨位；带有侧压装置、压边装置、模具提升装置、模具夹紧装置、扭曲装置、顶料装置、换模装置等附件。计算机控制系统提供数据采集、工艺变量存档、实时跟踪、工艺设计与数据库、制造工程网络接口等。

图 2-70　典型热成形机

某 500 t 热成形机工作参数如表 2-5 所列。

表 2-5　500 t 热成形机工作参数

序　号	主要参数	参数值
1	最大加热温度/℃	870

序　号	主要参数	参数值
2	工作台尺寸/(mm×mm)	1 525×3 050
3	侧压缸最大吨位/t	4 缸×37.5 t/缸
4	升降台最大吨位/t	2 缸×250 t/缸
5	加热区数量/个	12

2.8.4　热成形模具

热成形模具设计应综合考虑零件的生产数量、零件的复杂程度、质量要求等因素,在此基础上选择模具材料和加工方法、热成形的具体工艺及实施工艺的设备条件等。但最主要的是分析具体零件的几何形状,制定恰当的成形工艺方案,如零件是否仅是纯粹的弯曲、拉深、翻边或局部成形等基本成形特征,还是包含上述某几种基本成形特征的复合形式。在对具体零件充分分析、了解并确定技术方案后,才可进行详细的模具设计。热成形模具设计的主要流程如下:

① 分析钛合金零件图样,确定零件成形工艺。按照零件的形状、大小和批量,钛板的种类和牌号,典型的零件的分类和工艺规程以及技术水平和加工传统等,决定采用何种成形方法、工艺装备等。不同的成形方法直接影响模具的设计方案。

② 确定模具的种类和结构,选用合适的模具材料。

③ 模具结构设计和计算。结构设计应考虑模具和机床的定位和连接、上下模的导向、毛料的定位、零件的装卸、加热装置的布置、测温孔的位置以及吊装等。必要时,还要进行型面关键尺寸的缩尺系数、局部受力结构的强度、加热模的电功率和加热时间等参数的计算。

④ 建三维数模,绘制模具设计图,提出制造依据和协调措施,并注明各项标准和注意事项等。

1. 模具材料

对于钛合金热成形工艺,绝大部分模具的使用温度介于 600～750 ℃之间,少部分工作温度接近 800 ℃。因此,要保证模具在如此高的温度下长期工作,选择适合的模具材料至关重要,应着重考虑如下五点因素:

① 模具材料必须具备良好的抗高温氧化性能;

② 模具材料应具备较高的相变温度,依据钛合金热成形模具的工作温度,通常模具材料的相变点应大于 850 ℃;

③ 模具材料应具有高的热疲劳性能;

④ 取材方便,成本低廉;

⑤ 加工方便。

热成形模具材料除了应具备上述几点要求以外,同时还应满足加工方便的要求。因为在模具生产中加工成本占相当大的比重。特别是高镍、高铬的耐热合金,除材料本身贵重外,机械加工十分困难,对刀具要求高,比一般的模具材料要耗费更多的时间,制造一套模具的成本很高。对一般成形温度要求不高,批量小的零件应尽量避免选用。常用的钛合金热成形模具材料如表 2-6 所列。

表 2-6　常用热成形模具材料

材料名称	相变温度/℃	最高使用温度/℃	平均线膨胀系数 $\alpha/(\mathrm{m}\cdot{}^{\circ}\mathrm{C}^{-1})$
中硅铝球墨铸铁	＞946	900	14.6×10^{-6}
中硅钼球墨铸铁 I	＞850	750	13.0×10^{-6}
中硅钼球墨铸铁 II	＞850	800	12.0×10^{-6}
中硅钼铬球墨铸铁	＞900	820	13.7×10^{-6}
中硅球墨铸铁 I	＞890	820	11.3×10^{-6}
中硅球墨铸铁 II	＞910	750	14.0×10^{-6}
高硅球墨铸铁	＞950	900	13.9×10^{-6}
不锈钢	＞1 000	750~800	18×10^{-6}

2. 模具型面尺寸精度

模具型面尺寸精度是由零件的设计精度要求和选定的模具材料、零件材料以及成形温度计算而定。模具型面尺寸计算一般依据下式计算：

$$L_{\mathrm{cm}}=L_{\mathrm{cj}}(1-D)$$

式中，L_{cm} 为常温下模具型面尺寸；L_{cj} 为常温下零件要求尺寸；D 为放缩系数。常用模具材料放缩系数见表 2-7。

表 2-7　常用模具材料放缩系数

零件材料		TA1、TC1、TC2					TC3、TC4			
工作温度/℃		400	500	550	600	650	600	650	700	750
模具材料	不锈钢	0.003 5	0.004 4	0.005 0	0.005 5	0.006 0	0.005 3	0.004 9	0.005 7	0.006 1
	中硅钼球墨铸铁	0.001 9	0.002 5	0.002 8	0.003 1	0.003 3	0.002 5	0.002 6	0.002 8	—

由于工程计算的近似性，由理论公式计算的结果仍需依据工程经验进行一定调整。由于热成形模具经常在 600 ℃ 以上温度工作，因此，给出的尺寸精度不宜过严。在模具上设置的销、孔等具有对合、定位、导向作用的结构配合精度更不宜过高，应适当加大配合间隙。在实践中由于上述结构配合精度要求过高，在加热状态下，上下模卡死的现象时有发生，严重时甚至可能造成整套模具报废。

2.8.5　钛合金热成形应用实例

如图 2-71 所示，某型飞机进气道钛合金唇口零件是左右对称的两个零件，材料为 TC2，板厚为 1.5 mm。每个零件都采用无压边的热弯曲工艺成形，各需要配备一套模具，包括凸模和凹模。在成形中起皱缺陷突出，需反复多次将毛料从热压力机中取出，并进行人工敲打消皱。该工艺过程十分烦琐，且零件成形质量无法保证，需要采用新的工艺方法解决起皱等成形缺陷问题。

1. 热拉深成形工艺设计

（1）模具设计的优化

在新工艺中，拟考虑充分利用先进的 180 t 热成形机的压边功能，设计带压边的模具，通

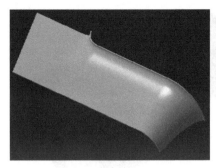
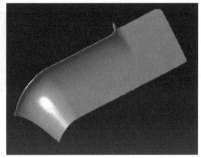

图 2-71　对称的钛合金唇口零件

过热拉深成形工艺解决起皱问题。为了节省模具成本,平衡模具和机床的受力,拟将这两个对称件设计在一套模具中实现一次成形。通过热冲压成形数值模拟及模具设计优化发现,采用一套模具可以实现两个零件的一次成形,但存在破裂可能,可通过毛料形状与工艺参数的调整来消除破裂。图 2-72 所示为成形仿真及模面优化。

图 2-72　成形仿真及模面优化

（2）毛料形状的优化

对于唇口零件的毛料形状,可通过有限元逆算法获得由两对称零件组成的展开毛料,然后将展开毛料形状补充成规则光顺的外缘,如图 2-73(a)所示。

采用优化的模面,以及施加 200 kN 的压边力、550 ℃ 的成形温度,径过成形数值模拟分析,发现在零件中部有明显的变薄现象,见图 2-74(a)。由成形极限图可以看出,此处的 ε_1 已经超过安全区域,出现破裂的可能非常大。

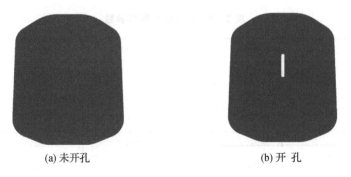

(a) 未开孔　　　　　　　　　　　　(b) 开 孔

图 2-73　不同毛料方案

根据预测的缺陷情况,考虑在毛料上增加一个小孔,避免该部位的应力集中,增加材料的

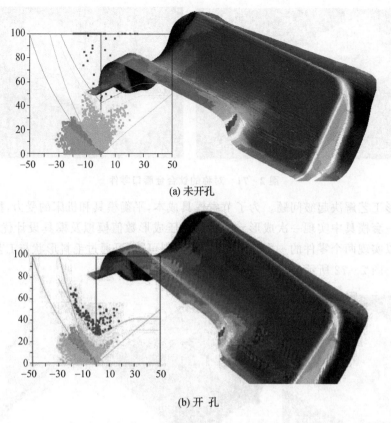

(a) 未开孔

(b) 开 孔

图 2 - 74　板料变形的成形极限图

流动性。为验证该思路,用同样的模面和工艺参数,选择图 2 - 73(b)所示的开孔毛料,通过模拟计算[见图 2 - 74(b)],发现原来出现破裂区域的 ε_1 与 ε_2 显著减小,破裂的可能得到降低,最终零件的边缘线附近的厚度达到了要求。

（3）成形温度的优化

钛合金 TC2 的材料性能受温度性能影响很大,随着温度的升高,材料塑性增加,强度降低,而且延伸率变化也较大。在 500 ℃、550 ℃温度下进行 TC2 板的单拉试验,拟合得到成形性能参数如表 2 - 8 所列。

表 2 - 8　TC2 材料性能参数

温度/℃	500	550
杨氏模量 E/MPa	6.3×10^4	4.5×10^4
泊松比 μ	0.41	0.41
n	0.135	0.095
K/MPa	716.7	505
$\sigma_{0.2}$/MPa	382.7	321.8
极限应变 TE/%	35.7	67

采用优化后的模面、开孔毛料[见图 2 - 73(b)],取压边力 200 kN、冲压模拟速度

2 000 mm/s,针对成形温度 500 ℃和 550 ℃进行成形模拟计算。当成形温度为 500 ℃时,零件的最小厚度为 0.91 mm;当成形温度为 550 ℃时,零件的最小厚度为 0.95 mm。可见,成形温度提高可降低破裂的可能性。

（4）压边力的优化

热成形机的压边功能提高了成形性能。通过调节压边力的大小,可以提高零件的成形质量,抑制起皱和破裂等缺陷的发生。采用优化后的模面、开孔毛料,在成形温度 550 ℃、冲压模拟速度为 2 000 mm/s 的条件下,取不同压边力进行热成形的模拟计算,可以得到压边力在 100～300 kN 范围内零件厚度的变化。当压边力为 160 kN 时,零件的最小厚度值最大,变薄现象优于压边力为 100 kN 和 200 kN 的情况。压边力越小,零件的最大厚度越大,所以为了减轻起皱的可能,应适度增加压边力。综上所述,取 160 kN 压边力比较合适,零件的成形效果最好。图 2-75 所示为优化后的模面及模具实体图。

2. 工艺优化验证

（1）工艺方案确定

通过以上优化,确定成形在 180 t 的热成形机上完成。成形时工作腔内温度设为 550 ℃,压边力取 160 kN。模具使用优化后的模面进行设计和制造,毛料选用优化后的开孔形状。

成形前使用喷灯加热毛料到 500 ℃左右后,放入热成形机工作腔中再加热至 550 ℃,然后进行热冲压和保压(保压时间 20 min),成形一次完成。

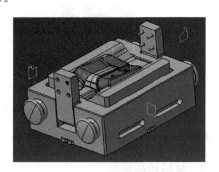

图 2-75　优化后的模面及模具实体图

（2）实验结果对比

第一次试冲结果如图 2-76(a)所示,可以看出在零件前端一侧产生了破裂。通过调整模具间隙、修整局部圆角,以改善材料流动性,进行了第二次试冲,结果如图 2-76(b)所示。发现危险破裂处得到了抑制,消除了这一缺陷,获得了合格的成形零件,验证了工艺方案、优化的模面和工艺参数的有效性。

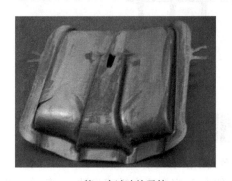

(a) 第一次试冲的零件　　　　　　　(b) 第二次试冲得到的合格零件

图 2-76　工艺优化实验验证

2.9　超塑成形及扩散连接

在飞机结构中钛合金用量增加的同时,为了提高结构效率、实现结构减重,推动了钛合金复杂和整体结构制造技术的发展。超塑成形工艺、超塑成形/扩散连接组合工艺为单层复杂薄壁结构成形和多层结构整体成形提供了有效的解决方案。这些技术在航空领域被广泛应用于钛合金构件的制造,如飞机的腹鳍、防火墙、口盖、舱门、隔热框、翼面和机身壁板等。典型构件如图 2 - 77 所示。

(a) 单层复杂薄壁结构

(b) 双层复杂整体薄壁结构

图 2 - 77   典型的钛合金复杂薄壁结构和多层整体薄壁结构

2.9.1   超塑成形原理及特点

1. 材料的超塑性

超塑性是指金属材料在特定的内在条件(材料成分、组织及相变能力等)和外在条件(温度、加热方式、压力及应变速率等)下,呈现无缩颈和异常高的延伸率(δ 值)的特性。一般延伸率大于 100% 的变形称为超塑性变形,如图 2 - 78 所示。

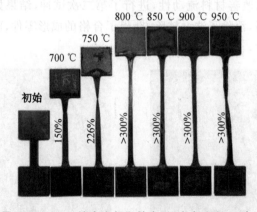

图 2 - 78   TC4 钛合金超塑性变形(应变速率 10^{-4}/s)

衡量材料超塑性能的主要参数包括材料的延伸率 δ、应变速率敏感指数 m 值、激活能 Q 等,其中应变速率敏感性(m 值)是超塑性变形的重要特征。正是由于超塑性材料应力对应变速率高的敏感性,才有效抑制了超塑性变形中的拉伸失稳,从而使超塑性变形具有超乎寻常的大变形能力。一般材料的 m 值大于 0.3 即认为具有超塑性,且 m 值越大,材料的超塑性能越好。

超塑性力学性能的影响因素主要有温度、应变速率和晶粒大小及形态,如图 2 - 79 所示。

(1) 变形温度

超塑性变形是指在一定温度区间所表现的变形行为,通常要求在熔化温度一半以上(即

$T > 0.5T_m$，其中 T_m 为熔化热力学温度）进行。当温度 $> 0.5T_m$ 时，应变强化不再显著，此时存在着恢复与强化的平衡状态，亦即应变硬化指数 n 的影响将逐渐消失，$n \approx 0$，则 $\sigma = K\dot{\varepsilon}^m$（$K$ 为材料的硬化系数；m 为材料的应变速率敏感指数）。

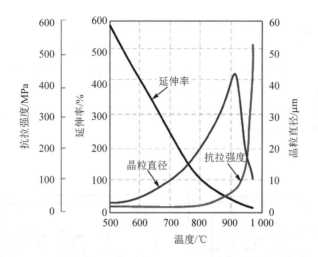

图 2 - 79　TC4 的变形温度对抗拉强度、延伸率和晶粒直径的影响

（2）应变速率

应变速率是影响超塑性变形的重要因素之一。图 2 - 80 为超塑性材料应变速率对流动应力与应变速率敏感指数（m 值）的影响，从图中可以看出，应变速率 $\dot{\varepsilon}$ 对流动应力 σ 及 m 值均有显著影响。根据应变速率的不同，超塑变形一般划分为三个区域，分别对应扩散过程主导、混合机制和位错过程主导三种不同的变形机制。其中，在扩散过程主导区和位错过程主导区，m 值较小，应力随应变速率变化缓慢；而在混合机制区，m 值最大，应力随应变速率变化剧烈，在此范围内的材料变形具有很高的应变速率敏感性，具有较强的抗颈缩能力，超塑性好，是实现超塑性变形的最佳应变速率范围。

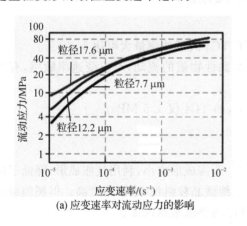

（a）应变速率对流动应力的影响

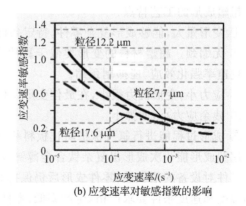

（b）应变速率对敏感指数的影响

图 2 - 80　TC4 的应变速率对流动应力和 m 的影响

（3）晶粒大小及形态

起始晶粒大小及晶粒形态等组织特征对超塑性变形十分敏感，是影响金属超塑性变形的主要因素之一。当应变速率一定时，晶粒越细，应力将下降，尤其在低应变速率时更显著。晶粒越细,使应变速率敏感指数的高峰值增加,并移向高应变速率区,这对实际应用有利;晶粒形状对超塑性的影响也很大,必须是等轴晶粒才具有超塑性。因此,超塑性变形的实现需要一定的条件,包括适当的温度($T>0.5T_m$)、特定的应变速率范围和变形温度下稳定的等轴及微细晶粒。

2. 超塑成形工艺原理

超塑成形(Super-Plasticity Forming,SPF)是指在特定的条件下利用材料的超塑性能使材料成形的方法。在飞机金属薄壁件成形中,一般采用超塑气胀成形,成形过程可分为三个阶段:首先进行自由膨胀,整个毛料均匀变薄;然后进行局部膨胀,已贴模的部分因摩擦而停止变形,悬空的部分在增大的压力作用下逐渐减小圆角;最后进一步增大压力,整个毛料完全贴模。图 2-81 所示为超塑气胀成形原理。

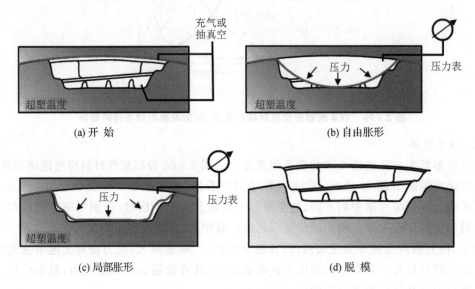

图 2-81 超塑气胀成形原理

超塑成形的工艺特点:

① 变形量大,能够成形复杂零件,特定条件下 TC4 的延伸率最大可达 2 000%。

② 无缩颈。超塑材料的变形类似于黏性或半黏性物质的流动,对应变速率敏感,有极强的应变速率强化效应,能抑制颈缩。

③ 应力小,变形抗力很小,在最佳变形条件下,如 TC4 仅 1.5 MPa。

④ 残余应力小,回弹小。

⑤ 成形过程能进行氩气保护防止板料氧化。

超塑成形能一次成形出复杂钛合金薄壁零件。所需成形力小,利用气胀成形,降低了成形复杂零件对设备的依赖性;零件成形后仍保持等轴细微晶粒组织,成形精度高。但超塑成形对成形温度和速度条件要求严格,生产率低,零件壁厚的要求很难保证。

2.9.2 扩散连接原理及特点

扩散连接(Diffusion Bonding,DB)作为一种固相焊接,是在一定的温度范围($0.5T_m \sim 0.75T_m$)内,通过材料表面在高温下的局部塑性变形使接触面贴紧,实现连接材料表面层间原子的互相扩散,进而产生原子量级上的结合,最终获得整体接头的一种方法,其原理如图 2-82

所示。固态扩散连接的过程分为三个阶段：

第一阶段为物理接触阶段。高温下微观不平的表面在外加压力的作用下，通过屈服和蠕变机理使一些点首先达到塑性变形，在持续压力的作用下，接触面积逐渐增大，最终达到整个面的可靠接触。在这一阶段末，界面之间还有间隙，但其接触部分则基本上已是晶粒间的连接。

第二阶段是接触面原子间的相互扩散，形成牢固的结合层。这一阶段，由于晶界处原子持续扩散而使许多空隙消失。同时，界面处的晶界迁移离开了接头的原始界面，达到了平衡状态，但仍有许多小空隙遗留在晶粒内。

第三阶段是在接触部分形成的结合层逐渐向体积方向扩散发展，使缺陷（空洞、氧化物夹杂等）消失，在接触面形成共同的晶粒，并导致内应力松弛，形成可靠的连接接头。在此阶段，遗留下的空隙完全消失。

这三个阶段的过程不是截然分开的，而是相互交叉进行的，最终在接头连接区域由于扩散、再结晶等过程形成固态冶金结合。它可能生成固溶体及共晶体，有时生成金属间化合物，形成可靠连接。第三阶段通常会使强度趋于稳定，并提高接头的塑性。然而，对于某些材料（如界面处形成脆性相的异种金属），脆性相的产生对扩散连接接头性能极为不利。如果遇到这种情况，需对这一阶段的过程进行严格控制。

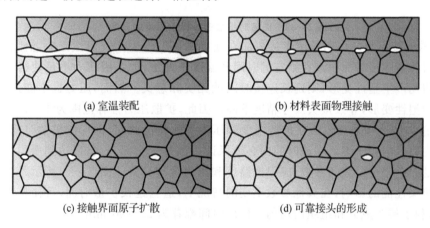

(a) 室温装配　　　　　　　　　　　　(b) 材料表面物理接触

(c) 接触界面原子扩散　　　　　　　　(d) 可靠接头的形成

图 2-82　扩散连接原理

扩散连接的优点是：改变了传统构件所使用的铆接、螺接、胶接等形式，减轻了零件整体重量，实现了复杂薄壁零件整体化，缩短了制造周期，提升了构件整体性能；可以实现内部及多点、大面积构件的连接，以及电弧可达性不好或用熔焊根本不能实现的连接；在连接的过程中，工件能够维持原有形状，连接区域缺陷少，基体组织变化小，适宜于精密部件之间的连接。

金属薄壁零件扩散连接的影响因素主要有表面状态、温度、压力、时间和气体介质或真空度等。

① 试样的表面状态包括表面粗糙度、清洁程度（包括表面上的氧化膜、有机膜、水膜和气膜）和平直度。待扩散连接的零件表面在加热和加压前，需酸洗或化学腐蚀以及采用真空焙烧进行真空除气，从而获得清洁的表面。结合面的清洁程度对扩散连接接头的力学性能有很大的影响。一定的平直度和粗糙度是为了保证无需大的变形即可使界面达到所需要的结合面积。

② 温度是扩散连接最重要的工艺参数，温度的微小变化会使扩散连接速度产生较大的变化。在一定的温度范围内，温度越高，材料塑性越好，扩散过程越快，所获得的接头强度也越

高。如图 2 - 83 所示为纯钛连接接头在不同压力情况下(从 1 到 4,压力增加),随着温度的升高,接头强度变化关系。因此,应尽可能选用较高的扩散连接温度,但加热温度受被连接工件和夹具的高温强度、工件的相变、再结晶等冶金特性所限制,可能会导致母材组织粗化、成分偏析等问题。因此,温度与扩散连接质量并不是简单的正相关关系,提高温度只能在一定范围内有效,若温度过高则会引起材料冶金特征的变化,导致接头质量下降,因而应选取较优的扩散温度范围,通常为$(0.5\sim0.7)T_m$。

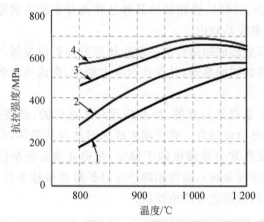

图 2 - 83　温度对扩散连接接头强度的影响

③ 扩散连接压力的作用是使连接表面在连接温度下产生微观塑性流变,消除界面空洞,增加结合面的实际接触面积。在给定的时间和温度条件下,如果因压力不足使得在扩散温度下的连接初期产生塑性变形,则延长连接时间就无实际意义。然而,压力也不能过大,否则会产生严重的塑性变形,导致接头尺寸精度下降。因此,扩散压力推荐范围为 1~5 MPa。

④ 扩散时间是指连接表面在扩散温度和压力下保持的时间,即保压扩散时间,需保证连接界面产生稳定的原子键。在该时间内必须保证扩散过程全部完成,以达到所需的强度。扩散时间不是一个完全独立的参数,应根据温度和压力合理选择。图 2 - 84 所示是扩散连接保压时间对接头性能的影响,在其他参数不变的情况下,适当延长扩散时间,可使扩散进行得比较充分,有利于接头成分和组织的均匀。保压时间推荐为 20~90 min。

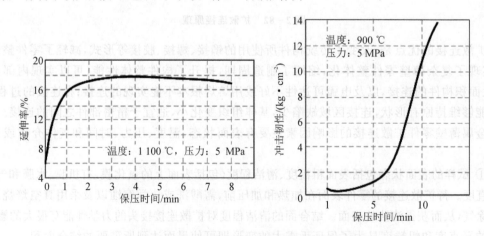

图 2 - 84　扩散连接保压时间对接头性能的影响

2.9.3　超塑成形/扩散连接组合工艺

1. 工艺原理及特点

由于钛合金(尤其 TC4)超塑成形与扩散连接所要求的温度相近,这就构成了二者可组合的工艺基础。因此,将超塑成形与扩散连接工艺相结合,可在一次热循环过程中实现超塑成形及扩散连接两道工序,这种工艺称为超塑成形/扩散连接(SPF/DB)组合工艺。它是一种先进近无余量的整体成形工艺,可制造利用普通方法难以制造的复杂整体高效结构,特别是局部加强或整体加强的构件以及构型复杂的整体结构。以钛合金 SPF/DB 结构为例,按照毛坯板料层数来分类,常见的有表 2 - 9 中的四种形式。

表 2 - 9　钛合金 SPF/DB 结构分类

形　式	形式 1	形式 2	形式 3	形式 4
结构示图				
特点	单层板后部加强结构。加强件事先放入模腔,通过扩散连接与主体材料连接到一起	双层板整体加强结构。原始毛坯由两层板组成,在成形之前,两板之间不希望连接的区域要涂止焊剂,经 SPF/DB 之后,没有涂止焊剂的区域被扩散连接在一起	三层板整体加强结构。原始毛坯由三层板组成,在成形之前,板与板之间的适当区域涂止焊剂,经 SPF/DB 后,上下两块板形成面板,面中间的一层板形成波纹板,起加强结构作用	四层板整体加强结构。原始毛坯由四层板组成,在成形之前,板与板之间的适当区域涂止焊剂,经 SPF/DB 后,上下两块板形成面板,而中间的两层板形成垂直隔板,起加强结构作用
应用部位	适用于加强框、肋和翼梁等构件	适用于各种口盖和舱门等构件	适用于内部带纵向隔板的夹层结构,如进气道唇口、飞机翼面、舵面和机身壁板等结构	适用于内部带纵向隔板的夹层结构,如进气道唇口、飞机翼面、舵面和机身壁板等结构

超塑成形/扩散连接组合工艺具有以下特点:

① 可以使以往由许多零件经机械连接或焊接组装在一起的大构件,在一次热循环过程中成形为大型整体结构件,极大地减少了零件和工装数量,缩短了制造周期,降低了制造成本。

② 可以为设计人员提供更大的自由度,设计出更合理的结构,进一步提高结构承载效率,减轻结构重量。

③ 采用这种工艺制造的结构件整体性好,材料在扩散连接后的界面完全消失,使整个结构成为一个整体,极大地提高了结构的抗疲劳和抗腐蚀特性。

④ 材料在超塑成形过程中可承受很大的变形而不破裂,可成形型面复杂的结构件,这是用常规的冷成形方法无法做到或需经过多次成形才能实现的。

⑤ 材料在超塑成形过程中流动应力很小,可以用小吨位的设备成形大尺寸的构件,而且

无回弹、无残余应力,成形精度高。

2. 工艺过程

以四层夹层 TC4 钛合金结构为例,典型 SPF/DB 工艺过程如下:

① 毛料准备:先酸洗干净原始板材(包括外层蒙皮和内层芯板),然后在工艺止焊区涂覆止焊剂,封焊口袋并在真空检查合格后装入模具,并装入加热炉内。

② 外层 SPF:温度升至 860～890 ℃后,外层通入氩气,控制加压速率,保证钛合金按最佳变形速率变形,以使变形后的壁厚尽量均匀,直至外层板料与模具完全贴合,如图 2-85(a)所示。

③ 内层 DB:内层保持抽真空状态,防止扩散连接界面污染,外层保持超塑成形后的最大气压,在该压力下使内层在扩散连接界面进行充分的扩散连接,如图 2-85(b)所示。

④ 内层 SPF:卸载外层压力后,内层通入氩气,控制加压速率,保证钛合金按最佳变形速率变形,直至内层板料与外层板料完全贴合,如图 2-85(c)所示。

⑤ 内外层 DB:保持内层气压,使内外层板料在该压力下进行充分的扩散连接,如图 2-85(d)所示。

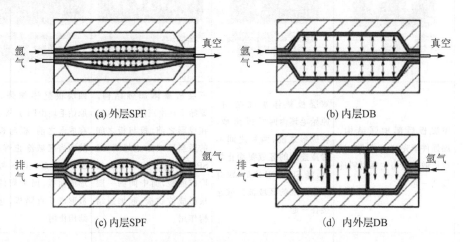

(a) 外层SPF (b) 内层DB

(c) 内层SPF (d) 内外层DB

图 2-85 四层夹层结构典型 SPF/DB 过程

3. 工艺控制

(1) 止焊剂图形的设计与制备

止焊剂是用于在高温、外部加压状态下阻止金属板材界面原子间扩散的一种有机试剂,呈液态。止焊剂应具备在高温高压作用下不挥发或者少量挥发,对洁净钛合金表面无污染,能够对金属板材界面起到有效隔离作用。氧化钇(Y_2O_3)隔离剂是超塑成形/扩散连接中使用的典型隔离剂。

对于 SPF/DB 多层结构而言,零件外形由模具内面保证,内部筋格结构形式及位置则由内层板预制的止焊剂图形来确定。止焊剂图形的确定是根据构件实际需要,反求出来的平面图形,通常被预制在钛合金蒙皮内表面,在 SPF/DB 过程中对板材界面实现有效隔离。涂覆止焊剂的区域,板材界面原子间无法实现扩散连接,因而在超塑成形气压作用下形成空腔;未涂覆止焊剂的区域,诸如零件边缘及筋条位置,金属板材在一定温度和压力作用下扩散连接在一起,在气压作用下,拉伸形成加强立筋。

止焊剂图形设计是多层结构能否顺利成形的关键因素之一。图形参数包括涂覆形式、筋条宽度、气道设计等。首先,利用计算机辅助工程软件对待涂覆板材进行展开处理,根据零件筋条位置反向设计止焊剂图形形式,并布置工艺气道。随后,进行典型结构件的研制工作,依据试验件研制结果修正止焊剂图形。一般而言,止焊剂筋条宽度设计为 2～4 mm。

（2）组焊封装

止焊剂图形制备完毕后,需要对多层钛合金板材进行组焊封装,形成一个密封"口袋",口袋采用氩弧焊封边。通常,两层及三层结构只设计一个进气道,气道口焊接气管与设备气源系统连接;四层"口袋"根据成形需要,对内外层毛坯分别设计独立气道,封焊成两个独立的空腔,分别与设备气源系统相连。口袋封焊后,采用机械真空泵进行检漏,零件与真空泵连接,当真空度达到 0.1 Pa 后关闭真空泵,观察仪表指针,若 30 s 内无变化,表明"口袋"已密封。

（3）工艺参数

影响超塑成形/扩散连接组合工艺的主要参数有成形温度、应变速率、成形压力和保压时间等。几种常见钛合金材料超塑成形/扩散连接的工艺参数如表 2-10 和表 2-11 所列。

表 2-10　超塑成形工艺参数

材料牌号	成形温度范围/℃	最佳成形温度/℃	应变速率范围/(s^{-1})	最佳应变速率/(s^{-1})
TA15	900～950	930	$5\times10^{-4}\sim5\times10^{-3}$	5×10^{-4}
TC1	800～880	860	$5\times10^{-4}\sim5\times10^{-3}$	7.5×10^{-4}
TC2	810～900	885	$5\times10^{-4}\sim5\times10^{-3}$	5×10^{-4}
TC4	800～920	910	$5\times10^{-4}\sim5\times10^{-3}$	5×10^{-4}
TB5	740～800	780	$1\times10^{-4}\sim1\times10^{-3}$	1×10^{-4}

表 2-11　扩散连接工艺参数

材料牌号	温度/℃	单位压力/MPa	真空度/Pa	保压时间/min
TA15	920～950	1.4～1.6	$<10^{-2}$	40～60
TC1	860～900	1.5～2.0	$<10^{-2}$	70～90
TC2	880～900	2.0～4.0	$<10^{-2}$	80～100
TC4	890～920	1.0～1.5	$<10^{-2}$	40～60

（4）模　具

超塑成形/扩散连接模具应具有良好的高温机械性能和抗蠕变性能,良好的抗氧化性能,以及可铸、锻和机加性及可焊性;同时,也要有良好的抗高温生长性能和较高的相变温度,热稳定性好,对零件材料无污染,热膨胀系数（CTE）与零件材料尽量接近,抗急冷、急热性能良好。模具材料一般选用耐高温合金钢,如 35Cr24Ni7SiN,其热膨胀系数约为 18.9×10^{-6}/℃。

模具设计时需要考虑模具材料和超塑成形材料的热膨胀系数的差异,这种差异直接影响零件最终成形尺寸精度。为了消除这种尺寸误差,在进行模具设计时要对模具型腔尺寸进行缩放。

4. 主要工艺缺陷

由于超塑成形/扩散连接工艺过程复杂,设计影响因素多,在实际生产过程中,经常会出现一些质量缺陷,主要有拉伸沟槽、壁厚变薄、三角区、表面阶差、未焊合、筋格不完整、晶粒粗大、细微裂纹等。这些缺陷有些是由于工艺参数选择不当、设计不合理、过程控制不严等人为因素造成的,有些则是工艺本身不可避免的缺陷。针对不同缺陷形式和形成机理,可以通过采取合适的控制方法,实现工艺优化,消除缺陷或将缺陷控制在设计允许范围内。

5. 常用超塑成形设备及典型应用

(1) 超塑成形/扩散连接设备

典型的超塑成形/扩散连接设备如图 2-86 所示,其主要参数如表 2-12 所列。系统由压力机、加热炉和电源柜、气源柜以及自动控制系统等几个主要部分组成。压力机的作用是压制模具,平衡 SPF 气压和 DB 气压,防止模具分离,确保并维持气腔的密封性。压力机的吨位与被成形构件尺寸及 SPF、DB 的气压大小有关。加热炉用来加热模具和被成形材料,使之达到 SPF 和 DB 所需的温度,并在成形过程中保证温度均匀与稳定。为保证模具中心温度与环境温度一致,加热炉的上下平台同样为加热平台。加热平台一方面提供热能,另一方面需承受机床与成形气压的压力差。加热平台常采用陶瓷材料制成,平台中穿以加热棒或加热炉丝。若采用耐热合金制成金属加热平台,由于其热容量较大,温度升降较慢,热效率也相对低一些。电源柜常用可控硅调压电源,通过调节加热平台炉丝两端电压或改变通电、断电的时间比例,实现电炉的无级调节。对大型 SPF/DB 设备,加热平台常采取分区供电控制,以保证模具各处温度均匀。气源柜负责提供 SPF 和 DB 气压,并能连续调节气压大小。气源柜中也包括抽真空系统;通常采用计算机或其他工业控制机对设备液压、加热和气源系统进行自动控制,编程实现 SPF/DB 工艺的全自动控制。

(a) FSP-400T

(b) FSP-750T

图 2-86 超塑成形/扩散连接设备

表 2-12 典型超塑成形/扩散连接设备参数

序 号	主要参数	FSP-400T	FSP-750T
1	工作压力/kN	400~4 000	750~7 500
2	平台最大开启间距/mm	800	800
3	压头行程/mm	700	700
4	热平台尺寸(宽×长)/(mm×mm)	1 520×1 140	1 900×1 520
5	加热区(上下)数量/个	3+3=6	5+5=10
6	平台最高表面温度/℃	1 000	1 000
7	升温速率/(℃·h⁻¹)	50~75	50~75

目前,先进的 SPF/DB 专用设备除了压力机、加热系统、气源系统和计算机自动控制系统以外,还增加了冷却水循环系统,并将各个组成部分设计成一个整体,具有专用的控制软件,大大增加了设备的集成度和自动化程度,在功能上可以实现自动升降温,气压、负压管理和成形过程控制的计算机程序管理;能够实现各加热区温度的均匀性控制;可对工作平台、压头、防护装置和各个气阀的工作状态进行控制和显示,具备错误报警功能,并可记录和存储工艺参数及根据要求修改参数等。

（2）典型应用

超塑成形/扩散连接工艺对提高飞机结构效率、实现结构减重取得了显著的应用效果。在大型民用飞机结构制造方面,空客公司采用 SPF/DB 工艺制造钛合金双层整体壁板结构,使 A330 和 A340 飞机减重 46%;BAe 125 公务机的紧急舱门,采用铝合金常规方法制造,由 80 个钣金件和约 1 000 个紧固件组成,采用钛合金 SPF/DB 工艺制造后,大型零件数量减少到 4 个,紧固件数量减少到 90 个,总体成本节省 30%。在军用飞机结构制造方面,F-15E 战斗机在后机身、隔热板发动机喷口整流片等部位,采用钛合金 SPF/DB 整体构件后,减少了 726 个零件和 10 000 多个紧固件,使战斗机减重 10%、成本降低 40%。

习　　题

1. 简述金属薄壁零件塑性成形原理。

2. 简述板材成形极限图及作用。

3. 简述飞机蒙皮拉形工艺原理及工艺方法分类。

4. 我国新一代大型客机 C919 制造中使用了新型铝锂合金作为飞机蒙皮,若使用拉形工艺进行制造,请阐述其成形过程中可能面临的缺陷与应对措施。

5. 简述型材拉弯工艺的原理及特点。

6. 阐述拉伸成形工艺中预拉伸的作用,其与型材拉弯工艺中的预拉伸作用是否一样?

7. 列举管材绕弯成形的主要缺陷,并简述解决措施。

8. 橡皮成形有哪两种成形方法? 分别描述其工艺原理及特点。

9. 简述充液成形的原理及工艺优点。

10. 简述钛合金薄壁件热成形回弹减少的原因。

11. 什么叫材料的超塑性? 简述超塑成形的工艺优点。

12. 简述钛合金实现超塑成形的要求（温度、应变速率等）,以及超塑成形/扩散连接工艺相比于传统薄壁零件（如拉形）的优缺点。

参考文献

[1] 唐荣锡,陈鹤峥,陈孝戴. 飞机钣金工艺[M]. 北京:北京航空航天大学七〇四教研室.

[2] 胡世光,陈鹤峥,李东升,等. 钣料冷压成形的工程解析[M]. 2 版. 北京:北京航空航天大学出版社,2009.

[3] 翟平,林兆荣. 飞机钣金成形原理与工艺[M]. 西安:西北工业大学出版社,2013.

[4] 曾元松. 航空钣金成形技术[M]. 北京:航空工业出版社,2014.

[5] 《航空制造工程手册》总编委会. 飞机钣金工艺[M]. 北京:航空工业出版社,1992.

［6］罗红宇.可重构柔性多点模具蒙皮数控拉形技术及形状控制方法研究［D］.北京:北京航空航天大学,2010.

［7］于成龙.飞机蒙皮数字化拉形快速工艺准备关键技术及系统研究［D］.北京:北京航空航天大学,2011.

［8］于成龙,李东升,李小强,等.可重构柔性多点模具蒙皮拉形工艺设计系统［J］.计算机集成制造系统,2010,16(6):1144-1150.

［9］李东升,于成龙,李小强,等.飞机蒙皮多点模具拉形制造应用体系研究［J］.航空制造技术,2012(7):42-44.

［10］李小强,杨永真,李东升,等.型材数控拉弯装备技术研究进展［J］.锻压技术,2017,42(4):1-7,13.

［11］朱明华.面向精准装配的飞机钣金零件成形关键技术研究［D］.南京:南京航空航天大学,2016.

［12］惠小鹏,万政,于长旺,等.钣金零件橡皮囊液压成形技术研究和应用现状［J］.航空制造技术,2017(14):57-61,67.

［13］詹梅,杨合,江志强.管材弯曲成形的国内外研究现状及发展趋势［J］.机械科学与技术,2004,23(12):1509-1514.

［14］李慧.航空导管数控绕弯工艺快速准备系统的设计与实现［D］.北京:北京航空航天大学,2012.

［15］陶智君.大直径薄壁 TC4 钛管数控温热弯曲成形性研究［D］.西安:西北工业大学,2017.

［16］杨伟俊.飞机钣金橡皮成形回弹补偿方法及快速工艺准备系统研究［D］.北京:北京航空航天大学,2011.

［17］王储.飞机复杂钣金零件充液成形加载路径快速设计技术及应用［D］.北京:北京航空航天大学,2018.

［18］李鑫.TC11 钛合金的热态变形行为及其锻造工艺优化研究［D］.南京:南京航空航天大学,2008.

［19］邓同生,李东升,李小强.型材热拉弯蠕变复合成形工艺技术及装备［J］.塑性工程学报,2012,19(5):43-48.

［20］王强,吴建军,张深,等.蒙皮拉伸成形装备及其数值模拟研究［J］.航空制造技术,2014(10):55-61.

［21］闫晶,杨合,詹梅,等.基于多成形指标的大直径铝合金薄壁管数控弯曲成形极限［J］.中国科学 E 辑,2010,40(6):601-618.

［22］朱明华,王文斌,鲍益东,等.飞机橡皮囊成形零件毛坯精确预示方法研究［J］.航空学报,2013,34(3):670-676.

［23］Saha P K. Aerospace manufacturing processes［M］. CRC Press,2016.

［24］Karbasian H,Tekkaya A E. A review on hot stamping［J］. Journal of Materials Processing Technology,2010,210(15):2103-2118.

［25］Bernhart G,Lours P,Cutard T,et al. Superplastic Forming of Advanced Metallic Materials［M］. Woodhead Publishing,2011.

［26］韩文波.多层板结构超塑成形/扩散连接工艺及数值模拟研究［D］.哈尔滨:哈尔滨工业大学,2004.

［27］Xiao J，Li D S，Li X Q，et al. Constitutive modeling and microstructure change of Ti-6Al-4V during the hot tensile deformation［J］. Journal of Alloys and Compounds，2012，541.

［28］Guo Guiqiang，Li Dongsheng，Li Xiaoqiang，et al. Finite element simulation and process optimization for hot stretch bending of Ti-6Al-4V thin-walled extrusion［J］. The International Journal of Advanced Manufacturing Technology，2017，92：5-8.

［29］刘楠. 复杂边界条件下薄壁件塑性成形失稳起皱预测［D］. 西安：西北工业大学，2015.

［30］李枫，陈明和，范平，等. 超塑成形/扩散焊接组合工艺的技术概况与应用［J］. 新技术新工艺，2008(4)：70-73.

［31］范国强. TC4 板材局部自阻电加热数控渐进成形的研究［D］. 南京：南京航空航天大学，2010.

［32］Martin R，Evans D. Reducing costs in aircraft：The metals affordability initiative consortium［J］. Journal of the Minerals，Metals ＆ Materials Society，2000，52(3)：24-28.

［33］Altan T，Tekkaya E. Sheet Metal Forming：Processes and Applications［M］. ASM International，2012.

［34］Cyrilbath. Operators Manual for VL - 1000 - 160CJ - 300 Stretch Wrap Sheet Press Built for SHENYANG Aircraft Company［M］. Monroe：the Cyril Bath Company，1994：6-194.

［35］Hardt D E，Norfleet W A，Valentin V M，et al. In process control of strain in a stretch forming process［J］. Journal of Engineering Materials and Technology-Transactions of the ASME，2001，V123(4)：496-503.

［36］Anagnostou E L. Optimized tooling design algorithm for sheet metal forming over reconfigurable compliant tooling［D］. New York：State University of New York at Stony Brook，2002.

［37］Vollertsen F. Extrusion，channel，and profile bending：a review［J］. Journal of Materials Processing Technology，1999(87)：1-27.

第3章　金属整体结构件成形与加工

整体化结构是现代飞机实现轻量化、高性能的基础,主要包括壁板类与框梁类结构。由于飞机曲面结构复杂且尺寸大,其整体化结构制造对相应的成形与加工工艺及装备提出了更高的要求,是近年来飞机结构制造工艺的重要发展方向,驱动着塑性成形技术的发展以及增材制造技术等新工艺的应用。

3.1　整体结构件的分类和特点

3.1.1　整体结构件的分类

飞机结构件是组成机体骨干及其外形面的关键结构,直接决定飞机重量及其服役性能。从功能角度,可以将飞机结构件划分为几大类,包括壁板类、框梁类、翼肋类、长桁类以及其他(接头、边条等),如图3-1所示。

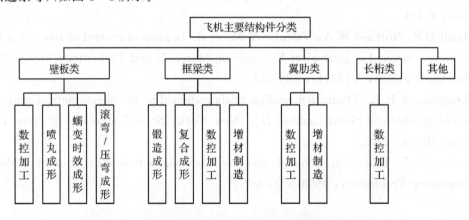

图3-1　飞机主要结构件分类及其现有及潜在制造工艺

整体壁板是现代飞机上常见的一种零件结构,多数应用于机翼、机身、平尾、垂尾等部位,多与框、肋等零件相连接。现代飞机对高速、轻量化提出了越来越高的要求,但其翼面积相对较小,分摊在机翼上的单位面积载荷大,且高气动性能要求翼型扁薄,翼面的结构空间小,采用常规的蒙皮和长桁铆接结构将造成重量过大、性能不足等困难。因此,将蒙皮和长桁等骨架零件合成一个整体成为整体壁板,可显著提高结构轻量化、长寿命、高可靠性。整体壁板是现代飞机的一种主要承力结构,在先进战机、大型飞机上的应用越来越多。如大型飞机伊尔-76,中央翼、中外翼、外翼、垂尾以及机身上覆盖了大量的整体壁板,整体壁板约占全机表面积的70%,全机整体壁板共108块。为了提高结构效率,以实现减轻重量和提高作战性能,第三代军用飞机上广泛采用了高效结构的高筋整体壁板,如J11B全机整体壁板48块,覆盖了全机表面一半以上的面积。图3-2所示为飞机机翼整体壁板。

整体壁板是由整块板坯制成的飞机整体结构件,由于壁板结构要素(如蒙皮、长桁、肋框等)之间无任何连接,相对于铆接组合式壁板,具有以下优点:在气动性能方面,表面光滑,外形

(a) 某型军机中央翼上壁板

(b) 大型民机机翼壁板

图 3-2　飞机机翼整体壁板

准确,对称性好;在结构强度方面,总体和局部的刚性好,强度高;在减重方面,具有明显的减重效果,可减重 10％～30％;在气密性方面,具有良好的气密性,便于做整体油箱等;其结构效率高,整体性好,零件数量少,连接装配工作量少;从工艺和经济上看,缩短了制造周期,降低了整机成本。

如图 3-3 所示为典型的飞机整体壁板。在结构和工艺方面,整体壁板具有以下特点:薄壁小曲率,内外表面特征相差很大,特征复杂。外表面因为考虑气动性能通常为光滑自由曲面,内表面为保证强度、连接、疲劳度等影响,通常具有束状或网格状筋条等;外表面蒙皮变厚

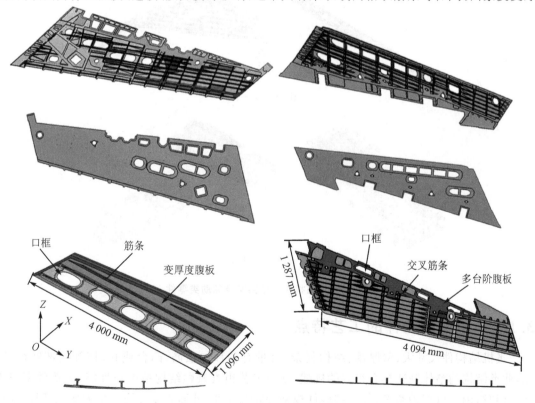

图 3-3　飞机中典型的整体壁板零件

度,各筋条之间的蒙皮厚度,在 1.5～3 mm 范围内变化,内表面筋条高,筋条高厚比达到 10～12,其截面形状有 T 形、Γ 形和 I 形;带有不同形状的口盖孔,孔的周边具有加强边;材料主要采用高强铝合金(如 7075、7B04 等),结构刚度大,制造难度大,曲面外形成形困难,加工和成形中通常会出现筋条失稳和开裂等制造缺陷。

框梁类零件[见图 3-4(b)]是飞机上主要的横向承力构件,也是保持并支撑机身外形的关键结构件,一般分布在机身和进气道等。在现代飞机中,这类零件材料一般采用铝合金或钛合金。框类零件主要由与机身外形等间距的内、外形曲面、加强筋和腹板组成。为满足现代飞机高性能、轻量化及长寿命要求,此类结构要求整体制造。因此,发展框梁类零件的整体制造技术对提高飞机寿命、降低研制成本具有重要意义。

翼肋类零件[见图 3-4(c)]是飞机上连接梁类零件及蒙皮的连接件,主要起支承和结构加强的作用,多数为承力件,主要在机翼、平尾、垂尾等部位。结构上多由缘条、筋条、槽腔、孔组成,结构复杂,多采用整体数控铣削方式制造。

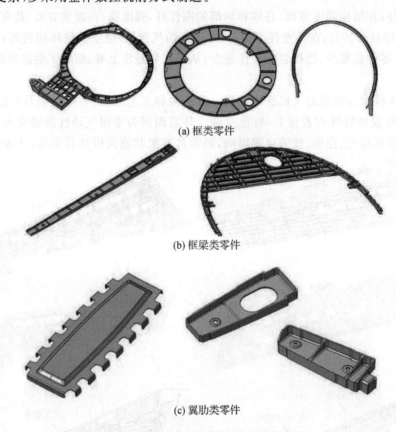

(a) 框类零件

(b) 框梁类零件

(c) 翼肋类零件

图 3-4　飞机中的框梁类及翼肋类零件

3.1.2　整体结构件的工艺特点

飞机结构件尺寸大、壁厚薄、结构复杂,且带有各种加强筋、凸台或孔、槽等局部特征,因此,此类结构的整体制造具有很大的挑战,单一工艺很难兼顾结构精度与性能、制造效率与成本。同时,由于机型种类多,各类结构件规格、品种、尺寸、外形曲度等均有很大变化,因而很难制定统一的标准制造工艺规程。需要针对具体零件的特点、工厂的现实生产条件、工人技术水平、试制周期、生产批量等进行具体分析。飞机典型结构件示意图、特征及材料如表 3-1 所列。

表 3-1　飞机典型结构件示意图、特征及材料

构　件	示意图	特征及材料
壁板		1. 特征：槽、腹板、孔、筋条、缘条、凸台等； 2. 材料：铝合金
框		1. 特征：槽、腹板、筋条、缘条、凸台、孔、开口等； 2. 材料：铝合金
肋		1. 特征：槽、腹板、筋条、缘条、开口等； 2. 材料：铝合金
梁		1. 特征：槽、腹板、孔、筋条等； 2. 材料：钛合金
接头		1. 特征：孔、筋条、缘条、开角等； 2. 材料：钛合金
长桁		1. 特征：缘条等； 2. 材料：铝合金

飞机整体壁板尺寸大(大型民用飞机机翼壁板长 15~30 m)、变厚度(3~30 mm),且筋条结构呈现出大高厚比特征(筋条高度与厚度的比值,机翼壁板中此值可达 20),因此,很难实现此类结构的一次成形制造,多采用预拉伸厚板,通过数控铣削加工成带筋条等局部结构特征的初始壁板,再经过塑性成形工艺成形出满足曲面外形精度要求的整体壁板,如图 3-5 所示。目前,整体壁板的塑性成形工艺方法有喷丸成形、蠕变时效成形、滚弯成形、压弯成形等。

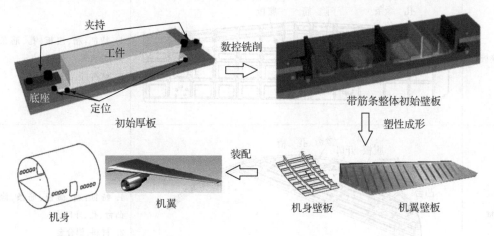

图 3-5　飞机壁板类构件制造工艺流程示意图:厚板铣削加工+塑性成形

飞机框梁类构件的特征与壁板类构件类似,呈现出大尺寸及局部筋条等特点;由于其在飞机机体结构中起到保形及支承作用,制造精度要求高,且不同于壁板类零件,其曲率方向结构刚度大,故难以采用壁板类构件的先铣削加工再成形的制造方法。目前,框梁类构件(如机身加强框等)多采用先锻造预成形,再数控铣削加工的制造方法,如图 3-6 所示。首先对初始块材进行模锻成形,以减少后续铣削加工量、保证材料性能,最后通过数控铣削加工实现外形精度精确控制。

对于飞机中的翼肋类、长桁类等其他外形结构较为简单的构件,一般可采用数控铣削加工,直接制造出满足形状精度要求的最终零件。

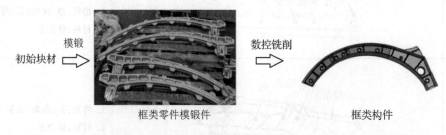

图 3-6　飞机框梁类构件制造工艺流程示意图:初始块材锻造成形+数控铣削

3.2　整体结构件的数控加工工艺

3.2.1　整体结构件的数控加工特点

由于数控加工具有绿色、高效等特点,70%~90% 的飞机结构件都采用数控加工方式制造。数控加工是现代飞机制造工艺的重要组成部分,是飞机结构部件制造过程中必不可少的一环,可以是壁板类构件制造的前序工艺,也可以是框类构件制造的最终工序。飞机的结构件种类多、形状复杂、尺寸大、材料多样,是飞机机体结构和气动外形的关键构件,包括机翼整体油箱壁板、机身活动舱门、机身整体框架和机翼大梁等。目前,飞机结构件主要采用铝合金块材或钛合金预成形毛坯进行整体加工。如新一代战机中,75%以上的结构件采用数控加工,其中框、梁肋、壁板和接头是最典型的结构件,其加工周期长、数量大、工艺难度大。

相较于普通的机械加工零件,飞机的整体结构件具有极高的加工难度。由于飞机的整体构件内部构造复杂,总体构型虽有一定规律性,但表面的加工弧度、变斜角等参数的设计及其精度将直接影响飞行性能,因此在制造过程中需要考虑诸多细节。例如,在结构件的内部存在着许多"槽腔",在加工过程中必须避免出现尖锐的棱角;结构件上有很多较薄(0.5～5 mm 区间)的肋条,飞机的结构件属于大尺寸薄壁结构,极易发生加工变形;此外,由于后续装配的严格要求,构件的精度要求极高,这对数控加工技术提出了很高的要求。因此,与传统领域的机械加工零件不同,现代飞机结构件的数控加工有其自身的特点:

① 加工量大、工艺要求多且高。由于铝合金整体结构件的尺寸大、重量轻,且为了满足整体结构件的高精度要求,需要应用高速、高精度铣削加工技术。另外,由于结构件尺寸差异大,各构件及同类构件不同区域的刚度要求也各不相同,对数控机床的加工能力要求高。

② 加工难度大。飞机设计中,在保证强度与刚度的前提下,为了减轻机体重量,通常在结构件上设计大量的槽腔、筋条等结构特征,槽腔侧壁的厚度不均匀,最薄处仅有 1 mm,筋条厚度 2～5 mm。这些复杂的薄壁结构特征加工难度大,极易产生加工不到位,导致机体结构增重。因此,对加工工艺要求高。

③ 加工精度要求高。作为飞机气动外形和结构准确度的保证基准,要求整体构件的轮廓外形和关键接头(包括接头叉耳和交点孔等)等具有较高的形位精度等级,如位置精度一般为±0.05 mm 或±0.02 mm。因此,在数控加工中需要一次装夹来实现,对数控加工夹具要求高。

④ 材料去除率高。对于以铝合金块材或钛合金预成形毛坯整体加工的壁板类、肋类与框类构件,其数控加工材料去除率通常达 90% 以上,对加工效率要求高。

⑤ 易产生加工变形。飞机整体结构包含了许多复杂的结构特征,例如薄壁、刚度突变等复杂结构特征,在加工过程中,残余应力的释放极易产生加工变形。需要对装夹策略、走刀路径、工艺参数等进行优化,实现加工变形控制。

⑥ 需要高端的数控铣削机床。飞机结构件具有大量的曲面特征,数控机床必须具有五轴联动功能和很高的精度。

与传统领域的零件生产制造流程类似,飞机结构件数控加工流程可归纳如下:

① 工艺分析。制造单位在接到生产任务时,首先会安排专家及工艺员分析零件模型及调研相关工艺信息,明确零件的工艺需求,如加工精度与变形控制等要求。

② 加工工艺规划。基于初步的分析,结合实际加工制造资源,如机床、刀具与工装等相关资源的情况,制定具体的工艺方案并编制工艺规程。加工工艺规划阶段是对整个生产过程的指导与规划,直接影响结构件的生产效率与加工质量。

③ 数控加工编程。工艺员根据零件模型的工艺方案及工艺规程,在 CAD/CAM 软件平台上编制每个工序、工步的数控加工程序,完成刀具路径轨迹的生成及其相关参数,如加工参数、策略参数及进退宏参数的设置。

④ 仿真验证。为了保证数控加工程序的正确性与合理性,在零件试切前通常在 CAD/

CAM 软件上进行数字化仿真,能够预先发现加工过程中可能存在的过切、残留与干涉等问题,并及时修正。

⑤ 实际生产。数控加工程序验证正确及合理之后,可以下放至一线生产部门进行实际的加工与批量生产。

基于上述飞机整体结构的数控加工特点,数控加工设计与制造详细流程如图 3-7 所示。包括基于二维或三维图纸的工艺设计、数控加工编程、基于程序的数控加工仿真验证、数控加工准备、数控加工以及最终的测量与检验。

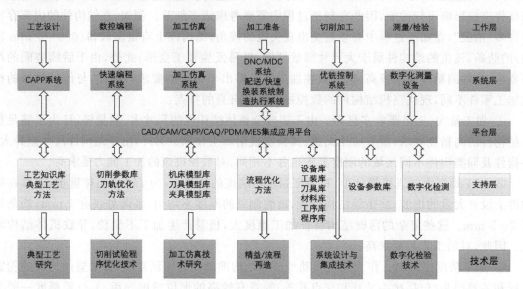

图 3-7　飞机结构件数控加工流程示意图

而随着新一代飞机研制速度加快、轻量化与性能质量要求进一步提升,针对飞机整体结构件数控加工的特点及面临的难点,数控加工正朝着高速化、数字化、集成化不断发展:

① 在数控加工高速化方面,各类高速切削工艺与装备的研发与应用带来诸多的优势,比如:单位时间内材料切除率高、切削力降低、工件热变性小、加工表面质量高等,有利于保证零件的尺寸形位精度,适合加工薄壁零件,可加工各种难加工材料等。

② 在数控加工数字化方面,从传统基于二维图纸的手工编程、模线样板的常规检查,到基于计算机辅助的自动编程及数字化测量,是近年来的发展趋势,在飞机制造中获得大量应用,而如何进一步实现基于数据与知识的快速智能化编程、加工与测量则正在发展中。

③ 在数控加工集成化方面,发展集成工艺设计、刀具、工装、设备集成生产管理,实现从单机控制到车间智能集成控制,是进一步提升加工效率与质量的关键。

3.2.2　数控加工设备及工艺

飞机整体构件尺寸大、结构复杂、精度要求高,大量的空间复杂曲面及局部结构需要五轴联动数控加工机床以及相配套的工装夹具。同时,铝合金、钛合金均属于较难加工材料,对刀具也有较为严格的要求。以高精度五轴联动数控加工为特点的飞机制造业是高端制造业的典型代表,是决定航空工业水平的关键。

1. 飞机整体结构数控加工机床

数控机床是指应用数控技术对加工过程进行控制的机床,是飞机结构件数控加工的关键装备。其主要由控制系统、伺服系统、机床主体和检测装置四个基本部分组成。其中控制系统是数控机床的核心,主要作用是对输入的零件加工程序进行数学运算和逻辑运算,然后向伺服系统发出控制信号。伺服系统则根据控制系统发出的控制信号驱动执行元件运动,包括驱动装置和执行元件(步进电机、直流伺服电机、交流伺服电机)。机床主体是加工运动的实际部件,包括主运动部件、进给运动部件和支撑部件等(主轴、工作台、床身、刀具库)。检测装置用于检测实际位移量和控制位移量的差值。如图 3 - 8 所示为数控加工机床组成部分示意图。

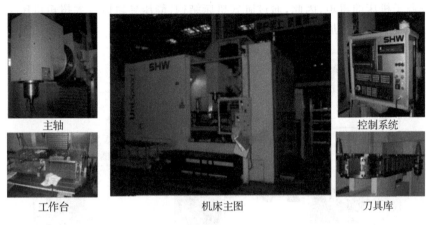

图 3 - 8　数控加工机床组成部分示意图

　　针对飞机整体构件的高速加工制造需求,高速高精数控加工机床一直是航空工业相关机床制造厂商发展的重中之重。其中,对于以机体壁板、框梁等结构为代表的大型整体结构,基于大型龙门机床的五轴联动数控加工中心成为实现其高精度、高速度加工的首选。国际上代表性的高端高精度数控龙门铣床生产厂,主要包括意大利的 Breton、德国的 Handtmann 等。图 3 - 9 所示为意大利的 Breton 五轴联动龙门加工中心 TITAN,可实现车铣复合,行程可达 12 m 以上。如何实现在如此大跨度上的高速以及高精度控制是关键。因此,几何精度补偿、空间精度快速补偿、热变形控制等成为大型高速高精数控机床的难点。以 DST 公司、西门子公司为代表的厂商,为此开发了一系列补偿算法及数控系统,实现了多轴线性及其旋转误差的快速、精确补偿。另外,此类机床设备对环境温度也有较高要求,一般均需要通过实时控制环境温度,以减少热误差对机床精度的影响。

图 3 - 9　意大利 Breton 五轴联动龙门加工中心 TITAN 示意图

  为了进一步提升加工速度,采用多轴加工单元的并行加工机床已成为实现飞机结构件大批量、高精度加工制造的关键技术。通过在机床上设置多个加工主轴,每个主轴负责加工特定区域零件,从而实现大尺寸零件的分区快速加工以及小尺寸零件的多件同时精确加工。

  传统铝合金结构采用高转速、高进给,可实现其高速加工;然而对于钛合金材料,其切削加工性能相对较差,加工效率较低,较铝合金相差1个数量级。随着钛合金材料在飞机结构中的应用比例逐渐增大,如何实现其高效、高精度加工是面临的关键难题。影响钛合金加工效率的主要因素来源于机床的扭矩,因此,通过卧式机床结构、静压导轨以及大扭矩机床主轴搭配,是目前实现钛合金高效铣削加工的主要方式,如图3-10所示。

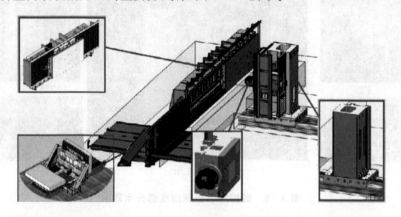

图 3 - 10　钛合金用大扭矩数控加工中心

2. 飞机整体结构数控加工工装

  为了提高大型飞机整体结构数控加工效率,除了使用高速加工技术外,先进工装的使用以及合适刀具的选用也可大幅缩短加工准备时间及加工时间。其中先进工装的使用可大大降低装夹、定位、卸载等辅助工序时间。由于飞机结构件种类多样化,且整体化结构带来局部刚度多样化,在数控加工过程中加工区域与装夹区域结构刚度实时变化大。因此,为了降低加工变形,理论上要求工装夹具可以实时自适应调整,以获得适合零件刚度变化的夹紧力及支撑力。为满足上述要求,具有结构及装夹柔性的柔性工装技术成为目前数控加工工装的主流。其中,结构柔性是指夹具结构具备一定程度可变形性,可适应不同形状(如壁板、框梁等)的装夹要求;而装夹柔性则指工件装夹后,夹具具备动态调整夹紧力等功能,以实现面向机加过程刚度动态变化的柔性调节能力。目前常用的工装夹具包括机械组合式夹具、多点柔性支撑可调夹具以及真空吸附式夹具等。

  如图3-11所示为机械组合式夹具。主要由不同形状、不同规格尺寸,具备互换性与可装配性的标准元件组成。针对不同零件结构特征,灵活调整夹具中标准元件组合,以实现结构柔性装夹。夹具本体多通过T形块或销子定位方式,安装于机床台面上。组合夹具由标准化零件组合而成,成本较低、灵活度较大,比较适合刚度较大的结构件的装夹定位。

  对于大尺寸弱刚度结构而言,其加工过程刚度动态变化,对工装夹具提出了同时实现结构柔性、装夹柔性的要求。基于此需求发展了多点柔性支撑可调夹具,通过采用几十、几百个高度可调节的支柱来柔性调节夹具型面,实现弯曲壁板等构件的高效夹持,且可在加工过程中通过实时调节支柱高度实现型面实时调节。此类柔性夹具可用于包括铣、钻、激光切割等多种工艺过程中,在大型壁板类零件加工中应用较为广泛。

  另外,为解决机械式夹具夹紧力控制不便等不足,发展了真空吸附夹具。其原理是对夹具

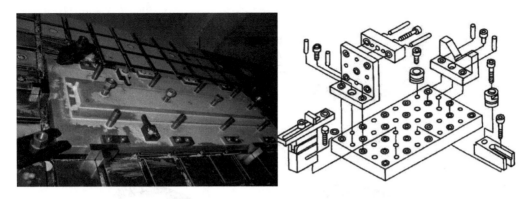

图 3 – 11 机械组合式夹具

的密闭腔抽真空,通过工件和夹具间的负压将零件吸附于夹具上,从而获得均匀分布的夹紧力,解决机械式夹具局部夹紧力产生的额外变形问题。但当构件尺寸较大,超过 4 m 时,此类真空吸附夹具将面临吸附力以及可吸附面积不足等问题,因此,真空吸附夹具仅适用于中小型薄壁构件的加工夹持。

3. 飞机整体结构数控加工工艺

飞机整体结构数控加工工艺路径一般分为定位、粗加工、半精加工、精加工、测量检测几个步骤,但针对不同飞机整体结构类型,其适用的数控加工工艺路径也有所区别。以飞机大尺寸整体框类构件加工为例,其加工工艺路径先后顺序包括:

① 毛坯检验,基准面加工(或毛坯定位)。

② 粗铣外缘外形及缘高,攒压板,粗铣内缘外形及缘高,压缘高,粗加工腹板、内形(腹板及缘高可根据零件结构特征并结合变形情况决定是否采用粗、精加工)。

③ 翻面,粗加工外缘缘高,攒压板,粗加工内缘缘高,压缘高,粗加工腹板、内缘(粗加工后可以安排松压板、重新压紧,以释放变形)。

④ 分段框焊接成为整体框——热处理。

⑤ 精加工零件腹板、筋条,半精加工/精加工外缘、内缘的外形及缘高(可根据零件结构,将缘高、腹板的粗加工、精加工合并)。

⑥ 翻面,精加工缘高、腹板、内缘,补加工,钳工修整、钻孔,热处理。

⑦ 质量检查(根据需要),X 光(荧光)检查,表面处理,标识,检验。根据工艺,安排相应的检验或测量工序(见图 3 – 12)。

对于壁板类零件,其加工工艺路径一般包括:

① 下料,材料检查(超声波、热处理质量),两面均匀加工零件厚度,加工基准面或基准孔。

② 零件装夹,粗加工零件内外形,精加工零件腹板,半精加工零件内形,精加工零件内形,补加工。

③ 铣切零件外形,钳工截断零件,去毛刺、飞边、钻孔(对于腹板上有装配导孔的零件,可以先在机床上钻出孔位,而后钳工补钻孔),零件校正。

④ 检验,热处理质量检查,特种检查,表面处理,零件标识,终检交付。

大尺寸飞机整体结构机加过程中,刀具选取以及刀具路径规划是直接决定加工效率与质量的关键。薄壁框梁类零件的传统加工方法,是用大直径刀具进行粗加工,再用小直径刀具进行精加工。然而,这种方法具有以下缺点:刀具悬伸大,加工时零件在切削力的作用下,薄壁立

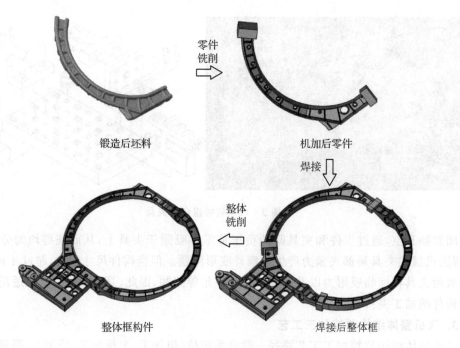

锻造后坯料　　　　　　　　　　　　　机加后零件

零件
铣削

焊接

整体框构件　　　　　　　　　　　　　焊接后整体框

整体
铣削

图 3-12　飞机整体框结构加工流程示意图

筋容易发生挠曲变形;并且,在必须使用小直径刀具时,由于刀具自身刚性相对较弱,在加工腔体根部时容易出现颤振让刀现象。这两者共同作用下零件很容易出现过切或欠切,导致零件壁厚不均或超差;在加工腹板时,即使采用很小的下刀螺旋角度,也会出现刀具断裂的现象,尤其在底角加工时,刀具受力骤增,断刀现象很容易直接导致零件报废。因此,典型薄壁构件的加工需要对薄壁构件的自身刚性控制、刀具的走刀方式、刀具的选择以及加工中积累的经验和技巧等方面进行深入详细的分析。此类构件的一般数控加工流程如表 3-2 所列。

表 3-2　带转角的薄壁构件的一般数控加工流程

步 骤	主要工艺及加工内容	优 点
1	毛料状态圆角处预钻孔(Z 轴方向间歇进给)	防止后续圆角加工刀具颤振
2	大直径刀具粗排内腔,留 1 mm 余量	利用零件自身整体刚性
3	较大直径刀加工腹板内壁及内壁上表面	刀具刚性好
4	加工外侧壁(建议逆铣),利用错位分层或阶梯形余量的方式加工	刀具受力相对降低,零件自身刚性好
5	连接筋的分段留取	零件自身应力释放,减小变形,提高测量合格率
6	小直径刀清除加工残余	零件美观,锉修量小
7	钳工去毛刺,提请检验	

对于有圆角的薄壁零件,当刀具由直线走到圆角处时,切入角增大,使得刀具与零件的接触面积变大(见图 3-13),引起切削力的骤增,刀具容易发生颤振,圆角处容易有刀痕划伤,严重时导致零件窝刀啃伤。因此,可以采取预钻孔的方式,在零件较佳的刚性状态下甚至毛料状态下进行数控预钻孔(预钻孔时应在 Z 轴方向间歇进给,容易实现断屑、排屑和释放切削热),排开圆角处大余量。此方式避免了在圆角处因切削力骤增而导致刀具颤振,保证了圆角处的加工质量。

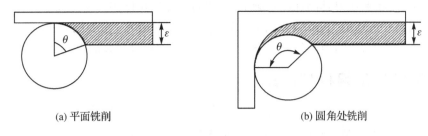

（a）平面铣削　　　　　　　　　　　　　　　（b）圆角处铣削

图 3 - 13　加工直边与转角处刀具接触面积对比

对于薄壁类零件,可通过选择走刀方式控制加工变形。顺铣、逆铣的选择在零件加工过程中起着至关重要的作用。在铣削力的作用下,刀具和零件的薄壁结构会发生挠曲变形,薄壁结构容易出现欠切或过切现象。顺铣时,铣刀的旋转方向与零件的进给方向相同,切削厚度从厚到薄;逆铣时,铣刀旋转方向与零件的进给方向相反,切削厚度从薄到厚。因此,顺铣的铣削力稍大于逆铣的铣削力。顺铣时,在径向铣削力的作用下刀具和薄壁结构变形方向相反,铣削力使薄壁板的弯曲趋向自由的一面,刀具与薄壁结构相斥造成欠切,若铣削力过大,薄壁处会屈曲失稳,需做试验来验证零件的稳定极限载荷;逆铣时,由于刀具与薄壁板之间相互吸引,薄壁处不会发生失稳。因此,铣削很薄的壁板类零件时建议采用逆铣。图 3 - 14 所示为顺铣、逆铣对薄壁处加工影响对比图。

（a）理论铣削状态　　　　　　（b）顺铣铣削状态　　　　　　（c）逆铣铣削状态

图 3 - 14　顺铣、逆铣对薄壁处加工影响对比图

薄壁类零件壁厚公差是由刀具挠曲变形和零件变形共同作用的结果,加工偏差主要取决于刚性差的一方。因此,提高两者的刚度可以有效控制变形。对于刀具而言,在保证零件尺寸的基础上尽量选用大直径刀具;对于零件而言,则可以通过错位分层加工方法、阶梯形余量加工方法来增加薄壁刚性,如图 3 - 15 所示。

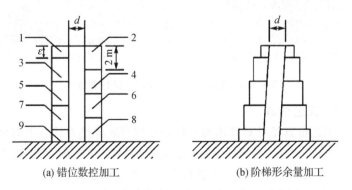

（a）错位数控加工　　　　　　　　　　　（b）阶梯形余量加工

注:错位数控加工和阶梯形余量加工方法都可以增加零件薄壁刚性、减小变形。

图 3 - 15　错位分层加工原理

数控加工时,在保证刀具刚性的基础上,采用高速加工也能进一步提高零件的表面加工质量。高速切削是一种切削力小的轻切削方式,每刀切削排量小,切削深度小,但切削速度大。随着切削速度的增大,切削力降低,切屑热容易释放,可以获得较好的表面加工质量。

3.2.3　数控加工编程与仿真

数字化与智能化是航空制造技术的发展趋势,对于飞机结构件数控加工而言,实现其数控加工的数字化也是提升制造效率与制造质量的关键。飞机结构件数控加工数字化主要体现在两个方面:数控加工编程及其几何仿真和铣削加工过程工艺仿真。

1. 数控加工编程及其几何仿真

数控加工编程及其几何仿真是在数控加工之前对加工程序进行验证的虚拟仿真,以确保数控加工过程的正确性,已在实际生产中广泛应用;采用仿真方法,可以在计算机上模拟出加工走刀和零件铣削的全过程、机床—刀具—构件等的物理状态,可以直接观察切削过程中可能遇到的问题并进行调整,而不实际占用和消耗机床、工件等资源。数控加工编程及其物理过程仿真的主要目的包括:

① 检验数控加工程序是否有过切或欠切。通过数控加工仿真,可用几何图形、图像或动画的方式显示加工过程,从而检验零件的最终几何形状是否符合要求,目前主流的 CAD/CAM 软件中都具备数控加工轨迹模拟及过切、欠切的分析功能。

② 碰撞干涉检查。通过数控加工仿真,可以检查数控加工过程中刀具、刀柄等与工件、夹具等是否存在碰撞干涉,以及检查机床运动过程中主轴是否与机床零部件、夹具等存在碰撞干涉。

目前,主流的 CAD/CAM 软件中均具备上述几何仿真功能,通过建立数控机床、刀具、夹具模型库以及坯料模型(如图 3 - 16 所示),即可实现碰撞干涉、程序正确性检查,以取代实物试切。在此基础上,即可进一步生成工艺流程卡、仿真文件,直接指导后续实物机械加工过程开展。

 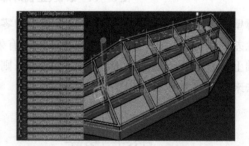

(a) 机床、刀具、夹具、坯料模型的建立　　　　　(b) 刀具轨迹规划与检查

图 3 - 16　数控加工编程及其几何仿真过程

2. 铣削加工过程工艺仿真

铣削加工过程工艺仿真是针对具体加工物理过程开展其热力状态下的材料及其结构变形特征的虚拟仿真技术,以实现对于特定结构具体工艺参数(包括刀具转速、轨迹等)的优化设计,以获得满足目标要求的最终构件。工艺仿真的主要目的包括:

① 切削过程中的热力耦合仿真。随着仿真技术的发展及实际生产的需要,对加工过程中产生的力、热等物理量进行分析受到越来越多的关注。通过仿真切削过程中力、热等物理量,

可以对加工过程中的受力状态、变形、残余应力等进行分析,从而为加工过程控制、切削参数优化等提供参考。

② 切削参数优化。数控加工工艺仿真的主要目的是切削参数优化,即通过数控加工过程的仿真,基于典型构件形状等精度要求,发现现有工艺参数中存在的问题,从而对切削参数进行优化以提高加工效率、保障加工质量。

③ 刀具磨损预测。在难加工材料、高精度材料零件的加工过程中,刀具的磨损速率较快且刀具磨损导致零件加工精度和已加工表面的完整性受到影响。因此,预测加工过程中刀具磨损对确保加工精度与工件的表面完整性有重要作用。

铣削加工工艺过程仿真主要依托有限元技术开展。近年来,一些铣削专用有限元软件,如AdvantEdge 等的开发使用,使其成为量化分析与优化铣削加工过程的强大工具,获得了广泛应用。铣削加工工艺过程有限元仿真分析基本流程如图 3-17 所示,主要包括铣削模型建立、刀具和工件材料定义、网格划分、边界与约束条件定义、有限元仿真运算、结果输出与后处理。

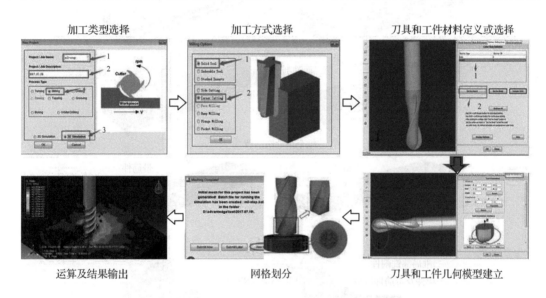

加工类型选择　　　加工方式选择　　　刀具和工件材料定义或选择

运算及结果输出　　　网格划分　　　刀具和工件几何模型建立

图 3-17　铣削加工工艺过程有限元仿真分析基本流程

在飞机结构件铣削工艺有限元仿真分析中,物理模型建立精度及其边界条件定义、材料模型定义的准确性是决定工艺仿真模型精度的关键。影响铣削工艺仿真精度的关键材料模型包括:

① 材料本身在热力耦合状态下表征其应力-应变关系变化的模型。目前应用最为广泛的是 Johnson-Cook 模型,可以将金属材料铣削过程中存在的应变硬化、应变率强化以及热软化效应协同考虑。

② 刀具-工件-切屑摩擦模型。此模型是实现工作部分关键区域热、力状态精确表征的关键,如何确定其动态变化、摩擦系数及对应的热能变化是关键。

③ 切屑分离与断裂准则。材料去除仿真模拟是铣削工艺有限元仿真的关键,因而其切屑分离及断裂准则也是影响仿真精度的关键。

在铣削有限元仿真方法中,目前实现其切屑分离仿真预测的方法主要有两种:简化的单元去除法和实际铣削切屑分离法。

① 单元去除法,基于定义在各个单元上的极限承载力,通过网格单元去除的方式模拟铣削时的材料去除过程,如图 3-18 所示。由于其简易性及高效性,单元去除法被广泛用于预测铣削后残余应力的重新分布以及铣削变形,然而,其无法获取铣削表面残余应力。

② 实际铣削切屑分离法,通过表面划分微米级极细网格的二维或三维模型,结合定义的切屑分离准则,实现切屑过程加工局部区域热力状态的真实模拟。

基于这些模型,亦可以考虑由于铣削机械效应及温度效应产生的材料微观结构演化,建立接近真实铣削条件的表面极细网格模型,可以有效预测铣削表面残余应力及铣削过程中的宏微观现象。然而,表面微米级的网格往往导致铣削仿真计算效率极低,尤其是对于铣削大型构件。因此,通常采用单道次铣削仿真获取铣削表面残余应力分布。

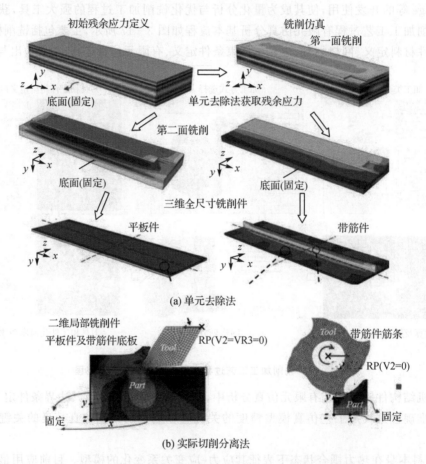

图 3-18 两种不同切屑分离方法的铣削工艺有限元仿真模型

3.3 整体壁板成形

整体壁板是飞机结构的表面承力结构,它是蒙皮、长桁和肋等结构要素无连接构成的整体结构。通过块材(预拉伸铝合金厚板)数控加工出其内部结构特征(如筋条、槽、凸台、孔等)后,壁板表面几何外形(曲率特征)需通过成形的工艺方法制造。整体壁板的成形由蒙皮成形的相关方法发展而来,并根据整体壁板结构自身的特点逐步完善和发展。目前,整体壁板的主要成形工艺方法有:喷丸成形、蠕变时效成形、滚弯成形和压弯成形。

3.3.1　壁板数控喷丸成形

1. 喷丸成形原理及工艺特点

（1）喷丸成形原理

喷丸成形是从表面喷丸强化工艺中衍生出来的一种塑性成形方法,其基本原理是:利用高速弹丸流撞击金属板材表面,使受撞击的表面及其下层金属材料产生塑性变形而延伸,从而使板材逐步发生向受喷面凸起的双向弯曲变形而形成所需外形,如图 3 - 19 所示。喷丸过程的实质是,把弹丸的部分动能转化为塑性变形能,从而形成永久变形的过程。喷丸成形不需要模具且可通过局部成形累积实现大尺寸壁板的成形,因此,近来应用很广,是成形整体壁板的主要方法,尤其对于大壁板,可解决常规方法成形时要求机床吨位大等问题。

图 3 - 19　喷丸成形原理

为了获得需要的外形,可以有选择地进行喷丸。针对变形量大的地方多喷,其他地方则少喷或完全不喷。喷丸成形与强化也可兼而有之,此时有两种工艺流程:对于外形复杂、曲率较大的零件,先用喷丸成形,然后进行喷丸强化;对于外形简单、曲率较小的零件,成形和强化可同时进行,通过控制壁板正、反两面上喷丸强度的差值,可保证零件正好获得所需的外形。

（2）工艺特点

① 喷丸成形时,高速的球形弹丸撞击板坯表层,使一定深度的表层产生塑性延伸变形;变形后内应力达到平衡,如图 3 - 20 所示。喷丸一般可在材料表面形成压应力层,阻止和延缓裂纹的产生和扩展,提高材料疲劳性能和抗应力腐蚀能力。

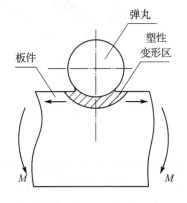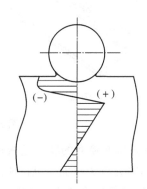

(a) 弹丸撞击金属表面层后的塑性变形区　　　(b) 喷丸成形后板坯残余应力分布

图 3 - 20　喷丸成形变形特点

② 板坯接受给定的弹流喷射,弹流量越大,变形量也越大,但当弹流量达到饱和状态时,零件变形量将不再进一步增大。

③ 喷丸的送进方式和弹流参数可以随意匹配,加工程序具有很大灵活性。

④ 只要提供足够的弹丸散射面积,一般被加工零件的长宽尺寸不受限制。

⑤ 喷丸设备和工艺装备结构简单,但对人工操作技巧和经验积累依赖性很大。

概括起来,喷丸成形具有以下工艺优点:零件长度不受喷丸成形方法的限制;工艺设备简单,不需要成形模,利用喷丸还可以成形双曲度的零件;零件的疲劳强度显著提高;可采用热处理状态板坯进行成形,加工简单;成形和强化可使用同一设备。

喷丸成形也有不足之处。工艺参数的选择以及变形的控制复杂,需要有经验积累的工艺数据库支撑;变形力小,成形零件的厚度和整体刚度对喷丸成形有一定的限制,适用于梳状、浅筋条壁板成形,网格式高筋条壁板用喷丸成形难度大;喷丸成形的塑性变形和零件表面质量均有严格控制,不可能通过无限增大弹丸速度和预应力来增加变形量从而获得外形较复杂的零件,喷丸成形适用于外形小曲率、较平坦的翼面类壁板的成形;由于弹丸是物理实体,冲击过板坯表面易形成弹坑,表面粗糙度较差,对表面要求高的结构,还需要进一步进行表面处理;成形极限较低,当弹丸覆盖率达到饱和时,无法进一步提升变形量,因此,成形极限受限。

2. 喷丸成形方法

喷丸成形有多种分类方法,按照喷丸区域不同,分为单面喷丸成形和双面喷丸成形。单面喷丸成形时,弹丸仅喷打零件内、外两个表面中的一个,主要用于球面或双凸外形面零件的成形。双面喷丸成形时,弹丸同时喷打零件内、外两个表面,主要用于单曲率和马鞍外形零件的成形。一般情况下,二者需配合使用才能获得所需零件外形。

根据喷丸成形是否在零件上预先施加外载荷,分为自由状态喷丸成形和预应力喷丸成形,如图 3-21 所示。正确地选择喷丸工艺参数和受喷区域,恰当地施加预应力或与其他成形方法组合使用,可成形外形和型面较复杂的整体壁板。

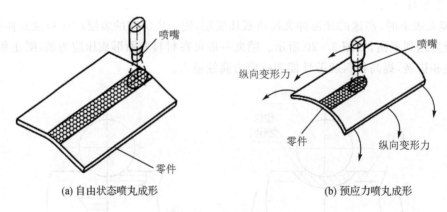

(a) 自由状态喷丸成形　　　　　　　　(b) 预应力喷丸成形

图 3-21 喷丸成形方法

① 自由状态单面喷丸的特点是板坯在自由状态下接受一个在表面上的弹流撞击。长宽相等的等厚板,喷丸后为球面。纵横刚度不同的板坯,刚度小的方向弯曲变形大。此喷丸成形方法适用于零件纵横刚度差大的壁板,如机翼壁板的纵向加强筋和机翼翼型等百分线平行。

② 预弯曲单面喷丸的成形特点是板坯预先施加弹性弯曲,预弯曲的方向可增加变形量。预弯曲的目的是产生弹性预应力,在专门的夹具中实施。此喷丸成形方法适用于零件纵横刚

度差小的壁板,如型面曲率半径小于自由状态下喷丸的极限成形半径。

③ 预拉伸双面喷丸的成形特点是板坯在单向拉伸状态下进行双面喷丸。此喷丸成形方法适用于带折弯的机翼壁板,以及有马鞍形曲面的壁板。

④ 组合成形的特点是,当喷丸成形不能满足板坯变形要求时,和其他成形方法相结合,将喷丸安排在最后工序。此喷丸成形方法适用于局部刚度大、喷丸不能成形的零件。例如,当壁板带有局部加厚区域时,如开口的边缘、横向加强筋等,需要配合使用喷丸和闸压,加厚部分用闸压成形,其余部分用喷丸成形。

3. 喷丸成形工艺参数

决定喷丸成形变形量的参数主要分为三类,即弹丸特性参数(材料、尺寸、硬度等)、过程控制参数(弹流速度、弹丸流量、喷射角、喷射距离、喷射时间)以及受喷零件参数(材料、厚度和受力状态)。当弹丸和受喷零件确定时,喷丸成形的变形量主要取决于过程控制参数。

① 喷丸强度是计量弹丸流撞击零件表面能量大小的尺度,通常用单面喷丸阿尔门试片的弯曲弧高来表示,它是度量受喷材料表面总压缩应力的一种方法。喷丸强度(弹速和弹丸尺寸)选择应以低覆盖率就能达到成形目的为原则。

② 覆盖率反应弹丸流撞击零件表面的弹坑覆盖程度,表征应力的均匀性。覆盖率的最佳范围是 $10\% \sim 40\%$。对于有强化要求的零件,如果喷丸成形工序在喷丸强化工序前,喷丸成形时应给零件的外形弧度留出余量,以补偿喷丸强化对零件外形产生的变化。

③ 弹流速度反映弹丸的动能,不论是气动式还是离心式喷丸,弹流速度都很难确定,可通过调整压缩空气和叶轮速度控制。

④ 弹丸是喷丸成形的动能载体,弹丸直径、材料、硬度和形状都影响喷丸成形。在实际生产中,应使用大直径弹丸和低弹速,以使零件获得较低的表面粗糙度。通常弹丸直径在 $2 \sim 4.7$ mm 之间,主要使用铸钢弹丸或磨光钢球,对于铝、钛等有色金属零件使用不锈钢弹丸。

⑤ 喷射角是指弹丸流对零件撞击的方向,只有相对零件表面垂直的速度分量才对零件产生变形力,喷射角 $90°$ 时效果最佳。

⑥ 弹丸流量是单位时间通过气动喷嘴或叶轮喷射的弹丸数量,按重量计算。在喷丸机输送弹丸系统中,通过控制弹丸进口大小来调节弹丸流量。弹丸流量是弹流动能的计量参数之一,影响喷丸强度。

⑦ 喷射时间是覆盖率的决定因素,当覆盖率达到饱和时,零件不再变形。

⑧ 喷射距离是喷嘴或叶轮至零件表面的距离,主要影响弹流速度和弹丸散射面积。不同类型的弹丸驱动方式,弹流散射面的形状也不同。

⑨ 在预应力喷丸中,由于可以很方便地通过控制喷丸强度来补偿预弯量偏差,因此,无须对预弯量进行精确计算。在工件装夹方便的情况下,预弯量选取应尽量大,以充分发挥预应力喷丸成形的优点。

一旦通过试验或试制确定了合理的喷丸工艺参数,就应依次进行生产加工。由于材质、板厚、机械加工和喷丸机等差异而引起的零件外形曲率波动,可在喷丸成形后使用喷丸方法予以修整。

4. 壁板喷丸成形数字化制造流程

数字化制造和数控喷丸技术的发展有效解决了依靠人工经验试喷的现状,形成了整体壁板数字化制造工艺流程,如图 3-22 所示。主要过程如下:

① 壁板数模分析。提取几何数据,供曲率分析、路径规划和零件展开使用。

② 壁板展开。根据壁板数模,快速准确地将曲面展开,可得到展开后壁板的外边界和内边界的形状以及结构特征线和特征点,据此建立壁板板坯数模。

③ 壁板数控加工。对板坯数模经数控编程后进行板坯数控加工,将加工出的板坯交付喷丸成形工序。

④ 喷丸工艺模型。根据壁板数据和板坯数据,分析翼面曲率,建立成形工艺模型,对喷丸路径进行规划。

⑤ 喷丸工艺参数优化。根据壁板喷丸路径给出初始工艺参数,利用板坯数模对喷丸成形过程进行数值模拟和工艺仿真,提供优化的喷丸工艺参数。

⑥ 喷丸工装夹具设计制造。根据壁板数模设计预应力夹具和检验型架。

⑦ 成形和检验。根据工艺人员提供的成形制造指令及喷丸成形工艺参数对板坯进行成形,经过适当试喷、校喷,最终完成壁板成形,并用检验型架(卡板)对外形进行检验。

图 3-22 壁板喷丸成形数字化制造工艺流程

5. 数控喷丸成形机

喷丸成形机属于飞机制造大型装备,按照驱动弹丸的方式分为气动式喷丸机、离心式喷丸机,如图 3-23 所示。气动式喷丸机采用压力罐式弹流发生器,依靠压缩空气产生和控制弹丸流,操作灵活、弹流散射面积较小,有利于喷丸成形控制;然而其压缩空气消耗大,需配备较大功率的空压机系统,故适于复杂外形结构壁板的喷丸成形和强化及校形。离心式喷丸机使用离心式弹流发生器,借助离心力产生和控制弹丸流,弹丸流量大,弹流速度高且稳定,打击力大、能耗低,但弹流散射面积较大,适合外形结构简单壁板的喷丸成形和强化。离心式喷丸机需要配备数控离心抛头系统。

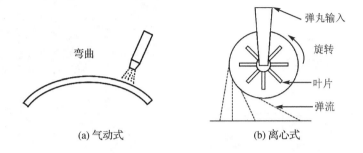

图 3 - 23 喷丸机弹丸驱动方式

喷丸机结构示意如图 3 - 24 所示。该喷丸机由喷丸室(通道、内壁防弹保护)、运动机构(立柱、横梁导轨、安装喷嘴/抛头的悬臂、吊挂升降系统)、弹丸回路(弹流发生器、弹丸喷射—回收—风选—筛分—储存—循环系统)、空压系统(抽风除尘机、空压机、储气罐空气干燥机)、电气控制系统等组成。气动式喷丸机和离心式喷丸机的悬臂端部分别安装了喷嘴和叶轮机构。尽管各类喷丸机的结构大同小异,但它们的喷丸功能没有本质区别。

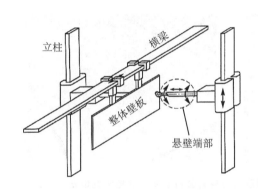

图 3 - 24 喷丸机结构

喷丸机有许多技术指标要求,其中压缩空气压力/叶轮转速的高低、能够喷丸的零件长短、进出喷丸室通道的宽窄、喷丸零件送进机构的承载方式与承载能力大小以及可使用弹丸规格的大小这 5 项指标通常决定喷丸成形机的能力。图 3 - 25 所示为数控喷丸机。

在喷丸室内部,喷嘴/叶轮布置在前后两侧,既可以单侧喷丸成形,也可以双侧双面喷丸成形与强化。喷丸工艺过程的稳定性是成形质量的根本保证,数控喷丸机已经成为喷丸成形强化设备的主体。

德国 KSA 公司将数控等数字化技术应用于喷丸成形过程中,开发了自动喷丸成形技术,可分为三个阶段:概念设计和分析阶段、预生产(研制)阶段和生产阶段。在概念设计和分析阶段,主要针对零件的 CAD 数模进行喷丸成形工艺性分析和评估,制定出初始的喷丸成形工艺方案和成形工艺参数,同时针对用户的设备和人员状况制定相应的需求。在预生产阶段,主要通过试验件的喷丸成形试验对工艺进行优化,生成有关工艺控制文件和程序,同时对用户的设备进行必要的升级和调整;另外,在此阶段还可并行进行零件设计的更改和完善。在生产阶段,通过调用已经制定好的有关零件控制程序即可实现自动化喷丸成形,同时完成对相关人员的技术培训。通过这三个阶段在用户的现场建立起自动化喷丸成形技术体系后,对于以后新

图 3 - 25　数控喷丸机

产品的开发只需通过离线编程,然后再将有关数据和程序传递到用户设备上即可进行试验和生产。

德国 KSA 公司和瑞士 Baiker 公司联合为空客公司研制了目前世界上最大喷丸室的数控喷丸设备,如图 3 - 26 所示。采用自动喷丸技术实现了 A380 激光焊接机身壁板的喷丸成形,整个过程完全自动化,不需要任何人工校形就可使壁板的外形精度满足设计要求。

图 3 - 26　KSA 与 Baiker 公司联合为空客公司研制的数控喷丸设备

国内在喷丸成形技术与装备方面近 20 年来取得了高速发展,已实现了技术原理、工艺参数掌握及相关装备开发系列技术,并已在多型飞机整体壁板成形中获得应用,ARJ21、C919 等大型飞机的机翼壁板均采用了数控喷丸成形技术。

6. 新型喷丸技术

区别于传统固体弹丸喷丸技术,新型喷丸技术应用了其他高能量密度的冲击原理,以实现更大变形量的成形,同时改善了传统喷丸技术表面粗糙的局限性。目前研究且应用较多的包括激光喷丸、超声喷丸及水喷丸技术。

激光喷丸技术通过高能量激光束冲击金属表面,形成远高于传统喷丸的冲击强度,从而获得更大的影响深度及变形量,同时对金属表面粗糙度影响也较小。激光冲击可获得的最大影响深度是传统喷丸的 10 倍,进一步提升了成形件的抗拉强度与疲劳强度,可达到的最大变形量为传统喷丸的 3～6 倍,同时还可保持较好的表面质量,在复杂形状带筋壁板成形方面具备较大的优势。但因其设备昂贵,对加工环境、辅助设备的要求特殊,相对成本较高,目前还无法取代传统喷丸技术在大型构件成形方面的地位,仅作为传统喷丸成形的一种辅助手段。随着低成本化,激光发生设备的发展将有效推动激光喷丸技术在大型构件成形方面的应用。

与激光喷丸技术原理类似,超声喷丸通过高频超声波传递能量至金属表面产生高能量冲击,可达到甚至超过激光喷丸技术获得的影响强度与深度,产生更大和更深的残余压应力层。同时,超声冲击产生的大塑性变形还可以在构件表面形成细晶层,晶粒尺寸可达到纳米级,可有效提升其表面硬度与质量。与激光喷丸相比,超声喷丸设备相对成本较低,适于复杂形状构件成形。但其成形辅助设备比激光喷丸与传统喷丸复杂,一定程度上加大了设备复杂度。法国的 SONATS 公司开发的超声喷丸技术和设备,用于空客焊接机身壁板的喷丸校形,如图 3 - 27 所示。

图 3 - 27　采用超声喷丸技术对焊接机身壁板进行喷丸校形

水喷丸技术是利用高压水或者气穴无弹丸冲击金属表面来获得塑性变形及表面残余应力的一种新型喷丸技术,衍生自高压水表面处理及高压水切割工艺。利用柔性水介质替代传统固体弹丸,有效地提升了成形柔性,较传统喷丸技术具备更大的喷丸强度与覆盖率。同时,由于水介质来源广泛、成本及能耗低、回收性好,解决了其他新型喷丸技术带来的高成本问题,具备较为广泛的应用潜力。但由于水介质的非固态特性,其冲击参数控制对成形特性影响极为明显,强度过小可能导致成形不充分,强度过大又接近高压水切割,容易对零件造成损伤,因此,其相应的工艺参数影响与控制极为关键。同时,水对金属具有一定的腐蚀性,因而对耐腐蚀性能弱的金属成形受限。

3.3.2　壁板蠕变时效成形

蠕变时效成形是 20 世纪 50 年代初期为成形整体壁板而发展起来的一项技术,亦称时效成形、应力松弛成(校)形。该成形方法是一种成形和时效同步进行的工艺,具有残余应力小、成形精度高、微观组织好等优点,适用于成形可时效强化型铝合金带筋和变厚度大曲率复杂外形和结构的整体壁板构件,在大型军用运输机、大型民用飞机中已有应用。

1. 蠕变时效成形原理及工艺特点

(1) 蠕变时效成形原理

蠕变时效成形是利用金属的蠕变特性,将材料的人工时效与零件成形相结合,同步进行的一种成形方法。它是在一定温度和外力的作用下材料缓慢变形的过程,是伴随着蠕变、应力松弛和时效综合作用的成形过程。

如图 3 - 28 所示,利用金属材料在时效温度下蠕变而产生应力松弛的特性,对零件弹性加载获取初始变形,通过施加恒定载荷保持零件的变形,并在恒温中放置一段时间。在这一过程中部分弹性应变逐渐转化为蠕变应变,而具体材料内的应力水平会随着时间而降低,从而达到成形的目的。时效成形过程实际包含各种复杂的力学现象,如弹性变形、塑性变形、应力松弛、蠕变、热应力等,通常各种力学行为相互作用以达到成形的目的。

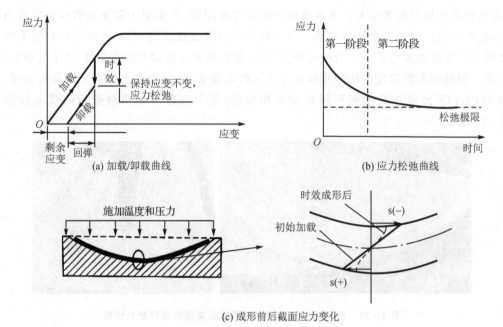

(a) 加载/卸载曲线　　　　(b) 应力松弛曲线

(c) 成形前后截面应力变化

图 3 – 28　蠕变时效成形原理

（2）工艺特点

① 蠕变时效成形时，成形应力通常低于材料屈服应力，相对于常规塑性成形而言，减少了零件因进入屈服状态后而引发失稳破裂的危险，大大降低了零件发生裂纹概率。

② 利用材料的时效硬化和应力松弛特性，可在成形的同时完成对零件材料的人工时效强化，改善材料的微观组织，提高材料强度。

③ 时效成形零件的内部残余应力几乎被完全释放。成形后零件的尺寸稳定性好，抗应力腐蚀能力高。

④ 成形和材料时效强化同时完成，可有效降低零件制造周期和成本。

与传统工艺塑性成形相比，蠕变时效成形具备以下优点：所成形零件表面质量高，外形光顺，各零件之间外形一致性好，可有效提高装配质量；成形精度和成形效率高、工艺重复性好，仅需一次热循环就可使零件外形达到所需精度；采用模具来保证外形精度，同时避免了以经验为主的人工校形所带来的外形差异；成形能力强，既可成形变厚度复杂外形整体壁板，也可成形带筋条的整体壁板。

温度和时间是蠕变时效成形最主要的工艺参数，当其他条件相同时，温度越高、应力松弛的速率越快，温度一般在 $100\sim200\ ℃$ 之间，时间一般为 $5\sim24\ h$。对于铝合金材料，温度、时间和预变形量以及时效前状态对材料性能均有影响，一定的时效温度要与一定的时效时间相配合，才能获得所需的最终材料性能和状态。

2．壁板蠕变时效成形工艺过程

整体壁板蠕变时效成形的工艺过程主要分为三个阶段：

① 弹性加载。在室温下，将数控加工的板坯零件通过一定的加载方式（一般通过真空负压或活动卡板等）使之产生弹性变形，贴合在具有一定外形型面的工装模具上。

② 人工时效。将工装模具及与其贴合的壁板零件一起放入加热炉或热压罐中（一般在热压罐中），加热至时效温度，保温一段时间并保持载荷，材料在此过程中受到蠕变、应力松弛和

时效机制的作用,内部组织及性能均发生较大变化,发生时效强化和应力松弛,使部分弹性变形转变为永久性塑性变形。

③ 卸载回弹。保温结束后冷却至室温,卸掉施加在零件上的外加载荷约束(去掉真空负压),由于所施加到零件上的弹性变形未完全转变为永久塑性变形而产生回弹现象。部分弹性变形转变为永久塑性变形,从而使零件在完成时效强化的同时,获得所需外形。图 3 – 29 所示为蠕变时效成形工艺过程示意图。

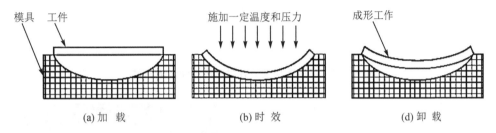

图 3 – 29　蠕变时效成形工艺过程示意图

材料应力松弛过程时效机理与特性较为复杂,不同的工艺参数下的成形质量也存在很大差异。因此,明确蠕变时效过程中材料蠕变变形及时效强化机理,建立可精确表征预测变形与强化特性的材料与工艺仿真模型,是实现壁板精确回弹补偿修正、精密成形制造的关键。另外,在实际蠕变时效工艺流程中,还可考虑航空用可热处理铝合金时效特性以及蠕变特性,采取以下措施以提升其机械性能与成形极限:

① 采用双/多级时效处理,以提高材料的综合性能;

② 采用振动时效应力松弛,加速应力松弛,降低回弹;

③ 先进行短时间的无应力时效,还是直接进行应力时效,应根据材料的应力位向效应及其标准时效制度确定。

基于热压罐的蠕变时效成形工艺流程如图 3 – 30 所示,压力和温度曲线如图 3 – 31 所示。一般而言,铝合金壁板蠕变时效成形合适的温度为 110~170 ℃。

图 3 – 32 所示为热压罐蠕变时效成形实际工艺过程。

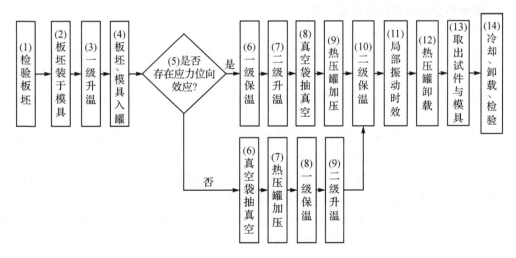

图 3 – 30　热压罐蠕变时效成形工艺流程

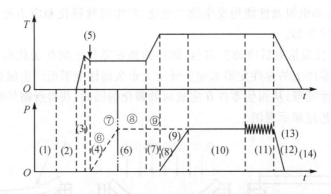

图 3 - 31 热压罐蠕变时效成形压力和温度曲线

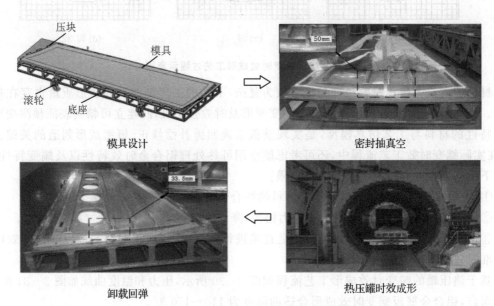

模具设计   密封抽真空

卸载回弹   热压罐时效成形

图 3 - 32 热压罐蠕变时效成形实际工艺过程

3. 壁板蠕变时效成形设备及工装

（1）蠕变时效成形设备

蠕变时效过程中壁板需要在高温及力加载状态下保持较长时间，因此，目前大尺寸壁板类零件的成形多采用热压罐设备进行蠕变时效成形。热压罐是一种可同时提供均匀温度以及均布压力的大型设备，主要用于聚合物基复合材料成形，如图 3 - 33 所示。

（2）工装模具

时效成形工装模具材料应具有较好的热稳定性及刚度。应尽量选用与零件材料具有相近热膨胀系数的材料制造，避免因热膨胀不一致在工装内产生附加应力和变形，影响零件成形精度。如卡板式工装中卡板宜选用铝合金，硬度不能大于零件材料，大型成形工装模具的框架可用普通钢材，但必须考虑卡板与钢材之间的热膨胀变形差。

图 3 - 34 所示是一种点阵钉模式工装，是在一块或几块底板上按一定的行距安装螺钉头，根据零件型面和过弯量要求调节螺钉高度，钉头包络面构成模具型面，将板坯放在上下钉板之间夹紧，放入炉内进行时效成形。这类夹具通用性好，一套夹具可用于成形不同曲率或形状零件，波音公司采用该夹具成形大型马鞍型飞机厚蒙皮壁板。

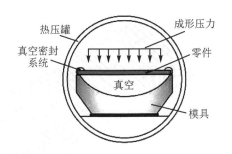

图 3 - 33　热压罐时效成形装置

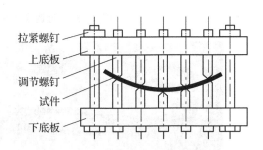

图 3 - 34　时效成形点阵钉模式工装

卡板式工装是由一定外形的肋板组成，为了防止蠕变时效成形过程中零件在两肋板之间发生变形，通常在肋板与零件之间放置与肋板同种材料的预先成形好型面的垫板，如图 3 - 35 所示。其中，垫板与肋板之间以及肋板与框架均采用点焊组合成模胎，亦称焊接卡板式工装。B1 - B 轰炸机机翼上下壁板、湾流Ⅳ和湾流Ⅴ公务机的复杂曲面上翼面壁板的蠕变时效成形，均采用了这种焊接式成形工装。该成形工装由于采用焊接形式，垫板和肋板在材料的选择上，除了需考虑与零件的热膨胀系数相近外，还要考虑其焊接性能。通常，工装模具材料的费用较高，因此，一般选用 6061 铝合金。

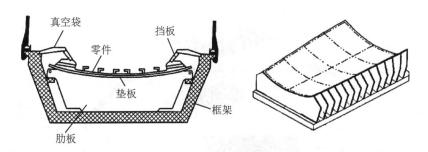

图 3 - 35　焊接卡板式蠕变时效成形工装

空客公司在焊接卡板式工装基础之上，开发了一种可调式成形工装，如图 3 - 36 所示，并在 A380 机翼上壁板蠕变时效成形中得到应用。该模具结构也采用多截面卡板形式，其垫板并不固定在肋板上，肋板与基座间亦为可拆卸连接。因此，对于不同壁板零件，该模具结构只需更换或移动相应肋板即可达到调形的目的。

空客公司采用了蠕变时效工艺成形 A380 机翼上壁板（见图 3 - 37），该壁板长 33 m，宽 2.8 mm，厚度从 3 mm 至 28 mm，双曲气动外形设计，装配容差控制在 0～1 mm 之间。应用蠕变时效成形 24 h 可生产一副外形合格的机翼壁板。

4. 壁板蠕变时效成形工艺仿真与回弹补偿

蠕变时效成形过程中由于仅部分弹性变形转化为塑性变形，因此卸载后均有较大回弹产生；同时，时效过程中也伴随着材料强度性能的变化。如何实现铝合金壁板蠕变时效过程中变

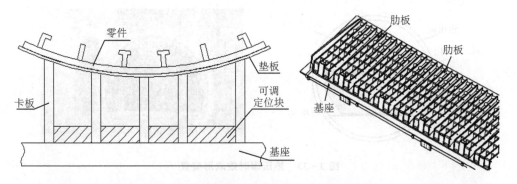

图 3 - 36 可调卡板式时效成形工装示意图

图 3 - 37 蠕变时效成形的 A380 机翼上壁板

形回弹预测及补偿,以及强度性能的预测,是支撑模具设计、决定能否获得同时满足形状及性能要求构件的关键。图 3 - 38 所示为蠕变时效成形工艺仿真及设计制造流程。

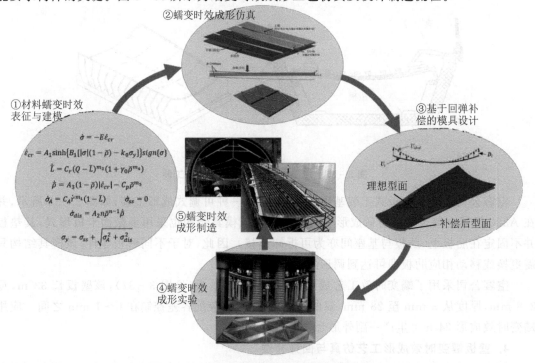

图 3 - 38 蠕变时效成形工艺仿真及设计制造流程

铝合金壁板蠕变时效成形预测与工艺设计一般经过如下几个步骤：

① 材料蠕变时效表征与建模。通过时效温度下材料蠕变特性表征实验，获得用于校准与验证蠕变变形及时效强化的材料本构模型，实现成形过程中蠕变变形以及强度性能的预测。

② 蠕变时效成形仿真。通过用户子程序将材料模型导入有限元仿真软件中，比如 ABAQUS，在仿真软件中进一步建立特定结构模型，定义蠕变时效成形过程相关边界与约束条件，实现构件蠕变时效成形过程预测，获得其回弹量及最终形状。

③ 基于回弹补偿的模具设计。由于回弹存在，最终形状与模具型面存在偏差，因此，需要进一步通过回弹补偿算法，将回弹部分变形补偿至模具型面上，修正模具型面，最终实现回弹后的零件形状与要求一致，满足形状精度要求。

④ 蠕变时效成形试验与制造。基于修正后的模具型面，即可开展后续蠕变时效成形制造，一般先通过局部简单构件，进一步验证上述仿真模型及模具修正方法的有效性，最终将其应用于实际工业生产中，完成实际壁板零件的蠕变时效成形制造。

3.3.3　壁板滚弯成形

1. 壁板滚弯成形原理及工艺特点

（1）滚弯成形原理

滚弯成形是用于成形蒙皮壁板类零件的一种典型工艺方法，亦叫三轴滚弯，其成形原理如图 3-39 所示，通过上辊的下压以及上下辊的旋转，实现壁板的三支点连续弯曲成形。主要用于成形机身、机翼等单曲率蒙皮壁板零件，成形前或成形后通过铣削加工达到结构需求和减重的目的。实际生产中，一般通过后期校形或多次滚弯等手段对回弹进行控制或者消除，但会引起材料性能的降低，不适合对性能要求高的蒙皮壁板成形。

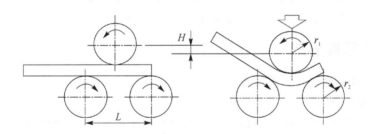

图 3-39　滚弯成形原理图

（2）工艺特点

滚弯成形是一种传统工艺，具有生产效率高、设备简单、方法灵活、适合批量生产等优点。滚弯成形工艺主要有两种方式：

① 先滚弯等厚板，然后化铣成变厚度蒙皮壁板。这种加工方法劳动强度比较高、生产周期长，而且化铣时很难精确控制圆角半径大小，化铣后壁板的圆角半径大且不均匀，会增加壁板的重量，成形壁板的尺寸精度差，而且浪费材料。

② 先把等厚板铣削加工成网格形状，如大台阶比的变厚度蒙皮壁板或带筋条壁板，然后再滚弯成形。这种方法可以精确控制圆角半径，且减重效果明显，但是成形极限低，极易造成筋条开裂、扭曲或失稳等。

图 3-40 所示为带弹性填料的蒙皮壁板滚弯成形。

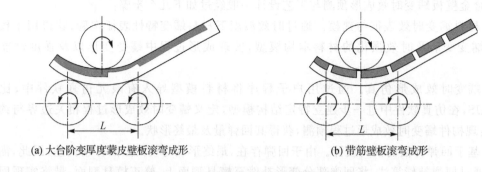

(a) 大台阶变厚度蒙皮壁板滚弯成形　　　　　　　　(b) 带筋壁板滚弯成形

图 3 - 40　带弹性填料的蒙皮壁板滚弯成形

2. 滚弯成形工艺参数

滚弯成形的工艺参数主要包括以下几个方面：

① 压辊下压量。压辊下压量是指上辊在壁板表面施加的压力,影响壁板的局部变形程度和回弹量。一般来说,压辊下压量越大,壁板的局部变形越大,但回弹量也越大,因此,需要根据壁板的材料性能、几何尺寸和目标曲率来确定合适的压辊下压量。

② 下辊旋转速度。下辊旋转速度是指两个下辊的相对旋转角速度,它影响壁板的整体变形程度和成形效率。一般来说,下辊旋转速度越大,壁板的整体变形越大,但成形效率也越高,因此,需要根据壁板的长度和目标曲率来确定合适的下辊旋转速度。

③ 辅助填料。辅助填料是指在壁板中加入一些填充物来增加壁板的刚度和稳定性,以防止壁板在滚弯过程中产生皱纹、裂纹等缺陷。辅助填料适用于变厚度、带筋条或带有加强区的复杂壁板,填料可以是金属、塑料或橡胶等材料,需要根据壁板的结构特点和成形要求来选择合适的填料。辅助填料可以提高壁板的初始刚度和抗屈曲能力,减小回弹量和应力集中程度。

随着数控滚弯机床的应用以及有限元模拟技术的发展,通过有限元建模和工艺仿真优化,可以获得合理的工艺参数,提高滚弯成形精度、质量和效率。

3.3.4　壁板压弯成形

1. 壁板压弯成形原理及工艺特点

（1）压弯成形原理

压弯成形是一种三支点断续弯曲成形方法,也称闸压成形,在大型数控闸压床上由通用或专用压弯模按照预定的路径,进行多部位多道次压弯,最终成形出具有单曲率或复杂双曲率外形的壁板,如图 3 - 41 所示。

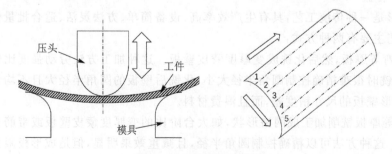

图 3 - 41　压弯成形原理

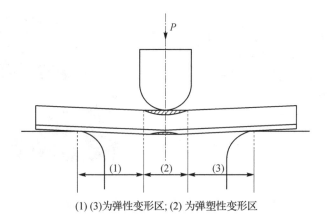

(1) (3)为弹性变形区; (2) 为弹塑性变形区

图 3 - 42　壁板压弯成形变形区域分布

整体壁板压弯成形中,需对压弯成形过程的力学特性进行分析。基于材料力学原理,与上模接触区域附近弯矩最大,且向两边递减。当增加压下深度时,上模载荷和弯矩均增加。当下压量达到一定值时,筋条部分出现塑性变形,如图 3 - 42 所示,沿筋条纵向分布有弹性变形区和弹塑性变形区,后者只波及一定长度,且位于上模与筋条接触区域附近,弹塑性变形区域也先后经历了弹性变形阶段和弹塑性变形阶段。针对壁板截面形状特点,压弯成形过程应分区域进行:筋条部分属于窄板弯曲,为平面应力状态;蒙皮部分属于宽板弯曲,为平面应变状态。在下压量不大的情况下,整体壁板压弯成形过程中壁板截面上的塑性变形主要分布于筋条上部和蒙皮外侧,且绝大部分分布在筋条上,蒙皮以弹性变形为主。

(2) 工艺特点

压弯成形作为一种传统的飞机整体壁板制造工艺,与其他整体壁板成形方法相比,其工艺具有如下优势:

① 变形力大,高于喷丸成形的变形能力,可以直接成形带筋或不带筋的厚蒙皮壁板,特别适合于网格式高筋条整体壁板的成形。

② 压弯是局部增量成形,对产品外形尺寸的适应性强,设备简单、吨位小、省力。与时效成形相比,生产效率高,耗能小,模具简单,生产成本低。

③ 由于不连续弯曲,较易控制成形曲率,不同曲率适应性强,成形质量好。

④ 成形精度高于滚弯,外形棱角小,成形后修整量小,质量稳定,外形容差可达到 0.3～0.5 mm,适合批量生产。

整体壁板压弯成形中的主要成形缺陷有:筋条失稳、筋条开裂、截面畸变以及回弹现象等。随着数控闸压机床的应用以及有限元模拟技术的快速发展,基于理论解析模型和工艺试验,结合有限元建模和工艺仿真,成为获得合理的工艺参数、实现数控压弯成形的有效途径。

2. 压弯成形工艺参数

壁板压弯成形中筋条的典型截面有 I 形、Γ 形、T 形。根据三点弯曲原理,结合压弯成形的工艺特点,对压弯成形质量影响较大的工艺参数分别是:下模跨距、下模圆角半径、上模半径(压头)、摩擦系数和压下量、压弯方向、压弯轨迹等(见图 3 - 43)。因此,工艺参数的选择对筋条失稳、回弹量、塑性应变以及上模作用力都具有一定程度的影响。壁板压弯成形后,残余应力主要集中在与上模接触区域附近的筋条顶端与根部。为了使压弯成形质量更高,有时需要进行多道次压弯成形,即包括多次加载、卸载以及其他复杂应力状态变化的复杂过程。

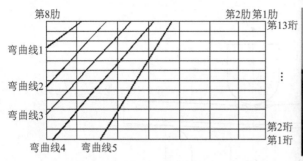

(a) 压弯轨迹　　　　　　　　　　　　　　　　(b) 压弯过程

图 3-43　网格式高筋整体壁板数控压弯成形

3.4　蒙皮类零件加工

3.4.1　蒙皮数控切边

飞机蒙皮成形后,需要根据零件的外形轮廓进行切边处理,蒙皮切边工艺上承"成形",下接"装配"。与蒙皮的拉形工艺相比,长期以来蒙皮切边是生产中的薄弱环节,主要采用手工切边方式,其加工精度直接影响到后续的装配生产。由于蒙皮零件尺寸大、刚度弱、成形稳定性差等因素影响,很难通过一次切边保证加工精度,因此,采用"工艺余量法",在装配时通过多次反复修边保证对缝间隙,加大了装配工作量。

对于厚度大于 2.0 mm 的厚蒙皮或超硬材料金属蒙皮,蒙皮切边时工艺余量问题更加突出,手工切边无法进行,需依靠铣切工装约束定位在数控机床上进行切边。另外,若需要在蒙皮上预制大量铆接定位孔,尽管是薄蒙皮,但为了保证制孔精度,往往也需要基于实体工装进行数控切边,如图 3-44 所示。

刚性工装

数控切边

加工好的零件

图 3-44　基于刚性工装的蒙皮数控切边

传统的刚性专用工装不仅设计周期长、制造成本高,而且不能适应零件形状和尺寸的变化。为了适应多品种、中小批量的生产模式,降低整个制造系统的成本,提高整个系统的柔性和可重构能力,柔性工装推动了飞机蒙皮数字化、柔性化精准切边加工。

　　柔性工装是指通过系列化标准模块的组合，或者调整自身结构参数，能够适应工件变化或多道工序的模具、夹具及型架等工艺装备。典型的柔性夹持工装如图 3 - 45 所示，由夹持单元、运动支承单元、真空单元、控制单元和驱动单元等部分组成。整个工装包括多个排架，排架安装在导轨上，每个排架分别在 2 台伺服电机的驱动下通过齿轮齿条传动实现沿导轨 X 方向的运动。每个排架上有多个可伸缩支承立柱，每个伸缩立柱在 2 台伺服电机→同步齿形皮带轮→丝杠螺母的顺序驱动下，沿 Y 轴和 Z 轴方向独立移动。伺服电机均有抱闸装置，断电时电机刹车，实现排架和伸缩立柱的锁紧；通电时刹车机构松开，电机正常运转。在每个伸缩立柱的顶部安装有一个可在 45°范围方向自由回转的真空吸盘。真空吸盘通过接管与真空发生器接通，与工件下表面接触后，通过数控指令控制真空设备进行抽吸，使吸盘内产生负压，从而产生夹紧力。铣切加工完成后，通过数控指令控制真空设备进行吹气，使真空吸盘内由负气压变成零气压或正气压，吸盘与工件之间即可松开。

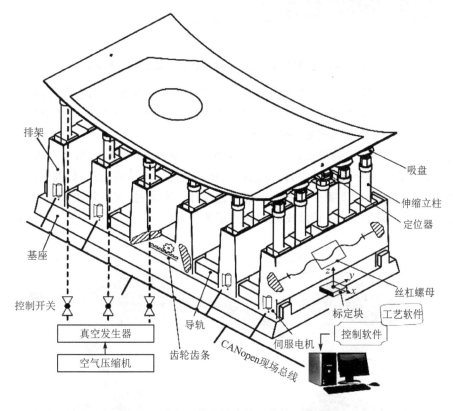

图 3 - 45　可重构柔性夹持工装的工作原理

　　可重构柔性工装特别适合夹持定位多品种、小批量、形状结构复杂、大尺寸的飞机蒙皮壁板类零件，可以大幅度减少用于切边、制孔和检验的刚性专用工装数量，降低制造成本，缩短制造周期，还可以充分利用数控机床保证铣切精度和加工质量，为后续的精密装配奠定了基础。如图 3 - 46 所示，基于可重构柔性工装的蒙皮壁板零件的数控切边加工是飞机数字化柔性制造模式的一个缩影。

　　可重构柔性夹持工装的应用也给工艺设计和工程应用带来了新问题。可重构柔性夹持工装的"多点动态支承定位"代替了刚性专用工装的"连续面积支承定位"，夹持布局设计直接影响到整个工艺系统的刚度，从而影响切边精度和切边质量。数控切边时，伴随着高速走刀，

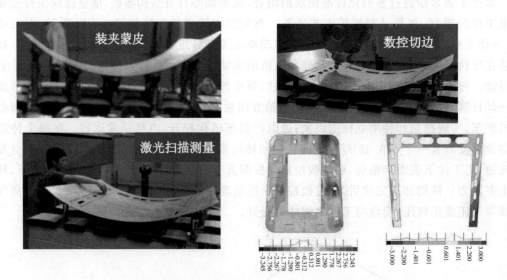

图 3 - 46　基于可重构柔性夹持工装的蒙皮数控切边加工

"刀具＋薄壁工件＋柔性工装"三者共同构成了一个时变刚度的加工工艺系统,其有效支承定位点的动态改变、薄壁工件的振动、切削力的变化、目标轮廓逐渐从整体毛坯中分离等因素的相互耦合作用,将直接影响高速加工的质量。

目前,一方面,机床、工装等设备或工艺装备的功能越来越完善,使用越来越方便,可靠性越来越高;另一方面,数字化工艺设计、工艺仿真和工艺优化方法的应用,以及面向装备与工艺融合的离线编程技术日趋完善。这些为保证工艺设计一次通过,保证加工质量,提供了支撑和保障。图 3 - 47 所示为柔性夹持蒙皮数控切边工艺仿真。

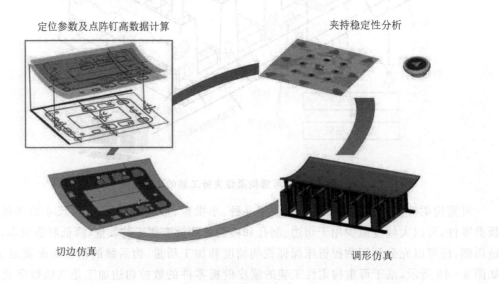

图 3 - 47　柔性夹持蒙皮数控切边工艺仿真

可重构柔性夹持工装除了用于蒙皮切边工艺外,还广泛应用于变厚度蒙皮零件的加工、化铣刻线以及壁板的焊接等工艺中。空客公司采用西班牙 M. Torres 公司的五轴铣床及其配套的柔性夹持工装系统,以高速铣削替代传统的蒙皮化学铣削工艺,如图 3 - 48(a)所示;

Ducommun 公司采用五轴激光刻线机配合柔性夹持工装为波音公司的 C17 大型运输机机身和机翼蒙皮进行化铣前的激光刻线,节约时间 50％～80％,提高了刻线质量,避免了新的工装费用,如图 3－48(b)所示;空客公司采用 M. Torres 公司的 12 轴激光焊接机并配合柔性夹持工装系统,如图 3－48(c)所示,实现了空客系列飞机大型机身壁板的激光焊接。

(a) 蒙皮的铣削加工

(b) 蒙皮化铣前激光刻线

(c) 机身壁板的激光焊接

图 3－48　柔性夹持工装用于蒙皮壁板的加工

3.4.2　蒙皮化学铣削加工

化学铣削(化铣)是指通过化学腐蚀的方式将零件加工成所需结构的铣削方式,如图 3－49 所示。通过化学铣削工艺对蒙皮实现局部减薄,形成带台阶薄壁结构,即变厚度蒙皮,在保证强度的条件下,可使蒙皮重量减轻 40％以上。化学铣削是飞机制造的一项传统工艺,多用于加工多台阶变厚度蒙皮。如图 3－50 所示为化学铣削加工原理。

通过化铣进行加工的蒙皮须先经拉形或滚弯成形,然后用化铣样板或激光刻线确定出化铣区域。化铣加工中,首先,需要配置化铣溶液,设计化铣温度、时间等工艺参数;其次,将化铣蒙皮浸入化铣溶液,并将需要去除的部分暴露在溶液中,其他部分覆盖保护层;最后,根据制定的化铣时间,去除材料,完成化铣加工。

化铣工艺的特点是:无刀具、无切屑、无应力,可加工大面积、厚度小、易变形的零件,但是零件尺寸和厚度精度难以控制,零件疲劳性能降

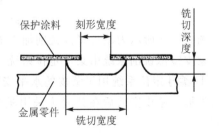

图 3－49　化学铣削加工原理

图 3-50　蒙皮的化学铣削加工

低,加工效率低,污染环境,欧美航空制造业已禁止使用。

3.4.3　蒙皮镜像铣削加工

为了替代多台阶飞机蒙皮制造的化学铣削工艺,实现绿色制造,近年来,发展了蒙皮镜像铣削。与传统的化铣工艺相比,蒙皮镜像铣削工艺流程简单、高效;采用绝对尺寸和厚度的控制,加工精度高,零件表面质量好;加工表面的台阶圆弧过渡也比化铣光滑,零件疲劳寿命提高;此外,零件加工的废屑可回收利用,加工时无污染物排放,完全符合绿色制造的要求。不论从加工质量、生产效率,还是经济性来看,镜像铣削都要优于化学铣削。

蒙皮镜像铣削是由法国杜菲公司和空客公司近年来联合开发的新一代蒙皮绿色加工技术。它通过柔性夹具和镜像随动支撑实现变厚度蒙皮的加工,由两台同步运动的五坐标卧式加工机床组成。一台主轴头为加工头,另一台主轴头不转动,仅起支撑作用,为支撑头。两个主轴头同步运动,能够保证镜像随动对蒙皮进行法向支撑和法向铣削,如图 3-51 所示。由于蒙皮镜像铣削采用绝对尺寸和厚度的控制,镜像随动支撑保证了零件加工时的刚性,加工精度提高,尤其适合加工薄蒙皮和双曲度蒙皮。

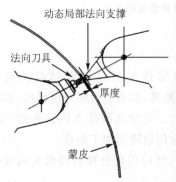

图 3-51　蒙皮镜像铣削加工原理

图 3-52 所示为蒙皮镜像铣削加工柔性夹持定位。

蒙皮镜像铣削系统由柔性定位系统、可翻倾柔性周边夹持系统和加工室组成:

① 柔性定位系统用于蒙皮的水平安放,该系统根据蒙皮数模,可在几十秒内快速生成蒙皮的外形。蒙皮安放后在其周边采用激光打点的方式确定可翻倾柔性周边夹持系统的夹持位置。

② 可翻倾柔性周边夹持系统用于蒙皮零件的夹持和翻转,该系统由一批可伸缩的万向夹持臂组成。装夹时工人将夹持臂拉至激光定点处锁紧,装夹完毕后翻转系统进入加工室,当需

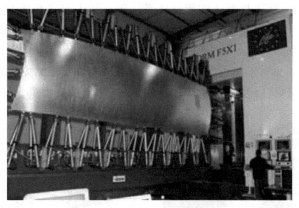

图 3 - 52　蒙皮镜像铣削加工柔性夹持定位

要加工另一侧表面时翻转系统进行 180°自动翻转,无须重新装夹蒙皮。

③ 加工室由激光扫描系统和镜像铣削加工系统组成。激光扫描系统用于夹持固定好的蒙皮的实际外形扫描,扫描后将实际结果与理论数模进行对比,进而对原数模编程进行修改,以确保刀具运动轨迹与夹持状态下的蒙皮外形一致;镜像铣削加工系统主要由两个同步运动的五自由度主轴头组成,其中一个主轴头用于铣削加工,另一个主轴头用于镜像随动支撑。蒙皮镜像铣削加工的工艺流程如图 3 - 53 所示。

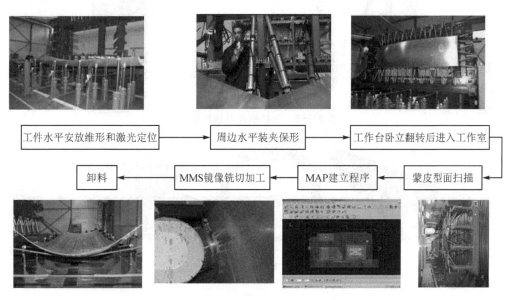

图 3 - 53　蒙皮镜像铣削加工工艺流程

3.5　框类零件成形

框类零件属于飞机机身结构加强框的重要组成部分,截面形状各异,有 U、T、I、Y 等多种典型截面形状。在材料方面,传统飞机的框类零件多采用铝合金。新一代大型民用飞机为实现高性能、高减重、长寿命等目标,大量采用先进碳纤维增强树脂基复合材料,如 B787 和空客 A350XWB,其复合材料用量均占到机体结构重量的 50% 以上。由于钛合金与复合材料的强度、刚度、热特性匹配良好,不易产生电偶腐蚀。高性能钛合金已经逐步取代铝合金,并与复合材料综合使用,成为新一代飞机首选的用材体系。新一代大型飞机大量出现了具有复杂截面的钛合金框类零件,用于支撑复合材料曲面蒙皮壁板,亦称钛合金曲面构件或加强框,其在机体结构中的典型应用如图3-54~图3-56所示。该类高性能钛合金框类零件尺寸超大(直径3~6 m,分段弧长3~4 m),不仅可以对机体进行补强,还可代替原先的转接角片,直接与复合材料蒙皮壁板进行连接,进一步提高机体的结构效率、降低结构重量。

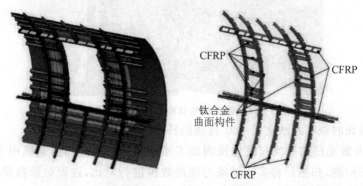

图 3-54 飞机舱门加强框

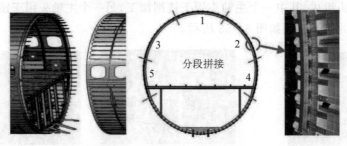

图 3-55 飞机机身对接加强框

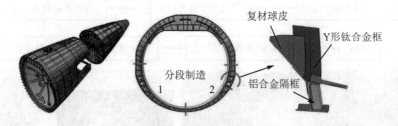

图 3-56 飞机尾段球面压力框

3.5.1 框类零件锻造成形

1. 锻造成形工艺原理及特点

(1)锻造成形原理

锻造是金属材料在外力(静压力或冲击压力)的作用下发生永久变形的一种加工方法。按所用的工具不同,锻造可分为自由锻和模锻两大类。自由锻是利用冲击力或压力使金属在上下砧面间各个方向自由变形,不受任何限制而获得所需形状及尺寸和一定机械性能的锻件的制造方法。模锻是利用模具使材料变形而获得锻件的锻造方法,其工艺原理如图3-57所示。

在模锻过程中,设备受到驱动带着模具闭合时,模具迫使毛坯进行塑性变形并充满整个模腔,最终形成与模具型腔轮廓完全一致的锻件。按照模锻中的成形方法,可以把模锻分为开式模锻、闭式模锻、挤压和顶镦四类。为了能够使坯料充满模腔并减小模具应力,用模锻方法生产外形较复杂的锻件时需要采用多个工步。模锻工序完成后,后续会有切边、冲孔、校正、静压、表面处理、品质检验等工序。虽然模锻出来的锻件品质比自由锻好,但是后续工序处理不当时仍会造成废次品。后续工序在整个模锻件生产过程中所占的时间往往比模锻工序长。这些工序安排得合理与否,直接影响模锻件的生产效率和成本。

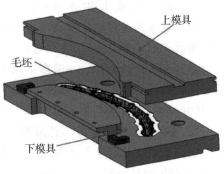

图 3 - 57　模锻工艺原理

（2）锻造工艺特点

① 与铸件相比,金属在锻造的热力加载过程中经历了多道次的大塑性变形。金属坯料中原有的粗大枝晶和柱状晶粒变为较细且大小均匀的等轴再结晶组织。

② 材料内部的偏析、疏松、气孔、夹渣会被压实和焊合,微观组织变得更加紧密,显著提高了金属的塑性和力学性能。

③ 锻造加工能保证金属纤维组织的连续性,使锻件的纤维组织与锻件外形保持一致,金属流线完整,可保证零件具有良好的力学性能与较长的使用寿命。

④ 锻造工艺可以根据模具来加工复杂形状的金属零件。因此,模锻通常被认为是实现航空复杂几何形状金属框类零件一体化制造的重要工艺之一。

（3）钛合金框类构件锻造工艺流程

典型大尺寸飞机用框类构件锻造工艺流程如图 3 - 58 所示。

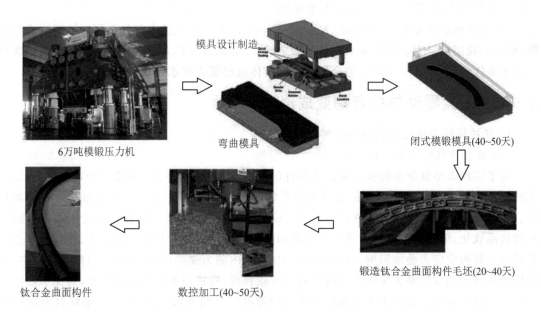

图 3 - 58　钛合金框类构件锻造工艺流程

由于锻造设备台面尺寸和模具结构的限制,传统的锻造方法无法直接成形出异型截面。单纯采用“以大制大”的方式,不仅对成形工艺调控提出了极高的要求,而且会带来高昂的制造成本。因此,一般先采用"预弯＋模锻"分段锻造的方法获得锻件,然后经过数控加工获得最终的零件。毛坯先通过弯曲模具进行预弯曲成形,初步形成框类零件的曲率形状,降低后续锻造难度和数控加工量。而后,将预弯后的坯料放置于锻造模具中,进行模具锻造。由于常用铝、钛合金等,成形性能有限,一般多采用多道次锻造的方式,以实现框类零件毛坯的锻造成形,而后经过数控铣削加工后获得最终构件。因此,飞机用大尺寸框类零件的锻造成形工艺路径较长、耗时较多,是制约其大批量生产应用的主要因素。

2. 飞机框类零件锻造工艺应用

锻造是航空钛合金框类零件的主要成形工艺,由锻造工艺成形的金属零件约占飞机机体结构重量的 20％～35％,并向着大型化、整体化方向发展。俄罗斯 VSMPO、法国 Aubert Duval 和美国 Wyman Gordon 等国际著名航空锻件供应商已经实现了飞机大型复杂框类锻件的批量生产。国际上,美国在这类构件的成形制造领域处于领先地位,Wyman-Gordon 公司采用 450 MN 压力机锻造成形出 F－22 后机身发动机舱的大型整体钛合金隔框锻件,其外形尺寸为 3 800 mm×1 700 mm,投影面积超过 5.16 m²,并锻造出 F－22 中机身主承力隔框,结构尺寸为 4 876 mm×1 828 mm,投影面积 5.3 m²,是目前飞机主承力结构中使用的最大的整体式钛合金隔框,采用整体锻造显著减轻了结构重量、增加了机身刚强度。Aubert Duval 公司研制出了 B777 的 TC4 翼身连接结构件,质量达 200 kg,构件投影面积为 1.13 m²;Weber Metals 公司在 600 MN 模锻机上实现了 B787 机身舱壁整体构件的制造。图 3－59 所示为整体锻造的 F－22 钛合金眼镜框。

图 3－59 整体锻造的 F－22 钛合金眼镜框

国内,为了解决新一代军民机钛合金承力框类零件的整体成形问题,历时十余年的攻关,成功研制出世界上最大的 800 MN 模锻压力机,解决了飞机大型复杂隔框的整体成形难题,提升了我国航空大型整体复杂构件的锻造能力,为先进飞机大型金属整体构件的整体成形提供了条件保障,使我国航空大型金属构件的整体成形能力和水平跻身世界先进行列。

3.5.2　框类零件热拉弯蠕变成形

1. 热拉弯蠕变成形工艺原理与特点

(1) 热拉弯蠕变成形原理

为了实现大型复杂截面钛合金框类零件的快速绿色低成本制造,在波音公司牵引下,近年来研发了利用钛合金挤压型材并通过热拉弯蠕变成形工艺制造钛合金框类曲面构件的新技术。图 3－60 所示为热拉弯蠕变成形的工艺原理:先通过电辅助自阻加热方式使钛合金挤压型材高温软化,随后对型材进行热拉弯加载和热蠕变成形。在加载成形阶段中,型材截面受到拉伸应力和弯曲应力叠加影响,外侧为塑性拉应力,内侧为弹性拉应力;在应力松弛阶段中,截面应力在高温蠕变机制的影响下实现了应力在线释放,构件内部应力显著降低,避免了后续的热校形。这项新工艺实现了大型截面钛合金框类零件精确成形,为复杂高性能钛合金结构的绿色低成本成形制造探索出新的途径。

(2) 热拉弯蠕变成形工艺特点

相较于传统锻造工艺,利用钛合金挤压型材的热拉弯蠕变成形工艺,在提高材料利用率、

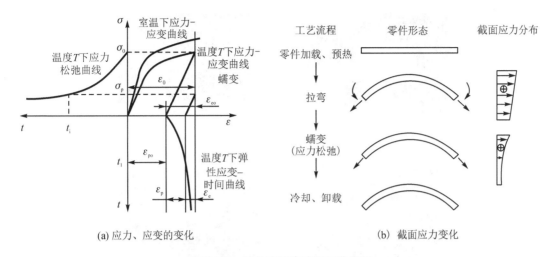

(a) 应力、应变的变化   (b) 截面应力变化

图 3-60 热拉弯蠕变成形工艺原理

缩短成形周期、降低成形装备复杂度以及提高构件的成形精度和性能等方面具有很大优势,特别是在节约成本方面效果显著,可节约 34% 的综合成本(时间和材料利用率)。其主要的工艺特点是:

① 使用了挤压工艺预成形出的复杂截面钛合金型材,属于近净成形,材料利用率高。

② 设备吨位小,成本低;以拉代压,成形力仅百吨级,受工作台面限制小;工艺灵活,可以适应不同规格、小批量零件的敏捷生产制造,成形出复杂截面整体构件。

③ 制造过程节能,采用高效的自阻加热方式,显著降低了制造零件的能耗。

④ 拉弯成形模具和相应的工装结构简单,使用寿命长。

⑤ 通过蠕变方式实现在线应力松弛,显著减小回弹,成形精度高。

⑥ 成形后残余应力水平低,数控加工变形量小,同时挤压形成的魏氏体组织抗裂纹扩展能力好,可实现良好的服役寿命。

⑦ 热拉弯蠕变成形温度低于锻造温度,微观组织和力学性能均匀、调控难度低。

(3) 热拉弯蠕变成形工艺流程及工艺控制

图 3-61 所示为钛合金热拉弯蠕变成形工艺流程:首先利用自阻加热将钛合金挤压型材加热到适合热成形的温度区间;之后保持温度,通过数控拉弯机夹钳以一定速度按照设定运动轨迹将型材拉弯包覆贴模,型材贴模后夹钳不动,使型材在一定温度条件下保持外形一定时间,利用材料在高温条件下的应力松弛特性降低型材内部应力;之后,对其进行控温冷却,达到一定温度之后,自然冷却至室温。

自主加热钛合金热拉弯蠕变成形过程中涉及热-力多参数耦合,对电流、温度、变形、时间等工艺参数优化控制是实现精确成形工艺调控的关键。基于先进数控拉弯设备开发的电辅助热拉弯蠕变成形装备,为实现工艺调控提供了保障。

图 3-62 所示为钛合金框类构件热拉弯蠕变成形工艺控制曲线。

2. 数控热拉弯蠕变成形装备及应用

图 3-63 为型材电辅助热拉弯蠕变成形装备,主要包括:50 t 的数控热拉弯机、120 kW 低压大电流自阻加热系统、带隔热绝缘垫层的热拉弯专用模具等。数控拉弯机基于"PC+EtherCAT"控制架构,采用 TwinCAT 电子凸轮和电子齿轮耦合模块实现四个液压轴的联动位移控制,使用比例伺服阀实现拉伸油缸的位移闭环控制。自阻加热系统可分为电源控制系统(高频开关

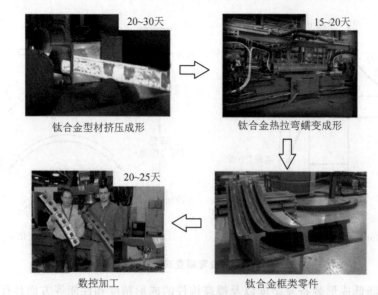

图 3 - 61　钛合金框类构件热拉弯蠕变成形工艺流程

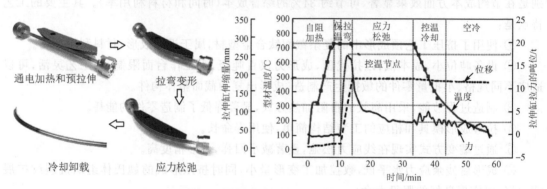

图 3 - 62　钛合金框类构件热拉弯蠕变成形工艺控制曲线

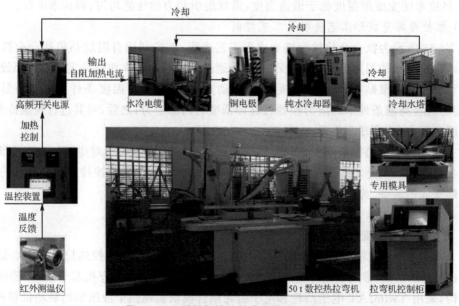

图 3 - 63　型材数控热拉弯蠕变成形装备

电源)、温度控制系统(红外测温仪、温控装置)、大电流传输系统(水冷电缆、铜电极)及冷却系统(纯水冷却器、冷却水塔)四个部分。系统具有温度闭环控制和参数自整定功能,可将 380 V 交流电转变为低电压大电流的直流电,对型材进行自阻加热。系统采用红外测温仪对型材温度进行实时监测,并将测量结果反馈至温控表,利用智能温控系统控制高频开关电源调节输出电流,通过水冷电缆连接铜环及绝缘夹钳,将电流传递至型材,实现自阻加热。同时,使用纯水冷却器对高频开关电源进行冷却,使用冷却水塔对纯水冷却器和水冷电缆进行冷却。

　　为了解决钛合金构件难成形问题,国内外针对钛合金构件的热拉弯蠕变成形工艺进行了大量研究。例如,可以在钛合金型材和模具之间铺设隔热绝缘垫层、增加成形保温工装,降低了自阻加热过程钛合金型材的热损耗,并基于控制算法实现了型材自阻加热过程温度控制。有研究发现,热拉弯变形前后材料的延伸率、屈服强度和微观组织基本没有发生改变,因此,利用钛合金挤压型材热拉弯蠕变成形工艺可以实现大型民用飞机框类零件低成本快速制造。B787 和 A350 在机身钛合金框类零件的制造中应用了这一新工艺,相比传统的锻造工艺缩短制造周期近 50%,综合成本节约 34%(时间和材料利用率)。近年来,国内围绕大型飞机钛合金框类零件制造需求,围绕工艺基础实验、仿真建模、工艺调控、装备研制等方面进行了系统的研究和开发,如系统研究了 TC4 和 TA15 钛合金的蠕变行为,建立了专用工艺设计仿真系统和仿真预测模型,开展了多种截面型材的拉弯轨迹设计、拉伸和蠕变成形过程数值仿真研究,揭示了成形温度、应变速率和预变形对成形性能、微观组织和残余应力的影响规律,形成了钛合金挤压型材热拉弯蠕变成形工艺调控方法和工艺指导规范。图 3-64 所示为钛合金挤压型材热拉弯蠕变成形工艺仿真优化。

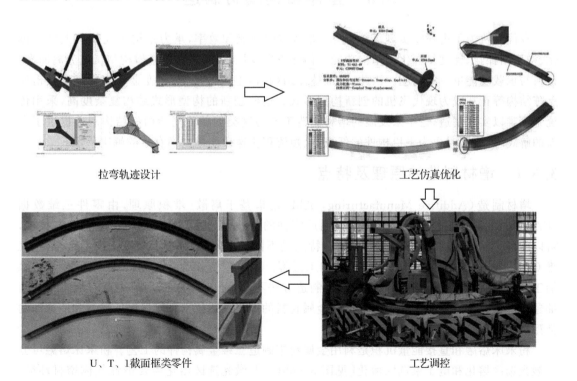

拉弯轨迹设计　　　　　　　　　　　　　　工艺仿真优化

U、T、1截面框类零件　　　　　　　　　　　工艺调控

图 3-64　钛合金挤压型材热拉弯蠕变成形工艺仿真优化

国产大飞机 C919 在设计尾段球面压力框时,采用 Y 形截面钛合金加强缘条将尾段承受的循环拉压载荷传递至机身。因此,Y 形截面钛合金框是飞机尾段中连接、承力和抗循环加载疲劳的关键结构。国内针对 Y 形截面钛合金框零件,采用热拉弯蠕变成形工艺进行了应用验证,实现了该构件的一次精确成形和多道次数控铣削加工,与锻造工艺相比,显著提高了成形制造的精度和效率,节约材料 30%。图 3-65 所示为采用热拉弯蠕变成形工艺制造的大型民用飞机 Y 形截面钛合金框段。

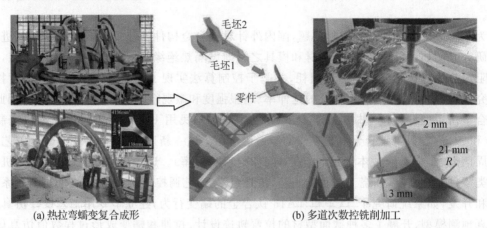

(a) 热拉弯蠕变复合成形　　　　　　　　　(b) 多道次数控铣削加工

图 3-65　采用热拉弯蠕变成形工艺制造的大型民用飞机 Y 形截面钛合金框段

3.6　整体结构增材制造

现代飞机为了进一步实现结构减重、提高结构性能和效率,承力结构正在朝着大型整体化、构型拓扑化、梯度复合化和结构功能一体化方向发展,以解决传统离散构型工艺分离面多、材料与承载功能单一等问题。因此,三维整体结构、仿生构型结构、梯度金属结构以及微桁架点阵结构等正在成为现代飞机的创新构型形式。这些创新的构型形式结构复杂度高,采用传统工艺难以实现制造,近年来发展的增材制造工艺为这类创新的复杂构型结构制造提供了全新的解决思路,同时也为飞机构件的低成本、短流程快速研制提供了有效的解决手段。

3.6.1　增材制造的原理及特点

增材制造(Additive Manufacturing,AM)是指基于离散-堆积原理,由零件三维数据(CAD)驱动,采用材料累加的方法直接制造零件的新技术。通常人们所说的增材制造技术,可以理解为狭义的增材制造技术,其基本特点是不同的能量源与 CAD/CAM 技术结合,在三维 CAD 数据驱动下的"材料分层累加"加工过程。增材制造作为一种新的技术概念,与去除加工(减材制造)、塑性成形(等材制造)等制造方法不同,可以实现在设计/生产时从二维平面抽象图形转化为三维具象的实体零件。金属材料的增材制造技术可以根据原材料和能量源的类型进行分类,如图 3-66 所示。

粉末床熔融和直接能量沉积是利用金属粉末制造三维金属构件的工艺。粉末床熔融可分为激光选区熔化和电子束选区熔化[见图 3-66(a)],激光选区熔化需要惰性气体增材环境,电子束熔化需要在真空室中进行;直接能量沉积采用激光作为热源,称为激光直接沉积工艺[见图 3-66(b)],其适用于制造大尺寸的金属构件,而粉末床熔融的激光选区熔化和电子束选区熔化,可制造复杂精细的金属零件。另外,激光直接沉积工艺的一个重要特征是可包含多个粉末供料器,有利于多材料结构的制造。

丝材也可以作为原材料进行金属构件的增材制造,主要采用电弧和电子束作为热源形式,其工艺原理与粉末的直接能量沉积类似[见图 3-66(c)]。

除了粉末和丝材为原材料的增材制造工艺外,还有一些以连接为主要形式的增材制造方法。如超声波固结[见图 3-66(d)],其使用金属箔作为原材料,金属箔经受正压力和高频超声振动,会在金属—金属界面上产生原子扩散,实现层之间的固相连接。此外,摩擦焊由于具有成本低、工艺可靠性高、连接界面接头质量高等优点,在飞机复杂结构的制造中也得到应用[见图 3-66(e)]。

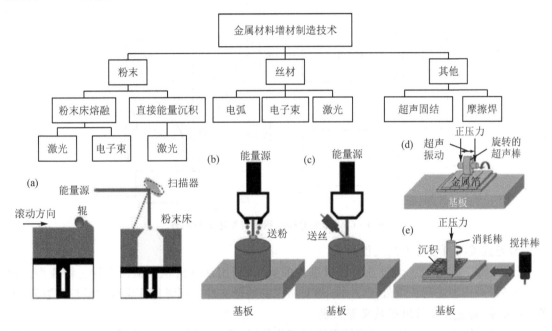

图 3-66　金属材料增材制造技术分类

增材制造与传统的减材及等材制造工艺相比,具有以下优点:

① 制造周期大幅缩短,节省大量材料,制造成本显著降低,在快速研制中有较大优势,并能够实现批量生产;

② 显著降低非实体模型及复杂零件的制造难度;

③ 对生产者的专业技术水平要求不高,在不同领域的泛用程度高;

④ 在其衍生产业快速模具制造中具有显著优势。

3.6.2　激光增材制造

金属构件激光增材制造采用激光作为热源,是根据三维模型逐层熔化粉末成形金属零件的数字化制造技术。根据材料在成形时的不同状态,激光增材制造可分为两大类:一类是基于堆焊原理的激光直接沉积增材制造,需要通过后续数控加工确保零件净尺寸,这类技术以激光直接沉积成形为代表;另一类是基于超细粉末扫描熔化的选区激光烧结技术,可实现零件的净制造。激光增材制造技术具有柔性好、制造工序少、生产周期短、节省材料、降低成本等特点,在技术创新和产品开发中具有独特优势。

1. 激光直接沉积成形原理及特点

激光直接沉积增材制造技术是基于快速原型和同步送粉多层熔覆工艺结合而发展起来的增材制造技术,其工艺原理如图 3-67 所示。该工艺是基于离散/堆积原理,通过对零件的三维 CAD 模型进行分层处理,获得各层截面的二维轮廓信息并生成加工路径,以高能量密度的激光作为热源,按照预定的加工路径,逐层堆积,最终实现金属零件的直接制造或修复。

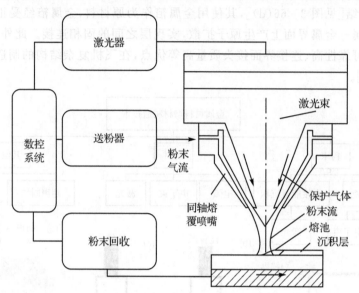

图 3-67 激光直接沉积增材制造工艺原理

激光直接沉积增材工艺流程如下:

① CAD 三维建模。设计人员根据零件的要求,利用计算机软件辅助设计三维模型。建模完成后,对模型进行近似处理,生成 STL 格式的数据文件。同时保证生成的模型无裂缝、重叠、交叉等,防止分层后出现歧义等问题。

② 切片分层。对零件的三维模型进行切片分层,通过分层参数的选择确定加工路径的规划以及支撑结构的添加过程。分层参数包括层厚、扫描路径以及支撑结构参数等。

③ 成形过程。高功率激光束聚焦成直径很小的光斑辐射至金属基板上,形成液态熔池;与激光束保持同步移动的喷嘴将金属粉末连续输送至熔池中,材料在熔池中熔化,当激光移开后,原先的熔池中的液态金属快速冷却凝固,与下方的基板以冶金结合的方式牢固地结合在一起。点状的熔池在基板上移动,将金属呈线状堆积在基板上。下一道金属层同时与基板和上一道金属层冶金结合到一起。如此逐层叠加熔覆,形成设定好的一个二维平面区域。完成一层后,零件整体下移一层的高度,以便进行下一层的增材过程。通过逐层熔覆,最终成形出冶金结合的三维金属零件。

④ 后处理。该工艺的后处理主要是对零件进行热处理以及表面处理。通过热处理消除内部残余应力,对组织进行调控和均匀化,以改善力学性能。表面处理包括去除支撑结构以及对零件表面的打磨抛光,通过打磨去除零件的各种毛刺、加工纹路,并且在必要的时候对加工过程中无法处理的细节进行修补,通过抛光进一步提升零件表面光整性。

激光直接沉积增材工艺不仅继承了快速成形和激光熔覆技术的特点,而且还具有一些独特的优点:

① 制造速度快,节省材料,降低成本。

② 不需要采用模具,即可使得制造成本降低 15%～30%,生产周期缩短 45%～70%。

③ 可制造零件的尺寸范围可以从毫米级到数米级,甚至更大尺寸,且在大尺寸制造方面没有原则性限制。

④ 基于同步送粉的工艺特性,当需要熔覆多种粉末材料时,可以多条管道同步送粉,在零件不同部位形成不同成分和组织的梯度功能材料结构,不需要反复成形和中间热处理等步骤。

⑤ 激光直接制造属于快速凝固过程,金属零件完全致密、组织细小,性能优于同种材料的铸件,通过合理的工艺调控和材料组分优化可以达到锻件性能。

⑥ 制造成本低于粉末床工艺。

但激光直接沉积增材工艺也有局限性:

① 工艺过程中的激光光斑较大,成形精度偏低,难以成形微孔、薄层等微细特征结构,同时也增加了后续处理的工作量,需进行表面机械加工,加工余量一般为 3～6 mm。

② 成形的零件表面粗糙,易产生塌陷、黏粉、凹坑等缺陷。

③ 与粉末床工艺相比,难以成形比较复杂的悬垂结构。

2. 选区激光烧结成形原理及特点

选区激光烧结成形是通过 CAD/CAM 技术,利用高能激光束的热效应在选定的局部区域使铺放平整的粉末材料软化或熔化而黏接成形一系列薄层并逐层叠加,获得三维零件的增材制造技术,其工艺原理如图 3-68 所示。首先,将零件的三维 CAD 模型按设定的层厚进行分层切片,然后在粉末床上用铺粉辊铺一层粉末材料,激光器在扫描系统的控制下,根据各层截面的 CAD 数据,有选择地对粉末层进行扫描:在激光扫描的区域,粉末颗粒发生软化或熔化而黏接成形,未被激光扫描的粉末仍呈松散状,可作为支撑。

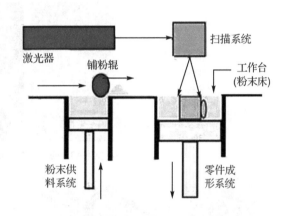

图 3-68　选区激光烧结工艺原理示意图

当一层截面烧结完后,工作台将下降一个设定的层厚高度,再进行下一层的铺粉和扫描,新烧结层与前一层黏接为一体。重复上述过程直到成形加工完成为止。最后,将初始成形零件从工作台上取出,并进行适当的后处理(如清粉、打磨等)。

选区激光烧结工艺的优点:

① 可用多种材料。其可用材料包括高分子、金属、陶瓷、石膏、尼龙等多种粉末材料。

② 成形精度高,精度可达±0.2 mm。

③ 无需支撑结构,可制造复杂结构。叠层过程中出现的悬垂结构可直接由未烧结的粉末来支撑。

④ 材料利用率高,接近 100%。由于不需要支撑,所以无须添加底座,是增材制造技术中材料利用率较高且价格相对便宜的工艺。

但选区激光烧结工艺也有局限性:

① 相较于电子束增材制造工艺表面较粗糙,精细结构不易实现。

② 零件易产生疏松、孔隙缺陷,成形大尺寸零件时容易发生翘曲变形。

③ 成形时间长。成形前,要有 2 h 的预热时间;零件成形后,要花 5～10 h 的时间冷却,才能从粉末床中取出。

3. 激光增材制造在飞机结构中的应用与发展

激光增材制造为现代飞机结构的创新提供了新的契机,并在飞机非承力、次承力构件中得到逐步应用。围绕设计制造一体化的理念,通过激光直接沉积实现一次整体成形,可以把传统平面结构的二维承载改变为三维承载方式,推动飞机结构向着大型整体化方向发展。这种三维承载整体结构可大量消除原有的工艺分离面,有效减少结构传载的"分散—集中—分散"情况,优化载荷传递,减少结构冗余部分,实现减重。同时,该类结构减缓了传统机加结构的残余应力问题,消除了大量的疲劳薄弱环节,增加了结构寿命。此外,大型整体化结构取消了离散结构装配所需的大量紧固件和连接孔,在实现机体结构减重和增寿方面也具有显著优势。目前,激光直接沉积增材制造技术向工艺和装备一体化高度集成式发展,有望解决先进飞机大型金属零件直接制造和修复、功能梯度结构制造,为大型整体结构制造提供了一种短周期、高柔性、低成本手段。

选区激光烧结技术推动了飞机结构向着构型拓扑化方向发展。如图 3 - 69(a)所示,空客A320 的大尺寸"仿生"机舱隔离结构采用了拓扑优化设计、金属增材制造工艺制造,材料使用

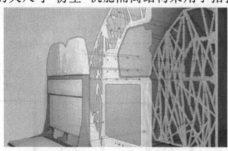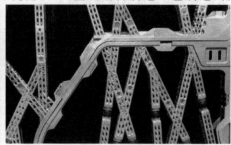

(a) 空客A320的"仿生"机舱隔离结构

(b) 空客A350所用的钛合金机舱铰链支架　　　　(c) "肋/梁/接头"三维承载整体结构

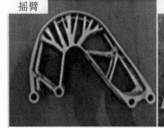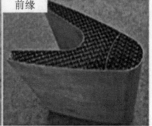

(d) 典型新结构

图 3 - 69　飞机整体结构激光增材制造

了轻质的高强铝合金。这种新型的仿生隔离结构与原有的隔离结构相比,零件数量大幅减少,仅由几个不同的部件组成,不仅强度更高,而且重量减轻了 45%。如图 3-69(b)所示,空客 A350 中使用了金属增材制造工艺制造的骨状多孔机舱铰链支架,这种仿生拓扑结构在保证结构强度的同时显著减轻了重量。相比传统的使用铸造或铣削工艺,新的结构重量减轻了 30% 以上,并且研发时间缩短 75%。这种低成本、快速响应的研制模式可以加速飞机结构的优化迭代。

3.6.3　电子束增材制造

电子束增材制造是指在真空环境中,电子束熔化送进的金属丝材或预先铺放的金属粉末,按照预先规划的路径层层堆积,形成致密的冶金结合,直接制造出金属零件或近净成形的毛坯的工艺。根据材料形式和送进方式不同,可以分为基于熔化同步送丝的电子束熔丝沉积成形和基于预铺粉末的电子束选区熔化工艺。电子束熔丝沉积成形适用于大型结构的快速、近净成形制造;电子束选区熔化工艺适用于小型复杂结构的精密无余量成形,比激光增材制造工艺的成形精度和质量高。

1. 电子束熔丝沉积成形原理及特点

在电子束熔丝沉积成形工艺中,首先通过计算机辅助技术把零件的三维 CAD 模型进行分层处理,获得各层截面的二维轮廓信息并生成加工路径,在真空环境中,高能量密度的电子束轰击金属表面形成熔池,送丝装置将金属丝材送入熔池并熔化,同时熔池按照预先规划的路径运动,金属凝固,逐线、逐层堆积,形成致密的冶金结合,直接制造出金属零件或毛坯。图 3-70 所示为同轴电子束熔丝沉积成形工艺原理,圆锥形电子束对丝材独特的预热和熔化方式,保证了丝材可以在较低的能量输入下被熔化,熔池温度更低,并能够获得独特的温度梯度和凝固速度配合,利于细晶形成。

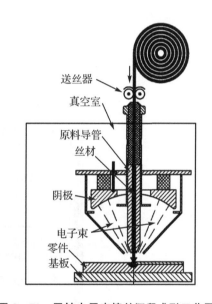

图 3-70　同轴电子束熔丝沉积成形工艺原理

电子束熔丝沉积成形工艺需要真空环境,设备成本相对较高,但该工艺具有一些独特的优点,主要表现在以下几个方面:

① 成形速度快,周期短,有利于大型结构高效制造;

② 保护效果好,不易混入杂质,能够获得优异的内部质量;

③ 工艺方法控制灵活,可实现大型复杂结构的多工艺协同优化设计制造;

④ 丝材熔化效率高、易清洁,可用于太空失重环境的成形;

⑤ 低消耗、低成本、零污染、高效、节能、环保,是一种绿色制造工艺。

2. 电子束选区熔化工艺原理及特点

电子束选区熔化是一种粉末床熔融增材制造工艺,其工艺类似于激光选区熔化工艺,通过高能束熔化粉末床上的金属粉末逐层成形零件,工艺原理如图 3-71 所示。但两者也有差别:电子束选区熔化工艺使用电子束作为能量源,电子束是通过强电场加速由热阴极释放的电子产生的,与激光成形的光子相比,电子更重,所以在接触材料时,电子可以进入更深的位置,深度为微米量级,而光子仅能穿透到纳米量级的深度;同时,材料表面基本不会反射电子束,所以电子束的能量能够更多地传递到材料,反射激光比较强的材料(如铜)也能够通过电子束选区熔化高效成形。电子束选区熔化工艺在高性能复杂零部件的制造、多孔结构制造和复杂拓扑结构制造方面具有宽广的应用前景。其突出特点如下:

① 电子束选区熔化工艺利用磁偏转线圈产生变化的磁场驱使电子束在粉末层快速移动、扫描,因而制造效率高。

② 材料对电子束能量吸收率高,精密零件成形精度高,内部热应力小,可以省去后续的热处理工序。

③ 由于其能量密度高,因而适用于钛合金、钛铝基合金等高性能金属材料的成形制造。

④ 相对于激光增材制造工艺,电子束增材制造工艺的能量转换率更高,因此电子束选区熔化设备会比激光选区熔化设备更节能。

⑤ 电子束选区熔化是在高真空环境下成形零件的,可以保护材料不受污染,甚至有去除杂质的提纯作用。

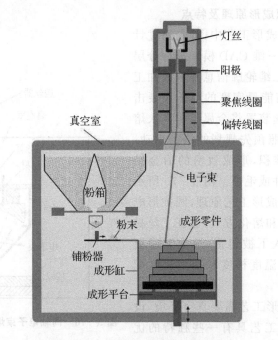

图 3 - 71　电子束选区熔化工艺原理

3. 电子束增材制造在飞机结构中的应用与发展

电子束增材制造工艺作为金属结构低成本高效制造的新工艺,采用了比激光能量效能更高的电子束作为能量源,在应对钛合金、高温合金、超高强度钢等材料采用传统工艺难加工、成本高、材料利用率低、加工周期长等突出问题方面具有显著的优势。

电子束熔丝沉积成形工艺在飞机钛合金构件的制造中具有应用前景,如图 3 - 72 所示的钛合金结构件。传统制造工艺(铸造、锻造等)将不同材料组合成单一产品非常困难,但是电子束熔丝沉积成形工艺具有使不同原材料进行组合制造的能力。目前利用该工艺制造的零件已经在 F - 35 战斗机副翼上实现装机应用。

美国普惠公司采用电子束选区熔化工艺研制发动机的高温合金部件,不仅获得了与当前材料一致的性能,而且大大缩短了制造周期,提升了复杂结构的制造精度,原材料消耗也降低了 50%,并且将发动机的 BTF 比(原材料质量与部件最终质量之比)从传统工艺的 20:1 降低到 2:1 以下,有效地提高了部件的质量,降低了制造成本。

基于电子束选区熔化工艺还发展了更加复杂、精细的仿生拓扑结构的制造技术,不同构型的复杂拓扑微结构单元赋予了整

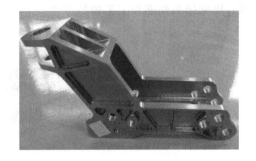

图 3 - 72　电子束熔丝沉积工艺制造的钛合金结构件

体构件高减重、低成本、多功能兼顾的特点(见图 3 - 73),并有望进一步通过优化设计突破传统结构设计的性能"天花板",为新型飞机的研制提供技术支持。

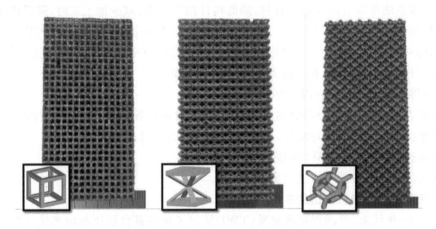

图 3 - 73　电子束选区熔化工艺制造的不同构型的复杂拓扑微结构

3.6.4　摩擦焊增材制造

摩擦焊技术是近年来发展的金属构件通过摩擦焊接实现整体制造的新工艺,它是一种固相连接的增材制造形式。其特点是:金属材料不存在熔化现象,避免了熔化、结晶、凝固过程中各种冶金缺陷,所获得的焊缝接头组织致密、晶粒细小、强度与韧性高,尤其是能实现高强铝合金、钛合金结构的固相连接整体制造。目前,用于飞机结构的摩擦焊增材制造工艺主要有线性摩擦焊和搅拌摩擦焊两种形式。

1. 线性摩擦焊增材制造原理及特点

线性摩擦焊是一种新型固相摩擦连接工艺。其工艺原理如图 3 - 74 所示,工艺过程可分为初始阶段、过渡阶段、平衡阶段和顶锻阶段四个阶段。初始阶段中,两工件表面(平面)紧密接触并开始相对往复运动,由于摩擦产生热量,接触面积不断增加,此时轴向缩短量几乎没有变化。过渡阶段中,摩擦界面的温度不断升高,接触面积达到 100%,开始产生轴向缩短量。平衡阶段中,界面发生高温塑性变形,材料不断被挤出,形成大量飞边,轴向缩短持续稳定增加。顶锻阶段中,两工件迅速对中,焊合区的金属通过相互扩散和动态再结晶实现焊接接头可靠连接。

线性摩擦焊界面的微观组织和力学性能对振动频率、振幅、摩擦压力等工艺参数极为敏感,不同的工艺参数组合形成的接头组织和力学性能各异,气孔或氧化物夹杂是最为常见的接

头缺陷,影响接头性能和工艺的稳定性。

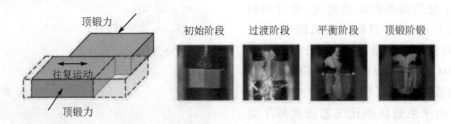

图 3-74　线性摩擦焊工艺原理

基于线性摩擦焊原理,发展出的多结构及多材料的逐层连接工艺,称之为线性摩擦焊增材制造技术。与熔焊增材制造技术相比,线性摩擦焊可以将单个零件依次焊接在一起,形成整体目标构件。该方法可以节约大量原材料,降低构件制造成本,减少加工工时,降低能量损耗,是一种安全环保的材料成形加工方法。此外,固相焊接的焊缝金属中不会形成气孔、夹渣以及偏析等缺陷,焊接接头性能优良。摩擦焊接过程中发生的高应变速率和大塑性变形使连接界面材料晶粒充分细化,进而使抗拉强度和疲劳寿命明显提高。

线性摩擦焊增材制造具有以下特点:

① 固相焊接,焊缝金属中不会形成气孔、夹渣以及偏析等缺陷,焊接接头性能优良;

② 对焊接材料有广泛的适应性,可实现异种材料的连接;

③ 焊接过程可实现自动化,焊接效率高;

④ 其局限性是设备的一次性投资大。

2. 线性摩擦焊接增材制造的应用与发展

20 世纪 80 年代末,英国焊接研究所(TWI)研发了世界首台液压驱动式线性摩擦焊设备,并将该工艺推广到航空制造领域中。近年来,国际著名的航空制造专用装备供应商法国 ACB、美国 MTI 等相继开发了新一代线性摩擦焊装备,用于飞机翼肋、加强框等结构的整体化制造。波音和空客公司将线性摩擦焊增材制造作为飞机整体结构低成本制造的重要工艺进行研发。

英国 Thompson 公司采用"线性摩擦焊+数控加工"制造方法实现了世界上最大焊接接头(面积 12 900 mm^2)的连接,用于飞机主承力翼肋的整体制造,显著降低了生产成本,材料利用率提高到 40% 以上。法国 ACB 公司应用线性摩擦焊工艺来实现飞机钛合金框梁类等零件的绿色低成本制造,与"锻造+机加"工艺路线相比,其成本降低了 58%。

图 3-75 所示为飞机钛合金整体结构线性摩擦焊增材制造示意图。

3. 搅拌摩擦焊增材制造原理及特点

搅拌摩擦焊连接是将带有搅拌针和轴肩的特殊形式的搅拌头插入焊接面,在高速旋转的搅拌头的摩擦挤压和旋转搅拌作用下,由摩擦产生热和塑性变形做功使搅拌头附近的材料受热发生塑性变形,在搅拌头沿待焊界面移动的过程中,热塑化的材料从搅拌头前方迁移至搅拌头后方,不断填充搅拌头后方形成的空腔,最后在搅拌头轴肩的挤压作用下实现固相连接。搅拌摩擦焊连接工艺原理如图 3-76 所示。

基于搅拌摩擦的固相增材制造是以搅拌摩擦焊为基础,通过搅拌头(消耗型或者非消耗型)的摩擦产热和塑性变形做功,使得待增材金属与已增材金属堆积。如此反复,材料按设计要求逐层堆积,从而获得增材构件的一种新型固相增材制造工艺。根据其增材制造过程的工

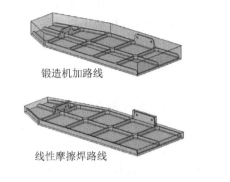

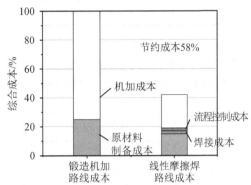

图 3 - 75 飞机钛合金整体结构线性摩擦焊增材制造示意图

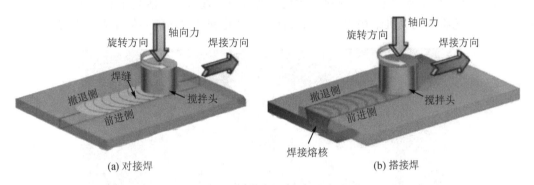

图 3 - 76 搅拌摩擦焊连接工艺原理

艺特点,可分为以下三类:

① 搅拌摩擦增材制造,是将薄板叠加,基于搅拌摩擦搭接焊原理,将金属薄板逐层连接在一起,从而获得增材构件,如图 3 - 77(a)所示。

② 搅拌摩擦沉积增材制造,是采用中空的搅拌头,通过添加粉末或丝材进行固相增材制造,如图 3 - 77(b)所示。

③ 摩擦表面沉积增材制造,是采用消耗型棒材,通过棒材的摩擦表面处理,进行逐层堆叠增材制造,如图 3 - 77(c)所示。

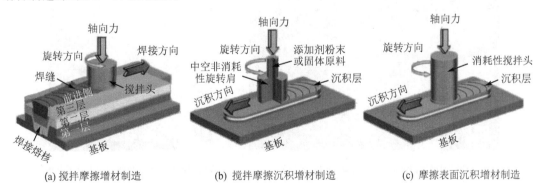

图 3 - 77 搅拌摩擦固相增材制造原理

在搅拌摩擦焊增材制造过程中,不涉及材料的熔化和凝固,且材料在高速旋转搅拌头的热机械搅拌作用下发生动态再结晶,可以显著细化晶粒并提高组织的均匀性。此外,搅拌摩擦过程中不产生弧光、飞溅、烟尘等,且无须保护气体,焊接温度和能耗低,自动化程度高,是一种绿色、环保、低能耗的增材制造新工艺。其除了能增材制造具有低残余应力和高致密度的构件外,也可用于轻质零构件的快速修复,已在飞机构件的整体制造中应用。

4. 搅拌摩擦焊增材制造在飞机结构中的应用与发展

搅拌摩擦焊作为实现金属结构整体化制造方法之一,得到了深入研究和开发,并在飞机制造中得到应用。如图 3-78 所示,波音公司利用搅拌摩擦焊实现了 C17 和 C130 大型军用运输机货舱地板的整体制造。Eclipse 公司使用搅拌摩擦焊工艺制造商用喷气客机 Eclipse 500 的机身壁板,通过搅拌摩擦焊实现了机身蒙皮、长桁、隔框的连接,提高了生产效率,节约了制造成本,并且减轻了机身重量。空客公司将搅拌摩擦焊接技术应用于 A350、A340-500 和 A340-600 的机身蒙皮和长桁连接,取代传统的铆接工艺,显著减轻了机体结构重量。此外,搅拌摩擦固相增材制造技术在多材料一体化制造方面表现出比其他金属增材制造技术更显著的优势,该工艺将推动飞机结构进一步向着梯度复合化和结构功能一体化方向发展。

(a) 搅拌摩擦焊制造的C17舱内地板

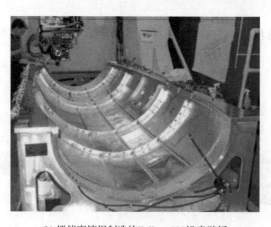

(b) 搅拌摩擦焊制造的Eclipse 500机身壁板

(c) 搅拌摩擦焊制造的C919机身下壁板

图 3-78 飞机整体结构的搅拌摩擦焊增材制造

习　题

1. 相较于传统铆接壁板,阐述整体壁板的优点及其制造难点。
2. 阐述三种不同类型的喷丸技术,并说明它们各自的特点。
3. 简述铝合金整体壁板喷丸成形、蠕变时效成形和压弯成形工艺原理和特点。
4. 简述蒙皮化学铣削加工和镜像铣削加工的原理和特点。
5. 框类零件的成形方法有哪些?并简述其优缺点。
6. 薄壁框类零件数控加工采用什么走刀方式好?为什么?
7. 简述金属增材制造主要工艺方法,并分析其特点。
8. 与传统的机械加工工艺相比,简要说明激光直接沉积增材工艺在高性能金属构件制造方面的优势。
9. 分析对比激光直接沉积成形与激光选区熔化成形的工艺特点。
10. 分析对比电子束熔丝沉积成形与电子束选区熔化成形的工艺特点。
11. 阐述两类摩擦焊增材制造工艺原理,并说明其主要工艺流程。

参考文献

[1] 胡福文.飞机蒙皮柔性夹持数控铣切仿真优化技术及系统研究[D].北京:北京航空航天大学,2012.

[2] 郑祖杰.飞机结构件数控加工单元自动计算技术研究[D].北京:北京航空航天大学,2018.

[3] 成群林.航空整体结构件切削加工过程的数值模拟与实验研究[D].杭州:浙江大学,2006.

[4] 明伟伟.航空整体结构件高效铣削加工基础研究及应用[D].上海:上海交通大学,2012.

[5] 张峥.飞机弱刚性铝合金结构件的残余应力和加工变形控制技术研究[D].南京:南京航空航天大学,2016.

[6] 曾元松.航空钣金成形技术[M].北京:航空工业出版社,2014.

[7] 唐荣锡,陈鹤峥,陈孝戴.飞机钣金工艺[M].北京:国防工业出版社,1983.

[8] 《航空制造工程手册》总编委会.飞机钣金工艺[M].北京:航空工业出版社,1992.

[9] 张敏,田锡天,李波.整体壁板压弯成形的形状控制[J].航空学报,2020,41(7):60-71.

[10] 张贤杰.喷丸成形工艺参数优化计算技术研究[D].西安:西北工业大学,2008.

[11] 康小明.喷丸成形的数值模拟研究[D].西安:西北工业大学,1999.

[12] 肖旭东.弹丸喷丸应力场建模与条带喷丸整体变形模拟[D].西安:西北工业大学,2015.

[13] 向兵飞,黄晶,许家明,等.蒙皮铣削镜像顶撑技术研究[J].制造技术与机床,2015(4):92-96.

[14] 吴红兵.航空框类整体结构件铣削加工变形的数值模拟与实验研究[D].杭州:浙江大学,2008.

[15] 李勇,李东升,李小强.大型复杂壁板构件塑性成形技术研究与应用进展[J].航空制造技术,2020,63(21):11.

[16] 甘忠,邓超,张旭生,等.飞机整体壁板时效成形工艺方案研究[J].机械科学与技术,

2012,31(1):150-158,162.

[17] 张颖. 复杂截面钛合金构件热拉弯蠕变成形理论及关键技术研究[D]. 北京:北京航空航天大学，2022.

[18] 郭贵强. 钛合金挤压型材热拉弯精确成形调控方法及关键技术研究[D]. 北京:北京航空航天大学，2020.

[19] 邓同生. 钛合金型材构件热拉弯蠕变精确成形理论及应用技术研究[D]. 北京:北京航空航天大学，2016.

[20] 张晨. 线性摩擦焊筋钛合金型材热拉弯变精确成形关键技术研究[D]. 北京:北京航空航天大学，2022.

[21] Saha P K. Aerospace manufacturing processes[M]. CRC Press, 2016.

[22] Gariépy A, Miao H, Lévesque M. Peen forming[M]. Elsevier, 2014.

[23] Zhan L, Lin J, Dean T. A review of the development of creep age forming: Experimentation, modelling and applications[J]. International Journal of Machine Tools and Manufacture, 2011, 51(1): 1-17.

[24] 郭超,张平平,林峰. 电子束选区熔化增材制造技术研究进展[J]. 工业技术创新, 2017, 4 (4):9.

[25] 吴斌,王向明,玄明昊,等. 基于增材制造的新型战机结构创新[J]. 航空材料学报, 2021, 41(6):12.

[26] 王向明. 飞机新概念结构设计与工程应用[J]. 航空科学技术, 2020,31(4):1-7.

[27] Chen L Y, Liang S X, Liu Y, et al. Additive manufacturing of metallic lattice structures: Unconstrained design, accurate fabrication, fascinated performances, and challenges[J]. Materials Science and Engineering: R. Reports, 2021, 146:100648.

[28] Bandyopadhyay A, Zhang Y, Bose S. Recent Developments in Metal Additive Manufacturing[J]. Current Opinion in Chemical Engineering, 2020, 28:96-104.

[29] 石磊,李阳,肖亦辰,等. 基于搅拌摩擦的金属固相增材制造研究进展[J]. 材料工程, 2022, 50(1):1-14.

[30] 关桥,栾国红. 搅拌摩擦焊的现状与发展[C]//第十一次全国焊接会议论文集. 中国机械工程学会，2005.

[31] 林忠钦. 民用飞机构件先进成形技术[M]. 上海:上海交通大学出版社，2016.

[32] Epasto G, Palomba G, D'Andrea D, et al. Ti-6Al-4V ELI microlattice structures manufactured by electron beam melting: Effect of unit cell dimensions and morphology on mechanical behaviour[J]. Materials Science & Engineering: A,2019,753:31-41.

第4章 复合材料结构成形与加工

先进的制造技术是发挥复合材料优异性能的重要保障,是实现复合材料构件高效率、一体化高精度成形的关键手段,决定了航空构件的最终质量与性能。复合材料构件的成形过程包括赋形、固化、加工等步骤,其中,在赋形阶段的构件被称为预成形体或预制体,主要为获得其形状,成形工艺包括预浸料的铺放、干纤维的织造等,而固化阶段主要是利用热压罐工艺、液态模塑工艺等对构件进行加热、固化,使构件获得最终的性能。

随着先进复合材料在航空领域的广泛深入应用,对航空构件尺寸精度、外形复杂度、整体化程度及质量的要求越来越高,促使先进树脂基复合材料制造技术逐步从传统手工铺贴的热压罐成形工艺向数字化、自动化、智能化制造技术转变,高精度、低成本复合材料制造技术与结构功能一体化复合材料得到了快速发展与应用。

4.1 复合材料预浸料制备

预浸料(prepreg)是增强纤维和树脂基体的组合物,是制造复合材料结构的中间材料。通过把基体(matrix)浸润在强纤维(reinforced fiber)中制成预浸料片材。制备预浸料的目的在于控制复合材料结构厚度并获得满足设计规定的树脂/纤维分布,同时改善其强度、硬度、耐蚀性、疲劳寿命、耐磨耗性、耐冲击性等特性。复合材料的可设计性也正是通过调整预浸料的厚度、纤维的取向及其铺放顺序而实现的。预浸料在复合材料结构成形过程中占有重要地位,因此,了解预浸料类型及制备方法是掌握复合材料结构成形工艺的基础。

4.1.1 预浸料的分类

预浸料根据纤维的种类、排列方式及基体材料种类不同分为多种类型。按纤维编织方式,可分为单向预浸料(指纬向纱线为0~10%,纤维以经向排列的状态)、单向织物预浸料和织物预浸料;按增强材料不同,可分为碳纤维预浸料、玻璃纤维预浸料及芳纶预浸料;按树脂基体不同,可分为热固性树脂预浸料和热塑性树脂预浸料;根据纤维长度不同,可分为短切纤维预浸料和连续长纤维预浸料;按固化温度不同,可分为中温固化预浸料、高温固化预浸料以及固化温度超过200 ℃的预浸料等,如表4-1所列。

表4-1 预浸料类型

树脂基体	预浸料类型	树脂基体	预浸料类型
热固性树脂	单向预浸料	热塑性树脂	板形预浸料
	织物预浸料		粉末预浸料
	单向织物预浸料		热塑性树脂纤维型预浸料(混编型、交织型、混纺型)
	窄带预浸料		短纤维预浸料
	预浸纱		长纤维预浸料

1. 单向预浸料

单向预浸料(见图4-1)又被称为单向带(unidirectional tapes),通常采用热固性或热塑性树脂基体浸润,并形成连续薄层,使纵向连续纤维保持在一起。单向带的横向性能在很大程度上由基体材料决定,且要远低于纵向性能。目前,最常用的单向带厚度为0.125~0.254 mm。

2. 织物预浸料

织物预浸料由经向纱(平行于织物长度方向)和纬向纱(与经向垂直)组成,并用现代的织布机来制造。相比于单向预浸料,织物预浸料的铺覆性好,且损伤容限更高,但其设计自由度低、成本高。织物预浸料分为单向织物、平纹织物、斜纹织物和缎纹织物等。

单向织物:在单向织物中,增强纤维沿经向布置,而具有非增强性能的纬线穿过增强纤维,用来保持其位置。其性能与单向带一致。

平纹织物:在平纹织物中纤维间滑移最小,经向和纬向的强度相同,但由于该布中纤维频繁发生弯曲,相比于单向织物,其性能略有降低。平纹布剪切性能(铺覆性)较差,适用于制造平面或简单外形的构件。

斜纹织物:相比于平纹织物,由于其纤维的弯曲程度更小,斜纹织物的力学性能更好。由于经纬向纤维织造方式不同,其铺覆性也更优异。典型2/2斜纹织物预浸料如图4-2所示。

图4-1 单向预浸料　　　　　　　　　图4-2 斜纹织物预浸料

缎纹织物:缎纹织物比其他织物的纤维弯曲程度都要弱,因此两个方向的性能也最高。特别是通常使用的8种缎织布,既能保留大部分单向带纤维的性能,又容易铺覆在复杂的模具型面上。图4-3所示为三种织物结构类型。

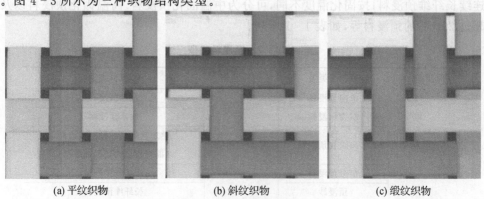

(a) 平纹织物　　　　　　　(b) 斜纹织物　　　　　　　(c) 缎纹织物

图4-3 织物结构类型

相比于单向带,编织布中的纤维束排列紧密,限制了纤维的横向移动,铺层厚度更均匀。单层编织布的厚度大约与两层单向带的厚度相等,因此采用编织布制造的复合材料构件铺层数通常较少;而且,由于纤维交错、扭结使得编织布层间裂纹偏向,因而提高了结构的损伤容限与层间断裂韧性以及横向性能。然而,为保证单层薄且均匀,编织布通常使用较贵的 3K 长丝束,且有额外的编织过程,造成纤维弯曲,故其不能发挥其全部性能,此外,编织布的扭曲(弯曲和歪斜)还会导致构件翘曲。

4.1.2　预浸料的制备

按树脂基体类型的不同,预浸料可以分为热固性和热塑性两种。按树脂浸润纤维方式的不同,热固性树脂预浸料的制备方法主要有湿法和干法两种,其中干法包括热熔浸润法和树脂胶膜法。热塑性预浸料的制备方法是指在高温或溶剂作用下用熔融树脂直接浸润纤维的预浸润方法,如热熔浸润法、溶液浸润法。根据热塑性树脂的物化性质,又发展出了预成形方法,如静电粉末喷涂法、纤维编织法、原位聚合法等。

1. 热固性预浸料制备

(1) 湿　法

湿法又可以称作溶液浸润法,是先将树脂各组分混合后采用低沸点溶剂配成的溶液,然后让纤维束或编织物通过浸胶槽浸润,最后烘干收卷。预浸料中树脂含量由纤维通过胶槽的速度和溶液中树脂的浓度决定。湿法操作简便、成本低,适用于大多数热固性树脂基体,但采用湿法制备的预浸料中树脂含量难以精确控制、挥发分含量高、易造成环境污染。

图 4 - 4 所示为复合材料湿法制备。

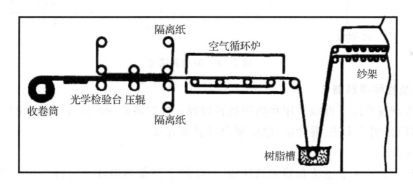

图 4 - 4　复合材料湿法制备

(2) 干　法

干法又被称为热熔法,首先将树脂加热熔融,然后浸润纤维或织物,从而制成预浸料。按照树脂熔融后的制备方法,干法可以分为熔融浸润法和树脂胶膜法。

1) 熔融浸润法

熔融浸润法(见图 4 - 5)是将不含溶剂的树脂体系熔融成液态,使纤维束或织物通过含有熔融树脂的胶槽从而浸润上树脂的方法。熔融浸润法要求树脂的熔点低,并在熔融状态黏度较低,且具有较高的表面张力,能够与纤维有较好的浸润性。此外,树脂在熔融状态下要具有良好的化学稳定性,无化学反应。这种方法制备的预浸料挥发分含量低,可以避免由于溶剂挥发造成构件较高的孔隙率。

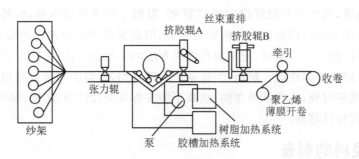

图 4 - 5 熔融浸润法

2) 树脂胶膜法

树脂胶膜法(见图 4 - 6)是先将树脂加热熔化,并均匀地涂覆在离形纸上制成一定厚度的树脂薄膜,然后再将纤维束或者织物嵌入树脂膜中,最后,经过热压、冷却制成预浸料。由该方法制备的预浸料具有厚度偏差小、树脂分布均匀、挥发分含量低等特点,是主要的干法制备工艺。同时,由于树脂中不含溶剂,还避免了污染环境、回收溶剂等一系列的问题。但胶膜法工艺设备复杂,制备过程烦琐,对于厚度较大的织物,树脂容易出现浸透不均。

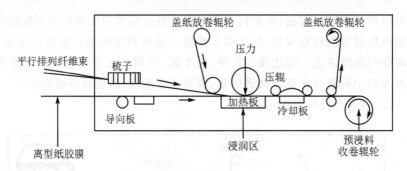

图 4 - 6 树脂胶膜法

2. 热塑性预浸料制备

热塑性预浸料除了可以采用和热固性预浸料一样的溶液浸润法和干法中的熔融浸润法制备外,还可以采用粉末法、混合法、原位聚合等制备方式。

(1) 粉末法

粉末法分为粉末静电法和粉末悬浮法,主要用于制备热塑性预浸料。粉末静电法是在连续运动着的纤维表面沉积带电的热塑性树脂粉末,并通过辐射加热等方法使粉末永久性地黏附在纤维表面上,如图 4 - 7 所示。粉末悬浮法通常又分为水相悬浮和气相悬浮两种。前者是将在水中悬浮的树脂颗粒黏附到连续运动着的纤维上,后者是将在硫化床中悬浮的树脂附着在连续纤维上。粉末悬浮法也可用于热固性树脂预浸料的制备。

(2) 混合法

纤维混合法是基于熔融纺丝过程中连续树脂基体和增强纤维的均匀分布原理,将热塑性树脂纺成纤维或薄膜带,然后根据含胶量将一定比例的增强纤维与树脂纤维束紧密地合并成混合纱,再通过一个高温密封浸润区使树脂和纤维熔成连续的整体,如图 4 - 8 所示。由于混合纱线中的纤维/基质均匀分布,使得其具有较短的浸润路线和低空隙含量,从而能够制备出具有很高力学性能的预浸料。同时,混合法中的树脂含量易于控制,纤维能得到充分浸润。该方法还可以直接通过缠绕成形得到构件,是一种很有前途的成形工艺。但由于制取直径极细

（＜10 μm）的热塑性树脂纤维非常困难，而且编织过程中易造成纤维损伤，因此，该方法目前还在发展之中。

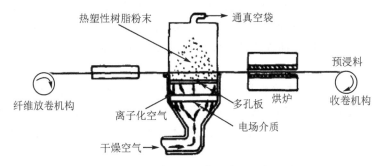

图 4-7　热塑性预浸料的粉末法制备工艺

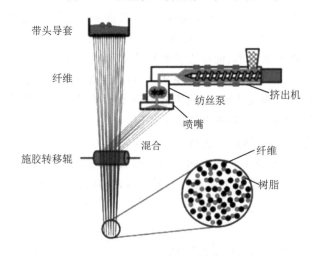

图 4-8　热塑性预浸料的混合法

（3）原位聚合

原位聚合是利用热塑性树脂单体或预聚体初始相对分子质量小、黏度低、流动性好，可以有效地浸润纤维的特点，使得纤维与之一边浸润、一边反应，从而在纤维表面生成高相对分子质量的树脂基体。采用原位聚合浸润方法要求树脂单体聚合速度快，反应易于控制。由于其工艺条件苛刻、反应不易控制，尚处于实验室研究阶段。

4.2　复合材料热压罐成形工艺

热压罐成形工艺是目前广泛应用的成形方法之一，其于 20 世纪 40 年代研发，在 60 年代开始广泛使用。热压罐工艺温度、压力均匀，构件成形质量好、适用范围广，被广泛应用于航空航天领域的主承力和次承力构件制造。其制造的复合材料结构占整个复合材料产量的 50% 以上，在航空航天领域所占比重更高达 80%，如飞机机身、机翼、尾翼等大量承力构件。热压罐成形工艺包括预成形体的自动铺放工艺和热压罐固化工艺。

4.2.1　预成形体的自动铺放工艺

预成形体工艺，即按照构件工程图样，将预浸料铺贴于模具（通常为单侧模具）表面并压实,从而形成未固化的复合材料构件形状的工艺。预成形体的预浸料铺放工艺主要包括自动铺带、自动铺丝、手工铺放以及机器人铺贴等。其中数字化、自动化铺放技术作为复合材料先进制造工艺是未来复合材料低成本制造技术的重要发展方向之一。采用自动铺放技术,可显著降低生产成本、缩短预浸料的铺放时间。其不受加工场地和构件大小限制,且构件在铺放过程中一次成形,适合于大尺寸曲面构件的铺贴和成形。自动铺放包含铺带和铺丝两种工艺,均涉及以下几方面关键技术。

① 自动铺放装备技术:铺放头是复合材料自动铺放成形的关键。随着复合材料用量增加,铺放头的需求越来越大,铺放头技术的进步越来越快。设备、程序、电脑控制软件、可靠性、易操作性等方面都有很大改进。目前,铺放头技术已经发展到第五代,其功能强大,可以铺放相当复杂的双曲曲面。

② 自动铺放数控技术(CNC):自动铺放过程中单向带的剪裁、定位、铺叠、辊压均采用数控技术自动完成,涉及到单向带精密输送控制技术、自动铺放切割技术、铺放质量检测技术等。

③ 自动铺放 CAD/CAM 技术:主要指对铺放过程的相关算法研究和软件开发技术,包括铺放轨迹规划技术、铺覆性分析技术、铺放边界处理技术和后处理技术 4 项关键技术。自动铺放技术采用按设计方向逐层铺叠的增料加工模式,CAD/CAM 软件需根据材料铺放工艺特性和构件外形特征,按照构件结构设计要求,依照铺放设备机器结构和工作模式,生成可供专用铺放设备实现复合材料构件成形制造的 NC 加工代码。

④ 自动铺放工艺技术:自动铺放工艺技术包括模具技术、铺放过程的工艺参数协调控制技术以及后期的构件成形工艺技术。在单向带铺放过程中,通过对铺放速度、铺放压力、铺放温度等因素的协调控制,使单向带处于适宜的工艺窗口,提高铺放效率。

1. 自动铺带

(1) 工艺原理

自动铺带技术(Automated Tape Laying,ATL)是集单向带剪裁、定位、铺叠、压实等功能于一体,通过数字化、自动化的手段实现复合材料单向带的连续自动切割和自动铺放,且具有控温和质量检测功能的复合材料集成化数控成形技术。其主要工艺原理图如图 4-9 所示,将复合材料单向带安装在铺带头中,通过多轴机械臂对铺带位置进行自动控制,单向带由一组滚轮导出,加热后在压辊的作用下铺叠到工装或上一层已铺好的预浸料上。切割刀将单向带按设定好的方向切断,保证铺放的材料与工装的外形相一致,铺放的同时,回料滚轮将背衬材料回收。

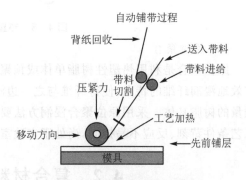

图 4-9 自动铺带工艺原理

自动铺带成形技术具有高效、高质量、高可靠性、低成本等优点,减少了装配件的数量,节约了制造和装配成本,并极大地降低了材料的废品率和制造工时,特别适合大尺寸构件制造。但是,自动铺带生产工序较多,设备要求高,对构件外形限制多,受限于单向带宽度,仅适于制造中小曲率、形状复杂度低的构件,目前主要用于机翼蒙皮壁板、机身蒙皮壁板成形。

(2) 工艺装备

自动铺带机由台架系统(平行轨道、横梁及立杆)和铺带头组成,可分为平板式铺带机

(TLM)和曲面铺带机(CTLM)两种。TLM 有 4 个联动轴,主要适用于平板或小曲率机翼壁板的制造。CTLM 有 5 个联动轴,适用于单曲面中等曲率壁板(如大尺寸机身)的制造。其中,铺带头作为自动铺带设备的核心部件,集两套 3 轴切割系统、单向带输送控制系统、预浸料加热系统、预浸料成形压力控制系统、带料调整(间隙控制)系统、铺带头安全防撞系统等子控制系统于一体,实现了单向带切割、输送和铺放等运动功能,以及铺带头运动相应的保护功能和单向带质量检测功能。目前,常见的铺带头如表 4-2 所列。

表 4-2　典型铺带头类型及铺放参数

铺带头类型	铺带机	主要参数	研发公司
Torreslayup 铺带头		速度 15～45 m/min, 带宽 75～300 mm	西班牙 M-Torres 公司
CHARGERTM Tape Layers 铺带头		速度 50 m/min, 带宽 300 mm	美国 Cincinnati 公司
Daul-Phase Tape Laying 双工位铺带头		速度 15 m/min, 带宽 800～900 mm	法国 Forest-Line 公司

2. 自动铺丝

(1) 工艺原理

自动铺丝技术全称是自动丝束铺放成形技术(Automated Tow Placement,ATP),也称为纤维铺放技术(Fiber Placement,FP)。它是将缠绕技术中不同丝束独立输送和自动铺带技术的压实、切割、重送等功能结合起来,由铺丝头在压辊作用下将数根丝束(预浸纱)集束成一条宽度可变的单向带(通过程序控制预浸纱切断与增加来改变预浸带的宽度)后铺放到模具表面,并加热软化单向带、压实定形,最后加热固化成形(对热塑性体系,可以在铺放过程中直接加热定形)。整个过程由计算机测控、协调系统完成。对应具有不同曲率的构件,自动铺丝机可铺放 3.2～25.4 mm 宽的预浸丝束。图 4-10 所示为自动铺丝工艺原理。

自动铺丝技术集纤维缠绕和自动铺带技术的优点于一身,主要有以下两方面的优势:

① 在自动铺放过程中,每一根丝束都可以独立地实现夹紧、切断和重送,各丝束可独立地

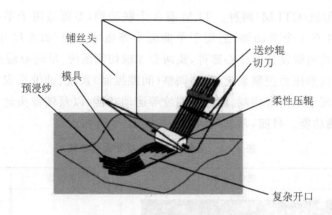

图 4 - 10　自动铺丝工艺原理

以各自的铺放速度铺放,并根据构件形状自动切纱以适应边界,减小废料率,还可以实现局部加厚、加筋、开口补强操作来满足多种设计要求。

② 自动铺丝通过压辊提供成形压力,可实现凹曲面的铺放,通过增减纱可控制丝带宽度,实现连续变角度铺放,摆脱自动铺带的"自然路径"限制,实现大曲率复杂构件的铺放。

(2) 工艺装备

自动铺丝机(见图 4 - 11)一般包括尾架、模具、主轴箱、铺放头、纱架系统、小车、导轨等部件。典型的自动铺丝机有 7 个运动轴,包括 3 个定位轴、3 个方位轴和 1 个芯模转轴。自动铺

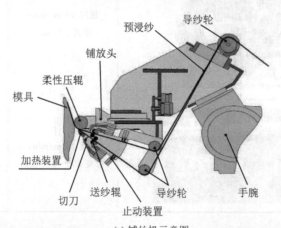

(a) 铺丝机示意图

(b) 模块化铺丝头

图 4 - 11　自动铺丝机及铺丝头结构

丝机的核心是铺丝头。在铺放过程中,每根丝从纱筒上抽下来并通过传输系统到达铺放头,在此处,窄带被集束成一根较宽的预浸带铺放到芯模表面。

3. 铺放工艺仿真

自动铺放 CAD/CAM 集成系统展现了复合材料从设计到制造的全部过程,如图 4 - 12 所示。首先,设计人员在三维设计软件中完成复合材料构件的铺层结构设计。然后,根据铺放工艺要求将设计输入转换成制造数据,并导入编程软件生成铺放轨迹。在此基础之上,对轨迹数据进行后置处理,转换成数控系统可执行的加工程序,并在机床虚拟环境下对铺放过程进行仿真,检测加工程序的可靠性。最后,将加工程序传给铺放设备,完成构件的铺叠成形。

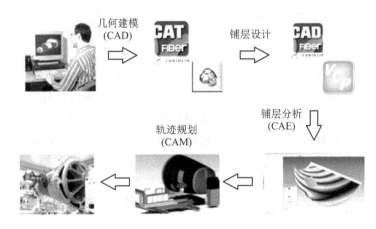

图 4 - 12　自动铺放 CAD/CAM 集成系统

其中,自动铺放 CAD/CAM 技术可以计算出每条铺放路径,确定当前铺放位置的丝数,从而得到铺丝机所需要的控制信息。与传统的 CAD/CAM 技术处理对象不同,自动铺放 CAD 技术的核心任务是按强度要求对自动铺丝路径进行设计和优化,包括以下三方面内容。

(1) 轨迹规划

轨迹规划是指根据设计输入对构件数模进行预处理、轨迹生成和后处理的技术。轨迹规划预处理主要指工艺人员根据铺层信息进行铺放参考面提取、预留工艺余量计算以及构件局部开孔等处理。对于形状复杂的双曲率构件,还需分区域规划铺丝轨迹,以减少参考线偏移带来的角度偏差。

轨迹生成算法主要有三大类,分别是固定角算法、测地线算法及变角度算法。其中,固定角算法可最大限度地保证纤维的铺放方向与设计方向一致,是一种基于结构设计的轨迹生成算法,可生成各类构件的铺放轨迹,但对于曲率较大的复杂形状构件而言,铺放工艺性较差。测地线算法不产生预浸丝束的弯曲变形,是一种基于铺放工艺性的轨迹生成算法,仅适用于小曲率构件。变角度算法介于固定角和测地线算法之间,是种兼顾纤维方向和铺放工艺性的轨迹生成算法,比固定角算法具有更好的铺放工艺性,比测地线算法具有更广的适用范围,适用于各类构件。轨迹生成之后往往还需根据设备能力和铺层特征进行一定的处理,主要包括铺层内带间隙的调整、压辊中心位置的调整、边缘覆盖率的选择、错层设置等。

(2) 后置处理

后置处理是将生成的轨迹数据按照一定格式转换成数控系统可执行的加工程序,并对加工程序的可靠性进行运动学仿真验证的过程。对自动铺丝而言,后置处理还包括预浸丝束输送、切割、加热灯开启/关闭等辅助指令的转换和相邻铺层连续铺放指令的组合等。针对铺丝头的初始下压路径、相邻轨迹终点和起点之间的连接路径、铺层结束时的抬起路径提供优化设计方案,后置处理时可根据模具工装和现场环境进行合理规划,设置铺丝头的安全铺放角,保证机床与模具不发生干涉碰撞。同时,可针对每一条铺放轨迹进行连接路径和后置处理参数设计,并对铺放轨迹进行运动仿真。

后置处理的目的是将铺丝轨迹转换成铺丝设备可执行的加工程序,从而实现构件的有效铺放。但在实际铺放过程中,由于铺丝设备的构型特征、铺丝轨迹的矢量突变、铺丝工艺的特殊要求等因素,会产生奇异点问题,造成铺丝设备运动不连续、不可控,甚至无法实现构件的有效铺放。因此,后置处理技术的关键是合理优化铺放参数,避开铺丝设备的奇异点,达到铺丝轨迹矢量连续、铺放速度和加速度渐变、铺丝设备运动稳定的目的,实现构件的高质量铺放。

（3）模拟仿真

模拟仿真是对轨迹规划和后置处理进行分析的过程,目的是判断在轨迹规划中生成的铺丝路径是否满足设计要求以及后置处理生成的加工程序能否实现构件制造。其包括分析铺层内丝束的角度偏差、弯曲半径、压实情况,以及铺放路径是否存在碰撞干涉等。模拟仿真作为优化铺丝轨迹的重要依据,是自动铺丝可制造性分析的重要手段。根据仿真结果对轨迹规划和后置处理进行优化设计,可提高编程效率,并保证轨迹规划既能满足铺放的工艺性要求,又能满足构件的设计要求,同时确保加工程序的安全性和可靠性。

图 4-13 所示为复杂曲面自动铺丝可制造性分析及路径规划。

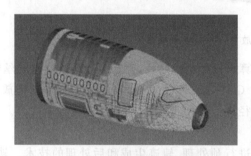

(a) 机头整体筒段自动铺丝轨迹规划　　　　(b) 进气道自动铺丝过程仿真

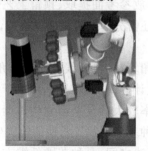

(c) 复杂曲面自动铺丝仿真分析及验证

图 4-13　复杂曲面自动铺丝可制造性分析及路径规划

4. 手工铺贴

手工铺贴是复合材料铺放最早采用的方法,其工艺简单,不受构件尺寸和形状限制,适宜小尺寸、小批量、形状复杂的构件。其具体工艺过程如下:首先,在模具上涂刷脱模剂或单面带胶脱模布。然后,在模具上依次铺贴按要求剪裁好的纤维织物,并用刷子、压辊或刮刀压挤织物,使其均匀贴覆在模具上。反复上述过程直至达到所需厚度为止,图 4 - 14 所示为手工铺贴飞机构件过程。然而,手工铺贴生产效率低、劳动强度大、卫生条件差,质量不易控制,构件性能一致性差。

5. 机器人铺贴

当前,几何形状复杂的构件通常采用手工铺贴织物预浸料制造。然而,由于人为因素造成的性能一致性差以及较高的人工成本,迫切需要一种自动化、低成本的织物铺覆技术。预浸料铺放机器人的出现,为织物高效率铺贴提供了新的解决方案。铺放机器人由夹持工具和压实工具两部分组成,夹持工具由两个手指组成,每个手指都有一个滚轮,可以根据所执行的操作调整其滚动阻力。滚轮可以自由滚动,以允许夹持器拉出并释放黏性预浸料。压实工具通过模仿工人在手工铺贴预浸料铺层时使用的工具来保证预浸料完全被压实在模具上。压实工具根据构件实际形状,可以具有各种特征,如平面和圆柱等,以确保预浸料被均匀地压实到模具的每个部分。图 4 - 15 所示为机器人铺贴。

图 4 - 14　手工铺贴飞机构件过程　　　图 4 - 15　机器人铺贴

4.2.2　热压罐固化成形工艺

1. 热压罐固化成形工艺原理及特点

(1) 工艺原理

热压罐固化成形是将预浸料按铺层要求铺放于模具上,并密封在真空袋后放入热压罐中,经过加温、加压,完成材料固化反应,使预成形体成形满足性能、质量要求的构件的工艺方法。图 4 - 16 所示为热压罐固化成形示意及工艺过程。

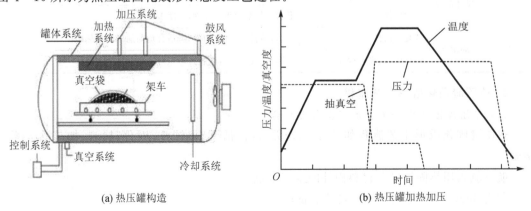

图 4 - 16　热压罐固化成形示意及工艺过程

（2）工艺特点

1）优　点

① 压力均匀：使用气体加压，压力通过真空袋作用到构件表面，各点法向压力相等，使构件各处在相同压力下固化成形。

② 温度均匀，可调控：罐内为循环热气流给构件加热，各处温度梯度小；同时，配置冷却系统，使温度可严格控制在工艺设置范围内。

③ 适用范围广：既适合大面积复杂的板、壳结构成形，也适合简单形状的板、棒、管、块结构成形，还可用于胶接装配，小尺寸构件可一次多件同时固化。

④ 适用于多种材料生产：只要固化周期、压力和温度在热压罐的极限范围内均可使用。

⑤ 成形工艺稳定、可靠：压力、温度均匀，可调可控，成形构件质量一致、可靠；孔隙率低，树脂含量可控并均匀。

2）缺　点

① 投资大、成本高：热压罐结构复杂、造价高；每次使用时电、气等能源消耗大，生产成本高。

② 温度反应迟缓：热压罐内采用气体对流换热方式，升降温速率慢。

（3）适用对象

热压罐成形工艺是制造连续纤维增强热固性复合材料构件的主要方法，目前广泛应用于先进复合材料结构、蜂窝夹层结构、金属及复合材料胶接结构成形。表 4-3 所列为适合使用热压罐成形的构件结构。

表 4-3　热压罐成形适用对象

序　号	适用构件形式		说　明
1	结构形式	层压结构	复合材料板、梁、肋、框、蒙皮、壁板、共固化件等
		夹芯结构	蜂窝夹芯、泡沫夹芯、复合夹心等结构
		胶接结构	金属与金属、金属与复合材料、复合材料与复合材料等
		缝合结构	缝合/RFI 成形的加肋壁板等
		回转结构	筒体、管体、盒状等结构
		板块杆结构	板、块、杆等简单结构
2	尺寸范围	大型构件	不妨碍空气流通的构件，单罐固化
		小型构件	形状不复杂的小尺寸件，一罐多件
3	局限性	特复杂构件	不适合制作真空袋构件，不适合均匀加压和加热构件
		特高压力、高温构件	成形压力、固化温度超过热压罐工作参数的构件

2. 热压罐固化成形工艺流程

（1）热压罐固化成形工艺流程及关键步骤

热压罐固化成形工艺流程如图 4-17 所示，包括下料、铺叠、固化、检测、加工等一系列步骤。

航空航天用热固性复合材料构件的生产全过程：

① 准备过程：包括工具和材料的准备；

② 构件铺贴：包括剪裁、铺层和压实；

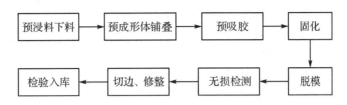

图 4 - 17　热压罐固化成形工艺流程

③ 固化准备:包括模具清洗、预成形体装袋及转移等;

④ 固化:包括树脂流动压实过程和化学固化反应过程;

⑤ 检测:包括固化后构件的目测、超声和 X 射线无损检测;

⑥ 修整:通过刨床、高速水切割机或铣床对构件进行修整;

⑦ 二次胶接成形:适用于复杂外形构件,但该过程不是必需的;

⑧ 装配:包括测量、垫片、装配,通常采用机械装配,有时也采用胶接装配。

下面对热压罐固化成形工艺中的关键步骤进行详细说明。

① 固化准备过程:如图 4 - 18 所示,固化准备工作通常包括构件、模具、真空袋和表 4 - 4 中所列的辅助材料的准备。由于在特殊情况下铺层和固化需要采用不同的模具,因此这一步操作也包括将完成铺贴的预成形体从铺贴模具转移到固化模具。

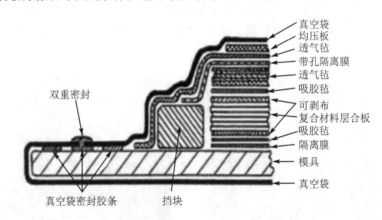

图 4 - 18　固化准备过程示意图

表 4 - 4　固化准备过程所使用的辅助材料类型及功能

类　型	作　用	材　料
挡边条	限制树脂侧面流动	金属、柔性聚合物、软木、橡胶
脱模布	从模具上取下复合材料	氟化乙烯丙烯、碳水化合物、PTFE、聚酰亚胺、聚四甲基对苯二甲酰胺
可剥布	提供表面纹理,在操作或机加工过程中保护构件	特氟纶织物
隔离膜	允许树脂流进吸胶毡,可以从模具上脱离	特氟纶织物
吸胶层	吸收多余的树脂	织物、毡、玻璃纤维织物
透气毡	分配构件面上的真空	织物、毡、玻璃纤维织物
真空袋	密封构件和模具以形成真空	尼龙、聚合物合金、金属、硅橡胶

② 固化：这一步是复合材料生产所必需的步骤，包括加热、压实和固化。对于热固性复合材料，这一步是不可逆的，一旦热固性复合材料固化，由铺层或固化过程本身引起的缺陷就不可改变地固定下来。工业化热压罐相当大，可批量加工许多构件，然而，这种批量在体现热压罐高使用效率的同时，也给制造过程中如何保持热量的均匀流动带来了挑战。热压罐固化的主要流程如图 4-19 所示。

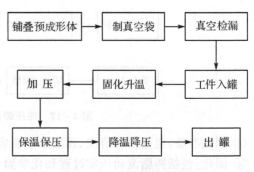

图 4-19 热压罐固化流程

③ 检测：对于航空复合材料构件来说，用一般的机械和物理试验方法检测其微观破坏和内部缺陷，检测后往往会影响构件的性能，因此必须采用无损检测方法。超声波检测，尤其是超声 C 扫描检测，具有显示直观、检测速度快等优点，已成为航空复合材料构件普遍采用的检测技术。图 4-20 所示为基于双机器人的利用超声 C 扫描技术对复合材料结构件进行检测。

④ 修整：复合材料构件一般采用高压水切割机进行净形切割。世界上最大切割机的床身为 36 m×6.5 m，由 Flow International 公司制造。这种磨粒喷水切割机可以快速切割厚的层合板而不致产生层合板过热，如 25 mm 厚的层合板可以 0.67 m/min 的速度切割，6 mm 薄的层合板可以高达 3 m/min 的速度切割。图 4-21 所示为复合材料结构高压水切割机，构件尺寸精度≤±0.75 mm。

图 4-20 利用超声 C 扫描技术对复合材料构件检测

图 4-21 复合材料结构高压水切割机

⑤ 共胶接装配：该步骤通常采用热固性胶粘剂的固化或层间热塑性胶粘剂的熔融和固结工艺进行多个复合材料构件间的装配，因此需要利用热压罐进行二次成形。胶接装配工艺很大程度上增加了热压罐工艺的负荷，导致很多复合材料构件的热压罐成形工艺过程要经历两倍于常规工艺周期的加热和冷却时间。为提高热压罐成形的效率，这类复合材料构件的成形应尽可能采用共固化工艺。共固化工艺能一次固化成形一个完整的复合材料结构，这种工艺虽然需要复杂的固化模具，但减少了垫片数量和装配时间。

（2）热压罐固化成形过程中常见的错误

由于热压罐固化工艺步骤多，因而在整个过程中易产生错误并造成构件缺陷。在热压罐固化成形过程中发生的常见错误及其对构件质量的潜在影响如表 4-5 所列。

表 4 - 5　热压罐固化成形过程中的常见错误及影响

过　程	常见错误	对构件质量的影响
模具	清洗不充分	构件表面有缺陷
准备	模具表面有缺陷,未正确使用脱模布或者喷涂脱模剂	构件粘住模具,难以脱模
预压实	未达到整个构件区的压实	空气包埋在构件中导致孔隙
	未使预浸料完全压入模具的细微结构中	复合材料搭桥导致疏松和树脂富集
铺层	铺层方向或放置错误	力学性能降低或构件翘曲
	夹入脱模纸或外来物	力学性能较低,构件破坏引发源
	拼缝未错开	构件上存在性能较差的线性区域
	预浸料开裂	力学性能降低
辅助材料放置	未使用隔离膜	构件粘住吸胶毡
	吸胶毡量不足	树脂富集,构件纤维含量降低
	未贴紧模具的细微部分	搭桥导致构件不完全压实
	在其他材料中起皱	构件表面压力不足
真空袋	未贴紧模具的细微部分	搭桥或固化时真空袋破裂
	密封不完全	固化时真空不足
固化	温度参数错误	不完全固化、翘曲、低纤维含量、孔隙、树脂分解
	压力不足	孔隙、低纤维含量、疏松
	真空袋破坏	构件破坏

（3）热压罐成形工艺的缺陷

引起材料质量不稳定的一些因素来源于材料及其生产方式本身的特性,尤其是复合材料厚度变化和翘曲问题。厚度的波动主要是由于成形时采用单面模具造成的,而翘曲产生的主要原因是复合材料的各向异性。

使用单面模具生产复合材料构件时,其厚度变化主要产生于两个因素:

① 压实程度:压实程度由固化成形周期及其工艺控制决定。例如,压力不足不能去除多余的树脂,导致构件厚度比设计值高。

② 单层预浸料的厚度变化:通常情况下,构件厚度与预浸料厚度的变化均在 6%～10% 之间,这表明构件的厚度并不能仅仅依靠控制固化周期来控制（有时闭模或纤维压实也是必要的）,并且厚度的变化量并没有随厚度而变化。同时构件厚度与单层预浸料厚度有关联,而且存在不同批次间的差异。纤维环氧单向带的名义固化厚度通常为 (0.127 ± 0.06) mm。

对于先进复合材料,另外一个重要的质量问题是翘曲。复合材料构件极少与其固化模具的外形一致,这主要是由于复合材料平行和垂直于纤维方向的热膨胀系数（CTE）的较大差异造成的,这种差异导致了"回弹"效应。图 4 - 22 为与纤维铺放方向呈不同角度时复合材料的热膨胀系数变化情况。标准的 $(0°/90°/\pm45°)$ 碳纤维环氧复合材料应在角度 87°～89° 之间进行铺放,这是由于沿厚度和平面方向的 CTE 不同。对于形状简单的构件,可以采用层合板理论计算这种效应,而对于具有复杂外形的复合材料构件则需要通过数值模拟和有限元方法进行计算。在固化过程中聚合物基体的粘弹松弛性和可能存在的纤维移动使这一问题更加复杂。

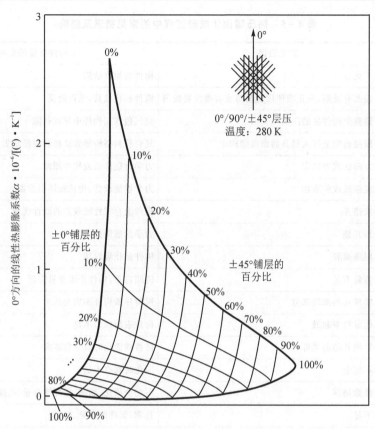

图 4 - 22　测试方向与纤维方向呈不同角度时复合材料的热膨胀系数

3. 热压罐固化成形工艺装备

（1）热压罐系统

一个完整的热压罐是由热压罐主体和热压罐子系统组成的，而热压罐子系统通常由加热系统、冷却系统、加压系统、鼓风系统、真空系统、控制系统、进料系统以及仪表阀门组成。如图 4 - 23 所示，热压罐主体通常由罐体、罐门机构、高温电机、风道板隔热层等形成一个耐高压、高温的罐体，按固化构件的尺寸、温度、压力设计，强度满足高温高压要求，罐体外壁温度≤

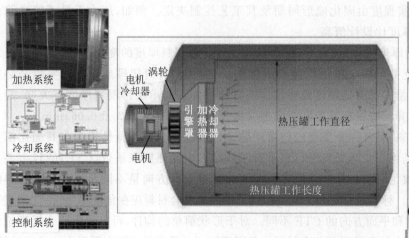

图 4 - 23　热压罐主体及组件系统结构示意图

60 ℃。

① 加热系统:包括加热器、热电偶、热控元器件等;罐内气体温差≤5 ℃,升温速度 1～8 ℃/min,要求可调。

② 冷却系统:包括水箱和泵站等;循环水冷却,降温速度 0.5～6 ℃/min 可调。

③ 加压系统:包括螺杆式压缩机、一级储罐、控制阀、增压器、二级储罐、冷冻式干燥机、管路过滤器和压力表等;充气加压,介质为空气或惰性气体,压力可调;有安全防爆、放气装置。

④ 鼓风系统:包括电动机、风扇、导风板、冷却与润滑机构等;罐内风速在 1～3 m/s 之间,噪声≤60 dB。

⑤ 真空系统:包括电动机、风扇、导风板、冷却与润滑机构等;罐内真空管路及接头满足抽真空工艺要求,通常有多路连接,真空度可调。

⑥ 控制系统:包括控制柜,温度、压力、真空、冷却的显示与控制装置,计算机及控制程序软件,安全报警等;计算机显控的自动控制,可人工控制;温度、压力、真空有指示仪表和记录仪,工件温度和罐内气体温度可独立控制,温度、压力设安全控制,开门关门设安全检查与自锁机构。

除了上述列举的各子系统之外,热压罐子系统还包括进料系统和仪表阀门。常见的进料方式主要包括双小车进料或桥架式进料系统等。对于不同的构件与工艺,热压罐成形过程中的温度和压力均不同。因此,必须对使用时的温度、压力等参数进行测量、控制及调整。常用的仪表阀门主要有机械式仪表、电子传感器、机械电子式仪表等。

(2) 模　具

模具是成形中赋予复合材料构件形状所用部件的组合体。所有先进复合材料的铺层和固化过程都需要模具支撑。热压罐成形过程中,模具要和材料一起放入高温高压的罐内进行固化,要求模具材料在成形温度和压力下可保持适当的性能。此外,在模具设计和制造中还要考虑成本、寿命、精度、强度、重量、加工性、热膨胀系数、尺寸稳定性以及热导系数等因素的影响。

1) 模具分类

根据构件成形表面不同,模具可以分为阳模(male tool convex tool)、阴模(female tool concave tool)和组合模(matched die mold)。表 4 - 6 分别从构造、原理、结构特点等方面对这三种模具结构形式进行了比较。

表 4 - 6　阳模、阴模和组合模的对比

分　类	阳　模	阴　模	组合模
构造	模腔为凸形的模具	模腔为凹形的模具	模腔由阳模和阴模复合在一起形成
原理	模上放坯料,模形的凸面决定坯体的内表面	模内放坯料,模形内壁决定坯体外形	使用阴/阳模控制层合板的厚度,坯体内/外形面形状均由模具本身决定
结构示意图	构件内表面	构件外表面	

分　类	阳　模	阴　模	组　合　模
优点	模具易于加工,成本较低;R 角成形质量容易保证;易于铺放,且生产效率高	成形出的构件外形规整	厚度、尺寸控制性好,阴/阳模组合使得坯体两个表面的尺寸都能控制(两表面都较光滑);耐久性好
缺点	构件外形随预浸料质量而变化	模具加工成本较高;R 角铺放难度较大,成形质量保证较困难;不适合自动铺丝	模具成本高;成形压力大;模具难以修理

2) 模具材料

在复合材料构件大型模具选材中,应考虑的主要因素是模具与构件热膨胀的一致性。于对大曲率复杂构件,当模具与复合材料的热膨胀系数出现较大差异时,会降低复合材料构件的强度和尺寸精度。因此,对于精度要求高或有配合要求的构件,模具材料的选择变得非常重要,而且模具的热膨胀量需计入模具的设计尺寸中。图 4-24 所示为各种模具材料与+45°/0°/-45°/90°铺层的 APC2/AS4 热塑性复合材料的热膨胀系数比较。

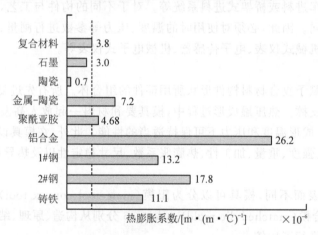

图 4-24　各种模具材料的热膨胀系数比较

对模具材料的选择起决定性作用的因素有:① 热导率;② 热膨胀的一致性;③ 精度要求;④ 强度;⑤ 模具制造的难易度;⑥ 车间的生产能力;⑦ 每个构件的成本;⑧ 耐久性;⑨ 可修理性;⑩ 寿命评估;⑪ 模具的重量。根据模具使用材料的不同,模具可分为:用于低温到中温范围的树脂基复合材料,适于低温到高温范围的金属材料,适于超高温的陶瓷和石墨材料。小批量构件或用于试验验证的试验件生产,也可采用石膏或其他便宜且易于加工成形的材料,如木材等作为模具材料。

对于先进复合材料构件成形,其模具材料常常在铝、钢、镍合金、电沉积镍和碳/环氧复合材料等范围内选择。对于超高温固化工艺,如热塑性复合材料成形,则主要考虑用石墨和陶瓷材料。复合材料构件的加压和压力分配,则主要采用橡胶模具。

a. 金属材料模具

铝模具　铝是使用最广泛的模具材料之一。铝模具适用于没有很高公差要求的简单构件,通常用于平板层合板或者尺寸较小的小曲率层合板。铝导热性和加工工艺性好,质量轻,易于搬运和修理,但其热膨胀系数相对较大,硬度低、易受损伤,使用受到一定限制。铝模具不适于温度超过 177~204 ℃的高精度复合材料曲面构件,以及热塑性复合材料构件的成形。

钢模具　钢是一种被广泛应用的模具材料,大量复合材料构件采用钢模具制造。钢的热膨胀系数比铝低一半左右,刚性大,耐久性好,寿命长,使用温度高,可焊接性与可修理性好,密封性好,但其热容高、升温速率慢,对于高温成形的大型构件需要对模具进行热膨胀补偿。

殷钢模具　殷钢是最著名的金属模具材料。其硬度与钢相当,大于铝,热膨胀系数极低,约为 0.28×10^{-6} $\mu\varepsilon$/℃,被认为具有"不变"尺寸的特性;其使用温度高,可采用多种方法加工;其价格昂贵,升温速率低,焊接困难,重量大。

传统金属材料如铸铁、铝和钢,机加性能好、表面光洁度高且具有较长使用寿命,因此,被广泛用作模具材料。对于中低温固化工艺,金属模具具有以下优点:①原材料易获取;②机械加工成本低;③精度高,表面质量好;④耐用性好等。然而,由于铝、钢等常用金属材料的热膨胀系数在$(12~24)\times 10^{-6}$/℃之间,显著高于复合材料(面内 $0~5\times 10^{-6}$/℃),为匹配复合材料的热膨胀,满足构件精度要求,作为铝、钢替代材料——Invar 钢,被广泛应用于制造航空航天高精度、大尺寸复合材料构件固化模具。Invar 钢热膨胀系数非常低,减小了由于热膨胀不匹配造成的变形。此外,高硬度、高强度的 Invar 钢能够经受上千次的高温高压固化循环,模具使用寿命长。图 4-25 所示为 A350 复合材料构件固化成形所用的殷钢模具,其总长 32 m,宽 6.4 m,采用分块制造、激光焊接成形,单块重量高达 3.7 t。

(a) A350复合材料机翼壁板成形模具　　　　(b) A350机身壁板成形模具

图 4-25　A350 复合材料构件固化成形用的殷钢模具

b. 非金属材料模具

石墨纤维/环氧树脂模具　石墨纤维/环氧模具除了 CTE 可设计外,还具有轻质、易于制造和对热效应快速响应等优点;但其比传统的金属模具材料耐久性和耐划伤性差,且不能应用于固化温度超过模具材料玻璃化转变温度的工艺。图 4-26 所示为 B787 筒段机身构件采用复合材料模具整体成型,筒段机身模具由沿轴向分割的 6 块结构装配而成,每块均采用碳纤维/双马复合材料制造。

橡胶模具　主要用于需要强化复合材料构件固化成形压力或传递成形压力的工艺中。用橡胶制成的软模具具有随形好、与成形构件易于配合、传递成形压力可靠等特点。橡胶模具(见图 4-27)最基本的方式是作为真空袋与构件的简易垫板,或者作为构件中难于压实的部位的橡胶垫板。橡胶嵌入件通常用于构件不能充分压实以及曲率半径很小且真空袋可能破裂的地方。橡胶模具在共固化整体成形工艺中被大量使用,但其制造成本较高,稳定性差。橡胶模具的最大缺点是使用寿命短,经过 30 个循环后,橡胶材料会降解;同时,橡胶的热导性差,造

图 4-26 B787 筒段机身采用的复合材料模具

成构件固化成形时间长。

橡胶模具的应用有两种形式：① 固定体积,构件和橡胶材料完全被包围在一个刚性的金属框架中,橡胶的膨胀能有效地使构件受到一个均匀的流体压力；② 可变体积,一个真空袋或柔性压板覆盖在橡胶模具上,这样不需要精确计算橡胶模具的容积。

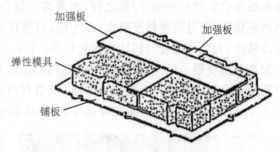

图 4-27 橡胶模具示意图

整体石墨和陶瓷模具 热塑性复合材料的成形温度远远高于其玻璃化转变温度,热塑性复合材料构件成形技术的发展推动了耐高温模具的进步。目前,其成形采用的模具材料主要为石墨和陶瓷。整体石墨模具具有热膨胀系数低、轻质、易于制造、导热性好等优点,其最高使用温度可达 2 000 ℃。这些模具主要采用整体石墨块机械加工制造。石墨模具较脆,容易损坏,其重复使用次数一般不超过 10 次。陶瓷模具材料的最大优点是它易于浇铸成形,但需要进行表面处理和密封处理,以保证模具表面光滑无孔隙。陶瓷作为高温成形复合材料构件的模具材料尚处于研发阶段。

3）模具设计

模具设计的一般要求：

① 模具应该比构件边缘(工程图样上的实际边缘)至少大 2～3 in(5～8 cm)；

② 应该设置真空抽取装置的接口；

③ 应该考虑边缘密封装置。

控制模具最终设计概念的三个最重要因素是成本、使用寿命及尺寸稳定性。复合材料构件成形模具规划和设计阶段要考虑的重要因素如下：

① 热膨胀：编织布和单向带的使用越来越多,这些材料的热膨胀系数差异很大。在制造细长复合材料构件和形状复杂的组件时,遇到的热匹配问题更加突出。因此,在模具设计中应重点考虑热匹配问题。

② 构件的尺寸与构形：由于制造某些构件所需的压力是变化的,因此模具的选择会受到构件构形的影响,如复杂形状的蒙皮壁板、厚度变化的结构、有锥度结构或丢层结构。

③ 构件的公差：构件或装配件的公差对模具形式的选择及其成本起着非常重要的作用。复合材料飞机构件通常都要对其模具表面进行处理,以便满足表面光洁度或气动光滑度的要求。在有些情况下,构件的接合面或配合面需要经过模具处理后再进行机械连接或胶接。若

构件只有一个表面进行了尺寸控制,就可将其选为模具面,对其他表面的尺寸就不再进行精确控制,而对两个表面的尺寸都要求精确控制时,只能通过使用组合模来实现公差的精确控制。

④ 模具寿命:一般来说,对于长期使用的模具,应该使用钢来制造;其次,选择由重辊轧制成形和板材机加制造的铝模具。非金属材料模具一般用于研制阶段构件制造数量很少的情况。

⑤ 表面处理:对于复合材料构件,通常不需要对模具表面进行抛光。下列情况对模具有表面要求:对于组合件的最终装配和使用;在一些设计中,如高性能机翼表面的设计,除了模具表面的形状需要满足气动要求外,还应对其表面光滑度进行规范。

⑥ 修理:固化复合材料构件用的所有模具都应可以修理。钢或铝模可以通过焊接和磨削的方法进行修理,磨损较小时,采用树脂填充方法修理。修理复合材料模具时,需要打磨掉损伤区域,然后采用相同的树脂或织物重塑。

⑦ 检验:模具用于构件制造之前,必须进行复合材料热性能测量和外形核验。可采用按照批准的工艺规范制造一个典型构件的方法来进行模具检验。

⑧ 支撑结构:模具需要有足够的支撑结构来加强其刚度和强度,设计过程中应该避免模具发生热扭曲和局部温度控制等问题。由于金属的强度高、成本低,所以模具支撑结构经常选用金属来制造。模具可以用一种常见的"鸡蛋壳"式支撑结构加强[如图 4 - 28(a)所示],该结构有两大优点:总重量轻;能够快速加热模具的背面。对于非金属模具,"鸡蛋壳"结构或类似的支撑结构,可以作为单独的结构与模具型面分开,并采用非金属材料制造。

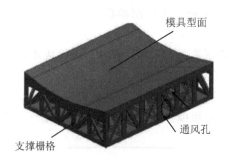

(a) 框架式模具

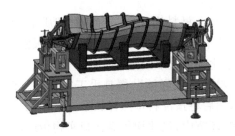
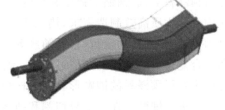

(b) 类回转体式模具

图 4 - 28　工艺模具结构示意图

⑨ 加热系统:温度控制在复合材料构件固化过程中的作用非常重要。因此,需要精确地计算模具的热响应情况。为此,必须对加热系统的选择和模具对其产生的响应等进行认真的评估。三种基本的加热系统为:

- 热气外部加热。该加热系统需要考虑:热压罐热流系统的运行特性;模具尺寸;材料和构件的形状;工作时热压罐中全部模具的热容量;热流中模具的位置。

- 模具本身或与模具紧密接触台板的电加热。该加热系统需要计算:模具的体积、重量及表面积;所需的热量;模具非绝缘面的热损失;将模具加热至所需温度时的总能耗。
- 模具或台板内部的流体加热。该加热系统中最常用的加热介质是蒸汽或热油,它们在埋藏于模具内的管线中循环流动。通过控制模具单位体积内的加热管线长度,可以实现加热控制。

4) 模具制造

模具制造常用的方法有:

① 用金属直接机械加工制造;

② 用固态整体石墨直接机械加工制造;

③ 直接用安装在石墨复合材料结构上的金属构件作为模具;

④ 陶瓷混合材料等铸造模具直接在基准模具上制造。

复合材料模具是复合材料构件成形模具未来的发展趋势,尤其是对于成形如进气道、发动机叶片等具有复杂型面的高精度构件。轻质、高强、低热膨胀的复合材料模具既能保证构件的制造精度,又能显著减小制造成本,是与复合材料低成本制造技术相配套的理想模具。

制造复合材料模具的常规顺序:

① 采用石膏制作基准模型,通过数控工艺对基准模型进行直接加工;

② 石膏模具表面上的塑胶层直接在基准模型上制成;

③ 石墨/环氧铺层铺贴在塑胶面石膏模上,用于制造生产用模具。

但复合材料模具目前面临两大难题:

① 模具制造成本高。首先,复合材料模具的制造需要母模,增加了母模成本;其次,复合材料模具也是复合材料结构,固化变形控制增加了其制造成本。

② 模具使用寿命过短。由于模具在使用过程中需要经历高温热循环,加速模具内部树脂基体老化,导致模具刚强度以及气密性发生变化,缩短模具使用寿命。与金属模具上千次使用寿命相比,复合材料模具只有几十次寿命。

4.2.3 热压罐成形数字化工艺

为提高预浸料剪裁、铺贴的速度和精度,提升复合材料构件的制造效率和质量,满足大型复合材料构件的优质高效制造需求,热压罐成形技术从最初的依靠手工剪裁、样板铺贴发展到预浸料自动剪裁、激光辅助定位、自动铺放等数字化辅助成形制造。

早期层合复合材料构件的制造过程中,预浸料的剪裁和铺贴都是手工完成的。首先将复合材料构件中每层预浸料的铺贴形状做成样板,然后将预浸料按照样板来进行标记与切割,最后再在模具上进行铺贴。在预浸料切割和铺叠等环节中,尺寸均依靠样板实物传递,其误差较大,影响构件质量与稳定性。复合材料制造过程引入数字化自动剪裁和激光辅助定位铺贴技术,可消除人为误差,提高生产效率和铺贴质量的一致性。此外,预浸料剪裁数据可重复查看与传递,便于后续成形分析。传统手工作业与数字化生产流程对比如图 4-29 所示。

1. 预浸料自动剪裁技术

预浸料的剪裁(又称为下料)是复合材料层合结构成形过程的一道关键工序。预浸料手工剪裁是根据构件设计数据制作出各个铺层的剪裁样板,然后按照剪裁样板画线用手工切割预浸料的办法来实现的。剪裁精度依赖工人的熟练程度,工艺一致性差,而且剪裁过程中容易发

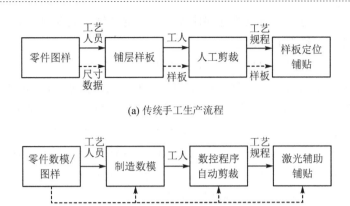

(a) 传统手工生产流程

(b) 数字化生产流程

图 4 - 29　传统手工生产与数字化生产流程对比

生划伤等安全事故,材料的利用率较差,容易造成浪费,需要对大量的剪裁样板进行管理(标记、搬运、贮存、摆放等),生产效率低。

　　高精度复合材料数控下料技术是复合材料数字化制造的一个重要组成部分,是连接复合材料数字化工艺设计与实际生产的桥梁。数控下料技术是复合材料构件数字化制造技术和低成本制造工艺的基础,在实际生产中有重要的意义。采用预浸料自动化剪裁技术,预浸料的展开可以在自动剪裁机的平台上进行,节约生产场地;需要剪裁的预浸料的尺寸由电脑存储并直接输出,不需要经过样板进行尺寸的传递,剪裁的尺寸精度高,对工人的经验要求低;剪裁的材料尺寸可以在电脑上进行设计,以最大程度实现材料利用,降低材料浪费。因此,采用自动剪裁技术能够提高复合材料构件的生产效率,并降低复合材料生产成本。复合材料自动剪裁技术主要包括复杂铺层的自动展开、自动排料和自动标印,数据量的传递贯穿整个数字化制造流程的始终。目前,复合材料预浸料自动剪裁的技术难点主要集中在复杂构件曲面的自动展开和自动剪裁过程中预浸料裁片的自动排料技术上。图 4 - 30 所示为数字化排样和自动剪裁技术。

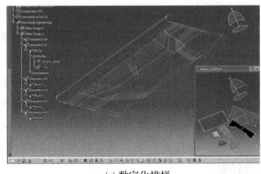

(a) 数字化排样

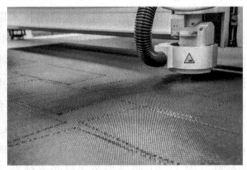

(b) 自动剪裁

图 4 - 30　数字化排样和自动剪裁技术

　　复杂构件曲面的自动展开需要预先进行区域划分与剪口设计,而区域划分与剪口设计是进行自动剪裁的数字依据。制造复合材料构件用的编织纤维布或者预浸料是二维平面结构,而要制造的复合材料构件通常是空间三维形态,因此在使用自动剪裁设备剪裁预浸料之前,必须获取复合材料构件上每一区域三维铺层曲面所对应的二维平面几何轮廓数据。这涉及到将空间三维曲面展开到二维平面的问题。

铺层曲面的展开，也是复合材料构件数字化制造过程中可制造性分析、优化排样、激光辅助定位自动铺贴等工序的基础。因此，如何快速、准确地得到满足工程实际的复合材料曲面展开结果，已成为复合材料数字化设计、制造的关键环节。对复杂且难以直接展开的铺层曲面，通常需要对曲面进行区域划分、剪口等展开预处理工作，使其达到制造精度要求后再对其进行展开。即使对于一些可展曲面，如没有开口的圆锥面、圆柱面以及完全封闭的曲面，也必须通过剪口处理才能将它们展开至平面。另外，为了使每一铺层的剪口位置互相错开，往往需要在待展开的曲面上进行交互的剪口或区域划分工作。

2. 预浸料激光辅助定位铺贴技术

在树脂基复合材料制造过程中，预浸料铺贴是决定复合材料性能、质量和成本的重要环节，也是整个复合材料构件制造过程中消耗时间最多的工艺环节。一方面，由于复合材料构件由多层预浸料组成，每层预浸料都设计有特定的方向性。若一层预浸料的方向性误差超过要求值，就会影响到构件的整体性能，特别是在构件成形后，会因内应力的存在而产生变形，所以要求各层预浸料在铺贴时方向都准确。另一方面，在复合材料的设计中，根据构件的需要往往要设计许多小区域的加强铺层。这些加强铺层的位置和形状基本都是不规则的，所以在铺贴时需要特别细心。既要保证加强区域的铺层顺序正确，又要保证其铺贴的位置准确。对于形状比较复杂的复合材料构件，铺贴环节就显得尤为重要，所以消耗的时间就比较多，导致加工效率低下。

在大型复合材料构件制造中，传统的手工铺贴采用模线样板，其精准定位困难，工作量大，效率低。为了提高复合材料构件每个铺层的铺放精度和效率，可采用数字化定位铺贴技术。激光辅助定位铺贴技术是利用激光头将预先设计好的铺层边界投影到三维成形工装上，然后按照投影线进行铺贴。由于采用数控下料，每个铺层的预浸料裁片都有较高的尺寸精度，只需要依照激光铺贴定位系统在工装上的投影边界进行铺层，即可保证铺层的位置精度。此举极大地降低了制造成本，提高工作效率及构件的质量。

激光投影定位系统是通过激光数字技术以1:1的比例产生并显示构件铺层的三维轮廓、形状和位置的图像，并以激光束的形式投影到铺贴工装的表面，帮助操作工人准确地在工装表面上放置复合材料预浸料裁片（或蜂窝芯、预构件）等。激光投影定位系统以直观的图示方式显示并引导操作工人进行复合材料预浸料裁片的铺贴操作，它的作用相当于复合材料制造的铺层中使用的铺层样板。激光投影定位系统不但能投影出预浸料裁片的层贴区域，还能投影出该铺层的预浸料方向等信息，代替了传统复合材料构件制造中使用的铺层样板和在工装表面标记铺层位置线，所以特别适合外形复杂、铺层层数较多且大小不一的复合材料构件的预浸料的铺贴。图4-31所示为预浸料激光辅助定位铺贴。

采用激光投影定位系统进行辅助定位的关键技术是，将设计数模转换为制造生产所需的激光投影数据文件，并将其输入激光投影设备以供激光定位使用，即实现从复合材料设计（CPD）向复合材料制造（CPM）的转化。目前，航空领域应用最广泛的复合材料设计软件是CATIA软件的CPD模块和FiberSIM软件。从设计向制造转换的途径可以通过这两个软件分别实现。在CATIA软件的CPD模块上外嵌一个第三方软件（如TruLASER）后，可以实现

CPD 向 CPM 的转化,而 FiberSIM 软件通过自身的"激光投影"(Laser Projection)模块也可以实现 CPD 向 CPM 的转化,如图 4-32 所示。

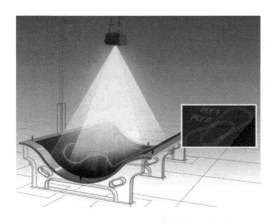

图 4-31　预浸料激光辅助定位铺贴

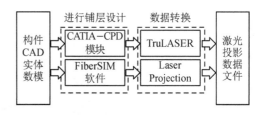

图 4-32　铺层信息数据传递

3. 热压罐成形温度场数字模拟

在复合材料热压罐成形工艺中,热和压力在多相材料体系间复杂的相互作用,使得复合材料构件成形质量控制难度较大,制造成本较高。在工艺过程、物理化学作用机理研究的基础上,建立数值模拟方法,可有效指导工艺、工装的设计与优化。这既可以发展大型复合材料构件的热压罐成形固化全过程、多物理场、多材料体系的高效计算方法,也可以实现从工程应用的 CAD 数模向数值模拟用几何模型、材料属性等的传递,以及多物理场之间网格数据和场参数的传递与集成,建立基于数据库、知识库的工艺、工装方案快速评价方法,为先进复合材料研制模式从传统的积木式验证向数字化制造模式的转变提供有力的技术支撑。图 4-33 所示为基于 ANSYS-Fluent 的热压罐温度场和流体场仿真结果。

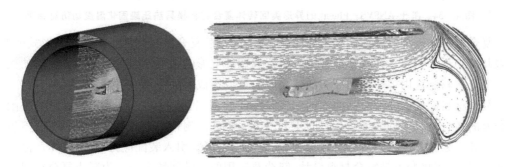

图 4-33　基于 ANSYS-Fluent 的热压罐温度场和流体场仿真结果

在复合材料热压罐成形工艺过程中,工装模具温度均匀性直接影响复合材料构件温度均匀性和固化变形等成形质量,而模具的温度分布受到罐内气体热交换、模具本身结构、复合材料固化放热和工艺辅料传热特性等多种因素的影响。目前,热压罐成形温度场数字化模拟技术主要针对热压罐内气体、工装、复合材料构件等材料内部温度分布规律开展数值模拟分析。其主要原理是,基于计算流体力学中的连续性、运动学和能量方程,建立热压罐内强迫对流换热的温度场三维非定常数值模拟方法,模拟热压罐内模具的温度分布,并对固化工艺参数、模具结构参数和模具摆放位置等因素进行研究,以优化热压罐及构件内部温度分布情况,如图 4 - 34 所示。

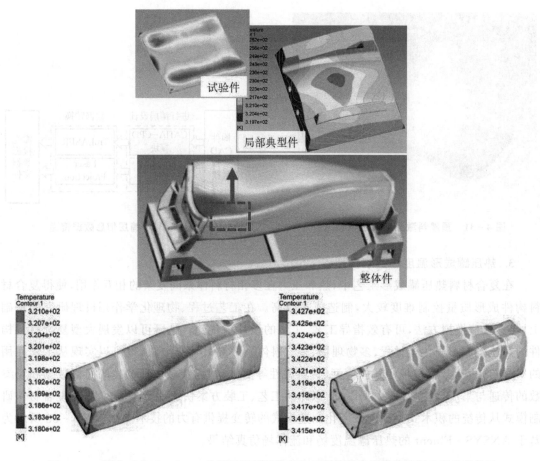

图 4 - 34　基于 ANSYS - Fluent 的异形类回转体复合材料模具热压罐固化温度场仿真结果

复合材料的成型过程涉及树脂的固化过程,固化后复合材料制件会产生不同形式的变形,导致其最终形状和尺寸不同于成型模具。造成制件变形的根本原因是制造工艺引起的残余应力。复合材料制件内部非均匀分布的残余应力可以造成制件变形、基体开裂,甚至分层。

复合材料制件的变形包括曲面的回弹和平面的翘曲,其固化变形会影响后期的装配。超出公差的复合材料构件会导致组件的装配失败,严重影响构件制造成本、生产效率和装配进程。对处于公差范围内的复合材料构件,在装配后也可能引入装配应力,影响整体产品的使用寿命。因此,固化变形是复合材料设计、制造及应用的关键问题之一。为减小复合材料的残余应力和固化变形从而实现对复合材料制件外形尺寸的精确控制,传统方法是试错法,如基于经验对模具的几何尺寸进行补偿、调整固化工艺参数等方法。但试错法通常需要进行反复的迭代和试验且要求工作人员有丰富的复合材料制造经验,增加了构件的制造时间和成本。此外,对于双曲率、变曲率等异形结构,试错法的效率明显较低。

数值模拟能够对复合材料热压罐工艺过程和最终构件外形质量进行预测分析,从而大幅减少试验次数,降低研发成本、缩短研发周期;采用仿真手段能够大幅减少材料和能源消耗,实现复合材料的绿色制造。国内外对复合材料成形过程的数值模拟技术进行了一些研究,取得了良好的进展,已成功实现飞机复合材料结构的工艺仿真和优化,提升了相关构件的成形质量和工艺稳定性。图 4-35 所示为复合材料加筋壁板和异形构件变形分析。

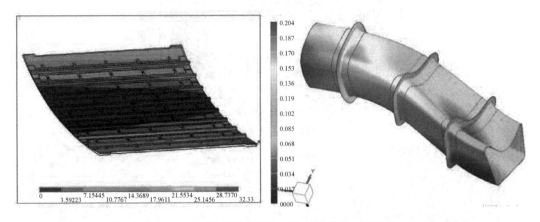

图 4-35　复合材料加筋壁板和异形构件变形分析

4.2.4　热压罐成形工艺在飞机典型结构中的应用

1. 整体成形工艺

复合材料整体成形是指采用共固化(co-curing)、共胶接(co-bonding)、二次胶接(secondary bonding)等技术和手段,实现复合材料结构从设计到制造一体化成形,从而大量减少复合材料构件和紧固件数目的相关技术。在复合材料承力结构的机械连接中,所用紧固件特殊,多为钛合金紧固件,成本较高;施工过程中,钻孔和锪窝难而慢,必须用特殊刀具,容差要求严、成本高;同时,装配过程中要注意防止电化学腐蚀,必须湿装配,耗时费力且成本高。整体成形技术可将几十万个紧固件减少到几百或几千个,大幅减轻了结构重量,降低了装配成本,进而降低了构件总成本。采用整体成形技术的复合材料结构,大大减少了传统机身结构上的缝隙、台阶、紧固件数量,同时整体成形更有利于机身的扁平设计与制造,将有效降低飞机的雷达反射面积。此外,采用整体成形技术,可以将吸波材料融合在机体结构外表和内部,实现机体结构对雷达波的吸收,从而提高飞机的隐身性能。

(1) 共固化

共固化是指 2 个或 2 个以上的预成形件经过一次固化成形为一个整体构件的工艺方法。在进行加筋壁板结构的成形时,先分别对蒙皮与加强筋进行铺层,并一起铺放在模具上,最后整体进入热压罐完成共固化。共固化只需要一次固化过程,工艺经济性好,不需要装配组件间的协调,成形的构件结构整体性好。其局限性主要表现在:共固化对模具设计与制造的精度要求严格,模具成本高;共固化对树脂的工艺性要求比较高,适合中、低温及小压力条件下固化的树脂体系;对于夹层结构的共固化成形,要求树脂具有较高的粘性;共固化构件的尺寸精度控制较为困难,不适合结构复杂的构件。

空客公司研发的 A350XWB 的复合材料机身由 4 块长条状壁板构成,机身中段最长达到 20 m。机身壁板工装开设定位、成形帽型长桁的凹槽,蒙皮采用纤维丝束铺放技术进行制造,并与长桁一同进行共固化成形,如图 4-36 所示。

如图 4-37 所示,B787 复合材料机身段制造工艺最突出的特点之一就是机体采用了整体成形的筒形结构。对于过去的壁板对合结构而言,这是一个革命性的改变。其机身采用铺丝机在一个与机身内径一致的直径 5.74 m 的模具上将预浸料缠绕成一个筒形件。模具上有与

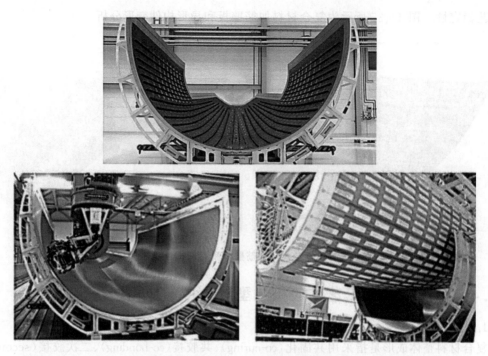

图 4 - 36　A350XWB 共固化后机身下壁板

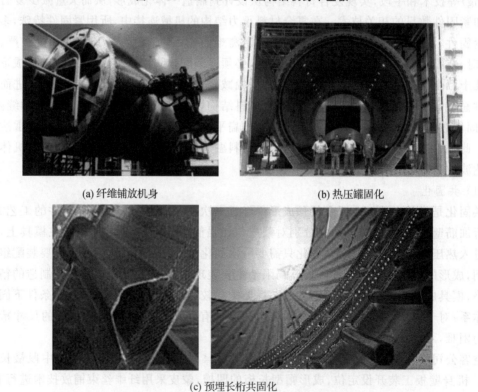

(a) 纤维铺放机身　　　　　　　　　　(b) 热压罐固化

(c) 预埋长桁共固化

图 4 - 37　B787 复合材料筒形机身制造

长桁、大梁外形一致的槽,在缠绕前预先放置由碳纤维预浸料铺设压实而成的长桁与梁。缠绕时模具在设备上转动,缠绕后退出模具,将机壳与梁、长桁一同放入 23.2 m×9.1 m 的热压罐中共固化成为一个整体的复合材料机身段。这些整体成形的机身段仅用少量的高锁螺钉和单面抽钉等紧固件就能完成对接总装。

（2）共胶接（胶接共固化）

共胶接是指一个或多个已经固化成形的构件与另一个或多个尚未固化的预成形件通过固化，从而胶接成一个整体构件的工艺方法。对于加筋壁板结构的成形，可以分为以下两种类型：

① 先固化蒙皮，再与加强筋共胶接成形：先将蒙皮铺层固化，再将铺放好的加强筋铺设在蒙皮上，模具固定后放入热压罐中进行固化。

② 先固化加强筋，再与蒙皮共胶接成形：先将加强筋铺层固化，在固化后的加强筋基础上再铺设蒙皮，通过模具将预构件固定并连接后送入热压罐中。

共胶接的优点在于：可以保证先固化构件的质量，降低了制造整体化结构的风险，工艺可靠性增加，先固化一个或多个构件，降低了工艺难度；在胶接共固化过程中属于软配硬组合，固化构件与未固化构件配合协调性好，胶接质量有保证。其缺点主要表现在：与共固化相比，多一次固化，工艺成本相对较高，制造周期相对较长。

A350XWB 的机翼长 32 m，翼根部分宽 6 m，重约 2 t，是现有的最大的复合材料构件。A350XWB 机翼壁板上的长桁总长度约 300 m，采用共胶接整体化成形工艺制造。其制造流程为：先采用自动铺带技术将预浸料铺叠成平板状，然后依据长桁外形尺寸裁剪成条状，随后使用特殊成形模具将条状毛坯料制成长桁最终形状，最后通过热压罐固化成形。将成形后的长桁人工铺覆胶黏剂后，利用激光定位设备在未固化的蒙皮上定位、黏结，从而实现共胶接成形。图 4-38 所示为 A350XWB 共胶接机翼。

图 4-38　A350XWB 共胶接机翼

（3）二次胶接

二次胶接是指将 2 个或多个已固化的复合材料构件通过胶黏剂胶接在一起的工艺方法。在加筋壁板结构的二次胶接成形中，分别对蒙皮、加强筋各自进行固化，然后通过胶膜黏结后送入罐中进行二次胶接。

二次胶接工艺方法的优点在于：其无应力集中现象，提高了结构的疲劳寿命，二次胶接不需要钻孔，结构完整性好，密封性能好，构件分次固化，工艺风险最小。但与共固化相比，固化次数多了 2 次，经济性较差，复合材料构件与金属构件胶接热应力大，二次胶接对复合材料构件表面状态（如清洁程度、配合间隙、铺层角度等）、操作环境等要求较高。

2. 热压罐固化成形工艺的应用

热压罐成形复合材料结构在大型民用飞机中应用十分广泛,B787 和 A350 机身均全部采用复合材料制造,如图 4 - 39 所示。B787 机身结构的总体布局分为前机身、中机身、后机身3 部分以及 6 个筒形结构段。全复合材料筒形机身段直径 5.8 m,其中 8.5 m 的 44/45 段、10 m 的 46 段、7 m 的 47 段以及 4.6 m 的 48 段采用 23.2 m×9.1 m 的热压罐固化,41 段前机身采用 21.3 m×9 m 的热压罐固化。由于采用复合材料机身,A350 机身段数目减少了 3 个,分为前、中、后 3 段,直径为 5.89 m,长度分别为 13 m、18 m、16 m。A350 机身段不像 B787 那样整段缠绕而成,而是由 4 块碳纤维复合材料蒙皮壁板连接而成,即复合材料壁板化结构。这种设计不需要采用大形热压罐,每块壁板的厚度及纤维铺设方向可以根据具体的载荷要求进行优化。

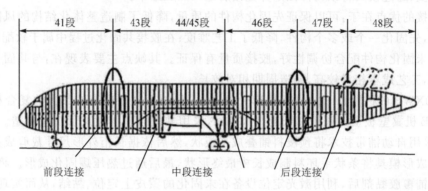

(a) B787

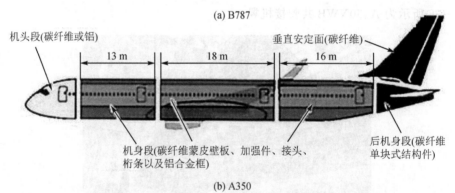

(b) A350

图 4 - 39　现代大型民用飞机机身布局

自动铺带工艺所用丝束幅宽较宽,被广泛应用于小曲率、大尺寸飞机壁板类构件的高效成形。如图 4 - 40 所示,A350 机翼下壁板蒙皮长 32 m,宽 7 m,表面积 100 m²,是目前采用自动铺带技术制造的最大的飞机碳纤维复合材料构件。其双曲率外形偏差不大于 1 mm,精度要求高。B787 机翼长 30 m,典形双梁多肋结构形式。前大梁为 C 剖面整体层合板碳纤维增强复合材料大梁;蒙皮为带工字形加筋的整体碳纤维增强复合材料壁板。国内采用自动铺带技术研制 C929 前机身复合材料壁板,尺寸 15 m×6 m,是目前国内成形出的最大的复合材料机身壁板。

自动铺丝工艺所用丝束幅宽更窄,且可以变宽度,因此,更适合制造结构复杂构件,被广泛应用于大曲率、飞机复杂构件的制造。如图 4 - 41 所示,波音公司采用自动铺丝技术制造直径5.8 m、长 7 m 的 B787 复合材料机身筒段,实现了大型民用飞机机身大部件的整体成形制造,

(a) A350复合材料机翼蒙皮壁板

C剖面CFRP大梁　工字形筋条整体CFRP壁板

(b) B787复合材料外翼壁板

(c) C929复合材料机身壁板

图 4 - 40　自动铺带成形工艺的应用

代表了大型民用飞机复合材料结构制造的最高水平。新一代战机 F - 35 采用了许多先进的制造技术,其复合材料进气道的制造采用了机器人铺丝的自动化制造技术,实现了异形截面复杂进气道的整体成形,代表了复合材料复杂结构整体成形制造的最高水平。

(a) 机身整体筒段

(b) S形进气道

图 4 - 41　自动铺丝成形工艺的应用

　　热压罐固化成形工艺是实现飞机大尺寸构件整体成形的主要工艺之一。如图 4 - 42 所示,A350 前翼梁长为 31.2 m,由 3 个部件组成:长 7 m 的内侧梁、长 12.7 m 的中梁和长 11.5 m 的外侧梁。翼梁铺贴了 100 层碳纤维增强复合材料,采用自动纤维丝束铺放设备从内侧 1.8 m 宽的梁根部开始铺放并逐渐过渡到外侧梁 0.3 m 宽的翼尖处,铺放完成后转移到热压罐中进行整体固化成形。A380 中央翼盒长 8 m、宽 7 m,高 2.4 m,是世界上最大的复合材料中央翼盒。其前、中、后 3 个翼梁,上蒙皮壁板均采用自动铺带后,热压罐整体固化成形。B787 中央翼盒为多梁壁板组装盒段结构,前后梁为主梁,之间有 3 个辅梁。梁均为碳纤维增强复合材料层合板梁,蒙皮壁板为工字形剖面加筋碳纤维增强复合材料板。

(a) A350前翼梁

(b) 中央翼盒

图 4-42　大尺寸构件热压罐固化整体成形

4.3　复合材料液态模塑成形工艺

伴随复合材料向绿色、低成本制造方向发展,液态模塑成形技术(Liquid Composite Molding,LCM)得到了广泛重视和快速发展。它的出现打破了长久以来高性能复合材料制造成本高的缺点,开辟了广阔的应用领域。液态模塑成形工艺适用范围广、生产效率高、工艺成本低,是最具前景的复合材料成形工艺之一,其特别适合于复杂结构成形,目前已成功应用于飞机舱门、整流罩、风扇叶片等复杂异形航空构件的制造。液态模塑成形工艺主要包括:树脂传递模塑工艺(Resin Transfer Molding,RTM)、真空辅助树脂传递模塑工艺(Vacuum Assisted RTM,VARTM)、树脂膜渗透工艺(Resin Film Infusion,RFI)等。

4.3.1　复合材料预制体工艺

对于传统的预浸料热压罐固化复合材料,树脂和纤维在铺贴和装模前预先混合,而对于液体模塑成形工艺,纤维开始时是干态的,且在构件最终成形的模具中与树脂进行混合。这种由高性能纤维制成的纤维集合体被称为预制体(也叫预成形体)。按其成形方式,可分为编织、机织、针织、缝合、针刺等;按照增强体空间构象,可分为一维、二维和三维;按纤维织造方式,可分为单向、双向、三向或多向等。

1．编　织

编织结构是自 20 世纪 80 年代发展起来的一种新型高性能复合材料构件成形工艺,用于克服传统复合材料层合板受力后容易分层的缺点。其是由两组(或更多组)纱线通过缠绕或交织构成一定形状的整体结构,分为二维编织和三维编织。二维编织一般由两个方向纱线构成的,通过在织物结构中衬入沿长度方向取向的纱线(轴向纤维),可制得三维编织物。三维编织预成形体由两组或更多的纱线通过互相移位交织,形成不分层的整体多向编织结构。三维编织预成形体能够实现异形件的净尺寸整体成形,有效保障构件力学性能的稳定性,主要用于制造复杂管状、凹陷构件,包括机体梁、F 形截面机身框、机身圆筒、尾翼轴等,在航空航天领域具有广阔的应用前景。图 4 - 43 所示为三维编织与传统层合板复合材料结构厚度方向比较。

(a) 三维编织结构　　　　　　　　　　　(b) 传统层合板结构

图 4 - 43　三维编织与传统层合板复合材料结构厚度方向比较

三维编织工艺按横截面可以分为圆形编织和方形编织,圆形编织可编横截面为圆管状、锥管状三维编织物,方形编织可编织横截面为矩形或矩形组合形状的织物。圆形编织和方形编织均可以由二步法和四步法实现。

目前,三维编织技术的发展趋于成熟,自动化程度高,操作员只需根据设计要求输入相应的参数即可。三维编织可以通过增纱、减纱等技术手段完成各种异形构件的编织,编织过程中仅需对纱线底盘进行操作。此外,三维编织可以一次成形,避免了机械二次加工对材料造成的不必要的损伤,同时保证了结构具有良好的完整性,使得其在抗扭强度和刚度、抗冲击性能方面均比其他纺织结构以及传统层合板复合材料高。在编织过程中由于存在打紧工序,故编织纱线之间接触更为紧密,密实度增加。三维编织复合材料的主要优势如下:

① 三维编织复合材料中的纤维束在空间相互缠绕形成空间网状结构,具有良好的整体特征,克服了传统层合板复合材料层间强度低、易开裂的缺陷。

② 三维编织复合材料可以编织成各种异形截面的编织体,如圆形、环形、矩形、工形、T形、十字形、U 形等以及各种组合截面。

③ 三维编织复合材料具有优良的可设计性。通过选用不同材料、改变三维预构件中编织与预成形方向的夹角,可以实现纱线的走向,改变纤维束的截面面积,进而满足复合材料设计对纱线体积率的要求;此外,还可以在某一方向或者多个方向上布置增强纤维束,使得材料在该方向上的力学性能得到加强。

④ 相较于传统层合板复合材料,三维编织复合材料在拉伸、压缩、弯曲的刚度及强度性能等方面均显著提高;此外,在抗冲击、抗损伤、抗疲劳以及耐磨损、耐烧蚀等方面也明显优于层

合板复合材料。

三维编织机主要有纵横式编织机和角轮式编织机两大类。纵横式编织机一般采用气缸推动导轨中的携纱器做行与列的运动,其携纱器排布密集,可载纱线数量多,但缺点是运动过程中容易卡梭。角轮式编织机,运动较为流畅,编织效率高,但缺点是载纱数量少。角轮式编织机又分为轴向式和径向式,轴向式的应用更加广泛,能满足各种各样的编织要求。图 4 - 44 所示为卧式轴向三维编织机。

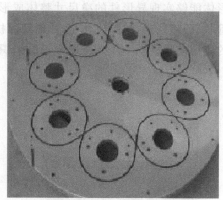

图 4 - 44　卧式轴向三维编织机

20 世纪末,我国在三维编织设备方面取得了很大进展。自 1993 年以来,天津工业大学成功研制出适合工程应用的计算机控制的大型三维编织设备和多台组合式三维编织设备。这些设备解决了织造不同织物结构和不同形状构件的关键技术问题,实现了多种规则形状和异形截面预构件的织造,如工字梁、T 形梁、盒形梁等。

2. 机　织

机织增强体常包括两向机织物、三向机织物和三维机织物。两向机织物即两组相互垂直交织的纱线形成的织物结构,包括平纹、斜纹和缎纹等组织,其工艺简单、造价低廉,是目前使用最为广泛的一类纺织增强体。三向机织物是以三组互呈 60°夹角排布的纱线系统交织形成。三维机织物是沿厚度方向,经向和纬向的纱束在平面内垂直交织或排列、Z 向纱贯穿厚度方向而形成的织物。三维机织物基本结构可以分为三维实体机织物(包括多层结构、三维正交结构和角联锁结构等三种形式)、三维空芯结构机织物、三维壳体机织物和三维节点结构机织物等。加工方法可分为专用三维织机织造或传统织机织造等。三维机织物有较强的 3D 预成形体直接成形能力和仿形能力,能够一次成形具有异型截面的纺织预成形体,如各种变厚度实心板、桁架式结构梁、工字梁等。目前,织造异形截面的三维织机多处于手动或半机械状态,尚不能实现自动化和连续化生产。

3. 针　织

针织物是一种由线圈作为基础单元组成的纺织结构,按结构成形方式可分为纬编(见图 4 - 45)和经编两种工艺。针织轴向织物(Directionally Oriented Structures,DOS)是在普通针织结构中引入无屈曲的取向纤维,实现增强体强度和刚度的取向设计。可以分为单向、双向、三向和多向结构织物。成形针织结构包含纬编管状和壳状织物,可以用来制造净形管状增强体。

多轴向经编织物(Non-Crimp Fabric,NCF)是目前针织经编物中主要应用于复合材料增

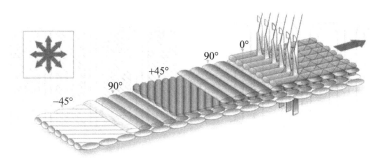

图 4 - 45　经编织物结构

强体的织物结构。多轴向经编织物由平行铺放的纱线、纤维毡或织物,并通过经编束缚纱捆绑在一起而形成的织物。由 12K 碳纤维织成的 NCF 织物被用于制造空客 A380 后机身压力舱和空客 A400M 货运飞机舱门。

4. 缝　合

缝合技术最早发展于 20 世纪 80 年代末,是针对传统三维编织工艺方法的不足而开发的一种全新的技术。通过缝合手段,使复合材料在垂直于铺层平面的方向得到增强,改善复合材料的层间性能,提高复合材料层合板层间强度和层间断裂韧性。缝合纤维预制体可用于制造大型复合材料复杂构件。图 4 - 46 所示为缝合的 T 形构件。

图 4 - 46　缝合的 T 形构件

缝合方法主要有双面缝合和单面缝合。双面缝合是从预制体的上、下两面进行缝合,主要利用缝纫机对二维平面织物进行层间缝合,其工作原理与家用缝纫机的原理相似,缝合线被针从构件一边带入,底下有一底梭配合缝针带线结套。单面缝合是缝针从预制体的上面穿透构件进行缝合,而另一面没有缝合单元,缝头只是在被缝合件的单面完成缝合工作,主要用于制备复杂、较大、超厚、异形预成形体。复合材料常用的单面缝合主要有链式与簇绒(tufting)两种缝合方式。

链式缝合:链式缝针为弯月形缝针,缝针与摆线钩针处在同一边,随着缝针延缝线方向移动,弯针反复穿透构件使缝合线多次绕曲形成线套相连。

簇绒缝合:缝针从预制体一面穿透构件,并在缝针退出预制体表面后,将缝线留在预制体内部,其缝线轨迹如图 4 - 47(b)所示。簇绒缝合是靠预成形体与缝线之间的摩擦力把缝线留在预制体内,所以在构件内部没有结点,由缝线引起的应力集中且较小。

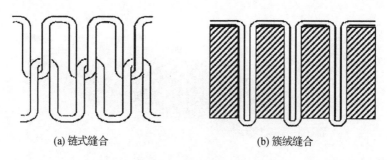

(a) 链式缝合   (b) 簇绒缝合

图 4 - 47 缝合方式

4.3.2 液态模塑成形工艺原理及特点

1. 液态模塑成形工艺原理

(1) 工艺原理

复合材料液态模塑成形（LCM）技术是指预先在模腔中铺放好按性能和结构要求设计好的纤维增强预成形体，采用注射设备或真空负压将液态树脂体系注入闭合模腔，或加热熔化模腔内的树脂膜浸润预成形体，通过树脂流动前峰的运动排出气体完成充模过程，再经热固化、冷却脱模，得到成形构件的工艺，如图 4 - 48 所示。树脂流动所需的压力差主要通过模腔内形成的真空（真空浸润）或施加外高压（如重力）来实现，或者利用定容泵或压力容器。LCM 工艺包括树脂输送体系、纤维预成形体系、相互配合的模具及其夹紧和操作装置、排气和树脂流动控制等。

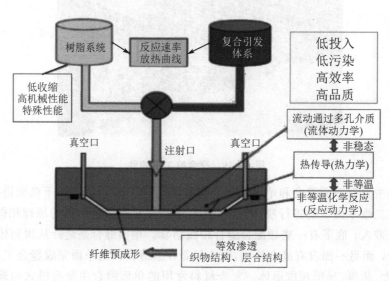

图 4 - 48 复合材料液态模塑成形工艺原理

(2) 工艺特点

与其他纤维复合材料制造技术相比，LCM 技术可生产的构件范围广，可按结构要求定向铺放纤维，并通过一步浸润成形技术制造出带有夹芯、加筋、预埋件等的大型构件。LCM 既可制造大型整体复合材料构件，又可制备各种小型精密复合材料构件；既能显著缩短构件生产周期，又可保证构件的整体质量，且由 LCM 生产的构件具有强度及性能可靠性高、生产效率高、外表光滑、环保性好等特点。由于 LCM 技术具有高性能、低成本的制备优势,因而成为了先进复合材料制造技术的典型代表,是当前树脂基复合材料低成本制造技术的主要发展方向之一。LCM 工艺与传统复合材料成形工艺的最大不同点在于,它使用未经预先浸润的纤维织物预成形体,树脂对预成形体的浸润是在液态树脂流动充模过程中一次实现的。相比于手工铺贴的真空袋、热压罐等传统复合材料成形工艺,LCM 成形工艺的优缺点如表 4-7 所列。

表 4-7　LCM 工艺的优缺点

优　点	缺　点
• 构件尺寸精度高; • 表面质量好; • 可低压成形(经常低于 0.7 MPa); • 模具费用较低; • 可设计性好; • 构件机械性能好(缺陷率<1%); • 可成形形状复杂的大型整体构件	• 预成形体制备和装配过程困难; • 模具设计必须建立在良好的流动模拟分析基础上; • 模具密封性要求高; • 需要专用的低黏度树脂体系; • 充模过程不可见,工艺控制难度高

(3) 工艺难点

LCM 工艺中,充模过程的一致性是制造无缺陷构件的最基本要求。然而,由于预成形体渗透性的不均匀性、流道效应、树脂黏度变化等不确定因素,获得无缺陷的构件很难。这些不确定性因素会直接影响充模过程,导致 LCM 生产的构件出现多种缺陷,包括树脂固化不均(富树脂区或固化不完全),空气包裹形成气泡、干点、脱层,以及预成形体铺覆不当引起厚度不均和褶皱等。这些缺陷的存在会引起应力集中,影响构件的性能和使用寿命,其中微观的气泡缺陷和宏观的干点缺陷是影响构件质量和一致性的最主要因素。

充模过程中树脂在纤维增强材料中的流动主要有两种方式:一是树脂胶液在纤维束间孔隙内的流动(宏观树脂流动);二是树脂胶液在纤维束内纤维单丝间孔隙内的流动(微观树脂流动)。这两种流动在充模过程中同时出现且相互竞争,可能导致浸润不良或气泡的包裹。当注射压力较低时,流体的流动前沿形态如图 4-49(a)所示,纤维束内流体的流动前沿领先于纤维束间流体的流动前沿,当领先的流体前沿横向流动汇合时,纤维束内未被排出的空气即被包裹,形成纤维束间的大气泡;反之,当注射压力较高时,纤维束内部流体的流动前沿落后于纤维束间的流动前沿[如图 4-49(b)所示],当流动前沿横向流动汇合时,形成纤维束内部的小气泡。

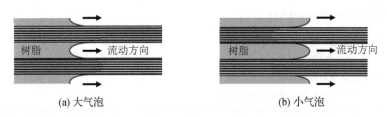

(a) 大气泡　　　　　　　　　　　(b) 小气泡

图 4-49　气泡缺陷的形成

气泡的存在造成纤维浸润程度低、黏结性差,使复合材料构件的机械强度不一致及表面质量低劣。研究表明,气泡含量每增加 1%,层间剪切强度、弹性模量和弹性强度等力学性能参数则以超过 5% 的比率下降。

　　构件的另一重要缺陷是形成干点,干点指最终构件中没被树脂浸润的位置。干点的产生是构件的宏观缺陷,干点区域没有或缺乏树脂的浸润。其主要的产生原因是纤维预成形体中局部渗透率的变化。纤维铺设过程中,经常出现预成形体变形、织物局部结构松散或紧密、纤维剪裁不精确等问题。这些都会导致局部纤维体积含量变化,引起纤维浸润不充分。另外,在预成形体的边缘、模具的拐角处及弯角处、构件加筋位置,容易产生流道效应,破坏正常的流动前沿模式,使构件产生大面积的干点,对构件质量带来严重的影响。除了这两种主要的缺陷外,其他的如树脂固化不均、纤维脱胶、分层、微孔等,很大程度上都受到纤维增强材料渗透性能的影响。

　　LCM 工艺过程都是在闭合模腔内进行的,预成形体渗透特性、树脂特性、注射压力、注胶速度等多个参数对流动浸润均有显著影响,加上 LCM 工艺往往用于制造几何形状较为复杂的构件,因此,树脂/纤维流动浸润过程的可控制性及可预见性较差,工艺过程设计需要多次实验,也增加了 LCM 工艺的优化成本。应用计算机对 LCM 进行模拟是解决这一问题的有效途径,有助于充分认识、分析充模过程的物理和化学现象,建立数学模型和数值模拟方法以确定树脂注入口、排气孔的位置及设计树脂流动通道,确定出能在最短时间内充满模腔并避免气体包存的充模方案。通过模拟仿真技术,可以较低的计算成本在较短的时间内得到 LCM 工艺过程中全面的指导数据,实现工艺数字化,直观地预测流动浸润过程,对制定 LCM 成形工艺参数、控制工艺过程、提高构件质量、优化模具设计等具有重要的指导意义。

2. 液态模塑成形工艺类型及特点

　　LCM 成形工艺主要包括树脂传递模塑(RTM)、真空辅助树脂传递模塑(VARTM)、树脂膜渗透(RFI)及树脂浸润模塑(SCRIMP)等,如表 4-8 所列。

表 4-8　LCM 工艺的种类及特点

种　类	特　点	种　类	特　点
RTM	· 来自于聚氨酯成形技术; · 树脂在一定压力下注入闭合模具中; · 一般纤维含量较低(体积分数 20%~45%)	SCRIMP	· 采用真空袋树脂扩散; · 通过大部件表面树脂迅速扩散; · 树脂通过预成形体向厚度方向渗透; · 要求真空袋单面柔性模
VARTM	· 依赖真空将树脂抽入预成形体; · 可以利用压力推动树脂; · 典型的真空度为 10~28 inHg; · 缺陷率低; · 可能成形高纤维体积含量构件	VIMP	· 模腔中树脂通过预成形体内部浸润纤维; · 树脂依赖真空或重力浸润预成形体
RFI	· 高黏度树脂膜或片置于模腔中; · 预成形体、成形模、凸模安装; · 连续采用真空袋和热压罐加压; · 树脂在加热过程中有低的黏度以浸润纤维		

　　(1) RTM 工艺

　　如图 4-50 所示,RTM 工艺的基本成形原理:首先在模腔中铺放好按性能和结构要求设计好的增强材料预成形体,随后利用注射设备将专用树脂体系注入闭合模腔或加热熔化模腔内的树脂膜。模具具有周边密封、紧固及注射和排气系统,以保证树脂流动顺畅并排除模腔中的全部气体,彻底浸润纤维;此外,模具还具有加热系统,可进行加热固化,从而成形复合材料结构。

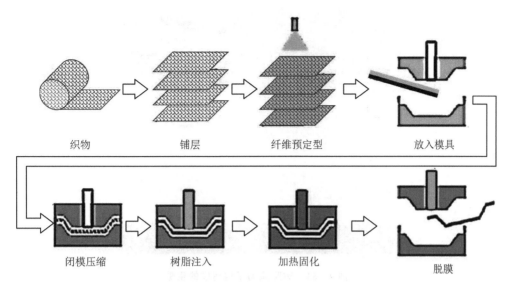

织物　　　　　铺层　　　　纤维预定型　　　　放入模具

闭模压缩　　　树脂注入　　　加热固化　　　　脱膜

图 4 - 50　RTM 工艺原理

RTM 工艺的优点：

① 构件双面光滑,无需使用脱模剂,脱模后处理工作量小；

② 能制造出表面质量高,尺寸稳定的复杂构件；

③ 树脂注射压力小,一般为 0.1~0.4 MPa；

④ 构件设计自由度大,纤维含量高,空隙率低(0~0.2%)；

⑤ 成形周期短,效率高,原材料及能源消耗少；

⑥ 成形工艺为闭模成形,减少了有毒气体苯乙烯的挥发,有利于身体健康和环境保护；

⑦ 便于使用计算机辅助设计进行模具和构件设计。

RTM 工艺的缺点：

① 与其他模塑工艺相比,制造效率较低；

② 对树脂体系要求高,尤其是高性能树脂体系；

③ 充模流动时容易产生气泡、干斑等缺陷；

④ 在模具中铺放增强体的劳动量较大；

⑤ 初始模具成本高于单侧模塑工艺的成本。

由于 RTM 工艺的发展时间较短,自然面临一些挑战和待解决的问题。RTM 技术在国内外普遍存在的难点和问题主要表现在以下方面：①树脂对纤维的浸润不够理想,导致构件内部存在空隙率较高、干纤维的现象；②在大面积、结构复杂的模具形腔内,模塑过程中树脂流动不均衡,不能进行预测和控制；③设备和配套设施跟不上；④国内生产的树脂很难满足 RTM 专用树脂"一长"(树脂的凝胶时间长)、"一快"(树脂的固化速度快)、"两高"(树脂具有高消泡性和高浸润性)、"四低"(树脂的黏度低、可挥发性低、固化收缩低和放热峰低)的要求；⑤模具的设计制造技术薄弱。图 4 - 51 所示为树脂流动不均造成的空隙。

近年来针对 RTM 存在的问题和局限性,国内外的研究者们开展了大量富有成效的研究工作,使得 RTM 技术更趋成熟,并形成了一个完整的材料、工艺和理论体系。主要进展体现在：①采用各种混和器,扩大树脂的适用范围；②采用压实增强材料并辅以高真空措施(即真空

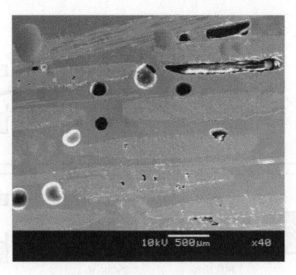

图 4-51　树脂流动不均造成的空隙

辅助树脂传递模塑）；③采用多维编织技术和预成形技术；④对树脂压注和固化过程进行监控和计算机模拟；⑤积极开发新的 RTM 成形技术。

RTM 工艺过程包括模具、材料、设备和工艺参数的确定等几个方面。

1）模具设计和制造

根据具体实施工艺的不同，选择合适的模具材料。对于大型飞机零部件，像翼盒、尾翼，甚至机翼等，大都采用真空树脂导入工艺，使用单片模具和真空袋膜；对于形状复杂的零部件，采用闭模注射模具。根据不同构件的成形温度和成形压力，模具材料可以选用钢、铝、复合材料等，以达到模具成本和性能最优。表 4-9 所列为复合材料成形模具常用的材料。

表 4-9　复合材料成形模具常用的材料

模具材料	优　点	缺　点
普通钢	材料成本低；加工成本低；耐久性好	热膨胀系数大；密度大、质量大
殷钢	热膨胀系数较小；耐久性好	材料成本高；加工成本较高；密度大、重量大
复合材料	热膨胀系数较小；密度小、重量轻	材料成本高；加工成本较高；高温下使用，耐久性较差

RTM 组合模由上、下两个半模构成：

① 下半模通常包括基座和固定其上的阳模（凸模），阳模由铝或钢机械加工而成；

② 上半模是由同样材料机械加工而成的阴模（形腔）。

确保上、下两个半模精确对准的基本要求，通过两个导销来实现。止动挡块用来保持阴模与阳模之间的设计间隙，以保证复合材料层合板的厚度符合要求。组合模具通常采用金属（大多数是钢）制造，也称为组合金属模具。标准 RTM 的上、下（阴阳）模都由金属框架加强，周边由金属紧固件锁紧。树脂通过注射机由注射口导入，向周边排气口流动。

组合模的加热系统可以考虑以下几种方式：

① 通过模具的上、下压盘传导加热；

② 从附近的热源将热传递给模具进行加热；

③ 通过内置模具加热系统（成本高昂）进行加热。

图 4-52 所示为 RTM 模具。

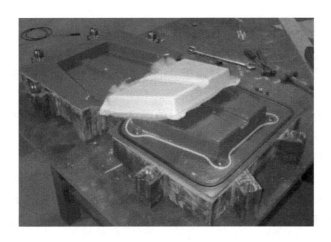

图 4-52　RTM 模具

2）纤维预成形和铺层

纤维预成形体可以通过编织、针织、机织、缝合等多种方式获得。二维、三维及多维的纤维预成形,使 RTM 工艺中的纤维铺层操作更加简化和高效,有利于纤维含量的提高。使用机械设备制造预成形体大大提高了生产效率,确保了构件的质量及其均一性。

3）树　脂

飞机复合材料整体构件所用树脂一般为环氧树脂、双马树脂和聚酰亚胺树脂,RTM 工艺所用树脂应满足以下条件:

① 具有较低的注射黏度;

② 有较长的注射窗口;

③ 固化工艺简单;

④ 固化收缩率低;

⑤ 固化时没有或仅有少量小分子释放。

4）RTM 工艺过程的模拟

使用软件模拟 RTM 成形过程,可以在制造实物之前对构件进行设计和测试。这种方法不但可以优化构件性能,而且有效降低试验成本。软件模拟可以对成形温度、树脂流动速率、注射压力等成形参数进行优化,优选注射口和排气口,还可以模拟在模腔内埋入传感器,对成形过程进行检测和控制。

5）注射工艺的确定和 RTM 设备的选用

RTM 设备的选用和工艺参数的确定是 RTM 构件生产中必不可少的一部分。工艺参数的确定是保证构件质量的基础,设备的使用是落实工艺参数并使其在每件构件中保持一致的保证。航空构件对质量及其一致性要求很高,只有通过高性能设备才能保证。

高性能 RTM 设备是根据构件所用材料和工艺来选择的。RTM 设备按使用树脂类形可分为单组分设备(见图 4-53)和双组分设备;按成形温度可分为中温、高温 RTM 设备和特殊 RTM 设备;按应用可分为树脂注射 RTM 设备和树脂导入 RTM 设备。RTM 设备性能参数主要包括温度、压力、流量和比例范围等。

6）RTM 工艺的影响因素

a. 设备因素：

① 当模具合模时，须确保压缩预成形体时模具不变形。

② 当树脂注射充模时，模具不能变形。

③ 对于真空辅助成形，模具的密封性至关重要。若密封性不足，容易吸入大量空气，从而产生孔隙缺陷。

④ 模具的夹持力必须满足合模、树脂注射的要求。例如，当树脂的注射压力为 60 psi（即 413.7 kPa）时，对 20 ft²（约 1.858 m²）的模具产生 80 吨位的力。

⑤ 模具具备加热装置，或者可以放入烘箱、压机中加热。

⑥ 具备注射、排气系统，具体的注射口、排气口位置和数量可依据经验和数值模拟确定。如图 4-54 所示，注射口必须垂直于模具，注射时务必使树脂垂直注入形腔中。如果不垂直注射，则会使树脂碰到形腔内的流动规律，又会造成形腔内聚集大量气泡，导致注射失败。

图 4-53　单组分 RTM 设备

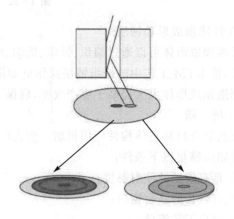

图 4-54　注射口位置的选择

b. 主要工艺参数：

① 注胶压力：压力的高低决定模具的材料要求和结构设计，高压力需要高强度、高刚度和大的合模力。通常采用降低树脂黏度、适当的模具注胶口和排气口设计、适当的纤维排布设计、降低注胶速度等方法降低压力。图 4-55 所示为注胶压力对充模时间的影响。

② 注胶速度：取决于树脂对纤维的浸润性和树脂的表面张力及黏度，受树脂活性、压力设备的能力、模具刚度、构件尺寸和纤维含量制约。高的注胶速度，可以提高生产效率，且利于气泡排除，但速度的提高会伴随压力的升高。

③ 注胶温度：取决于树脂体系的活性期和最小黏度温度。为了在最小的压力下使纤维获得充足的浸润，注胶温度应尽量接近最小树脂黏度温度。

（2）VARTM 工艺

VARTM 工艺是在 RTM 的基础上开发得到的。为了改善 RTM 注射时模具腔内树脂的流动性、浸润性，更好地排尽气泡，出现了在腔内抽真空，再用注射机注入树脂，或者仅靠形腔真空造成的内外压力差注入树脂的工艺。这两种方法统称为 VARTM。VARTM 基本原理和 RTM 工艺是一致的，适用范围也类似。图 4-56 所示为 VARTM 工艺原理图。

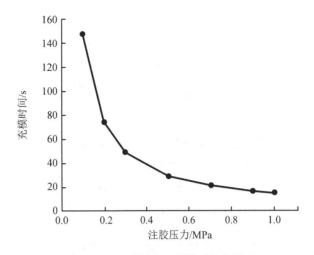

图 4 - 55　注胶压力对充模时间的影响

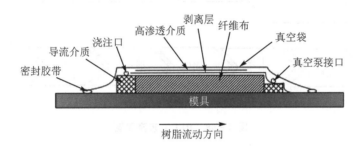

图 4 - 56　VARTM 工艺原理图

VARTM 是一种吸出空气的闭模工艺,与常规的 RTM 工艺相比有以下特点:

① VARTM 采用单面模具,树脂注射与固化过程只采用真空压力,模具轻,费用低,成本可以降低 50%～70%。

② 真空的使用也可以提高玻璃纤维对树脂的比率,使构件纤维含量更高。

③ 真空有利于树脂对纤维的浸润,使纤维浸润更充分。

④ 真空还起到排除纤维束内空气的作用,使纤维的浸润更充分,从而减少了微观空隙的形成,得到空隙率更低的构件。

⑤ VARTM 工艺生产的构件机械性能更好。

使用 VARTM 工艺生产的单件构件的最大表面积可达 186 m^2,厚度 150 mm,纤维最大含量可达 75%～80%。

(3) RFI 工艺

RFI 工艺是在 RTM 的基础上发展起来的树脂膜渗透成形工艺,它是一种树脂膜融渗和纤维预制体相结合的一种树脂浸润技术。如图 4 - 57 所示,RFI 工艺成形过程是,先将树脂制备成树脂膜或稠状树脂块,安放于模具的底部,其上层覆以缝合或三维编织等方法制成的纤维预制体;然后依据真空成形工艺的要点将模腔封装,在热环境下采用真空技术将树脂由下向上抽吸,树脂膜受热后黏度降低,沿着预制体由下向上爬升,从而填满整个预制体空间;随后进行固化,制成复合材料构件。RFI 工艺将复杂的三维树脂流动转化为一维(厚度)方向流动,树脂在成形过程中流动距离短,因而树脂可以具备较高黏度,也可以缩短成形时间。图 4 - 58 所示为 RFI 工艺流程图。

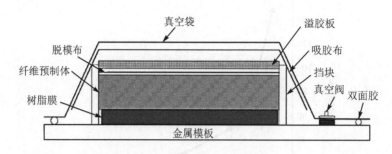

图 4 – 57　RFI 工艺原理

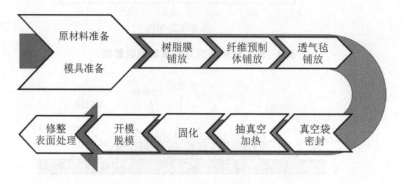

图 4 – 58　RFI 工艺流程图

RFI 工艺加热时树脂流动是厚度方向的流动，大大缩短了流程，使纤维更容易被树脂浸润。RFI 工艺具有以下优点：

① 树脂基体便于存贮和运输，操作简便；加工周期短，废品率低，可经济快速地成形尺寸大、精度要求较高的构件。

② 成形压力低，一般为一个大气压。

③ 模具制造选择的机动性强，不需要庞大的成形设备就可以制造大型构件，设备和模具的投资低。

④ RFI 工艺采用与构件形状相近的增强材料预成形技术，预成形体无需固定在模具上，增强材料可以是短切纤维、连续纤维、纤维布、三维针织物及三维编织物，增强材料选择具有高度的灵活性和组合性，并可根据构件性能要求进行单向增强、局部增强以及采用预埋和夹芯结构，能够实现"材料的优化设计"。

⑤ 树脂膜反应体系的选择比 RTM 工艺广泛，可选用高相对分子质量的树脂。

⑥ 树脂分布均匀、浸润路线短，成形的复合材料孔隙率低（0～2%），纤维含量高（接近 60%），构件整体性能优异。

⑦ 由于 RFI 工艺不采用预浸料，树脂体系挥发物质少，对操作者的身体健康和环境影响小。

RFI 工艺不足之处表现在：

① 对树脂体系要求严格，不太适合于成形形状复杂的小形构件；

② 构件表面精度受内模影响，达不到所需要的精度要求；

③ RFI 工艺中，树脂的用量不能精确计量，需要吸胶布等耗材除去多余树脂，因而固体废

物较 RTM 工艺多。

RFI 工艺设备主要为真空泵和模具。真空辅助成形技术的应用增加了树脂传递动力,排除模具及增强体材料中的气泡,为树脂在模腔中的流动及浸润增强材料打通了通道,形成完整的通路。

RFI 用模具有外模具和内模具,一般只需单面精度加工,这样其加工设计费用大大降低。RFI 工艺成形用真空袋负压工艺,压力在 0.1 MPa 左右,压力较低,因而可以选择相对廉价的钢材或玻璃钢。目前,RFI 用模具主要是金属平板模具,而金属平板模具的加工性限制了其发展,若采用 RFI 工艺成形大尺寸复合材料构件,这就要求制造出与成形工艺相适应的大型模具。由于构件尺寸大、结构复杂,若采用金属铸造模具,则加工难度大、成本高,目前主要采用手工铺贴工艺制造 RFI 模具。

（4）SCRIMP 工艺

SCRIMP 工艺的基本原理是,在真空状态下排除纤维预成形体中的气体,通过树脂的流动、渗透,实现对纤维的浸润。在模具形面上铺放预成形体和各种辅助材料,用真空袋将型腔边缘密封严密,在型腔内抽真空,再通过精心设计的树脂分配系统在真空作用下将树脂注入模腔内,最后固化成形。

SCRIMP 成形工艺在理论上具有显著的优越性,但该工艺对模具、原材料和成形工艺技术有较高的要求。根据树脂的分配系统,可将 SCRIMP 工艺分为两种:

① 高渗透介质型:该设计相对灵活且简单,但剥离层、高渗透介质等不能重复利用,不仅产生了固体废料且增加了成本,充模速度也相对慢,如图 4 - 59(a)所示。

② 沟槽引流型:不需要高渗透介质和剥离材料,沟槽渗率远远高于渗透介质,充模速度得到大幅提高,如图 4 - 59(b)所示。

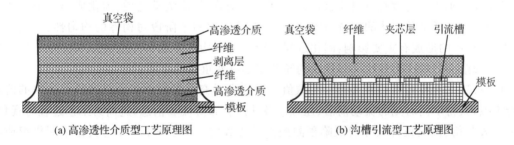

(a) 高渗透性介质型工艺原理图　　　　　　(b) 沟槽引流型工艺原理图

图 4 - 59　SCRIMP 工艺原理

SCRIMP 成形工艺仅需要单面模具,即可生产重量轻的大型结构件。模具表面涂上脱模剂,再喷涂胶衣即可改善构件的表面精度。密封真空袋一般选用尼龙、硅树脂或聚合物薄膜等。密封时,可将真空袋直接与模具边缘密封,或将整个模具密封到真空袋内。在抽真空时,要检查真空袋与模具的气密性,确保无泄漏。

与传统的 RTM 工艺相比,它只需一半模具和一个弹性真空袋,这样可以节省一半的模具成本,成形设备简单。由于真空袋的作用,在纤维周围形成真空,可提高树脂的浸湿速度和浸透程度。它只需在大气压下浸润、固化,真空压力与大气压之差为树脂注入提供推动力,从而缩短成形时间。浸润主要通过厚度方向的流动来实现,所以可以浸润厚而复杂的层合结构,甚至含有芯子、嵌件、加筋件和紧固件的结构也可一次成形。此外,SCRIMP 工艺还具有以下优点:

① 构件机械性能高。在不增加成本的情况下，与手工铺叠构件相比，SCRIMP 成形构件的强度、刚度或硬度及其他物理特性可提高 1.5% 以上。

② 重复好。采用 SCRIMP 制作的构件，无论是同一构件还是构件与构件间，都存在高度的一致性。构件有相对恒定的树脂比，空隙率低，不超过 1%，更容易检测构件缺陷。

③ 环保。这是 SCRIMP 工艺最突出的优点。开模成形时，苯乙烯的挥发量高达 35%～45%；SCRIMP 工艺几乎是闭模成形过程，挥发性有机物和有毒空气污染物均被局限于真空袋中，仅在真空泵排气（可过滤）和打开树脂桶时有微量的挥发物。

④ 成本低、效率低、纤维含量高，树脂浪费率低于 5%，比开模工艺可节约劳动力 50% 以上。

虽然 SCRIMP 有以上优点，但脱模后构件表面不光滑，需要对表面做粉光的处理，耗时耗力。SCRIMP 工艺虽然可增加构件的纤维体积分数，但树脂含量减少会导致层压板的厚度变薄，在压缩、弯曲强度、疲劳特性及抗击强度等方面可能带来负面影响。

4.3.3 树脂传递模塑成形工艺仿真模拟

RTM 成形工艺具有良好的可设计性，适合于成形结构复杂的构件。但是，采用 TM 技术成形的技术难度大，工艺过程中影响构件质量的因素十分复杂。高效生产质量稳定的复合材料构件，其关键在于选择合适的工艺参数和制定合理的工艺方案。采用传统的凭经验进行试制的试错法，不仅耗时耗力，而且难以保证构件质量。以数值模拟技术实现工艺的虚拟设计，快速、准确、低成本地优化设计复合材料 RTM 工艺，可以为工艺方案设计提供依据，达到提高生产效率、降低成本的目的。

RTM 成形工艺过程包括纤维预制体的制备与安放、树脂流动充模、固化成形三个主要阶段。一般认为，纤维预制体的制备与安放、流动充模过程两个阶段对构件的均匀性、工艺缺陷（气泡或干斑）的形成有重要影响；固化过程可能会引起构件固化不完全或带来固化不均等缺陷，并对残余应力的产生和构件固化后的翘曲变形有着重要的影响。

RTM 工艺充模过程仿真是指采用数值求解技术对充模过程中树脂在预成形体内的流动进行模拟，获得不同时刻的流动前沿、压强以及速度分布等流场信息，进而为工艺过程可视化、工艺参数分析、模具设计及充模缺陷预测提供必要数据。由于 RTM 工艺大量采用机织或编织织物作为预成形体，这种预成形体具有典型的双尺度结构（即包含微观、细观双尺度孔隙）。树脂在上述双尺度预成形体内流动时，会发生明显的非饱和流动现象，即由于细观孔隙和微观孔隙尺度的差距，树脂在纱线外和纱线内流动的阻力差距很大，充模过程中树脂会快速地填充纱线外部的细观孔隙，而后再缓慢地渗入纱线内的微观孔隙。因此，在树脂宏观流动前沿后方存在着不饱和区域，在该区域中纱线没有被完全浸润。为确定树脂注射口及出胶口位置，确定合适的注射压力、流量及树脂黏度等工艺参数，以使纤维增强体充分浸润，充模过程的数值模拟可分为等温和非等温过程模拟两种。等温过程模拟主要是忽略注模过程中发生的化学反应，模拟压力场和树脂流场分布。非等温过程模拟需要求解树脂流场、压力场、固化度场和温度场。

RTM 工艺固化过程的数值模拟主要是计算树脂在特定温度下固化程度随时间的变化，预测固化完成时间，得到构件不同部位温度场和固化度场的时间历程，主要目的是确定合适的固化工艺，尽量避免形成较大的温度和固化梯度，为研究残余应力的产生和构件固化后的变形提供重要信息。图 4-60 所示为飞机复合材料扰流板 RTM 工艺树脂流动仿真模拟。

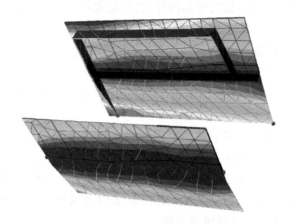

图 4-60　飞机复合材料扰流板 RTM 工艺树脂流动仿真模拟

4.3.4　液态模塑成形工艺在飞机典型结构中的应用

1. RTM 工艺的应用

在现代飞机制造技术应用中 RTM 成形工艺的典型构件有很多,如 A380 飞机上舱门连接件、副翼梁、中央翼盒的 5 个工字梁、襟翼导轨面板、悬挂接头及机身框等。Airbus France (Nantes)采用 RTM6 树脂和碳布制造出 A380 副翼梁。A320 飞机的发动机吊架、尾部整流罩、机头雷达罩和 B787 起落架撑杆等也采用 RTM 成形工艺技术制造。F-22 飞机复杂形面正弦波形梁采用 Cycom5250-4 树脂 RTM 成形,比用预浸料铺贴制备的方法节省成本 20%,将高尺寸容差和不需要进行再加工也算在内,制造成本节省可达到 50%。另外,美国 Dow-UT 公司已成功开发了 F-22 飞机和 F117-A 飞机的主承力梁和框件 RTM 成形工艺技术。图 4-61 所示为采用 RTM 工艺成形的飞机复合材料构件。

(a) 正弦波纹梁　　　　　　　　　　(b) 整体垂尾

图 4-61　采用 RTM 工艺成形的飞机复合材料构件

RTM 工艺在我国起步较晚,技术基础比较薄弱,技术研究还不成熟,构件质量不够稳定,仅有少量的 RTM 成形构件在飞机上应用。但随着国际合作的加强,国内在这方面也取得了一定的进展,例如,针对飞机研制需求已经开展了 RTM 成形工艺方面的研究工作,进行了某型机机翼缝翼试验件、飞机螺旋桨 RTM 工艺成形制造、编织/RTM 盒式梁、波纹梁的研制,以及机身中段舷窗窗框的 RTM 成形工艺技术研究等,积累了很多 RTM 成形研制经验。随着技术的不断发展,RTM 工艺的应用范围也将越来越广泛。

2. VARTM 工艺的应用

美国先进战斗机 F-22 上,机翼中部构件、机翼尾部梁和肋、机身前部隔离框架和机身中部帽形加强肋及直径 1.1 m、质量 27 kg 的飞机引擎进气口壳都是 VARTM 构件。B787 机翼后缘采用 VARTM 工艺制造,787 机身的大部分地板,飞机的副翼、襟翼、扰流板以及后机身球面压力框等均采用 VARTM 工艺制造。A400M 机身舱门通过真空辅助注射树脂将整体桁架预成形体定位于外蒙皮预成形体上,实现了一次成形。图 4-62 所示为采用 VARTM 工艺整体成形的复合材料舱门。

为减轻机翼结构的重量,日本宇航研究所开发了低成本的复合材料机翼制造技术,采用 VARTM 工艺制造出展长 2.1 m、弦长 1.4 m 的机翼试验件;在此基础上,又研制了展长达 6 m 的复合材料机翼盒段,其中蒙皮、长桁和梁通过模具设计一次整体成形。相比较常规复合材结构制造技术可降低成本 20%,相比较铝合金结构可减重 20%。图 4-63 所示为采用 VARTM 工艺整体成形的复合材料机翼盒段。

图 4-62 采用 VARTM 工艺
整体成形的复合材料舱门

图 4-63 采用 VARTM 工艺
整体成形的复合材料机翼盒段

3. RFI 工艺的应用

采用 RFI 工艺,波音公司成功制造出大型碳纤维/环氧树脂复合材料机翼、嵌板、支架、龙骨、垂尾等结构件。空客 A380 飞机的后机身球面压力框是关闭机舱后端的"墙",要承受飞行增压时整个内舱的力,其高为 6.9 m,宽为 6.6 m,深为 1.5 m。欧洲宇航局和空客公司采用开发的缝合/RFI 工艺,先将干态碳纤维织物制备成所需形状(即预成形体),然后浸润树脂并固化,整体成形出该球面压力框。图 4-64 所示为空客 A380 复合材料整体成形的后机身球面压力框。

NASA 与波音公司联合开展的项目中以 MD-90-40X 飞机铝合金机翼为基本对比构形,使用"缝合+RFI"工艺制造了 12.8 m 长的机翼半展长盒段(见图 4-64),盒段由上下壁板、前后梁及 18 个肋构成。单侧壁板与梁凸缘、长桁、加强肋使用"缝合+RFI"工艺整体成形。该盒段实现了重量降低 29.6%,成本降低 19.6%。

4. NCF/MVI 工艺的应用

NCF/MVI(Modified Vacuum Infusion)成形工艺(见图 4-66)是一种可以实现非热压罐固化成形的新工艺方法。NCF 织物可以按铺层方向要求如 ±45°、0/ ±45° 等编织纤维。目前,经编织层数可达 7 层。NCF/MVI 构件纤维体积含量可达 60%、孔隙率小于 1%、表面粗糙度可直接观测。如图 4-67 所示,空客 A380 外翼采用了 NCF/MVI 工艺方法制造。

图 4 - 64　空客 A380 复合材料
整体成形的后机身球面压力框

图 4 - 65　采用"缝合＋RFI"
工艺整体成形的机翼壁板

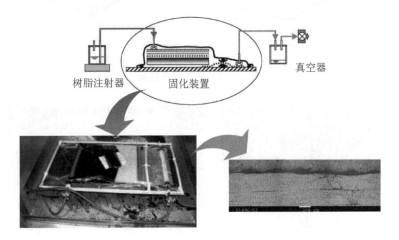

树脂注射器　　固化装置　　真空器

图 4 - 66　NCF/MVI 成形工艺

图 4 - 67　采用 NCF/MVI 工艺成形的空客 A380 机翼壁板与大梁

4.4　蜂窝夹层结构成形工艺

蜂窝夹层结构具有重量轻、弯曲刚度与强度大、抗失稳能力强、耐疲劳、吸音、隔音、隔热性能好等优点,长期以来备受航空领域的关注,广泛应用于飞机机身、机翼壁板结构。蜂窝夹层结构成形工艺主要包括热压罐固化成形、真空袋压成形、液体成形及模压成形等。

4.4.1 蜂窝夹层结构特点

1. 仿生学原理

受自然蜂巢的启迪，人们长期研究和分析了自然蜂窝结构的特点：采用最少的蜂蜡，占用最大的空间面积，而且结构稳定性最佳，创造性地发明了各种蜂窝结构材料及其构件。如图 4-68 所示，蜂窝夹层结构通常是由比较薄的面板和比较厚的蜂窝芯胶接而成。图 4-69 所示为蜂窝夹层结构。

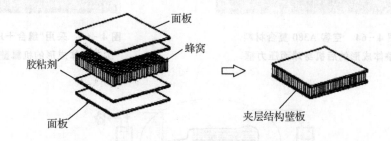

图 4-68　蜂窝夹层结构

图 4-69　铝蜂窝夹层结构

2. 结构特点

① 重量轻，用材少，成本低，具有最大的强度重量比；

② 强度高，表面平整，不易变形；

③ 抗冲击，缓冲性好，具有较好的韧性和回弹性；

④ 隔音、吸热，蜂窝夹层结构内部为封闭小室，具有很好的隔音、隔热和保温性能。

夹层结构的性能如表 4-10 所列。

表 4-10　夹层结构的性能

项　目	普通层板结构	夹心结构	厚夹层板
结构图	t	$2t$	$4t$
相对刚度	100	700	3 700
相对强度	100	350	925
相对重量	100	103	106

3. 材料形式

（1）蜂窝芯子

蜂窝种类包括 Nomex 蜂窝、铝蜂窝及玻璃布蜂窝等，其功能是将上、下面板隔开，以承受由一个面板传递到另一个面板的载荷和横向剪力。根据孔格形状可分为正六边形、过拉伸、单曲柔性、双曲柔性、增强正六边形和管状等，如图 4-70 所示。在这些蜂窝夹芯材料中，以增强正六边形强度最高，正六边形蜂窝次之。由于正六边形蜂窝制造简单、用料省、强度较高，故应用最广。应用上，NOMEX 蜂窝与铝蜂窝相比，局部失稳的问题要少很多，而且 NOMEX 材料不导电，不存在电化腐蚀问题，还能够满足 FST（烟雾毒性）等要求。不同规格的蜂窝具有不同的密度和力学性能，密度小于 48 kg/m³ 的蜂窝属于低密度蜂窝，这类蜂窝在民用飞机、直升机、无人机等亚声速飞机上有着广泛的应用。

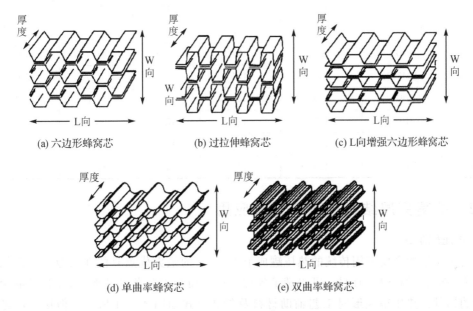

(a) 六边形蜂窝芯　　　(b) 过拉伸蜂窝芯　　　(c) L向增强六边形蜂窝芯

(d) 单曲率蜂窝芯　　　(e) 双曲率蜂窝芯

图 4-70　蜂窝芯子的种类

（2）面板材料

面板种类包括铝合金、玻璃钢及碳纤维复合材料等，目前航空结构上采用的大多为碳纤维单向带或织物增强复合材料。面板主要功能是提供要求的轴向弯曲和面内剪切刚度。面板材料的选择需要考虑重量、承载、腐蚀、表面质量及成本。因此，需针对结构形式和工艺需要进行具体选择。

（3）结构胶粘剂

结构胶粘剂主要功能是将剪力传递至蜂窝芯子和由蜂窝芯子传递给面板。根据基体类型可以分为环氧类、双马来酰亚胺类及氰酸酯类胶粘剂等。其中环氧类具有高的强度和韧性及工艺性，可耐温到 200 ℃，故被广泛应用于航空结构中。双马来酰亚胺类可以在更高的温度下（230 ℃）保持较好的性能，主要用于超声速飞机的胶接。氰酸酯具有好的介电性能和低的热膨胀系数，主要用于功能结构的胶接。

胶粘剂的选择除考虑强度和使用温度外，还需考虑质量、工艺性及储存期等，一般用于蜂窝胶接每平方米 150～400 g 的胶膜质量。其工艺性除了与共固化预浸料的化学特性、固化工艺兼容以外，还要与蜂窝拼接胶、发泡胶及表面处理剂兼容。成形过程中胶粘剂应具有足够的流动性,能够在面板与蜂窝孔壁之间形成胶瘤,但也不能从面板完全流进蜂窝孔格内,胶粘剂储存期在-18 ℃下一般不低于6个月。

目前,主要的航空用蜂窝夹层结构胶粘剂有 Hexcel 的 Redux 系列、3M 的 Scotch-Weld 系列、Cytec 的 FM 系列和 Henkel 的 Hysol 系列等,如表4-11所列。国内黑龙江石化院的 J-47C、J-95、J-116A 及中航复材的 SY-14C 和 SY-24C 等均已在航空构件上使用。

表4-11 几种典型蜂窝夹层结构胶粘剂及其性能

公 司	构件牌号	最高使用温度/℃	典型固化工艺/(℃·h^{-1})	剪切强度/MPa	浮辊剥离/(kN·m^{-1})	平拉强度/MPa
Hexcel	Redux312	100	120	41.4	9.6	7
	Redux319	150	177	45	7.2	9
	Redux322	177	177	22	—	7
Cytec	FM73	80	120	44.9	11.4	8.9
	FM300	150	177	35.5	5.1	7.6
	AF163-2	120	120	39.3	13.6	9.7
3M	AF191	177	177	37.2	7	9.7
	AF147	150	177	34.5	4.4	9
Henkel	EA9696	120	120	43.4	14.2	8.3

4.4.2　蜂窝夹层结构成形工艺及应用

1. 热压罐工艺

蜂窝夹层结构主要采用传统的热压罐成形工艺,它的最大优点是能在大范围内提供好的外加压力、真空及温度精确调控,可以满足各种材料对加工工艺条件的要求,而且能够制造形状复杂的构件。热压罐成形时工艺辅助材料及封装方式如图4-71所示。但该方法经济性差,设备一次性投入及维护成本较高,目前主要用于生产高性能复合材料。

2. 真空袋工艺

真空袋工艺的特点是设备简单,投资少,易于操作。但传统预浸料/真空袋工艺能达到的质量标准不太高,一般用于承力较小的结构。这是因为与热压罐工艺相比,虽然铺叠和封装技术基本相同,但其成形压力小,较低的压力可能导致空气从蜂窝孔格内流入面板,造成高孔隙率。因此,空气必须在树脂软化之前从蜂窝孔格中排出。如果在加热前,蜂窝孔格内的压力降低到0.05 MPa 或更低,空气就不会流入面板,即空气在固化过程中仍然留在芯材内。制造上可以通过采用低面密度的玻璃纤维织物作为导气介质排出蜂窝孔格内的空气,但固化后织物会留在夹层结构中增加重量。事实上,目前许多带载体的胶膜也可以起到导气作用。另外,新的非热压罐固化预浸料通过控制干纤维的浸润程度来提供足够的排气通道,通过树脂流变性能的优化达到"可控流动性"、实现固化过程中气体的排出,降低面板的孔隙率,得到高质量的夹层结构构件。

3. 模压工艺

模压工艺兼有热压罐工艺和真空袋工艺的优点,具有成形压力大、成形效率高及经济性好等特点,能够准确保证夹层结构的厚度和尺寸,构件同时具有两个光洁表面。通常用于批生产,采用模压工艺的构件有飞行控制部件及直升机旋翼等。其主要缺点是模具成本相对较高,特别是结构较大的复杂构件,图 4 - 72 为模压工艺制造蜂窝夹层结构示意图。

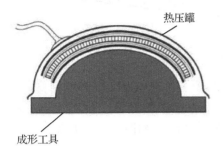
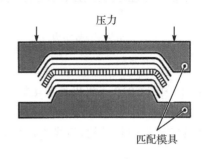

图 4 - 71　热压罐成形典型密封方式　　**图 4 - 72　模压工艺制造蜂窝夹层结构示意图**

4. 液体成形工艺

除上述传统工艺外,Euro-Composites 公司开发了蜂窝液体成形工艺(EC - HLM),首次采用 RI(Resin Infusion)工艺成形蜂窝夹层结构。其主要特点就是在蜂窝与面板预成形体之间放置一层阻挡层,防止低黏度的注射树脂流入蜂窝孔格。成形过程中,先将阻挡层与蜂窝芯预固化黏合在一起,再进行树脂灌注,如图 4 - 73 所示。与采用传统的预浸料/热压罐技术制造的部件相比,此工艺降低了材料成本(干织物和纯树脂代替预浸料),减轻了 10％～15％ 的重量(胶膜减少),降低了工艺成本(不采用热压罐工艺),缩短时间 30％,并且提高了水密性,降低了面板的孔隙率(蜂窝孔格密封)。该技术已经在 A380 上得到应用。

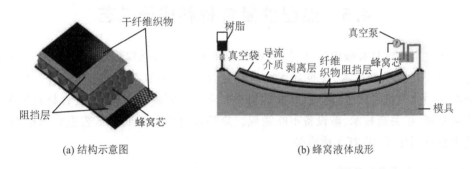

(a) 结构示意图　　　　　　　　　　(b) 蜂窝液体成形

图 4 - 73　蜂窝液体成形工艺

5. 蜂窝夹层结构在飞机上的应用

(1) 结构应用形式

目前,航空用蜂窝夹层结构主要有两类,如图 4 - 74 所示。第一类为蜂窝夹层壁板结构,主要用于机身和机翼结构。其特点是上、下面板较薄,一般不超过 1 mm,整个蜂窝夹层板厚度一般不超过 30 mm,结构内部有梁/墙作为支撑,与机体的连接主要通过金属预埋件或梁/墙上的接头。第二类为全高度夹层结构,主要用于方向舵、升降副翼和襟翼等。其特点是梁、肋等构件固化后通过铆钉连接在一起,梁、肋构件与蜂窝芯材之间一般采用发泡胶填充,整个构件与机体的连接主要依靠复合材料或金属梁上的接头。

(2) 结构应用部位

蜂窝夹芯结构复合材料作为一种"结构材料",如今已经广泛应用于飞机上主承力结构及一些零部件结构。A380 作为全球最大的客机,其整流罩、尾翼部分、缝翼、翼端等采用了蜂窝

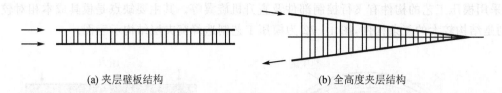

(a) 夹层壁板结构　　　　　　　　　　　　(b) 全高度夹层结构

图 4-74　典型蜂窝夹层结构

夹芯结构；国产 C919 飞机机翼及尾翼也大量采用蜂窝夹芯结构。B767 外侧副翼，是全高度蜂窝夹层结构，最大尺寸达 15 cm，这种结构使外副翼刚度好、重量轻。A320 复合材料襟翼，其前缘为蜂窝夹层壁板结构，后缘为蜂窝夹层全高度结构形式，如图 4-75 所示。

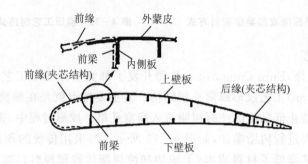

图 4-75　采用复合材料蜂窝夹层结构的机翼前缘和襟翼

4.5　热塑性复合材料成形工艺

热塑性复合材料具有吸湿性低、加工效率高、可以进行熔融焊接、成形过程可逆，可回收等突出特点，是高性能、低成本、绿色环保的新型复合材料，在航空航天领域具有广阔的应用前景。随着新一代飞机对绿色、高效、低成本制造要求的不断提高，热塑性复合材料成形工艺获得更快速发展，相关新技术、新设备不断涌现。热塑性复合材料成形工艺主要包括热压成形、自动铺放原位固化及 3D 打印成形等。

4.5.1　热压成形工艺

1. 热压成形工艺原理

热压成形是将热塑性复合材料预浸料在模具中铺覆后，经加热加压成形的工艺。热压成形操作简单、质量稳定，是最为普遍应用的热塑性复合材料快速成形工艺，并已经在多种型号的民用机上成熟应用。在热压成形过程中，首先对连续纤维复合材料预浸料进行裁剪铺层，之后放置于烘箱中加热到高于树脂基体熔融/软化温度 20～40 ℃。然后，将已加热的多层预浸料预成形体迅速转移到配有特定模具的速度可控的压机中。当压机闭合时，预浸料变形贴合模具，其中熔融的树脂基体在模具压力作用下流动并填满模腔。之后，在整个冷却固化过程中保持一定压力，当模具的温度冷却到基体的熔融/软化温度以下时，树脂基体迅速冷却固化。图 4-76 所示为热压工艺流程图。

热压成形工艺包括组合模成形（应用最广泛）、冲压成形、模压成形、隔膜成形、水压成形及橡胶模压成形等。热压成形有三个关键因素：

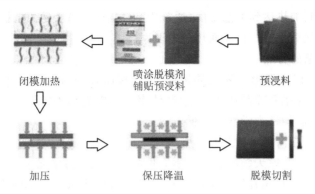

图 4-76 热压工艺流程图

① 支撑框架:用于将铺贴好的预成形体送入热源,并在基体软化期间支撑预成形体,然后将其送入成形模具内;

② 加热源:用于在短时间内将预成形体均匀加热到工艺温度;

③ 热压机:可以迅速闭合并提供足够的压紧力以成形构件。

图 4-77 所示为组合模成形。

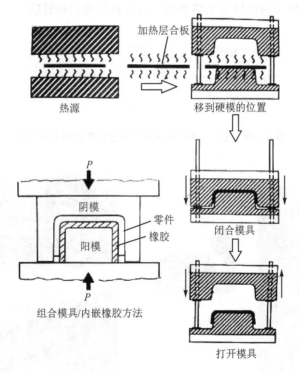

图 4-77 组合模成形

当使用组合模时,加热速率比在热压罐中快,因而缩短了工艺所需要的时间,压力去除后,构件在烘箱中进行后固化。在组合模具中,不需要使用真空袋去除构件内的气体和挥发物。上半硬模直到温度达到要求范围时才合模,在这之前,气体和挥发物可以自由流动。模具闭合后,大量残留气体和挥发物随树脂被挤出,这些挤出的树脂在构件制造完毕后被切割掉。组合模成形工艺简单,生产效率高。然而,这种迅速转化所需要的时间受到两个因素的限制:

① 对热塑性树脂加热达到工艺温度(通常为基体的熔点或更高)的速率;

② 成形工艺完成后除去材料上面热量的速率。

2. 热压成形工艺的特点

热压成形工艺可以成形形状复杂的构件,尺寸控制好(所有表面),要求机械加工的量最少,工艺控制好,加热速率和冷却速率快,生产效率高。然而热压成形工艺制造的构件受压机尺寸限制,模具成本高,构件力学性能较低。

3. 热压成形工艺在飞机结构上的应用

热压成形一直是航空航天领域生产主承力件的重要工艺方法之一。典型应用结构为热塑性复合材料翼肋、机身连接角片等。空客 A340 - 500/600 飞机的机翼前缘结构大量使用了热塑性复合材料,其中固定前缘内部的热塑性复合材料肋均采用热压成形工艺。该种工艺也应用到了后续的 A380 飞机固定前缘结构上。通过将铝合金制造的固定前缘更改为热塑性复合材料结构,实现结构减重 20%,如图 4 - 78 所示。A350XWB 飞机的机身角片(见图 4 - 79)也全部采用热塑性复合材料热压成形工艺进行制造。空客 A350XWB 机身连接角片数量共有 5 000～6 000 个,涉及 400～500 种类型,通过采用碳纤维织物增强的 PPS 热塑性复合材料进行热压制造,充分发挥了热塑性复合材料热压成形周期短,生产效率高,可循环利用等优势,降低了成本。图 4 - 80 所示为民用飞机热塑性复合材料热压成形翼肋。

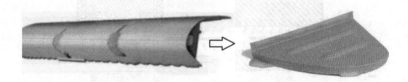

图 4 - 78　空客 A340 机翼前缘热塑性复合材料增强肋

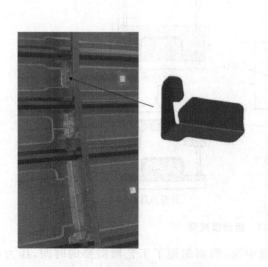

图 4 - 79　空客 A350XWB 飞机
的连接角片

图 4 - 80　民用飞机热塑性复合
材料热压成形翼肋

4.5.2　自动铺放原位固化成形工艺

　　自动铺放原位固化成形是通过数字化的自动铺放手段,并采用"原位固结"技术,实现构件在加工过程中原位成形。与传统"热压罐"技术相比,预浸料铺层没有预成形阶段,直接一次成形,成形周期短,大大提高了复合材料构件的制造效率,并降低了制造成本。

　　热塑性复合材料原位成形工艺原理如图 4-81 所示,热塑性预浸带经过导向系统,到达铺放头,热源将预浸带中的热塑性树脂加热熔融,压力辊对其加压铺放,冷却定形。整个过程通过控制单元实现闭环控制,控制单元能够实现热源热量和角度的调节,并采用热成像仪对铺放温度进行实时反馈。原位成形工艺解决了超大、超厚构件尺寸受热压罐尺寸限制的问题;其次,原位成形法是一种在线成形方式,无后处理过程,缩短了构件流转过程。

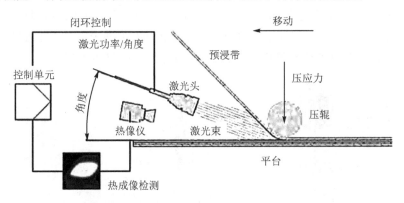

图 4-81　热塑性复合材料原位成形工艺原理

　　自动铺放原位固化成形工艺目前仍存在诸多问题尚待解决:一方面,铺放过程中的快速加热和加压过程导致热塑性复合材料层间接触时间短,同时由于航空用高性能热塑性复合材料熔融黏度大,短时间内热塑性树脂基体难以充分在层间流动缠结,进而无法形成良好的层间黏结,进而造成构件孔隙等缺陷;另一方面,对于半晶晶性的热塑性聚合物,极快的冷却过程会导致基体结晶不完整,从而影响其力学性能。这两方面的原因导致自动铺放原位固化成形复合材料的性能难以达到热压罐等传统工艺的水平,尚不能满足目前的工业化应用需求,还处于发展中。

4.5.3　连续纤维 3D 打印成形工艺

　　将 3D 打印应用于纤维增强复合材料的成形是一种新兴的制造方法。3D 打印成形工艺具有过程简单、成本低、材料利用率高等优点。同时,其可实现复杂结构的一体化成形,无需模具及连接件,为复杂复合材料结构的低成本制造提供了有效的技术途径。

　　根据实现方法不同,纤维增强复合材料 3D 打印成形工艺主要分为熔融沉积成形(Fused Deposition Modeling,FDM)、选区激光烧结(Selective Laser Sintering,SLS)、选区激光熔融(Selectivelaser Melting,SLM)、黏结剂喷射(Binder Jetting,BJ)和薄材叠层(Sheet Lamination,SL)等。其中,材料挤出成形工艺中的熔融沉积成形是采用喷嘴挤出熔融线材的一种工艺方法,又称为熔融线材制造成形工艺。熔融沉积成形工艺是目前应用最为广泛的 3D 打印工艺,其热塑性树脂丝材经送丝机构送至加热区熔融挤出,同时整个打印喷头和成型平台按照预设路径运动,材料层层堆积直至完成整个零件成形。按照打印时连续纤维是实时预浸(纤维干丝)还是预先预浸(树脂包裹纤维),熔融沉积成形工艺主要有两种代表性的打印方法,如图 4-82 所示。

① 以纤维干丝为用料。通过改进喷头结构使纤维干丝在喷头内浸润树脂后共挤出,因纤维干丝无法传递挤出力,因此依靠熔融树脂流动以及已挤出固化的纤维牵引而挤出。其成形原理如图 4-82(a)所示,其以纤维干丝与热塑性树脂丝材为原材料,丝材通过送丝电机送入 3D 打印头中,在打印头内部加热熔融,熔融树脂在丝材推力作用下送入喷嘴内部。与此同时,连续纤维通过纤维导管送入到同一个 3D 打印头内,穿过整个打印头在喷嘴内部被熔融树脂浸润包覆形成复合丝材,浸润后的复合丝材从喷嘴出口处挤出,随后树脂基体迅速冷却固化黏附在工件上层,使得纤维能够不断地从喷嘴中拉出。同时,在计算机的控制下,运动机构根据截面轮廓与填充信息,按照设定路径带动打印头在 XY 平面内运动,复合材料丝不断从喷嘴中挤出堆积,形成单层实体,单层打印完成后,Z 轴工作台下降层厚距离,重复打印过程。

② 以预浸纤维为用料。因预浸纤维具备一定刚度可以传递挤出力,可通过送丝机构将连续纤维材料挤出,同时设置切断机构,可实现纤维排布路径的自由配置。

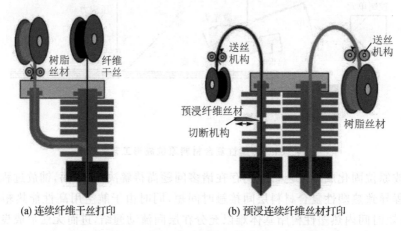

(a) 连续纤维干丝打印   (b) 预浸连续纤维丝材打印

图 4-82　连续纤维增强复合材料熔融沉积 3D 打印成形工艺原理

熔融沉积 3D 打印成形工艺可实现三维连续纤维增强热塑性复合材料构件的制造。具有成本低、打印速度快、材料选择范围广等优点,但其成形的构件尺寸稳定性偏低、层间性能偏弱。可用于该工艺的热塑性树脂包括 PLA、ABS、PEEK 等,连续纤维包括碳纤维、玻璃纤维等。

4.6　碳纤维树脂基复合材料结构加工

碳纤维复合材料构件的制造一般需要经过赋形、成形、加工、装配等制造过程。虽然碳纤维复合材料通过赋形、成形可制成近净成形的构件,然而这些构件往往还需要进行大量的减材加工,获得相应的表面质量和尺寸形状/位置精度,以达到连接装配需求。如 A350XWB 长约 30 m 的机翼装配,需对大面积碳纤维复合材料蒙皮、数十根碳纤维复合材料梁和长桁的边缘进行连续铣削,加工长度超数百米,还需对数万个连接孔进行加工。因此,碳纤维复合材料构件的加工是制造中最繁重耗时的环节之一。

4.6.1　复合材料构件加工工艺及方法

复合材料成形以后,一般还需要进行一些加工和打磨来满足装配和连接的需求。复合材料加工主要包括切边、制孔及打磨,而打磨主要是为了去除边缘毛刺与成形过程中残留在表面的脱模剂。常用的复合材料加工方法分为常规机械加工和特种加工两种,其中机械加工方法包括钻削、铣削、车削等,而特种加工方法包括水射流加工、激光加工、超声振动加工等。

1. 机械加工

(1) 加工原理

复合材料的机械加工过程中主要去除原理为复合材料受到切削刀具的挤压、剪切、弯曲和拉伸后直接发生脆性断裂而形成切屑。复合材料的机械加工是使用机床、刀具等设备对零部件进行加工,并根据加工零部件的尺寸精度和装配工艺等要求选择合适的刀具、加工参数和切削方法,如车削、铣削、钻孔、磨削等。机械加工的工艺流程一般分为六步,分别为机床准备、加工零部件固定(装夹)、刀具安装、工艺参数设置、粗加工和精加工。

(2) 加工缺陷

机械加工具有工艺设备简单(与金属加工设备基本相同)、加工成本低、适用性强等优点,但由于复合材料具有高强度、高硬度、导热性较差、各向异性等特点,使其在机械加工过程中容易出现以下缺陷。

1) 毛　边

毛边缺陷是复合材料机械加工中最普遍和最直观的一种特有表面缺陷形式,如图 4-83 所示。这类缺陷表现为纤维呈毛丝卷曲状堆积在已加工表面,尤以接近层合板表面处最为严重。毛边缺陷不但影响复合材料构件的外观齐整,而且在很大程度上制约复合材料构件的加工精度和装配精度。毛边缺陷几乎是目前国内航空航天企业中芳纶纤维复合材料加工亟待解决的共性问题,在国外也是一个尚未完全解决的难题之一。

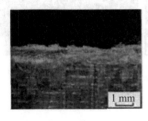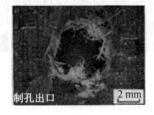

图 4-83　毛边缺陷

2) 撕裂和分层

在机械加工过程中,层合复合材料常出现撕裂和分层缺陷。撕裂和分层缺陷的产生会显著降低复合材料构件的承载能力和疲劳寿命,对结构使用性能的影响非常严重。即使是微小的分层缺陷也可能带来安全隐患;情况严重时,甚至可能导致结构发生断裂破坏。撕裂缺陷(见图 4-84)特指复合材料层合板的表面纤维层与基体之间的开裂现象,最终会导致复合材料结构表面的纤维层部分缺失或表面纤维层发生开裂。

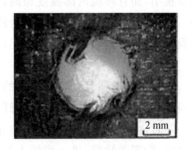

图 4-84　撕裂缺陷

分层缺陷特指复合材料层合板铺层之间的分离破

坏现象,在复合材料的机械加工过程中,是刀具切削作用的综合结果。分层缺陷可能产生于结构表面和内部,实际上撕裂缺陷是分层缺陷位于材料表面的一种特殊表现形式。机械加工过程中分层缺陷主要产生于刀具相对结构的切入和切出处,通常以切出处的分层缺陷最为严重。在复合材料麻花钻制孔过程中,入口及出口处分层缺陷的形成示意如图 4-85 所示。

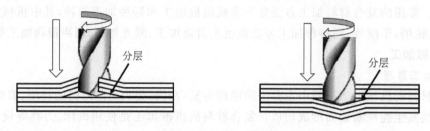

图 4-85 分层缺陷

3) 热损伤

在复合材料的加工过程中,会产生大量的切削热,导致加工区域温度快速升高。当温度上升到一定程度时,可能会引起周围材料出现热损伤缺陷(见图 4-86)。严重情况下,加工表面甚至会出现树脂基体受热炭化现象,导致结构呈现颜色发黑的烧伤;同时,软化或炭化的树脂将会附着在加工刀具的表面,导致刀具加工能力迅速下降。热损伤区域的纤维材料和树脂基体材料实际上已经发生了不可恢复的性能转变,这会大幅降低复合材料构件的力学性能。因此,在机械加工复合材料时,必须极力避免产生热损伤缺陷。

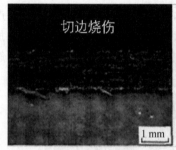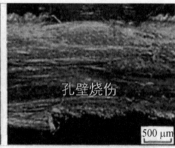

图 4-86 热损伤缺陷

4) 加工刀具磨损

复合材料加工过程是一个碳纤维断裂和树脂基体破坏同时进行的复杂过程。在此过程中,刀具会与复合材料长时间的摩擦,造成刀具刃口钝化;同时,刀具所处的工作环境不仅空间非常狭小,而且环境内部温度很高,产生的切削热集中于刀尖、刀刃,进而影响刀具的寿命。此外,刀具与材料摩擦后会产生大量的粉末,这些粉末又会对刀具产生一定的影响,并且在切削过程中,还会出现碳纤维回弹问题,加重了刀具的磨损。

5) 加工残余应力

在碳纤维增强复合材料构件的机械加工过程中,伴随着大量热量的产生,导致加工端面温度很高,使材料发生热膨胀,由于纤维和树脂两个组分膨胀系数不同,致使结构层间产生热应力。同时,由于复合材料呈现各向异性,层间强度很低,切削时在切削力的作用下构件容易产生分层、撕裂等缺陷,进一步增大加工残余应力。在构件钻孔加工时表现尤为明显,加工质量难以保证,尺寸精度和表面粗糙度都很难合格。

2. 特种加工

碳纤维增强复合材料构件的特种加工方法主要有水射流、激光束加工、超声加工等,特种加工方法解决了传统机械加工方法由于刀具磨损与切削力热引发的加工精度、表面质量与生产环境差等问题,在碳纤维增强复合材料构件加工中得到应用。

(1) 水射流加工

水射流加工是利用具有较大动能的高压水流或参杂微颗粒的高压水流实现对被加工构件切割的加工方法。水射流加工碳纤维复合材料构件的过程如图 4 - 87 所示。这种加工方法可以打破材料硬度对传统机械加工的限制,使切削区温度降低,避免了构件热损伤,特别是其加工能效高,可高效去除较大的余量,提高整体构件加工效率,现已成为碳纤维复合材料加工较为广泛应用的方法之一。

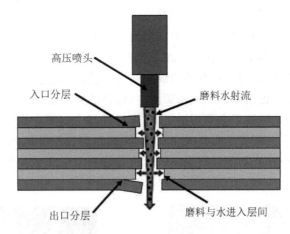

图 4 - 87　水射流加工碳纤维复合材料构件的原理示意图

纯水射流加工是水射流加工的最基本形式,其加工碳纤维复合材料构件的原理是通过高压泵和超高压加压器使水增压至极高压力,并通过细小喷嘴以极快的速度喷射出去,通过高能射流冲击、剪切作用,实现对复合材料构件的加工。因此,碳纤维复合材料构件加工中,提高纯水水射流的压力,能够有效提高水的喷射速度与动能,增强其对复合材料构件的加工能力,提高加工厚度、降低切割的锥度、减小构件表面波纹等。然而增压装置对水的增压作用有限,对于厚度较大的复合材料构件,虽然亦可通过降低进给速度来提高单位时间作用于构件上的动能,但由于高压水与构件的作用时间加长,可能加剧其对复合材料构件侧壁的冲击作用,加剧分层等损伤,同时还会导致能耗增加或加工效率降低。相比之下,在水射流中添加磨料,可大幅增加水射流的冲击动能,并对被加工构件产生额外的机械去除作用,进而大幅提高对碳纤维复合材料构件的去除能力和效率。然而,高能磨料增加了对树脂的冲击作用,可能会嵌入纤维层或产生表面凹坑损伤等问题,影响构件的力学性能。因此,发展低损伤、高效率的磨料水射流加工技术是水射流加工技术发展的主要趋势。

(2) 激光加工

激光加工被认为是应用前景非常广阔的纤维增强复合材料构件加工方法。激光加工是利用聚焦的高能量密度激光照射材料,使其迅速熔化、汽化或化学降解,从而实现材料分离,达到加工目的。激光加工是无应力加工,对构件结构的破坏小,且没有刀具磨损,加工成本低廉。聚焦光斑可达微米级别,加工精度高且加工柔性好。激光加工无需装夹工具,也不需要特殊的加工环境,还可以自动控制连续加工从而提高加工效率,激光束能聚焦成微米级别的极小光斑,因此可进行精密微细的加工;此外,激光能够利用反射镜或光导纤维传输到隔室或其他地点进行远距离加工。超快激光具有极窄的脉冲宽度和极高的峰值强度,可以进一步提高加工质量。

（3）超声振动加工

超声振动加工是利用超声频作小振幅振动的工具,并通过它与工件之间游离于液体中的磨料对被加工表面的捶击作用,使构件表面逐步破碎的特种加工技术。

4.6.2 复合材料构件切削加工

复合材料构件边缘切削加工常被称为轮廓铣或切边,如图4-88所示。通过切削加工,去除成型后的复合材料构件不平整边缘,获得其净形尺寸。由于复合材料切削加工机理不同于金属切削,采用传统金属切削的加工方法表现出极大的难加工性,要获得良好的加工质量,复合材料刀具的选用显得尤为重要。在切削加工过程中,金属材料被认为是一种均匀材料,而复合材料则为各向异性的非均匀材料,纤维的纵向强度和横向强度差异性较大,层合板材料的层内强度和层间强度差异性也很大。在金属切削中,材料的去除是通过塑性变形、流动并以金属切屑的形式被剪切下来。区别于金属切削机理,碳纤维复合材料中由于纤维具有硬而脆的特性,材料的去除是通过一系列脆性断裂来实现的,切屑表现为粉末状;而芳纶纤维复合材料中的芳纶纤维表现为高韧性,在切削过程中则表现为芳纶纤维材料的拉断和基体材料的脆性断裂,切屑表现为絮状。

图4-88 MTorres公司五轴铣削加工中心对复合材料构件进行切边加工

1. 加工参数

切削工艺参数是决定复合材料构件加工的关键因素之一,分析切削工艺参数对切削加工损伤的影响规律、优选工艺参数是提高复合材料构件切削加工质量和效率的重要方法。切削力和切削温度的变化对加工过程有重要影响,切削力可以在工件分层处引起基体的开裂,高速切削和材料本身的低导热性能产生的高温会引起树脂的溶解等。切削力和切削温度的大小也会直接影响刀具的使用寿命,并且影响工件的表面完整性、粗糙度、加工残余应力等。

（1）切削力

在复合材料切削过程中，切削力是一项重要的性能参数，可以通过切削力的变化规律对切削过程进行分析。其大小直接影响切削热的产生、刀具寿命以及工件表面质量。研究表明，切削力是影响复合材料分层的主要因素，适当地控制切削力可以有效降低分层等缺陷。故研究切削过程中切削力的变化规律就显得尤为重要。影响切削力的因素也有很多，如刀具类型、切削参数、切削方法、材料自身属性等。

（2）切削温度

切削热通常是指在切削过程中，刀具和工件之间由于剧烈摩擦，使刀具和工件温度升高，产生的热量。由于复合材料的导热性能差，并且复合材料的加工一般是高速切削，使得切削过程中产生的热量不能及时散发出去，甚至会引起工件的热软化与热降解。刀具温度对刀具的切削性能会产生显著影响，切削热与刀具温度、切削速度等密切相关，切削过程中切削温度的控制，将直接影响刀具的磨损程度和刀具的使用寿命。

（3）转速和进给速度

在碳纤维复合材料构件切削方面，一般来说，采用较高的转速、较低的进给速度都有利于提高表面质量。提高切深可以增加材料去除率，但也会造成切削区温度上升和切削力增加，加工表面的粗糙度随之增大，损伤程度也可能加重。与金属切削相似，降低复合材料构件切削进给速度可以大幅降低轴向力，进而降低构件损伤，而适当提高转速也能够一定程度降低损伤，但相比于转速，进给速度对损伤的影响更为显著。然而碳纤维复合材料切削需采用较高的转速，且由于其自身热导率低、热量易累积，若采用过低的进给速度则会导致构件切削区产热增多，切削区温度升高，加剧切削损伤，同时还会加剧刀具磨损，显著降低刀具寿命。

2．刀具材料

加工复合材料构件的刀具材料须满足以下几个要求：首先，刀具在前刀面和后刀面上会与切屑和已加工表面产生剧烈摩擦，因此刀具前后刀面应该具有良好的抗摩擦磨损性能。其次，工件温度升高可能会导致基体降解，因此刀具必须具有良好的红硬性和热扩散性。再次，由于刀具刃口的快速磨损会引起复合材料典型缺陷（例如纤维拔出、分层等），因此切削刃还需具有较好的耐磨性。目前，工业上应用的刀具材料按硬度从低到高分别为高速钢、硬质合金、立方氮化硼、金刚石。

① 高速钢：含有钨、铬、钼和钒等元素的高合金钢。为提高刀具性能，可通过物理气相沉积（PVD）方式在高速钢刀具表面镀一薄层（$1\sim5~\mu m$）的高硬度材料，常见的薄层材料主要有 TiN、TiCN、TiAN 及 AlCrN。但由于其较低的耐磨性，会使加工过程中碳纤维剪断困难从而导致纤维拔出。即使在添加涂层以后，高速钢刀具也由于其切削刃不够锋利而不被认可，此外，高速钢刀具涂层的变形和剥落可能会改变切削刃的几何形状，从而导致零件产生显著的缺陷。高速钢在复合材料加工中的应用较少，仅用于小批量、加工质量要求不高的情况。

② 硬质合金：硬质合金是一种采用粉末合金工艺制备的材料，由于其组织中 CW、TC 和/或 TC 细颗粒的存在，它具有远胜于高速钢材料的硬度和耐磨性。为进一步提高硬质合金性能，常采用离子镀膜工艺或者化学气相沉积在刀具表面镀上一层硬质材料。目前有很多种涂层材料（如 TiN、TiCN、TiAN、金刚石涂层等）都可以通过涂层工艺很好地与硬质合金刀具基体材料进行结合。

③ 立方氮化硼：立方氮化硼刀具可通过电化学沉积方法沉积在硬质合金基体上，将其板坯烧结钎焊在硬质合金板材上，或者直接烧结在硬质合金基体上等多种方式获得。

④ 金刚石：金刚石作为最坚硬的材料，可通过电解黏合剂将人工合成或天然金刚石晶体沉积在高速钢或硬质合金基体上；也可通过将金刚石颗粒和黏合剂烧结在硬质合金基体上形成多晶金刚石刀具(PCD)。一把金刚石刀具的性能，由金刚石如何分布(颗粒密度)以及基体的黏结情况决定。金刚石颗粒的随机分布或者规律分布将直接导致涂层和基体的黏结强度的强或弱。这种类型的刀具适合玻璃和碳纤维复合材料的修边。

对于复合材料的加工，高速钢无法满足对刀具寿命的要求；金刚石是最硬的刀具材料，具有极高的耐磨性，但由于其脆性和制造难度大，应用受到限制。图 4-89 所示为复合材料立刀具材料及刃型结构。

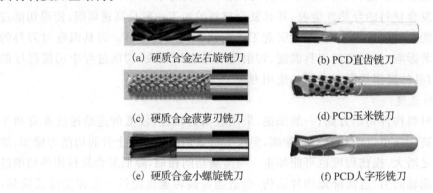

(a) 硬质合金左右旋铣刀　　　　(b) PCD直齿铣刀

(c) 硬质合金菠萝刃铣刀　　　　(d) PCD玉米铣刀

(e) 硬质合金小螺旋铣刀　　　　(f) PCD人字形铣刀

图 4-89　复合材料立刀具材料及刃型结构

3. 刀具结构

有两种刀具适用于碳纤维增强复合材料切削：PCD 刀具和 PVD 涂层或金刚石涂层硬质合金刀具。后者可分成螺旋轮廓铣刀(类似于金属加工中的端铣刀)和多齿刀具。PCD 价格昂贵，虽然它可以使用较高的进给量和切削速度，并提高了刀具的耐用度，但是其刀具价格是硬质合金刀具的 6 倍，而刀具寿命却只有后者的 3 倍，而且，焊接在硬质合金基体上的 PCD 直槽刃的几何结构必须简单，PCD 刀具性价比不高。对于 PCD 刀具，有一种改进技术，叫静脉技术，就是将组合焊接的硬质合金刀杆加工成形，类似于螺旋形端铣刀的成形。此方法使靠近切削刃的焊点减少，提高了刀具耐用度。这种类型的刀具，切削速度可以达到 3 倍于烧结成形刀具(例如，12 mm 直径的刀具可以达到 18 000 r/min)。然而，烧结硬质合金刀具价格便宜，这使其在树脂基复合材料加工中获得了广泛的应用。此外，多类锥体刃刀具和钎焊 PCD 刀具在复合材料构件加工中也获得较多应用。

多类锥体刃刀具易于制造，车间里可以使用普通的工具磨床完成加工。通过 CNC 控制砂轮，在硬质合金刀杆上形成切削刃，刀具的最终侧面是一个多类锥形体的表面。采用多齿的设计方案减小了 Z 向的切削力，从而减少了工件的静截弯曲和振动。如图 4-90 所示，由 Amamco 公司开发的压紧式轮廓铣刀不仅具有 CVD 金刚石涂层，还具有两个方向的螺旋槽，几何结构特殊。该刀具的涂层为 100% 的纯金刚石晶体，通过过热钽丝激活氢气和甲烷气体，在真空条件下直接在硬质合金表面生成得到。

钎焊 PCD 刀具通常硬度在 6 000 HV 左右，具有很好的抗磨损性和很高锐度的刀尖。钎焊 PCD 刀具经济性好，在更大直径的刀具中尤为如此。

从刀具类型和设计角度而言，整体硬质合金刀具具有保证构件加工精度和表面粗糙度所必需的刚性和尺寸精度，也可通过优化切削几何结构来减小切削力、切削热，抑制分层、翻边、毛刺等问题以及更好地控制切屑。因此，采用整体硬质合金为基体，薄的 PVD 金刚石涂层、

图 4 - 90　Amamco 公司生产的用于 F - 35 复合材料蒙皮切削的轮廓铣刀

钎焊 PCD 刀片或在切削刃处烧结 PCD,是目前复合材料切削的首选刀具解决方案。

4. 切削仿真

由于复合材料试件昂贵、切削过程难以观测,且加工复合材料产生的粉尘对人体有害,同时,仅通过实验方法对工艺参数进行优化需要很高的实验成本;此外,实验方法也很难从细观角度观测复合材料的损伤破坏过程。数值仿真在避免这些问题的同时,可以对材料去除机理提供行之有效的分析,从而成为被广泛使用的一种分析方法。随着计算机技术与 CAE 技术的不断提高,碳纤维复合材料的切削仿真越来越受到大家的关注。由于碳纤维复合材料具有多相组分的特点,其切削过程包括组分材料的细观破坏到宏观切屑的形成,因此 CFP 的切削仿真主要包括细观力学、宏观力学和宏-细观力学三种仿真分析方法。

细观力学仿真建模:碳纤维复合材料的非均质性体现在其细观组成复杂,包含纤维、界面相和基体等细观组分。这些组成相的材料属性、尺寸、形状和空间分布等对碳纤维复合材料的切削行为和去除过程影响巨大。因此,研究材料细观破坏过程已成为复合材料切削时关注的重点。

宏观力学仿真建模:宏观模型则是将纤维复合材料等效为均质材料,即不区分纤维与基体。宏观模型的建模相对比较简单,切削实质为刀具与材料整体接触的过程。

宏-细观力学仿真建模:宏-细观模型结合了细观建模和宏观建模的方法,细观化加工区域,宏观化边远区域,可以减小计算代价。

4.6.3　复合材料构件打磨工艺

对复合材料构件打磨包括面内打磨与边缘打磨。面内打磨是针对构件表面有树脂堆积或凹凸不平、局部划伤等缺陷时所进行的作业,边缘打磨则是指边缘有毛刺、齿口或局部分层时所采用的平整措施。复合材料构件的打磨大致可分为手工角磨机打磨和采用自动化设备进行打磨。

1. 手工打磨

手工打磨时,工人手持高速转动的砂轮或其他打磨设备,对需要进行抛光的表面或不平整边缘进行打磨。手工打磨精度差、效率低,适用于小面积且对精度要求低的结构。由于手工打磨的不稳定性(对工人操作熟练程度要求高),往往造成残次品率上升。据统计,一个复合材料风机叶片的打磨需花费一个熟练工人 2 h 的时间,而且不合格率高达 15%。此外,在手工打磨复合材料构件表面时,工人工作量大且经常会吸入大量碳粉,作业环境恶劣。

2. 自动化打磨

磨削作为机械加工的最终工序,对于获得较佳的表面粗糙度和表面质量至关重要。自动化打磨技术相对于人工打磨具有精度高、质量稳定、成本低、效率高等优点,显著提高了复合材料构件的打磨效率和精度。自动化打磨包括自动轨道打磨、数控机床打磨及机器人全自动打磨三类,尤其是机器人打磨技术的开发,极大地缩短了大型飞机复合材料构件的打磨时间,提高了飞机构件的生产效率,保证了构件质量的一致性,现在已经大量应用于航空领域。20世纪80年代末,工业较为领先的日、美、德法等国家已经针对机器人打磨作用力、进给速度、材料去除率、磨抛路径、打磨速度以及工件和工具材料等机器人打磨加工因素进行了深入研究。

目前,打磨机器人的研究主要集中在零件表面打磨轨迹规划、柔顺控制、打磨机理及工艺等方面。然而,对于带有异形面、内腔等特征的复杂结构件的打磨,特别是结构复杂的飞机结构件,由于其内腔中的转角、腹板面、理论型面等难以打磨和检测,所以无法保证打磨后表面的粗糙度和质量的一致性。

民用飞机蒙皮为变厚度板壳结构,且大量采用复合材料成形。飞机因作业的环境使得蒙皮容易收缩变形、加速老化,适航性能差,因此需要高要求的涂层作为保护。聚氨酯涂层耐磨性好、硬度高,并且漆膜光亮平滑,可以降低飞行阻力,多用作蒙皮面漆;环氧树脂涂层附着力高、抗腐蚀性强,多作为蒙皮底漆。为了使面漆涂层更好地附着于底漆上,对喷涂后再打磨的环氧树脂底漆的厚度和表面粗糙度有严格的要求,且环氧树脂材料具有的黏性导致可打磨性较差,难以获得良好的加工质量。目前,飞机复合材料蒙皮主要靠人工打磨,磨削过程很难保证材料去除的一致性和稳定性,且工作环境差,严重影响健康。

采用自动化打磨设备代替手工打磨作业,是实现飞机复合材料蒙皮涂层高效、精确打磨的关键。机器人打磨系统组成如图4-91(a)所示,主要由库卡机器人、控制柜、ATI六维力/力矩传感器、计算机、打磨工具和工作台等组成。打磨工具选用费斯托偏心振动打磨机,通过专用夹具连接到传感器,传感器通过法兰盘安装到机器人末端执行器。

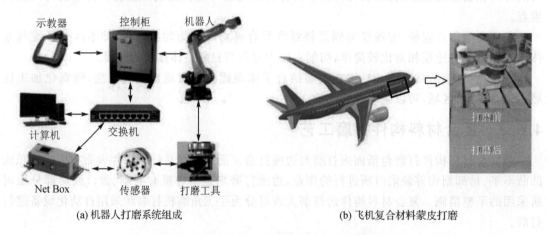

(a) 机器人打磨系统组成   (b) 飞机复合材料蒙皮打磨

图 4-91 机器人打磨飞机复合材料构件

4.7 复合材料结构超声检测及质量控制

由于复合材料的非均质性和各向异性,在制造过程中工艺不稳定,极易产生缺陷。在应用过程中,由于撞击、腐蚀等物理化学因素的影响,复合材料也容易产生损伤。复合材料构件在制造过程中的主要缺陷有分层、界面脱粘、孔隙、树脂裂纹,如图4-92所示;复合材料构件在使用过程中的主要损伤有脱胶、分层、开裂、空隙增长、纤维断裂、皱褶、腐蚀坑、划伤、下陷、烧伤等。

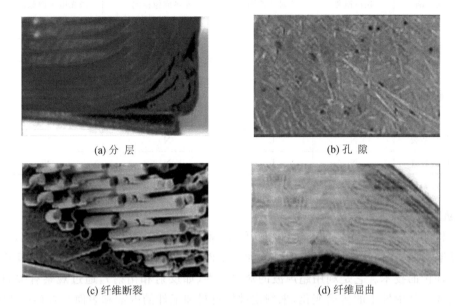

(a) 分　层	(b) 孔　隙
(c) 纤维断裂	(d) 纤维屈曲

图 4 - 92　复合材料典型缺陷类型

如果这些缺陷不能及时被发现,就会严重影响复合材料构件的使用性能,造成不可挽回的损失,因此,对其中成形缺陷的有效检测,是保证构件质量的必要手段。超声检测技术广泛应用于复合材料构件的质量检测中,基于反射回波原理,它能可靠地检测出构件中的分层、脱粘、孔隙等大部分危害性缺陷和内部细微缺陷信息。此外,采用超声扫描成像技术还可以得到复合材料构件内部不同深度、不同截面位置的 B 扫描、C 扫描检测图像。通常,复合材料构件都要求采用超声方法进行 100% 无损检测。

4.7.1　超声检测技术

1. 无损检测的概念及方法

无损检测(Nondestructive Testing,NDT)是在不影响待检对象未来使用性能的情况下,采用声、光、电等技术对材料内部微观结构、缺陷和损伤进行识别的非破坏性检测方法。其主要特点有:

① 在无损检测技术应用过程中,不会产生破坏性,无损检测技术不会影响被测对象的结构,在保证被测对象完整性的情况下,获得准确的检测结果。

② 无损检测技术具有全面性特点,可以对各项检测指标进行统计,避免出现漏检和误检等现象,增加了检测数据的可靠性。

③ 无损检测技术可以实现全程检测,不论在半成品检测还是原料检测方面,都可以采用事前检测、事中检测以及事后检测方法,对检测结果进行多次核实,记录出现的检测问题,避免同类问题再次发生。

如表 4 - 12 所列,适用于复合材料构件的无损检测技术主要有超声检测、X 射线检测、红外热成像检测和激光电子散斑检测等。

表 4 – 12 复合材料典型无损检测技术及其适用性

缺 陷	超声检测	X 射线检测	红外热成像检测	激光电子散斑检测
分层	H	L	H	H
脱粘	H	L	H	H
孔隙	H	L	M	M
富树脂	L	L	N	N
裂纹	L	M	M	N
纤维断裂	N	L	N	N
树脂裂纹	N	L	N	N

注：H 表示高适用；M 表示部分适用；L 表示低适用；N 表示不适用。

2. 超声检测技术和方法

超声检测，一般是指超声波与试件相互作用，就反射、透射和散射的波进行研究，对试件进行宏观缺陷检测、几何特性测量、组织结构和力学性能变化的检测和表征，进而对其特定应用性能进行评价的技术。它是利用超声波的众多特性（如反射和衍射），通过观察有关超声波在被检材料或工件中发生的传播变化，来判定被检材料和工件的内部和表面是否存在缺陷，从而在不破坏或不损害被检材料和工件的情况下，评估其质量和使用价值。

超声检测技术在航空复合材料构件无损检测中的应用最为广泛，主要用于层板、板板胶接、板芯夹层等结构的分层、夹杂、脱粘等缺陷的检测。采用常规超声检测技术对复合材料黏结构件、蜂窝夹层结构的脱粘等缺陷进行检测，可确定缺陷的位置和类型。除常规超声检测技术外，超声检测还包括阵列超声检测技术、激光超声检测技术和空气耦合超声检测技术等。

（1）阵列超声检测技术

如图 4 – 93 所示，阵列超声检测探头由多个相互独立的阵元组成，通过电子方式控制各阵元晶片的发射或接收时间，控制超声波的合成、偏转和聚焦，实现动态聚焦和快速扫查。在固定探头情况下，此技术不受工件的厚度和结构限制，可以检测厚度较大的工件和结构不规则的

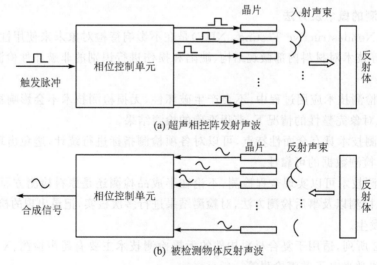

(a) 超声相控阵发射声波

(b) 被检测物体反射声波

图 4 – 93 阵列超声检测原理

工件,实现复杂型面部件和特殊部位的多方位、高效率扫描检测。与常规超声检测技术相比,提高了检测速度和检测精度,解决了复合材料构件复杂型面部件和特殊部位的无损检测问题。

(2)激光超声检测技术

激光超声检测技术是近年来国内外研究的重点,该技术利用激光激发和接收超声波,实现复合材料构件中缺陷的非接触无损检测。如图 4 - 94 所示,其原理是激光照射于被检件表面,表面吸收光能后温度升高迅速产生应力脉冲波,并以超声波形式向被检件内部或表面传播,根据超声波在传播过程中衰减和声程变化情况来评价缺陷情况。激光超声检测技术具有非接触、复杂结构适应性好、缺陷识别与表征能力强等技术特点,且检测速度比常规超声检测提高了 10 倍以上。因此,易实现大型复杂复合材料构件的快速、自动化、智能化、实时在线的检测。

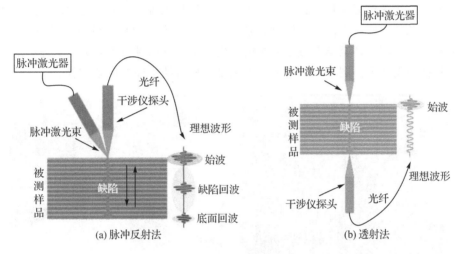

图 4 - 94   激光超声检测原理

(3)空气耦合超声检测技术

采用常规超声检测技术进行检测时,需要水、甘油、机油、凡士林等耦合剂,耦合剂可能会渗入试件内部,严重影响复合材料构件的使用性能和安全性能。空气耦合超声检测技术是以空气作为耦合介质,利用空气耦合超声换能器激励和接收超声波检测材料和结构中缺陷的新型超声无损检测技术。所采用的检测方式通常包括穿透法、脉冲反射法、表面波法及兰姆波法等。空气耦合超声检测技术是一种非接触式的超声检测技术,无需耦合剂,不受材料和环境的限制,广泛应用于陶瓷、蜂窝夹芯、泡沫夹芯等多孔渗水类复合材料,弥补了常规超声检测方法的不足,且在脱粘、气孔、分层、夹杂等缺陷的检测中检测效果更好。图 4 - 95 所示为空气耦合

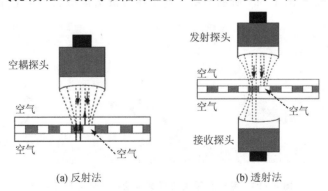

图 4 - 95   空气耦合超声检测原理

超声检测原理。

4.7.2 超声无损检测技术在复合材料结构上的应用

为了实现曲面复合材料构件的超声无损检测,麦道公司研制了第五代自动化超声扫描系统,该系统可控制三个自由度的运动,可进行三维和二维数据采集,从而获取复杂构件表面裂纹的尺寸。根据构件形状的复杂程度,使用"平板法"或"展开法"对数据进行采集。Quatro公司则研发了具有共振超声光谱系统的超声检测设备,使用振荡理论来分析物体的力学性能,可检测复合材料结构的弹性性能,如对飞机蒙皮。它能够在三坐标内测量复合材料正六面体试样的弹性性能,对复合材料的检测精度可达0.5%。

波音公司使用超声无损检测技术对层压板复合材料飞机机身结构的抗冲击损伤和残余强度进行检测。脉冲响应超声波可以探出紧靠表面整个厚度的损伤特性,通过层压板圆筒的截面可以了解层压板底层甚至整个板厚的结构损伤情况。这两种技术有助于更详尽地了解整个层压板的基体损伤情况。图4-96所示为飞机复合材料结构件超声C扫描。

图4-96 飞机复合材料结构件超声C扫描

4.8 复合材料结构功能一体化

随着信息技术的发展和作战模式的转变,新一代军用飞机向隐身、智能方向发展。机体结构兼具轻量化、整体化和隐身、感知等多种特性,结构功能一体化成为新一代军用飞机结构的新特征,其中,以复合材料机体结构电磁隐身、智能结构为代表的结构功能一体化成为新一代军用飞机的突出特点。图4-97所示为新一代军用飞机结构功能一体化特征示意。

图4-97 新一代军用飞机结构功能一体化特征示意

4.8.1　结构功能一体化的基本概念

应用于飞机结构的结构功能一体化技术的核心是功能复合材料,其是(树脂)基体与分散相功能体复合而成的一类复合材料。这类复合材料除具有一定的强度和刚度外,还依据功能体的不同性质,分别具有电、磁、光、热、声学或生物化学及生态学等特殊功能。

功能复合材料与结构复合材料的主要区别在于所引入的分散相的作用不同,结构复合材料中的分散相(如碳纤维)是用于提高力学性能,故称为增强相或增强体;而功能复合材料中的分散相主要用来产生光、电、声、热、磁功能,故称为功能相或功能体。功能体的形式大多是颗粒、短切丝、小箔片,具体材料可以是金属、金属氧化物和碳材料及其他特殊功能体。合理的填料配比以及外形结构设计可以使得功能复合材料具备有效的维形和承载能力,即结构功能一体化复合材料。有统计表明,在第四代隐身战斗机中,结构功能一体化复合材料占其复合材料总体用量的 30% 左右。在先进电子探测和电子战飞机中,结构功能一体化复合材料用量正在逐渐提高。应用于飞机的结构功能一体化复合材料主要是树脂基结构功能复合材料,按其具有的材料功能属性可以分为吸波结构、透波结构、导电结构、阻燃结构、热防护结构以及智能结构等。

①　吸波结构功能一体化是指一类兼具承载能力和高雷达波吸收能力的功能结构,采用高性能树脂体系与雷达波吸收剂复合作为吸波树脂基体。吸波功能结构主要应用于进气道、机翼、垂直尾翼以及尾喷管等高电磁散射位置,不但可以明显降低雷达散射截面,而且可以实现结构减重,是装备实现轻量化和隐身化的关键材料。

②　透波结构功能一体化是指在宽频带具有良好的透波性能,同时具有较好的力学性能的一类功能结构,采用低介电、低损耗高性能树脂基体与透波增强纤维复合而成。透波功能结构常用于雷达天线罩,既要承受气动载荷保护雷达天线免受环境和气动热的直接影响,又要为雷达波提供发射和接收的电磁窗口。

③　导电功能结构是以高性能树脂为基体,加入各种导电物质,经过物理、化学方法复合后得到既具有一定导电性又具有良好力学性能的功能结构。导电功能结构主要用于座舱盖、飞机蒙皮等部位。导电结构的存在能够形成雷击电流通道以及一个封闭的电磁屏蔽体,对防止雷击、电磁屏蔽有重要作用,也有利于飞机表面静电的耗散或释放。

④　阻燃结构功能一体化是指既可承载,离火后又能够自熄或燃烧速率低及热释放量少的一类功能结构。阻燃功能结构主要用于飞机的舱内装饰,既要求具有承载装饰功能,又有严格的阻燃性能要求。

⑤　热防护结构功能一体化采用了用于特殊气动热环境中以防热为目的的热防护功能复合材料,在热防护系统中发挥隔热、维形、承载乃至抗核等功能。

⑥　智能结构功能一体化是指将结构件与模仿生命系统、感知环境变化并实时改变自身一种或多种性能参数、能与变化后的环境相适应的智能复合材料复合的功能结构。

智能蒙皮作为新一代飞机结构功能一体化的典型代表,通过覆盖在蒙皮表面的大面积、多功能电子"皮肤",就像飞行生物的皮肤一样,通过仿生学原理在气流环境中实现飞行感知。如图 4-98 所示,蒙皮中广泛分布的感受器可以接收来自周围环境的多种激励,如温度、剪切力、风压、应变和振动等。受激励后产生的受体电位被转化为动作电位,并通过突触高保真地传递到用于数据分析和判断的信息处理中心。它还同时具备维形和监测能力,可以及时发现结构损伤以进行结构健康监测。

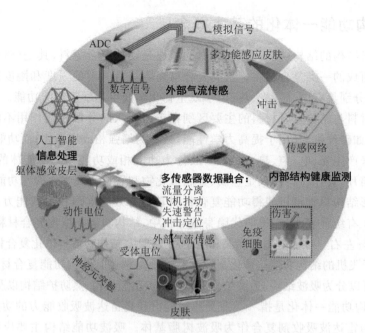

注：集成有表面风压、压电、壁面剪应力、温度和应变传感器，
能够感知外部多种流场变化，并监测内部结构健康状况。

图 4-98　结构功能一体化智能蒙皮

　　基于仿生学原理的智能蒙皮的核心是在三维曲面上开发和集成大量具有各种传感能力的传感器，赋予复合材料结构强大的功能：①感知外部气流（风压、壁面剪切应力、表面温度等）；②监测内部结构状况（应变、冲击、损坏等）；③感知气流状态（空气分离、层流－湍流跃迁等）；④预测飞行状态（失速、颤振等）。这种多功能飞行感知能力将在性能提升、自动飞行、适应性、多任务、飞行感知和完整的生命周期结构健康监测等多个方面扩展飞机的能力。目前，智能蒙皮作为飞机智能结构的一种新理念，正处于发展阶段。

　　此外，共形天线作为一种特殊的结构功能一体化形式，将天线以共形阵的形式在结构表面构建，不仅可以有效地扩展雷达天线的孔径，提高雷达的探测距离，还可以提高设备的结构强度，减少体积和重量，已在新一代军用飞机中得到应用。

4.8.2　复合材料电磁吸波结构

1. 飞机吸波结构的概念与特点

　　飞机吸波结构，即吸波/承载复合结构，这种结构充分利用了复合材料的可设计性，将特定部位的承载要求和雷达信号特征的减缩有机结合起来，进行力学性能和电性能综合一体化设计，从而兼顾承载和吸波双重功能。

　　飞机吸波结构一般用于垂尾、蒙皮、进气道以及机身边缘等高散射部位。根据现代战争的要求，要使飞机的雷达散射截面减缩至 $0.1~\mathrm{m}^2$ 以下，除了低可探测性飞机外形设计外，根本解决方案是材料隐身技术。因此，吸波材料技术发展和应用将是隐身技术发展的关键技术之一。雷达波吸收材料是一种能够吸收电磁波而反射、散射和透射都很小的功能材料，吸波材料的设计实质是自由空间和导电表面有损耗匹配网络的设计，在减少反射的同时提高损耗是吸波材料应用的核心。

2. 结构吸波复合材料特性

结构吸波复合材料是在先进结构复合材料发展的基础上,通过复合材料的电结构优化设计,引入电磁吸收剂等技术途径制备的具有结构承载和电磁波吸收功能的复合材料,因此结构复合材料的电磁和力学特性对于结构吸波复合材料的电性能优化设计及其性能都有重要的影响。结构吸波复合材料主要有热固性树脂基结构吸波复合材料、热塑性树脂基结构吸波复合材料、陶瓷基结构吸波复合材料及智能结构吸波复合材料。

(1)热固性树脂基吸波复合材料

热固性树脂基复合材料的优点是性能的可设计性,因此在吸波复合材料的结构设计中,可以根据每一功能层的电磁特性,利用计算机进行多功能层复合模拟计算,优化吸波复合材料的吸波性能和承载性能。热固性树脂基吸波复合材料包括层合和夹层结构吸波复合材料,是目前应用最为广泛的一类结构吸波复合材料。

(2)热塑性树脂基吸波复合材料

热塑性吸波复合材料主要是经过特殊电结构设计的一类纤维增强热塑性复合材料。将不同的增强纤维(如碳纤维、玻璃纤维、石英纤维、有机纤维、陶瓷纤维等)同热塑性材料(如PEEK、PEK、PPS、PEKK、PET、PBT、LCP等)纺成的单丝或复丝按一定比例交替混杂成纱束,然后按吸波要求进行电结构设计,编织混杂纱束成为各种织物,最终将织物加热、加压复合成各种结构形式的复合材料。热塑性吸波复合材料兼顾良好的吸波性能及韧性,可用于制造飞机隐身部件。

(3)陶瓷基吸波复合材料

隐身飞机在高速飞行过程中会受到高温和高速热气流的冲击,因此在某些特殊部位和高温部位使用的结构吸波复合材料需要具有较好的耐高温性能。耐高温吸波复合材料主要是经过电性能优化设计的一类陶瓷基复合材料。目前,耐高温结构吸波复合材料应用的增强纤维主要有 SiC 纤维、氧化铝纤维、氮化硅纤维及硼硅酸铝纤维等陶瓷纤维。SiC 纤维发展最快、最成熟,其强度大、韧性好、热膨胀率低、耐高温性能好,能够在 1 200 ℃下长期工作。

(4)智能吸波复合材料

智能吸波复合材料是将具有独特物理和化学性质的材料作传感器,在具有传感和驱动功能的材料中加上控制功能的一类新型材料。它具有感知功能(信号感受功能或传感器功能)、信息处理功能(处理器功能)、自我指令并对信号做出最佳响应的功能。目前由这种材料制成的吸波材料已被广泛应用于军事及航空领域。美国奥本大学和空军怀特实验室首先提出了直升机旋翼采用智能吸波材料的设计方案,其隐身能力可提高 20 倍。西屋公司研究的智能飞机蒙皮,采用嵌入蒙皮的共形系统来代替天线和黑箱,通过用无源且定向性装置代替电磁发射元件(如雷达和通信线路),降低了飞机被电子探测的可能性,提高了飞机的作战隐身性能。智能吸波材料的应用,减缩了飞机雷达散射截面,减轻了飞机的重量,降低了飞机的使用维护成本。

3. 结构吸波复合材料结构形式

典型的结构吸波复合材料的主要结构形式有层合型吸波结构和夹层型吸波结构。

(1)层合型吸波结构

层合型吸波结构是指兼具承载能力与高雷达波吸收能力,采用高性能透波纤维(玻璃、芳纶、PBO 纤维等)作为增强材料,由高性能树脂与雷达波吸收剂组成的吸波树脂基体复合而成,具有多层结构的一类结构功能复合材料。这种吸波复合材料由具有不同电磁参数和不同厚度的功能层复合层叠构成,通常由透波层、吸波层和反射层三个不同结构层次,多达十几层或数十层材料组成。层合吸波复合材料的吸波性能主要由整体层合结构的阻抗匹配特性和损耗特性决定,其中损耗层的总导纳、介质层的电磁参数,以及每个功能材料层的厚度都是层合吸波复合材料吸波性能的主要影响因素。作为层合型吸波结构的一种,多层阻抗渐变层合结构吸波复合材料已在飞机次承力结构上得到应用。

（2）夹层型吸波结构

夹层结构吸波复合材料兼具重量轻、吸收频带宽且拥有较高承载能力和高吸收能力。夹层结构吸波复合材料通常由透波面板层、吸波芯层和反射面板层构成,其中透波面板由透波性能好、力学性能高的复合材料制备而成,芯层材料由吸收性能好的吸波蜂窝芯或吸波泡沫芯构成。如图 4-99 所示,夹层结构吸波复合材料主要包括 A-夹层（上下各一层面板、一层夹芯）和 C-夹层结构（三层面板、二层夹芯）。

作为夹层吸波复合材料的重要组成部分,芯层材料的吸波性能对整体夹层材料的性能具有重要影响。吸波蜂窝芯一般是由纸蜂窝或芳纶蜂窝芯在蜂窝壁上浸润一定含量的吸收剂制备而成,由其制成的夹层吸波结构具有较好的宽频可设计性,并且具有质轻、高强等特点,已在天线系统、飞机吸波结构部件等获得应用。吸波泡沫芯是由不同耐温等级的基体通过填加介电类吸收剂共同发泡形成的具有一定承载和耐热性能的结构吸波泡沫,适宜复杂结构芯材的加工,由其制成的夹层吸波结构具有良好的宽频可设计性。

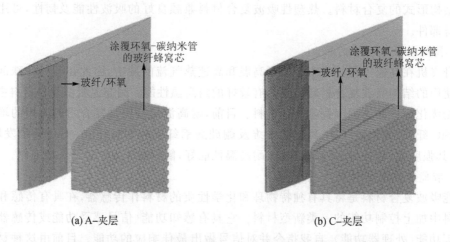

(a) A-夹层　　　　　　　　　　　　　　(b) C-夹层

图 4-99　用于飞机机翼前缘的夹层结构吸波复合材料示意图

4. 电磁超材料吸波结构

超材料是新型吸波材料之一,超材料吸波体是一些具有天然材料所不具有的超常物理性质的人工复合结构或复合材料,能将投射到它表面的电磁波大部分吸收而几乎没有反射和透射,由于独特的电磁特性要求,近年来得到了广泛的关注。超材料的吸波机理与传统吸波材料不同,是利用自身谐振结构产生高损耗吸收电磁波。图 4-100 所示为不同结构形式的吸波结构。

超材料作为一种新型吸波结构,还处于理论设计和实验验证阶段,虽然超材料吸波体结构简单、轻薄,但仍存在调控不灵活、角度不敏感等不足。随着研究的不断深入,超材料将向智能、可控、轻质方向发展。

5. 电磁吸波结构功能一体化的应用

机翼前缘是飞机前向的强散射源,如图 4-101 所示是一种用于缩减机翼 RCS 的吸波复

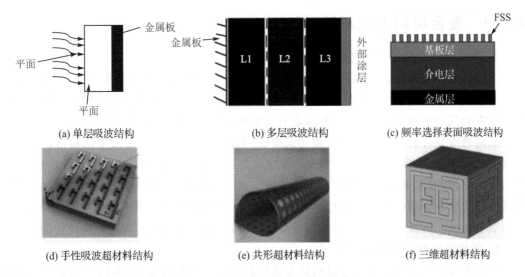

(a) 单层吸波结构　　　　(b) 多层吸波结构　　　　(c) 频率选择表面吸波结构

(d) 手性吸波超材料结构　　(e) 共形超材料结构　　(f) 三维超材料结构

图 4 - 100　不同结构形式的吸波结构

合材料结构形式。其中机翼前缘的蒙皮(a 层)为玻璃纤维增强透波材料,气动外形由透波泡沫材料(b 层)保证,刚性泡沫内侧涂覆有铝粉涂层(c 层),其作用是使入射电磁波的后向散射降至最小,从 d 层到 g 层为梯度吸收泡沫材料,以在较宽的频带范围内有效吸收电磁波,整个机翼前缘吸波结构由翼梁支撑;机翼襟副翼主要由电阻呈梯度变化的蜂窝组成,其电阻由前(R1)向后逐渐减小,以吸收低频段的电磁散射,其面板层涂有铁磁性吸波涂层,以吸收高频段的电磁波。

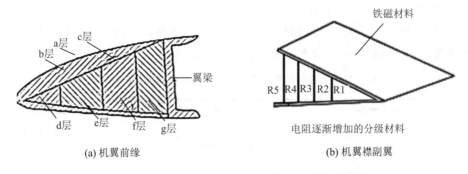

(a) 机翼前缘　　　　　　　(b) 机翼襟副翼

图 4 - 101　机翼前缘与襟副翼用典型雷达吸波结构

飞机进气道是另一个强散射源,用吸波复合材料结构降低其 RCS 的研究和应用已进行多年,典型的有吸波栅格,如图 4 - 102 所示。整个栅格结构固定在进气道唇口部位,可以有效地衰减入射雷达波。

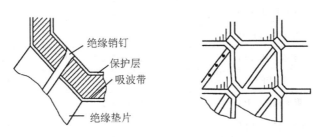

图 4 - 102　发动机进气道用吸波栅格结构

4.8.3 复合材料电磁透波结构

1. 飞机透波结构的概念与特点

飞机透波结构是指采用透波复合材料的机身构件,要求在宽频带具有良好的透波性能,同时具有一定的强刚度,既要作为飞机的结构部件,起到承受气动载荷,保护雷达天线免受环境暴露之害和气动热的直接影响,又为雷达天线电波提供了发射和接收的电磁窗口。

结构透波复合材料主要应用于雷达天线罩、宽频带透波表面等微波电磁窗口。为了满足高频通信远距离、高速度、高保真的传输,要求飞机透波结构的选材具有优异的介电性能,较高的力学性能,低吸水率及良好的成形工艺性等。在实际应用中,用于透波结构的复合材料树脂基体一般是多种类型的树脂和改性剂共同使用,以实现性能互补,满足结构功能设计和制造工艺的双重要求。选择不同性质的材料,通过合理设计、复合使用可实现高性能结构透波。

2. 结构透波复合材料的特性

应用于飞机的结构透波复合材料首先要具有良好的介电性能,即低的介电常数和损耗角正切,从而获得较理想的透波性能和较小的传输损失。透波材料对热性能的要求非常严格,包括要求材料具有低的热膨胀系数、宽的工作温度范围等。透波材料同时要具有良好的耐环境性能,水分的侵蚀不仅影响材料的介电性能,而且还会使材料分层、影响力学性能。在满足透波性能的前提下,透波材料要求能够满足一定载荷条件下的强度和刚度需求,具有一定强度和模量等良好力学性能的透波材料对于保证透波系统的机械可靠性至关重要。因此,结构复合材料的电磁和力学特性对透波结构的电性能优化设计及其性能都有决定性的影响。

(1) 树脂基体电磁与力学特性

复合材料树脂基体包括热固性和热塑性两大类。常用热固性树脂基体包括聚酯、环氧、双马、聚酰亚胺、氰酸酯树脂等,其介电常数如表 4-13 所列。

表 4-13 典型复合材料用热固性树脂基体介电特性(20 ℃,10 GHz)

树脂种类		介电常数 ε_r	损耗角正切 $\tan\delta_g$
热固性	聚酯树脂	2.7～3.2	0.005～0.02
	环氧树脂	3.0～3.4	0.01～0.03
	氰酸酯树脂	2.7～3.2	0.004～0.01
	酚醛树脂	3.1～3.5	0.03～0.037
	聚酰亚胺树脂	2.7～3.2	0.005～0.008
	双马来酰亚胺树脂	2.8～3.2	0.005～0.007
热塑性	聚碳酸酯(PC)	2.4～2.6	0.005 5～0.000 7
	聚苯醚(PPO)	2.5～2.7	0.000 8～0.001
	聚苯乙烯(PS)	3.0～3.2	0.002～0.004
	醚(PES)	3.4～3.6	0.002～0.004
	聚苯硫醚(PPS)	0.9～3.1	0.001～0.003
	聚醚醚酮(PEEK)	3.2～3.3	0.003－0.004
	聚四氟乙烯(PTFE)	1.8～2.2	0.000 3～0.000 4

（2）增强材料电磁与力学特性

为实现高的力学承载能力，结构透波复合材料通常加入低损耗的无机或有机连续纤维作为增强体。玻璃纤维具有相对较高的介电常数，其损耗角正切在 0.002～0.007 之间。石英纤维的介电常数低于玻璃纤维，损耗角正切在 0.000 1～0.000 2 之间，明显低于玻璃纤维。芳纶纤维、PBO 纤维和 PI 纤维等有机纤维的介电常数低于玻璃纤维，损耗角正切和石英纤维相当，同样低于玻璃纤维。

3. 结构透波复合材料的结构形式

树脂基结构透波复合材料是指在宽频带具有良好的透波性能，同时具有较好的力学性能的一类复合材料，采用低介电、低损耗高性能树脂基体与透波增强纤维复合而成。

（1）夹层结构

目前，飞机的雷达天线罩主要壁板结构有单层、A-夹层、B-夹层、C-夹层和多夹层几种，如图 4-103 所示。天线罩之所以多采用夹层结构，是因为夹层结构不仅具有更好的结构刚度，而且有着比薄壁结构更为优异的透波性能。当电磁波由空气进入夹层时，在各介质层产生反射，当芯层厚度最佳时，内、外蒙皮的反射波幅度相等、相位相反，相互抵消，从而降低了反射波对雷达性能的影响。

单层结构可分为薄壁和半波长壁，如图 4-103(a) 所示。薄壁结构是指罩壁厚度小于 0.02 倍波长，它具有很高的电磁透波率，但力学性能很低。半波长壁结构是指天线罩壁的等效电磁厚度在介质材料中接近于半波长的倍数，可在较大的入射角范围内获得较好的传输系数和均匀的插入相位移，但其频带较窄、重量较大。

A-夹层结构通常是由两个致密、厚度很薄的蒙皮和一个低密度的夹芯组成，如图 4-103(b) 所示。该型结构适用于流线型天线罩，具有良好的强度质量比，而且在小到中等入射角的情况下具有良好的电性能。

B-夹层结构是由两个具有适当介电常数和适当厚度的外蒙皮和一个匹配的高介电常数的夹层组成的层结构，如图 4-103(c) 所示。与 A-夹层相比，其芯子具有比蒙皮高的介电常数，因为有较致密的芯子，所以 B-夹层比 A-夹层重一些。

C-夹层结构是由两个外蒙皮、一个中心蒙皮和两个中间夹层构成的 5 层结构，如图 4-103(d) 所示。C-夹层结构透波性较好，可在较大入射角范围内获得较高的传输性能，可用于高度流线型罩，但插入相位移随入射角变化剧烈，仅适合结构强度要求高的部位。当强度要求很高，频带和入射角范围很宽时，可以考虑采用 7 层、9 层、11 层及以上的复合夹层结构，这种多夹层结构往往做成近于平板型的天线罩，如图 4-103(e) 所示。

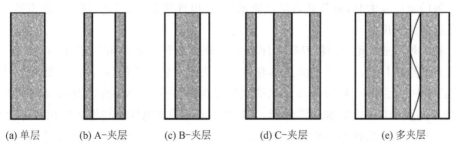

(a) 单层　　　(b) A-夹层　　　(c) B-夹层　　　(d) C-夹层　　　(e) 多夹层

图 4-103　天线罩常见壁板结构

（2）蜂窝夹芯结构

如图 4-104 所示，蜂窝夹芯结构通常是把增强材料制成一定厚度和高度、边长一定的六边形，然后放入胶液（如环氧树脂、酚醛树脂或聚酯树脂等）浸泡，取出干燥固化成形得到的一种轻质蜂窝承载结构。芳纶（Nomex）纸蜂窝和聚酰胺（Korex）纸蜂窝是用于飞机透波结构的两种代表性蜂窝芯。

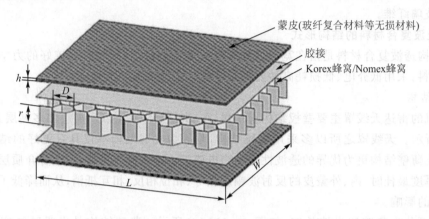

图 4-104　蜂窝夹芯透波结构示意图

Nomex 蜂窝是采用聚间苯二甲酰间苯二胺芳纶纤维纸加工并经过浸润阻燃酚醛树脂制成，其密度小，比强度、比刚度高，抗疲劳性能好，抗化学腐蚀性能好，具有良好的高温稳定性和优异的透电磁波性能，是机载雷达天线罩最常用的夹芯材料之一。

Korex 蜂窝采用了芳香族聚酰胺纤维制造，但在聚合物分子结构上有区别，Korex 蜂窝纸是采用邻位的对苯二胺与对苯二甲酸（或对苯二氯代甲酸）制造。Korex 蜂窝在强度、模量、耐温性能、湿热性能、抗疲劳、吸湿性、热膨胀和介电性能等方面均优于 Nomx 蜂窝。

（3）泡沫夹芯结构

泡沫材料是由发泡材料经过一定工艺方法发泡而成，性能因发泡材料的改变或发泡后密度的不同而不同。聚氨酯泡沫和聚甲基丙烯酰亚胺泡沫是常用于飞机透波结构的两种代表性泡沫芯材。

聚氨酯泡沫由聚氨酯树脂经过发泡工艺生成，具有各向同性和优异的透电磁波性能，也是机载雷达天线罩常用的夹芯材料之一。泡沫的柔韧性和刚度依赖于它的密度，天线罩一般采用的材料密度为 $0.21 \sim 0.5$ g/cm。聚氨酯泡沫的力学性能和介电性能都与密度有密切关系，当泡沫材料的密度变大时，通常其力学性能增加，介电性能下降，因此，制备机载雷达天线罩时应该合理选择其密度。

聚甲基丙烯酰亚胺泡沫，即 PMI 泡沫具有优异的力学性能，在相同密度的条件下，是强度和刚度最高的泡沫材料。PMI 泡沫还具有良好的抗压缩蠕变性能、耐高温性能和尺寸稳定性能，适用于与中、高温 EP 或 BMI 共固化的夹层结构构件中。PMI 泡沫具有良好的介电性能（$\varepsilon_r = 1.09$，$\tan \delta_\varepsilon = 0.003\,9$）和力学性能。但 PMI 泡沫的介电性能与泡沫的相对密度有关，其 ε_r 和 $\tan \delta_\varepsilon$ 值随泡沫密度增加而逐渐增加，实际应用中需要根据结构强度和透波的要求进行权衡选择。

4. 电磁超材料用于电磁透波窗口

基于超材料的频率选择表面（Frequency Selective Surfaces，FSS）正在成为新型雷达天线罩的典型结构。FSS 是一种贴片单元或缝隙单元的周期阵列,由于其对于入射电磁波能表现出带阻或带通滤波器的特性,可作为雷达天线的带通天线罩。理想的带通型频率选择表面的透波带与天线阵列工作频率匹配,这样天线在频率选择表面透波带内就可以正常工作,而当透波带外的外界电磁波入射时,会被天线罩反射。由于天线罩设计采用独特的外形,可将外界雷达波散射至其他方向,以降低天线系统的带外单站 RCS。

5. 电磁透波结构功能一体化的应用

在实际的使用场景中,由于雷达罩并非一种平板结构,为了满足高速飞行的气动要求,典型的军用飞机雷达罩呈现尖锐的角锥外形。这需要在结构设计上进一步考虑不同轴向位置上的变厚度处理,使得电磁波发生有效的谐振效应,从而可以从不同角度有效透过或接收。此外,新一代隐身战机的雷达罩呈现出非圆形的对称截面,这增加了棱边的数量,除了需要对夹层结构雷达罩进行更复杂的轴向、径向变厚度设计外,还需要引入(环形)金属组件以调节相位,保证目标的高精度探测。

FSS 雷达罩主要采用二维周期性排列的缝隙人工单元和金属贴片,并将其与复合材料蒙皮相结合的方法,利用对入射电磁波的带通或带阻特性,实现天线在工作频段内正常工作;同时,借助复合材料蒙皮的锥形外形设计,降低电磁信号在鼻锥方向上的反射,达到反射工作频段外电磁波的目的。然而随着反隐身技术的发展,在军事应用上现有的 FSS 天线罩的设计遇到了瓶颈,主要是因为其由蒙皮反射回的信号仍然有可能被探测到,如何在保证己方雷达系统正常工作的同时,实现电磁隐身,成为了新的研究热点之一。可行的办法主要有将工作频段外的雷达波引导到微波吸收层中,使敌方雷达探测不到有效电磁信号。图 4-105 所示为频率选择表面超材料雷达罩示意图。

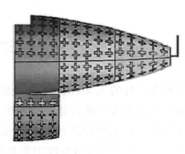

图 4-105 频率选择表面超材料雷达罩示意图

4.8.4 复合材料结构健康监测

1. 复合材料结构健康监测的概念与特点

复合材料结构健康监测(Structural Health Monitoring,SHM)的概念来源于仿生学,是信息科学与工程及材料科学相互渗透与融合的结果,它采用嵌入或表面粘贴的传感器系统作为神经系统,能感知和预报结构的缺陷和损伤。从根本上说,SHM 是用某一技术手段监测结构系统,通过数据、信息等分析系统的响应以确定结构是否发生了某种形式的变化,然后确定被测系统中是否发生了妨碍系统正常工作的变化。一个理想的 SHM 应能准确地在损伤发生的初期发现损伤,准确定位,并确定损伤的程度,进而提供结构的安全性评估,预测结构的剩余寿命,因此结构健康监测技术是智能复合材料结构的一个重要组成部分。

2. 复合材料结构服役状态的健康监测

利用与复合材料集成一体的多功能传感器网络，在复合材料服役过程中全面监测其运行状态，如应变、温度、气动压力以及结构损伤等。这一技术的发展趋势旨在实现复合材料的"自感知""自思考""自适应"的能力，从而克服现有损伤容限设计的局限性，确保飞机结构能在它的物理极限内安全运行，充分发挥复合材料的优异性能。SHM 系统的功能可以概括为：监测飞行载荷和环境参数，例如速度、气动压力等；感知结构状态参数，例如应变/应力、温度，监测结构损伤，包括脱粘、分层、裂纹等。

飞机的气动外形对飞行性能、气动噪声、动力响应等起着决定性的作用，结构表面气动压力的测量方法主要有：测压孔、压敏漆、基于电信号或基于光信号的压力传感器等。通过将重量轻、体积小、灵敏度高、可适应于复杂非平整表面且不影响飞机气动特性的微型柔性传感器与飞机复合材料结构集成，有望实现飞机复合材料结构全寿命周期内气动压力的实时监测，隐身飞机 F-35 复合材料 DSI 进气道中集成了气动压力传感器的鼓包。

结构响应健康监测是针对飞机异物撞击的监测。美国空军支持洛克希德·马丁公司开展了机体结构健康监测技术研究，针对机体振动模态等结构状态响应监测开发的原型系统在X-33、X-38 等型号的全尺寸地面试验和飞行试验中均得到了不同程度的应用验证。

将复合材料结构与光纤光栅结合，可以监测结构的微小变形，具有灵敏度高、结构适应性好、体积小、重量轻、瞬态响应、抗电磁干扰、长距离传输损耗低等优势，是一种新的结构健康监控方法，能够实现对温度、压力、变形和冲击等多种物理量的监测，适用于大型复杂航空结构的智能监测。欧盟在智能飞机结构的研发中，在飞机柔性蒙皮中植入光纤光栅对机翼的气动外形进行实时监测，机翼集成了包括监测外形、探测损伤以及影响敏感涂层的光纤和超声等传感器技术。

习　　题

1. 简述复合材料的定义、组成、分类及特点。
2. 分别举出 3 项常用的纤维增强材料和热固性树脂基体材料。
3. 复合材料的常用的原材料形式有哪些？并简述其特点。
4. 简述 B787 机身筒段的制造工艺及特点。
5. 简述复合材料热压罐成形工艺的原理、流程及特点。
6. 预浸料铺放有几种方法？分别简述各方法的原理及特点，并说明这些方法分别适用于哪些飞机结构。
7. 热压罐成形模具的常用材料分为哪几类？简述铝、钢及殷钢模具的特点。
8. 简述复合材料液体模塑成形工艺的基本原理、流程及特点。
9. 简述 VRTM 的工艺原理及优缺点。
10. 简述蜂窝夹层结构的构成、特点及制造工艺。
11. 简述复合材料热压成形的原理及特点。
12. 简述复合材料加工的主要工艺方法。
13. 什么叫复合材料结构功能一体化？举例说明。

参考文献

[1] Niu Mcy,程小全,张纪奎. 实用飞机复合材料结构设计与制造[M]. 北京:航空工业出版社,2010.

[2] 沈观林,胡更开,刘彬. 复合材料力学[M]. 北京:清华大学出版社,2013.

[3] 中国航空工业集团公司复合材料技术中心. 航空复合材料技术[M]. 北京:航空工业出版社,2013.

[4] 古托夫斯基 T G. 先进复合材料制造技术[M]. 北京:化学工业出版社,2004.

[5] 肖建章. 碳纤维复合材料切削加工力学建模与工艺参数优化研究[D]. 杭州:浙江大学,2018.

[6] 孙守政. 复合材料铺丝构件多尺度力学特性及其协同工艺优化研究[D]. 哈尔滨:哈尔滨工业大学,2019.

[7] 张宏基. 碳纤维预浸带铺放成形工艺过程及构件性能控制[D]. 西安:西北工业大学,2018.

[8] 赵士成. 连续纤维增强树脂基复合材料的抗低速冲击及界面性能研究[D]. 哈尔滨:哈尔滨工程大学,2018.

[9] 张建宝. 复合材料自动铺带控制及工艺关键技术研究[D]. 南京:南京航空航天大学,2010.

[10] 王共冬. 树脂基复合材料计算机辅助成形工艺关键技术的研究[D]. 哈尔滨:哈尔滨工业大学,2007.

[11] 梁双强. 开孔三维编织复合材料力学性能研究[D]. 上海:东华大学,2020.

[12] 孙琎. 三维面芯编织复合材料力学性能及渐进损伤研究[D]. 南京:南京航空航天大学,2016.

[13] 陈亚莉. 开创复合材料应用新时代——波音 787 飞机复合材料选材和制造工艺[J]. 国际航空,2007(8):20-22.

[14] 王乾. 碳纤维复合材料典型结构固化变形控制与研究[D]. 北京:北京航空航天大学,2018.

[15] 陈琪. GLARE 层板基本力学性能和损伤特性研究[D]. 北京:北京航空航天大学,2015.

[16] Hasan Z. Tooling for composite aerospace structures Manufacturing and Applications [M]. Oxford:Butterworth-Heinemann,2020.

[17] Stewart R. New mould technologies and tooling materials promise advances for composites [J]. Reinforced Plastics,2010,54(3):30-36.

[18] Yardimeden A. Investigation of optimum cutting parameters and tool radius in turning-glass-fiber-reinforced composite material [J]. Science and Engineering of Composite Materials,2016,23(1):85-92.

[19] Baran I,Cinar K,Ersoy N,et al. A review on the mechanical modeling of composite manufacturing processes [J]. Archives of Computational Methods in Engineering,2017,24(2):365-395.

[20] Shields A,Hepburn D,Kemp I,et al. The absorption of mould release agent by epoxy

resin [J]. Polymer Degradation and Stability,2000,70(2):253-258.

[21] 邢丽英. 先进树脂基复合材料自动化制造技术[M]. 北京:航空工业出版社,2014.

[22] 李凌. 碳纤维复合材料数字化超声检测系统关键技术研究[D]. 杭州:浙江大学,2007.

[23] 邢丽英. 结构功能一体化复合材料技术[M]. 北京:航空工业出版社,2017.

[24] 肇研,孙铭辰,张思益,等. 连续碳纤维增强高性能热塑性复合材料的研究进展[J]. 复合材料学报,2022,39(9):4274-4285.

[25] Sunil J, Ashish D, Rajeev G, et al. A review:Advancement in metamaterial based RF and microwave absorbers [J]. Sensors & Actuators:A. Physical,2023(354):114283.

[26] Won-Ho C, Chun-Gon K. Broadband microwave-absorbing honeycomb structure with novel design concept [J]. Composites Part B, 2015 (83):14-20.

[27] Wennan X, Chen Z, Dongliang G,et al. Bio-inspired, intelligent flexible sensing skin for multifunctional flying perception [J]. Nano Energy Part A, 2021, 90:106550.

[28] 卿新林,刘琦牮,张雨强,等. 飞行器复合材料全寿命结构健康监测技术[J]. 厦门大学学报(自然科学版),2021,60(3):614-629.

[29] 王彬文,肖迎春,白生宝,等. 飞机结构健康监测与常理技术研究进展和展望[J]. 航空制造技术,2022,653):30-41.

[30] 刘明昌. 碳纤维增强环氧树脂预浸料及其复合材料的制备与性能研究[D]. 上海:华东理工大学,2012.

[31] 杨忠. 改性环氧树脂预浸料及复合材料的研究[D]. 天津:天津工业大学,2017.

[32] 顾子琛. 喷熔法碳纤维聚苯硫醚预浸料的制备及性能表征[D]. 天津:中国民航大学,2021.

[33] 马少博. 复合材料自动铺放过程表层缺陷检测与识别方法研究[D]. 南京:南京航空航天大学,2021.

[34] 钱金源. 变角度曲面铺丝构件层缺陷研究[D]. 南京:南京航空航天大学,2023.

[35] 徐鹏,晏冬秀,杨青,等. 数值模拟技术在热压罐工艺中的应用[J]. 航空制造技术,2016(13):89-93.

[36] 周长庚,荀国立,邱启艳,等. 航空复合材料整体成形技术应用现状与分析[J]. 新材料产业,2016(5):52-57.

[37] 谢平平. 碳纤维增强复合材料帽型加筋壁板薄壁芯模辅助热压共固化成形技术研究[D]. 宁波:宁波大学,2020.

[38] 何靓,朱攀星,徐小伟,等. 复合材料残余应力与固化变形机理及控制研究进展[J]. 复合材料科学与工程,2022(7):121-128.

[39] 龙昱,李岩,付昆昆. 3D打印纤维增强复合材料工艺和力学性能研究进展[J]. 复合材料学报,2022,39(9):4196-4212.

[40] 贾振元,付饶,王福吉. 碳纤维复合材料构件加工技术进展[J]. 机械工程学报,2023:1-27.

[41] 凡丽梅,董方旭,段剑,等. 快速无损检测技术在复合材料构件中应用与发展[J]. 南昌航空大学学报(自然科学版),2021,35(4):32-38.

[42] 李凌. 碳纤维复合材料数字化超声检测系统关键技术研究[D]. 杭州:浙江大学,2008.

[43] 肖遥. 复杂异形类回转体结构成型复合材料模具关键技术研究[D]. 北京:北京航空航

天大学，2023.

[44] 肖遥，李东升，吉康，等. 大型复合材料航空件固化成型模具技术研究与应用进展[J]. 复合材料学报，2022，39(3)：907-925.

[45] 肖遥，李勇，李东升，等. 碳纤维增强复合材料模具成型固化应力及应力松弛对型面精度的影响分析[J]. 北京航空航天大学学报，2023：1-11.

[46] 姜飞龙，张国朋，许佩敏，等.碳纤维复合材料切削加工研究进展[J].中国铸造装备与技术，2021.

[47] 陈涛，苗光，李素燕.碳纤维复合材料切削加工技术研究进展[J].哈尔滨理工大学学报，2016，021(002)：71-77.

[48] 田凤杰，邓聪，韩晓，等.机器人打磨飞机蒙皮环氧树脂涂层工艺研究[J].航空制造技术，2021，64(20)：14-20.

[49] 周良明，刘漫贤，马晨宇，等.飞机结构件内腔机器人自动打磨工艺[J].科学技术与工程，2019，19(36)：6.

[50] 曾国强，陈庆盈，黄迪山，等.机器人打磨碳纤维复合材料工艺研究[J].科学技术与工程，2016，16(15)：6.

第 5 章 飞机装配的原理与方法

5.1 飞机装配的基本原理和过程

5.1.1 飞机装配特点

　　飞机制造可划分为毛坯制造、零件加工、装配安装和试验 4 个阶段,其中装配和安装工作占有重要地位,占飞机制造总劳动量的 30%～45%(一般机械制造中,装配和安装工作量占产品制造总劳动量的 20%),飞机装配约占全机制造周期的 40% 以上。飞机装配工艺是保证飞机产品质量、制造准确度的决定性环节,同时也是保证飞机产品质量稳定、高强度、长寿命可靠运行的重要体现。飞机装配过程是一种复杂、多学科的技术管理综合,飞机装配工艺影响产品技术经济性能和产品的使用性能。飞机装配工艺有下述特点:

　　① 采用保证互换协调的方法。仅采用一般机器制造业的公差配合制度,不能保证各零件、部件间的相互协调与互换要求,而要采用飞机工业中一套特有的保证产品的互换协调方法——模线样板工作法、计算机辅助设计与制造的一体化协调工作法。

　　② 生产准备工作量大。由于零件品种数量多、外形复杂,零件的工艺刚度小,装配时又需要大量夹具、型架,以及必要的标准工艺装备,以保证工艺装备之间的协调。因此,飞机生产准备工作量很大,而要求周期尽量短。

　　③ 批量小,手工劳动量大。由于飞机型号、结构改动频繁,要求生产方式具有很大的机动性。飞机生产中必须简化工艺装备构造,提高通用化程度,采用通用化工艺装备、柔性工装等。即使如此,往往还需要采用大量手工劳动。解决生产的"机动性"要求和"机械化""自动化"之间的矛盾是摆在我们面前需要完成的任务。

　　④ 长寿命可靠连接。飞机机体的寿命决定了飞机的总寿命,而其中疲劳破坏是飞机机体损伤的基本原因。多达 75%～80% 的疲劳破坏发生在机体连接部位,飞机制造技术的发展,对飞机结构疲劳寿命、密封、防腐的要求越来越高。为了满足现代飞机对各种性能的严格要求,航空制造领域发展各种先进连接技术,如自动钻铆技术、电磁铆接技术、机器人钻铆技术、干涉连接技术、难加工材料连接技术等。

　　⑤ 零件加工方法多样,装配劳动量比重大。飞机机体构件选用的材料种类繁多,相应加工工艺也多种多样,而且为适应飞机结构发展,要求不断引进新技术、新材料和新工艺。

5.1.2 飞机结构分解与三级装配

　　飞机产品是一个极其复杂的工程系统,具有高度的层次结构。飞机零部件结构按级别大致可分为三级:零件、组段件(组件、板件、段件)、部件,因此,飞机装配过程也大致可以分为三个阶段,如图 5-1 所示。首先是由零件装配成组件、板件、段件,一般统称为"组、段件";然后由组、段件装配成部件,比如由几块机身壁板装配成一个机身部件,以及由垂尾、后机身和尾椎等组成尾段等;最后将各部件对接装配形成整个或部分飞机,如将机翼和中机身对接,前机身、中机身和后机身对接装配成整个机身等。经过上述三级装配过程，实现了由各个零件形成最终复杂的飞机产品。

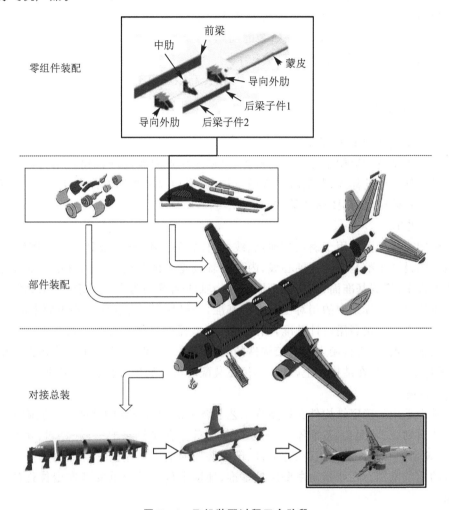

图 5-1　飞机装配过程三个阶段

为了满足飞机的使用、维护以及生产工艺上的要求，整架飞机的机体可分解成许多大小不同的装配单元。首先，飞机的机体可分解成若干部件，如大型客机的部件包括机头、前机身、中机身、中后机身、后机身、机翼、水平尾翼、垂直安定面等。有些部件还可分解成段件，如机翼分解为前缘段、中段（翼盒）和后段。有的部件或段件可再分解为组件，如壁板组件是由部件或段件的蒙皮以及内部骨架元件（长桁、翼肋或隔框）的一部分所组成的，如机翼中段的上、下壁板；机身的上、下、左、右壁板件等。

机体结构划分成许多装配单元后，两相邻装配单元间的对接结合处就形成了分离面。飞机机体结构的分离面，一般可分为以下两类。

① 设计分离面，其是根据结构和使用的需要在部件与部件之间、部件与可卸件之间确定的分离面，如图 1-7 所示。例如，为了便于运输、更换和维护，将机头、前机身、中机身、中后机身、机翼等设计成独立的部件；舵面相对于固定翼面要作相对运动，也应把它们划分为独立部件。设计分离面一般采用可卸（如螺栓连接、铰链接合等）连接，以便在使用和维护过程中迅速拆卸和重新安装。

② 工艺分离面,其是为了满足生产需要而将部件进一步划分为组合件等各种装配单元的分离面,如图 1 - 8(b)所示。工艺分离面一般采用不可拆卸连接。

工艺分离面的合理划分,有显著的技术经济效果:

① 增加了平行装配工作面,可缩短装配周期;

② 减少了复杂的部件装配型架数量;

③ 由于改善了装配工作的开敞性,因而可以提高装配质量。

5.1.3 装配基准

1. 飞机制造过程中的各类基准

基准是飞机制造中应用十分广泛的概念,是确定生产对象之间几何关系的依据。飞机产品从设计时零件尺寸的标注,制造时工件的定位,成形后尺寸检验时的测量,一直到装配时零部件的相对位置确定等,都要用到基准的概念。

(1) 设计基准

在零件图或装配图上用于确定其他点、线、面位置的基准,称为设计基准。例如轴套零件,外圆和内孔的设计基准是零件的轴心线,内孔的轴线是外圆径向跳动的基准。如在某型飞机前缘襟翼部件中,机翼基准面、蒙皮外型面与长桁轴线面等均为设计基准,用来确定产品其他零部件在飞机全局坐标系中的相对位置设计基准,一般都是不存在于结构表面上的点、线、面,在生产中往往无法直接利用设计基准,因此在装配过程中要建立装配工艺基准。它是存在于结构件表面上的点、线、面,用来确定结构件的装配位置。有时把不存在于结构件上的设计基准,用标识物形式标记在结构件上,这样不仅在装配时可以利用,而且可以长期保存。

(2) 定位基准

定位基准是用于确定结构件在设备或工艺装备上的相对位置的基准。一般确定装配元件的定位方法有划线、装配孔、基准零件、工装定位件等。在飞机装配中,从协调、互换及装配准确度考虑,确定主要零件进入组件、分部件、部件装配时的定位基准;主要组件、分部件进入部件装配时的定位基准。还要指出主要定位基准、辅助定位基准及重要基准定位件的公差带和补偿间隙。

(3) 装配基准

装配基准用于确定结构件之间的相对位置,分为以骨架为基准和以蒙皮为基准的装配,用于保证部件外形。以骨架为装配基准时,累积误差反映在部件外形上,使其准确度降低。若要提高部件外形准确度,则必须提高骨架零件的外形准确度和骨架装配、定位准确度。以蒙皮为装配基准时,利用补偿能获得较高的部件外形准确度。

(4) 测量基准

测量基准用于测量结构件装配位置尺寸的起始尺寸位置。一般用于测量产品关键协调特征是否满足设计要求

(5) 混合基准——K 孔

在数字量协调技术中,为减少误差累积,尽量保证定位基准、装配基准和测量基准的统一,大量应用 K 孔作为零件制造过程和装配过程中共用的基准。K 孔是由工艺人员和设计人员在飞机的并行设计阶段共同确定,并明确在产品数学模型上或制造数据集(对于工艺耳片余量上的基准孔)中的孔。同一部件上,零件加工或成形、组件装配(壁板等)、段件装配等所用的 K 孔应统一。整体框、肋、梁上的 K 孔,应做出凸台予以强化。

2. 基准选择原则

（1）装配定位基准与设计基准统一原则

结构件定位尽可能直接利用设计基准作为装配定位基准。不能利用的，应通过工艺装备简单地实现基准的统一。如机翼翼肋的位置在图样上是用肋轴线定位的。定位翼肋时，应选择翼肋轴线面作为定位基准。

（2）装配定位基准与零件加工基准统一的原则

尽量做到装配定位基准与零件加工基准的统一，否则应进行协调。如整体翼肋、整体大梁数控加工时的定位基准孔，在装配夹具内定位时采用该孔作为装配定位基准，能保证较高的位置准确度。

（3）装配基准与定位基准重合原则

在部件或分部件为叉耳对接或围框式对接时，这些接头或平面在部件装配时是定位基准，在部件对接时选作装配基准，亦即装配基准与定位基准统一。

（4）基准不变原则

在部件的整个装配过程中，每道工序及每一个装配阶段都用同一基准进行定位，即构件的二次定位应采用同一定位基准。如在机翼前梁装配时，以前梁接头对接孔作为定位基准，则在前梁与前缘对合、部件总装时，均以该接头对接孔为定位基准。

装配过程中，为减少误差积累，应尽量保证制造基准、装配基准和检验基准的统一，但在某些情况下，无法保证上述基准的统一，就会产生基准如何传递的问题。其中基准传递原则为：按照装配工艺流程，进行零件—组件—部件—大部件对接；基准传递过程中应考虑工艺容差分配情况，在允许的容差范围内传递基准；基准传递过程中还应考虑装配过程中的定位基准和定位方式、各零部件之间的约束关系、各零部件与型架之间的关系以及基准对下一级装配过程的影响等因素。根据产品结构与定位方式建立基准传递链，并分析各连接部位的误差组成。

3. 典型装配基准

飞机各部件的外形准确度关系到飞机的飞行性能，因此，在装配过程中，如何提高外形准确度是飞机装配中比较重要的一个问题。在装配过程中，通常使用两种装配基准，即以骨架为基准和以蒙皮外形为基准。

（1）以骨架外形为基准

以骨架为基准的装配过程如下：以机翼盒段装配为例，首先将大梁和翼肋按型架定位孔定位，然后进行骨架与壁板的铆接。

这种以骨架外形为基准的装配方法，其误差积累是"由内向外"，最后积累的误差反映在部件外形上。部件外形误差由以下几项误差积累而成：

① 骨架零件制造的外形误差；

② 骨架的装配误差；

③ 蒙皮的厚度误差；

④ 蒙皮和骨架由于贴合不紧而产生的误差；

⑤ 装配连接的变形误差。

可见，部件外形准确度主要取决于零件制造后骨架装配的准确度。为了提高外形准确度，必须提高零件制造准确度和骨架装配准确度，且装配时必须将壁板紧贴在骨架上。但对于外形要求较严格的产品，采取上述措施仍难以满足，为此，在结构设计和装配基准上，出现了以蒙皮外形为基准的装配方法。

（2）以蒙皮外形为基准

以蒙皮外形为基准的装配过程如下：以机身壁板组件装配为例，将隔框（或骨架）按型架定位，通过撑杆将蒙皮（或壁板）紧贴在型架卡板上，通过补偿件将骨架与壁板连接在一起。

这类结构装配的误差积累是"由外向内"，积累的误差通过补偿结构来消除。部件外形的准确度主要取决于装配型架的制造准确度，减少了零件制造误差、骨架装配误差对外形的影响。部件外形误差由以下几项误差积累而成：

① 装配型架卡板的外形误差；

② 蒙皮和卡板外形之间由于贴合不紧而产生的误差；

③ 装配连接的变形误差。

在确定装配基准时，要仔细研究部件结构，合理使用各种补偿结构，以达到装配后的准确外形。

5.1.4　装配定位方法

1. 刚/柔体的空间定位原理

飞机装配定位是指在飞机装配过程中确定零件、组件、板件、段件之间的相对位置关系。

根据运动学原理，任一刚体在空间直角坐标系中均有六个自由度，如图 5-2 所示。对于能够视为刚体的零件，必须限制那些对装配精度有影响的自由度。然而，对于薄壳类零件，由于刚度弱、易变形，定位时不能够将其视作刚体。如图 5-3 所示，若将弹性曲面看作由 N 个点连接而成，则每一个点在空间直角坐标系中均有六个自由度。因此，为了保证加工精度，防止变形导致加工误差，必须对 N 个点的所有自由度进行约束。

曲面的离散点集可以表示为

$$S = \bigcup_{i=1}^{N} P_i(x_i, y_i, z_i, n_i) \tag{5-1}$$

式中：S 表征工件曲面的离散点集，P_i 为曲面上的第 i 个离散点，(x_i, y_i, z_i) 为 P_i 在工件坐标系中的坐标值，n_i 为曲面在 P_i 处的单位法矢。

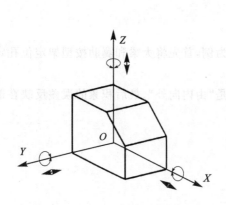

图 5-2　刚体零件的自由度图

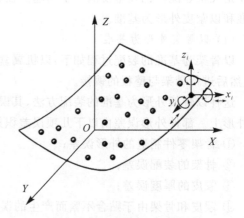

图 5-3　弹性曲面零件的自由度

显然，理论上 N 是趋于无穷大的整数，要实现对 N 个点的完全约束。若在约束部分点自由度的情况下，又能确保工件位置精度，这种定位情况称为充分定位。

在装配工作中,对工件的充分定位有如下要求:

① 保证定位符合飞机图样和技术条件中所规定的准确度要求;

② 定位和固定操作简单且可靠;

③ 所用的工艺装备简单,制造费用少。

在飞机装配中,常用的定位方法有划线定位、孔定位和装配夹具(型架)定位。

2. 划线定位

划线定位法即根据飞机图样用通用量具来划线定位,如图 5 - 4 所示。手工划线是根据产品图样的尺寸基准,用划线工具进行划线。完成划线后应检验划线工作质量,并按图样上铆钉的边距和节距划线,适当地钻制初孔,进行暂时固定。这种方法的定位准确度较低,一般用于刚度较大、位置准确度要求不高的部件。同时,划线定位效率低,在成批生产中应不用或少用这种方法。

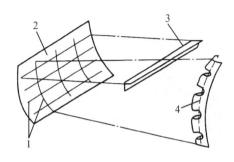

1—基准线;2—蒙皮;3—长桁;4—隔框

图 5 - 4　用划线定位长桁和框的示意图

3. 孔定位

(1) 装配孔定位

装配孔定位方法是在装配时用预先在零件上制出的装配孔来定位,如图 5 - 5 所示。装配孔用于零件与零件之间的装配定位,也用于装配件与装配件之间的装配定位。当用装配孔确定两个零件的相对位置时,装配孔的数量应不少于两个。装配孔的数量取决于零件的尺寸和刚度。对于尺寸大、刚度小的零件,装配孔数量应适当增多。

(2) 坐标定位孔定位

坐标定位孔定位与装配孔定位方法类似,区别在于装配孔是分别配置在相装配的两个零件上,而坐标定位孔分别配置在用于确定零件正确位置的型架上及零件上,如图 5 - 6 所示。由于坐标定位孔位置尺寸一般是 50 mm 或者 50 mm 的倍数,因此型架上的坐标定位孔可以设计成通用形式。

(3) 基准定位孔定位

基准定位孔定位与装配孔定位方法类似,区别在于装配孔是分别配置在相装配的两个零件上,而基准定位孔分别配置在相装配的两个组合件、板件或者段件上,如图 5 - 7 所示。被装配的组合件、板件、段件应有足够的刚度,采用基准定位孔确定装配单元的相对位置,可以大大简化型架的结构。

4. 装配夹具(型架)定位

由于飞机零件、组件的尺寸大、刚度小、结构复杂,而组合成的外形及接合面又有严格的技术要求,所以用装配型架定位是飞机制造中最基本的一种定位方法。

图 5 - 8 所示为翼肋组件装配夹具。腹板用坐标定位孔(通过定位销 5)定位;上、下缘条以外形定位件 3 和挡块 4 定位;加强角材可用定位件定位,也可用划线或装配孔定位。由图可见,这种定位方法的定位准确度取决于装配型架的准确度,为确保工件的装配准确度,必须首先保证装配型架的准确度。

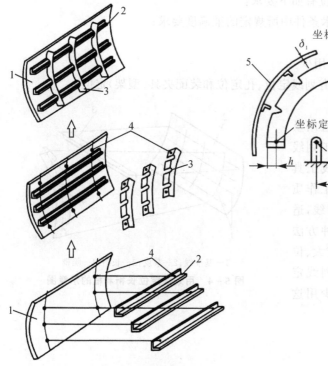

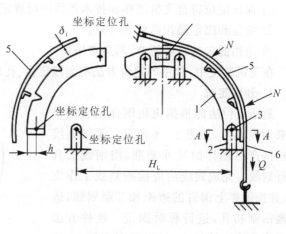

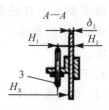

1—蒙皮;2—长桁;3—隔框;4—装配孔

图 5-5　用装配孔装配板件

1—隔框;2—叉形件;3—定位销;4—连接片;5—壁板;6—钢带

图 5-6　用坐标定位孔装配定位

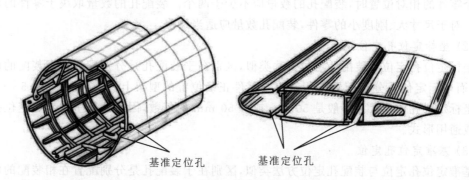

图 5-7　用基准定位孔装配定位

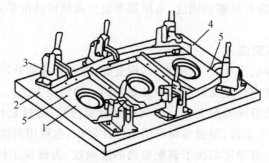

1—翼肋腹板;2—夹具底座;3—定位夹紧件;4—挡块;5—定位销

图 5-8　翼肋组件装配夹具

图 5-9 所示为机翼装配型架。机翼外形由卡板定位,机翼接头及副翼悬挂接头由代表产品之间连接关系的接头定位器定位。

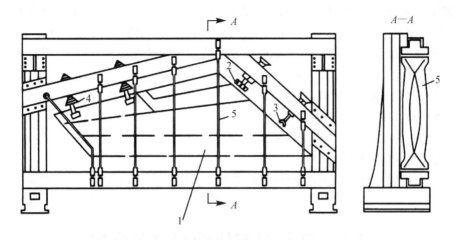

1—机翼;2—主梁接头定位器;3—前梁接头定位器;4—副翼悬挂接头定位器;5—卡板

图 5-9　机翼装配型架

由于飞机结构的特点,在飞机装配中用的装配型架,其功能与一般机械产品装配夹具的功能有本质区别。机械产品装配夹具的主要功能是提高劳动生产率,而飞机装配型架的主要功能是确保零、组件在空间相对的正确位置。飞机装配型架除了起定位作用外,还起到校正零、组件形状和限制装配变形的作用。因此,飞机装配型架的定位件不完全遵循“六点定位”原则,往往采用多定位面的“超六点定位”,即“超定位”方法。在架内工作时,通过型架定位器可发现零、组件形状和尺寸不协调的部位,检查及修正的依据就是型架定位器的工作面。

由于装配型架构造复杂、成本高、生产准备周期长,因而在型架设计时应仔细研究各装配单元的定位方法,在确保准确度的前提下,采用综合的定位方法,使型架尽可能简单。如大力推广孔定位法,其可大幅简化装配型架,同时改善型架内工作开敞性。

5.1.5　装配工艺过程设计

飞机机体结构复杂、装配质量要求严格。为保证装配工作顺利,必须依据工艺规程进行。装配工艺设计为装配提供工艺技术上的准备,其贯穿于飞机设计、试制和批生产的全过程。装配工艺设计在飞机生产各个阶段的工作重点虽然不同,但其主要内容包括以下几方面(以部件为例)。

① 合理划分装配单元。根据飞机结构工艺特征,合理进行工艺分解,将部件划分为装配单元。由于部件结构形式多样,方案选择时应考虑结构可行性,工艺开敞性,装配单元刚度是否利于形状和尺寸形调、是否利于减少部件总装工作量以及提升批产经济效益等。

② 确定装配基准和装配定位方法。装配基准是根据飞机气动外形的准确度要求在飞机结构设计时确定的。装配工艺设计的任务是采用合理的工艺方法和工艺装备来保证装配基准的实现。装配定位方法是在保证产品图样和技术条件要求的前提下,综合考虑了操作简便、定位可靠、质量稳定、开敞性好、工艺装备费用低和生产准备周期短等因素之后选定的。

③ 选择保证准确度、互换性和装配协调的工艺方法。为了保证部件的准确度和互换协调要求,必须制定合理的工艺方法和协调方法。其内容包括:制定装配协调方案,确定协调路线,

选择标准工艺装备,确定工艺装备与工艺装备之间的协调关系,利用设计补偿和工艺补偿的措施等。

④ 确定各装配元素的供应技术状态。供应技术状态是对装配单元中各组成元素在符合图样规定外而提出的其他要求,也就是对零件、组件、部件提出的工艺状态要求。

⑤ 确定装配过程中的工序、工步组成和各构造元素的装配顺序。装配过程中的工序、工步组成包括:装配前的准备工作,零件和组件的定位、夹紧、连接,系统和成品的安装,互换部位的精加工,各种调整、试验、检查、清洗、称重和移交工作,工序检验和总检等。装配顺序是指装配单元中各构造元素的先后安装次序。

⑥ 选定所需的工具、设备和工艺装备。

⑦ 零件、标准件、材料的配套。

⑧ 进行工作场地的工艺布置,包括概算装配车间总面积,准备原始资料,绘制车间平面工艺布置图。

5.2 飞机装配协调与容差分配

5.2.1 基本概念和理论

1. 准确度相关概念

(1) 公差和容差

按我国公差与配合的国家标准 GB 1800—79,尺寸公差是允许尺寸的变动量。它等于最大极限尺寸与最小极限尺寸之代数差的绝对值,即尺寸公差=公差带宽度值。但人们对公差的理解比这个意义广,既包括公差带宽度,也包括公差带中点值;或直接用上、下偏差来表示给定的公差。也有人称这种确定了公差带位置的公差为"容差(允差)"。在飞机制造中,常把工艺容差简称为容差,它包括容差带宽度和容差带中点值;它是由制造部门根据产品设计制定的公差和工厂生产条件来确定的。

在本书里为了方便起见,约定用公差(容差)带半带宽 δ 和公差(容差)带中点值 δ_0 来表示公差(容差)。由累计尺寸(封闭环尺寸)的公差(容差)δ_Σ、$(\delta_\Sigma)_0$ 来确定各组成环尺寸的公差(容差)δ_i、$(\delta_i)_0$ $(i=1,2,\cdots,n)$,这叫作公差(容差)分配;反之则称为公差(容差)控制。

产品结构尺寸公差分配(控制)与工艺容差分配(控制)的相互关系如图 5-10 所示。图中 ω_Σ 和 $(\Delta_\Sigma)_0$ 分别表示累计尺寸(封闭环尺寸)误差 Δ_Σ 的分布带半带宽和分布带中点值。

(2) 精确度、正确度和准确度

这几个名词在现有技术书刊和教材中有多种不同的定义,为了不致混淆,在本书内参照国际法制计量学组织定义的名词来区分它们的含意。先以打靶为例说明其概念如下。

打靶时靶心为理想的弹着点,弹着点离靶心越近,则射击的结果越准确。对一次射击,无精确度、正确度和准确度的概念。对多次射击打靶的成绩评价,是以平均弹着点离靶心的远近和弹着点分布区的大小来确定的。图 5-11(a)所示打靶结果,其平均弹着点离靶心远,弹着点分布区大;前者说明射击的正确度低,后者说明射击的精确度低,两者共同说明射击的准确度低。同理,图 5-11(b)所示打靶结果的正确度高,精确度低,准确度也低;图 5-11(c)所示打靶结果的正确度低,精确度高,准确度低;图 5-11(d)所示打靶结果的正确度、精确度和准确度均高。由此可见,评价打靶成绩的正确度,是用来说明打靶者控制射击系统误差能力的;

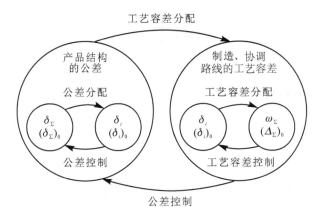

图 5 - 10 公差分配(控制)与工艺容差分配(控制)的相互关系

精确度是用来说明打靶者控制射击随机误差能力的;准确度则可用于说明打靶者控制综合误差的能力。

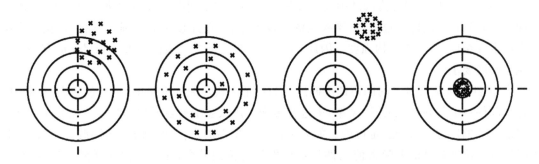

图 5 - 11 打靶的精确度、正确度和准确度

(3) 制造准确度和协调准确度

飞机零件、组合件或部件的制造准确度是指它们的实际形状和尺寸与飞机图纸上所定的公称尺寸相符合的程度,符合程度越高,则制造准确度越高,即制造误差越小。

协调准确度是指两个相配合的零件、组合件或部件之间配合部分的实际形状和尺寸相符合的程度。这种相符合的程度越高,则协调准确度越高,即协调误差越小。

图 5 - 12 所示为中翼和外翼之间的对接接头,设计中规定前梁和后梁的接头之间的距离为 L_0,而两部件装配后的实际尺寸分别为 L_1 和 L_2,两个部件的尺寸 L(指 L_1、L_2)的制造误差分别为

$$\Delta_1 = L_1 - L_0 \tag{5 - 2}$$

$$\Delta_2 = L_2 - L_0 \tag{5 - 3}$$

两个部件之间尺寸的协调误差为

$$\nabla = L_1 - L_2 = \Delta_1 - \Delta_2 \tag{5 - 4}$$

在一般的机械制造中,各个零件和组合件都是独立地根据图纸尺寸制造的。配合尺寸之间的协调准确度是通过独立地控制各零件和组合件的制造准确度达到的。

在飞机制造中,由于飞机结构尺寸大,形状复杂,为保证零件、组合件或部件之间配合表面的形状和尺寸的协调准确度,如果是以它们本身更高的制造准确度来达到,在经济上既不合理,技术上又很难实现。实际上,在飞机制造中,零件或部件之间配合表面的形状和尺寸的协

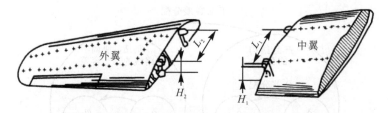

图 5 - 12　中翼和外翼的对接接头尺寸

调准确度往往比它们本身的制造准确度要求更严格。如上例中,当两部件的前梁与后梁叉形接头中心距尺寸 L 和后梁上的螺栓孔距离 H 的制造误差较大时,对结构的强度和部件之间的相对位置影响不大;当两个部件之间尺寸 L 和 H 的协调误差较大时,在部件对接中,将由于强迫连接而在结构中产生很大的内应力,或根本对接不上,达不到互换要求。因此,在飞机制造中首要的是保证协调准确度。

在飞机装配中,对协调准确度的要求有两个方面:

① 工件与工件之间的协调准确度。如果工件与工件之间配合表面的协调误差大,在配合表面之间必然存在间隙或过盈,或螺栓孔的轴线不重合,在连接时形成强迫连接,连接后在结构中产生残余应力,影响结构强度。因此,工件与工件之间配合表面的形状和尺寸应有一定的协调准确度要求。

② 工件与装配夹具之间的协调准确度。为保证飞机装配的准确度,重要的组合件、板件、段件和部件一般是在装配夹具(型架)中进行装配。进入装配的各零件和组合件在装配夹具中是以定位件的定位面(或孔)定位的。如果工件和定位件的定位面(或孔)的协调误差大,在装配时通过定位夹紧件的夹紧力使工件与定位件的定位面贴合,在工件内同样要产生内应力。当装配完并松开夹紧件后,结构中的内应力重新分布而形成残余应力。为控制和减少结构中的残余应力和结构变形,需要对工件和装配夹具之间的协调准确度提出一定的要求。

(4) 条件准确度

为了确切而合理地提出产品的准确度要求,以便更好地控制产品质量,常应用条件准确度的概念。精密机械制造中有环境温度条件。如 $(20\pm2)℃$;非金属材料制品的工艺过程中,有时要求环境相对湿度不超过一定值,如 75% 等。

在飞行器制造中应用较广的条件准确度有:

① 力和力场条件。例如蒙皮零件贴模检验时,要规定施力的大小及施力处,强迫装配时要规定限用的外力和力场,部件交点孔中检验销棒的紧涩状态也常有限制。在这些限制条件下的准确度要求,即条件准确度的一种形式。

② 按概率确定准确度要求。条件准确度的另一种形式,是按概率把公差(容差)划分为基本公差(容差)和局部公差(容差),并对超出基本公差(容差)但不超出局部公差(容差)范围的几何尺寸或形位参数给定其最大允许出现概率。

设某一几何尺寸的公差按常规办法确定其上、下偏差为 δ_s 和 δ_x,不附带出现区的出现概率,如果该尺寸的误差均靠近上偏差或下偏差,而不超出公差范围,亦应认为是合格的;但这对多次出现的几何尺寸的准确度要求而言,并不是完善的。这时,取 δ_s 和 δ_x 为局部公差的上、下偏差,再取 $(\delta_b)_s$ 和 $(\delta_b)_x$ 为基本公差的上、下偏差,并要求该尺寸的误差出现在 $[(\delta_b)_s, (\delta_b)_x]$ 范围之外但不超出 $[\delta_s, \delta_x]$ 范围的概率不超过 P,

$$P = P \begin{Bmatrix} \delta_x \leqslant \Delta < (\delta_b)_x \\ (\delta_b)_s < \Delta \leqslant \delta_s \end{Bmatrix} \tag{5-5}$$

如果条件公差要求 $P \leqslant 0.3$，那么图 5-13(a)所示误差分布情况是符合公差要求的，而图 5-13(b)所示误差分布情况反映超差情况。

我国航空工业部编制的指导性技术文件《飞机气动外缘公差》(HB/Z 23—80)，对气动外缘型值公差、操纵面的吻合性公差、部件蒙皮对缝间隙及阶差的公差等都是按概率确定的条件公差。所规定的公差值，是在满足飞机气动力性能要求的前提下，考虑了机体结构特点和工艺上的合理性而定的。目前飞机制造中广泛地应用了条件准确度的概念。

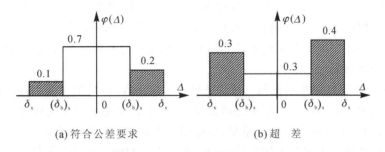

(a) 符合公差要求　　　　　　　　(b) 超　差

图 5-13　按概率确定条件公差

2. 误差相关概念

(1) 误差的来源

生产过程中，误差的来源有以下几个方面：

① 方法误差。装配时所用的定位方法不同，所达到的定位准确度也可能不同，如表 5-1 所列。此外，工艺装备加工及安装方法的不同，其所产生的误差都可能有差别，所达到的准确度均有所不同。这些由方法不同而产生的准确度差别，都可称为方法误差。

表 5-1　不同定位方法的定位准确度

定位方法	定位准确度/mm
用通用量具画线	0.4～1.0(最大可达 2～3)
用装配孔	0.5～1.2
用夹具	0.3～0.5

② 机床设备或工具、量仪的误差。它是由于机床设备或工具、量仪的准确度及尺寸、形位的稳定性有一定的限制，以及构造上和技术上的缺陷所引起的误差。

以上两种误差往往相互联系，要减少或避免它们对产品质量的影响，需要正确选择和掌握工艺方法和所用的机床设备或工具、量仪。

③ 环境误差。它是与加工、装配或检测时的周围客观环境条件(如温度、湿度、外力、地基沉降、振动等)有关的误差。当环境条件变化时，误差会随之改变。

④ 对象误差。由于被加工、装配或被检测工件的几何形状不正确，表面加工情况不良，内部存在应力等因素而引起的加工、装配或检测误差，对象误差。若工件的基准面不平，则按它定位误差就大，测量也难以准确。若零件毛坯有严重的内应力，随着加工的进行，内应力不断地重新平衡，会产生一定的误差。

⑤ 人为误差。它是由工作者的技术知识和经验多少以及感觉器官能力有限等主观原因

而产生的误差。例如加工或装配时操作不当所产生的误差,用光学工具安装型架时观测者的视差等。

(2) 误差按其性质分类

分析和解决准确度问题要按误差的特点和性质分别处理。误差按其特点和性质可分为过失误差(或称粗大误差)、系统误差和随机误差(或称偶然误差)三类。

① 过失误差。它是由于操作者的过失、粗心大意或过度疲劳等特殊原因造成的。如读错刻度、记录笔误、计算错误、锪窝过深、车削时进刀过深等等,这类误差在数量上往往是显著的,从工程技术角度去看又没有任何规律性。它是应该避免而且可以避免的。

② 系统误差。系统误差是在同一过程条件下(如温度、湿度、重力和外力等)多次出现的,其绝对值和符号保持不变,或在条件改变时,按一定规律变化的误差。前者是定值系统误差,后者是变值系统误差。例如在车削大尺寸的平面时,由于刀具的磨损和无自动进刀补偿,加工出的平面中部微微凸起。

③ 随机误差。随机误差是在同一过程条件下多次出现的,其绝对值和符号以不可预定的方式变化着的误差。它不是其他变量的函数,但有一定的变化范围和统计规律。当同一测量的次数很多,或同一工件或试件的数量很大,亦即这类误差的数据很多时,它们的分布是有某种规律的。这种规律是由许多未知的微小的因素综合影响而造成的必然结果。例如数控铣切样板的外形,误差在 ± 0.1 mm 之间。统计许多检测点处的样板外形误差之后,对它们进行统计分析,就可找出其统计规律。在数学上称这种规律为随机变量的统计特性。

(3) 系统误差和随机误差的并存与相互转化

① 在生产中,系统误差和随机误差往往并存。例如装配件的装配变形,变形误差往往出现在一定的方向上,但变形误差的绝对值不稳定,在一定范围内波动。可以把同样工艺过程装配出的多个同名装配件的变形误差记录下来,求出它们的算术平均值(以 $\overline{\Delta}$ 表示),此值可作为装配变形的系统误差的近似估计。如果以 Δ_i 表示第 i 个装配件的装配变形误差,则 $\Delta_i - \overline{\Delta}$ 就可作为装配变形的随机误差。随机误差在其上、下极值之间随机地波动。这种区分系统误差和随机误差的方法,是在一定的条件下让系统误差呈现定值,从而与随机误差的特性区别开。当系统误差的绝对值很小,变化也不大,难以和随机误差分开时,可把总误差当作随机误差来处理。

② 系统误差和随机误差之间在一定条件下可以相互转化。系统误差和随机误差之间并不存在绝对界限。随着对误差性质认识的深化和测试技术的发展,有可能把过去作为随机误差的某些误差分离出来作为系统误差来处理;反之,有时也把变值系统误差当作随机误差来处理,找出其统计规律;有人称之为"半系统误差"。例如,在工艺准备工作中设计工艺装备协调路线时,对各移形环节的误差(如按模线加工样板,样板相对于模线的误差等)是作为随机误差的,但移形后工艺装备的误差如不再变,就是一个固定数值,检定出此固定数值并记录下来,在使用该工艺装备时按记录数据修正,消除其影响,这样就可把随机误差转化为系统误差。

系统误差和随机误差之间的相互转化是有条件的,不能简单地利用某一尺寸的公差作为该尺寸的系统误差。在未掌握或难以掌握大量的误差数据以定其性质时,一般不作这种转化。因此,在分析协调问题时,还是常常把工艺装备协调路线中各个移形环节的误差当作随机误差来处理。

3. 尺寸链和尺寸链方程

若干表示相邻平面或轴线关系的独立尺寸和角度(包括其公称值为零而实际上存在误差

的尺寸和角度),可以和因变尺寸(或角度)顺次首尾相接并形成闭合的线路,沿此线路画出标注其全部有关尺寸和角度的简图(尺寸链草图)。因其形如链条,故称之为尺寸链。

尺寸链形象地表示出了因变尺寸(或角度)和与之有关的诸独立尺寸和角度的几何关系,也是建立尺寸链方程(即尺寸链的数学模型)的依据。尺寸链中各独立尺寸和角度是尺寸链的基本环,因变尺寸(或角度)是封闭环。

描述零件、装配件中诸基本环尺寸和封闭环尺寸相互关系的尺寸链,叫作结构尺寸链。描述工艺路线和工艺过程中诸基本环尺寸(包括其公称值为零的尺寸)和封闭环尺寸相互关系的尺寸链,叫作工艺尺寸链。

如果尺寸链中所包括的尺寸是互相平行的,这种尺寸链叫作线尺寸链;如果全部或部分的尺寸互相不平行,但都在同一平面内或平行的平面内,这种尺寸链叫作面尺寸链;如果全部或几个尺寸互相不平行,也不在平行的平面内,这种尺寸链叫作空间尺寸链。所有的角尺寸有共同的顶点时,其尺寸链叫作角尺寸链。角尺寸链的数学表达式和线尺寸链的相似。

(1) 线尺寸链和角尺寸链

在零件加工和装配中,最常见的是线尺寸链和角尺寸链,如图 5-14 所示。

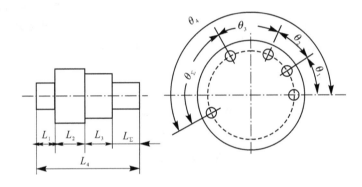

图 5-14　线尺寸链和角尺寸链

设 L_i、$(L_i)_N$、Δ_i 分别为线尺寸链第 i 个基本环的实际尺寸、公称尺寸及其误差;L_Σ、$(L_\Sigma)_N$、Δ_Σ 分别为线尺寸链封闭环的实际尺寸、公称尺寸及其误差;

A_i 为尺寸 L_i 对 L_Σ 的传递系数,亦即误差 Δ_i 对 Δ_Σ 的传递系数。

因为

$$\Delta_\Sigma = L_\Sigma - (L_\Sigma)_N \tag{5-6}$$

$$\Delta_i = L_i - (L_i)_N \tag{5-7}$$

且

$$(L_\Sigma)_N = (L_4)_N - (L_3)_N - (L_2)_N - (L_1)_N \tag{5-8}$$

$$L_\Sigma = L_4 - L_3 - L_2 - L_1 = \sum_{i=1}^{4} A_i L_i \tag{5-9}$$

所以

$$\Delta_\Sigma = \sum_{i=1}^{4} A_i \Delta_i \tag{5-10}$$

式(5-10)是线尺寸链的误差尺寸链方程。

同理,对于角尺寸链,有

$$\theta_\Sigma = \theta_4 - \theta_3 - \theta_2 - \theta_1 = \sum_{i=1}^{4} A_i \theta_i \tag{5-11}$$

$$\Delta\theta_\Sigma = \sum_{i=1}^{4} A_i \Delta\theta_i \tag{5-12}$$

这是角尺寸链的误差尺寸链方程。

在线尺寸链和角尺寸链中，$A_i = +1$ 的基本环，其值增大时封闭环的值也增大，称之为增环；$A_i = -1$ 的基本环，其值增大时封闭环的值减少，称之为减环。

（2）面尺寸链

用测量圆弧弦长 l 和弧高 h 的方法求圆弧半径 R，如图 5-15 所示，尺寸为封闭环尺寸，尺寸 l 和 h 为基本环尺寸，它们都在同一平面内，但互相不平行，形成一个面尺寸链。

按尺寸 R、l 和 h 的几何关系，有

$$R^2 = (R-h)^2 + \left(\frac{l}{2}\right)^2 \tag{5-13}$$

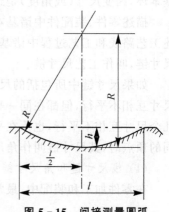

图 5-15 间接测量圆弧半径 R 的面尺寸链

即

$$R = \frac{l^2}{8h} + \frac{h}{2} \tag{5-14}$$

对于各尺寸的中值

$$R_0 = \frac{l_0^2}{8h_0} + \frac{h_0}{2} \tag{5-15}$$

而实际尺寸为

$$R = R_0 + \Delta R \tag{5-16}$$

$$l = l_0 + \Delta l \tag{5-17}$$

$$h = h_0 + \Delta h \tag{5-18}$$

用微分法求 ΔR、Δl 和 Δh 的关系，可得

$$\Delta R = \frac{l_0}{4h_0} \Delta l - \left(\frac{l_0^2 - 4h_0^2}{8h_0^2}\right) \Delta h \tag{5-19}$$

式（5-19）就是以 R 为封闭环，以 l 和 h 为基本环的误差尺寸链方程，$\dfrac{l_0}{4h_0}$ 和 $-\left(\dfrac{l_0^2 - 4h_0^2}{8h_0^2}\right)$ 分别为 Δl 和 Δh 的传递系数。

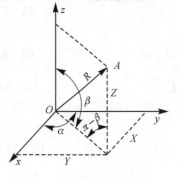

图 5-16 空间尺寸链简例

（3）空间尺寸链

例如用型架装配机定位和安装型架定位件时，在其直角坐标系中把定位件定位于坐标值为（X、Y、Z）的 A 点，如图 5-16 所示。坐标原点到 A 点的距离 R 及其误差，取决于 A 点的坐标值及其误差，以及坐标轴的垂直度。

如果坐标轴的垂直度误差小到可忽略不计，则有

$$R = \sqrt{X^2 + Y^2 + Z^2} \tag{5-20}$$

$$\Delta R = \frac{X}{R}\Delta x + \frac{Y}{R}\Delta y + \frac{Z}{R}\Delta z \tag{5-21}$$

当考虑坐标轴的垂直度误差时,有

$$R^2 = [X^2 + Y^2 - 2XY\cos(\pi - \alpha)] + Z^2 - \\ 2Z\sqrt{X^2 + Y^2 - 2XY\cos(\pi - \alpha)\cos(\pi - \beta)} \tag{5-22}$$

即

$$R^2 = X^2 + Y^2 + Z^2 + 2XY\cos\alpha + 2Z\cos\beta\sqrt{X^2 + Y^2 + 2XY\cos\alpha} \tag{5-23}$$

其误差尺寸链方程亦可用微分法列出。

以上尺寸链都是对单一封闭环尺寸而言的,实际问题中往往存在多个封闭环尺寸,每个封闭环尺寸在一条闭合的尺寸链中;整个问题包含多条互有联系的闭合尺寸链,其数学模型就是全部有关尺寸链的尺寸链方程组,并可用尺寸链矩阵表示之。

(4) 随机误差的综合

装配误差是各个环节误差综合的结果。对于各系统误差,因其在一定条下为确定值,在线性尺寸链中,可以用求代数和的方法计算;对于由随机误差累积成的累积误差,可以用三种不同的方法计算,即极值法、概率法和蒙特卡罗分析。

1) 极值法

极值法又称极大极小法,即封闭环误差的上限和下限为所有组成环误差的上限和下限的代数和。

误差的尺寸链方程为

$$\Delta_\Sigma = \sum_{i=1}^{n} A_i \Delta_i \tag{5-24}$$

令 $(\Delta_\Sigma)_。$ 和 $(\Delta_i)_。$ 分别为封闭环和第 i 个组成环误差的中点值,ω_Σ 和 ω_i 分别为封闭环和第 i 个组成环误差带的半带宽。

按极值法计算封闭环误差的中点值和误差带半带宽的公式分别为

$$(\Delta_\Sigma)_。= \sum_{i=1}^{n} A_i (\Delta_i)_。\tag{5-25}$$

$$\omega_\Sigma = \sum_{i=1}^{n} |A_i| \omega_i \tag{5-26}$$

封闭环误差 Δ_Σ 的上限 $(\Delta_\Sigma)_s$ 和下限 $(\Delta_\Sigma)_x$ 计算公式为

$$(\Delta_\Sigma)_s = (\Delta_\Sigma)_。+ \omega_\Sigma = \sum_{i=1}^{n} A_i (\Delta_i)_。+ \sum_{i=1}^{n} |A_i| \omega_i \tag{5-27}$$

$$(\Delta_\Sigma)_x = (\Delta_\Sigma)_。- \omega_\Sigma = \sum_{i=1}^{n} A_i (\Delta_i)_。- \sum_{i=1}^{n} |A_i| \omega_i \tag{5-28}$$

用极值法计算累积误差可以达到 100% 的概率,但这样计算出来的累积误差偏大。因为在实际生产中,所有增环同时达到其最大极限尺寸并且所有减环同时达到其最小极限尺寸的概率是极小的,即这样计算出来的封闭环尺寸误差带两端有相当一部分出现的概率是很小的,因此,在计算累积误差时,一般是用概率法。

2) 概率法

概率法的基础是各组成环的误差为随机误差并有一定的统计分布规律,取各随机误差出现的概率接近 100%(小于 100%)作为其分布范围,用概率求和的公式计算累积误差。

随机误差常见的分布规律为正态分布(高斯分布),它也是比较随机误差分布特征的一种基准分布规律。

正态分布的曲线如图 5-17 所示。

正态分布的曲线方程为

$$\varphi(\Delta') = \frac{1}{\sigma\sqrt{2\pi}} e^{-\frac{\Delta'^2}{2\sigma^2}} \quad (5-29)$$

式中：$\Delta' = \Delta' - \overline{\Delta}$，$\overline{\Delta}$ 为 Δ' 的均值；$\varphi(\Delta')$ 为概率分布密度；σ 为均方根差，表示随机误差的离散程度。

对于正态分布，一般规定随机误差的分布范围为 $\pm 3\sigma$，此时随机误差出现的概率为 99.73%。

如果各组成环的随机误差均服从正态分布，则封闭环误差 Δ_Σ 也符合正态分布。

则有

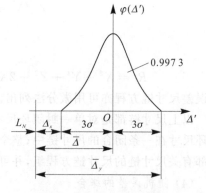

图 5-17　正态分布曲线

$$\overline{\Delta_\Sigma} = \sum_{i=1}^{n} A_i \overline{\Delta_i} \quad (5-30)$$

$$\sigma_\Sigma = \sqrt{\sum_{i=1}^{n} A_i^2 \sigma_i^2} \quad (5-31)$$

$$\omega_\Sigma = \sqrt{\sum_{i=1}^{n} A_i^2 \omega_i^2} \quad (5-32)$$

在机械制造的大批量或大生产中，随机误差的分布大多属于正态分布。而在飞机制造中，由于主要采用模线—样板(标准样件)—模具、夹具—工件的制造和协调路线，即尺寸传递过程中主要采用实体移形方法，随机误差的分布一般不服从于正态分布，而是非对称的分布，如图 5-18 所示。

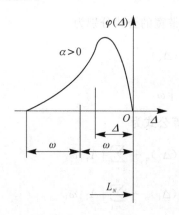

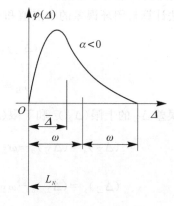

(a) 移形时尺寸只能减小的分布曲线　　　　(b) 移形时尺寸只能增大的分布曲线

图 5-18　随机误差的不对称分布曲线

为了对各种不同分布的随机误差进行综合，需要设定表示分布特征的参数，即相对离散系数 k 和相对不对称系数 α。

相对离散系数定义为

$$k = \frac{3\sigma}{\omega} \quad (5-33)$$

相对不对称系数定义为

$$\alpha = \frac{\bar{\Delta} - \Delta_\circ}{\omega} \qquad (5-34)$$

对于正态分布，$k=1$，$\alpha=0$；对于其他非对称的分布，$1 \leqslant k \leqslant 1.73$，$0 \leqslant \alpha \leqslant 1$。在飞机制造中，常用的一些加工方法的 α_i 值和 k_i 值可参见表 5-2。

因此

$$\sigma_i = \frac{k_i \omega_i}{3} \qquad (5-35)$$

$$\sigma_\Sigma = \frac{k_\Sigma \omega_\Sigma}{3} \qquad (5-36)$$

表 5-2　各种加工方法的 α_i 和 k_i 值

加工工艺方法	加工准确度/ mm	系数的平均值	
		α_i	k_i
按模线加工外形检验梯板外形	±0.15	0.5	1.4
按外形检验样板加工生产样板外形	±0.15	0.5	1.4
按样板加工成形模外形	±(0.1~0.2)	0.5	1.4
按切面样板加工立体成形模外形	±(0.1~0.2)	0.5	1.4
按样板加工装配且卡板外形	±0.15	0.5	1.4
按标准样件安装装配夹具定位件	±0.1	0.2	1.2
用蒙皮成形模成形零件外形	±(0.5~1.5)	0.2	1.2
用落锤成形模成形零件外形	+0.3	0.2	1.2
用蒙皮拉形成形蒙皮外形	+0.3	0.2	1.2
用型材压弯机成形	+0.5	0.2	1.2
按钻模钻装配孔和定位孔	±0.05	0	1.0

若已知各组成环尺寸的公差带半带宽 δ_i 和公差带中点值 $(\delta_i)_\circ$，计算封闭环的 k_Σ 和 α_Σ，可用以下近似公式：

$$k_\Sigma \approx 1 + 0.55 \frac{\sqrt{\sum_{i=1}^{n} A_i^2 k_i^2 \delta_i^2} - \sqrt{\sum_{i=1}^{n} A_i^2 \delta_i^2}}{\sum_{i=1}^{n} |A_i| \delta_i} \qquad (5-37)$$

$$\alpha_\Sigma \approx 0.59 \frac{\sum_{i=1}^{n} A_i \alpha_i \delta_i}{\sum_{i=1}^{n} |A_i| \delta_i} \qquad (5-38)$$

此时，累积误差的计算公式可写成

$$(\Delta_\Sigma)_\circ = \sum_{i=1}^{n} A_i (\delta_i)_\circ + \sum_{i=1}^{n} A_i \alpha_i \delta_i - \alpha_\Sigma \omega_\Sigma \qquad (5-39)$$

$$\omega_\Sigma = \frac{1}{k_\Sigma} \sqrt{\sum_{i=1}^{n} A_i^2 k_i^2 \delta_i^2} \qquad (5-40)$$

$$(\Delta_\Sigma)_x^s = (\Delta_\Sigma)_o \pm \omega_\Sigma \tag{5-41}$$

采用以上计算方法时,需要有各种不同加工方法的 k_i 和 α_i 的统计值,在缺乏这些统计数据的情况下不能采用。此时可采用以下两种更为简便的经验公式。

① 各组成环尺寸的随机误差按正态分布并加正系数,即

$$\omega_\Sigma = H \cdot \sqrt{\sum_{i=1}^{n} A_i^2 \delta_i^2} \tag{5-42}$$

$$H = 1.8 - 0.8 \frac{\sqrt{\sum_{i=1}^{n} A_i^2 \delta_i^2}}{\sum_{i=1}^{n} |A_i| \delta_i} \tag{5-43}$$

式中:H 为修正系数,其值在 $1\sim1.8$ 之间。

② 按极值法加修正系数。在各组成环中,如果对封闭环误差的影响没有明显很大或很小的环节时,可以根据组成环的数量 n 确定对极值法的修正系数,即修正系数是 n 的函数。此时计算公式可写成:

$$\omega_\Sigma = f(n) \cdot \sum_{i=1}^{n} |A_i| \delta_i \tag{5-44}$$

式中:$f(n)$ 为对极值法的修正系数,其数值见表 $5-3$。

表 5-3 修正系数 $f(n)$ 的值

n	$f(n)$	n	$f(n)$	n	$f(n)$	n	$f(n)$	n	$f(n)$
3	0.90	8	0.64	13	0.43	18	0.38	26	0.32
4	0.89	9	0.61	14	0.43	19	0.37	28	0.31
5	0.88	10	0.57	15	0.42	20	0.36	30	0.30
6	0.83	11	0.53	16	0.40	22	0.35	35	0.28
7	0.70	12	0.50	17	0.39	24	0.33	40	0.27

5.2.2 飞机装配准确度

1. 飞机装配准确度的要求

(1) 飞机气动外形准确度

飞机气动外形准确度包括飞机外形准确度和外形表面光滑度。

1) 飞机外形准确度

飞机外形准确度是指飞机装配后的实际外形偏离设计给定的理论外形的程度。一般来说,飞机的最大飞行速度越高,对飞机外形的准确度要求越高;翼面类部件(机翼和尾翼)比机身部件的外形准确度要求高;各部件的最大剖面以前部分又比最大剖面后部分的外形准确度要求高。图 $5-19$ 为超声速歼击机各部件外形准确度要求。

此外,飞机外形的波纹对飞机的空气动力性能有重要影响,因此在飞机设计中还专门规定了外形波纹度要求。外形波纹度要求规定在一定波长上所允许的波幅值(即波峰与波谷的高度差),如图 $5-20$ 所示。

外形波纹度误差是两相邻波峰与波谷的高度差 H 和波长 L 的比值,即

$$\Delta\lambda = \frac{H}{L} \tag{5-45}$$

2）外形表面平滑度

飞机外形表面的局部凸起和凹陷对飞机的空气动力性能也有影响，因此对飞机外形表面上的铆钉头、螺钉头、蒙皮对缝处的阶差等局部凸凹不平度均有一定要求，如图 5 - 21 所示。垂直于气流方向的蒙皮对缝处阶差，尤其是逆气流方向凸起的阶差，比顺气流方向阶差要求更严。

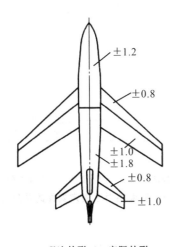

1—理论外形；2—实际外形

**图 5 - 19　超声速歼击机各部件
外形的准确度要求**

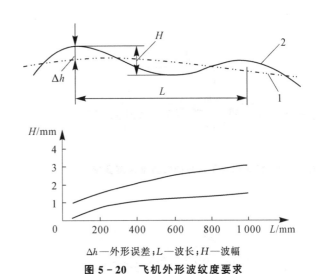

Δh—外形误差；L—波长；H—波幅

图 5 - 20　飞机外形波纹度要求

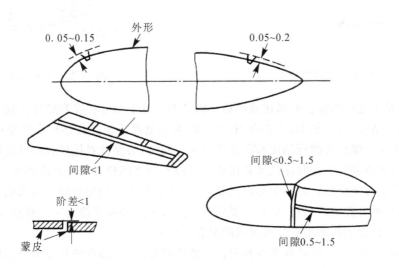

图 5 - 21　飞机表面的平滑度要求（尺寸单位：mm）

（2）部件对接的准确度

为保证飞机的飞行性能，在飞机设计时，对各部件之间的相对位置准确度规定了一定的技术要求。例如，机身各段的同轴度要求，机尾翼相对于机身的安装角 α、上反角（下反角）β 和后掠角的准确度要求，如图 5 - 22 所示。允许的误差一般是将角度尺寸换算成线性尺寸，通过飞机的水平测量进行检查。

飞机的各操纵面包括副翼、升降舵和方向舵等，为了保证操纵灵活，除对多支点转轴的直线度提出准确度要求外,还规定了固定翼面和舵面外形之间保证一定的间隙和外形阶差要求,如图 5-23 所示。

各部件之间对接的准确度取决于各部件对接接头之间和对接接头与外形之间的协调准确度。为了保证各部件的互换性以及部件对接时不致因接头之间尺寸不协调用强迫连接而在结构中产生过大的残余应力,对各部件对接接头的配合尺寸和对接螺栓孔的协调准确度提出了比较严格的要求。部件之间对接接头的结构形式主要有两种:叉耳式接头和围框式(凸缘式)接头,如图 5-24、图 5-25 所示。

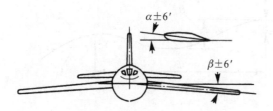

图 5-22　机翼相对于机身的位置准确度要求

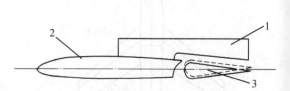

1—检测样板;2—固定翼面;3—舵面外形

图 5-23　舵面相对于固定翼面的外形要求

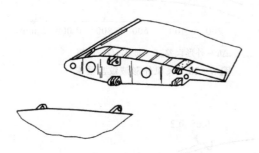

图 5-24　叉耳式接头

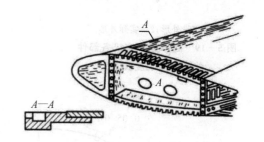

图 5-25　凸缘式接头

叉耳式接头之间的配合要求比较严格。因各对叉耳上的螺栓孔和螺栓之间一般是采用无公称间隙的高精度配合,如 Hg/h7 或 H9/f9 等,为避免强迫连接在结构中产生过大的残余应力,对各对叉耳上螺栓孔的同轴度有严格的要求。同时,为保证对接后各部件之间相对位置的准确度,还要求各部件装配时保证叉耳接头与部件外形之间相对位置的准确度。

此外,因各对叉耳配合面的中心距尺寸较大,若各对叉耳的配合面全部采用无公称间隙的高精度配合是不可能的,一般只能对主要的叉耳接头采用公称间隙为零的高精度配合,而其余各对叉耳的配合面之间则用有公称间隙的配合或加补偿垫片。

对于围框式接头,为保证各部件相对位置的准确度,对各部件的对合面与部件外形的相对位置应有严格的要求。为保证对接强度,对合面之间的接触面积一般应不少于总对合面积的 70%,只允许局部存在 0.1~0.2 mm 的间隙。而对接孔一般则采用有公称间隙的配合,一般对接螺栓孔的公称直径比螺栓的公称直径大 0.2~0.5 mm。

由此可见,各部件之间对接的准确度要求是很高的,需要在结构设计和飞机装配过程中采取特殊措施才能达到,后面将详细介绍。

(3) 部件内零件位置准确度

部件内部各零件和组合件的位置准确度一般容易保证,如大梁轴线位置允差和不平度允差一般为 ±(0.5~1.0)mm;翼肋和隔框轴线位置允差一般为 ±(1.0~2.0)mm,长桁轴线位

置允差一般为 $\pm 2.0\ mm$。

2. 影响装配准确度的误差分析

（1）装配过程中的误差分类

根据误差来源，影响装配准确度的各种误差可分成两大类：一类是与装配时所采用的定位方法有关的各种误差，包括零件、组合件制造误差，装配夹具误差，工件和装配夹具之间的协调误差；另一类是与定位方法无关的各种误差，包括由连接引起的变形误差和由于温度变化引起的变形误差。

（2）零件制造误差

零件制造误差是装配误差中的重要成分，它对装配准确度有重要影响。零件的形状和尺寸误差以及零件上的定位孔和外形之间的相对误差属于随机误差。钣金零件成形模具的误差属于系统误差，在零件制造的总误差中为固定的值。为提高零件制造的准确度，应尽量减少模具制造误差。

（3）装配夹具误差

装配夹具误差包括装配夹具制造误差和装配夹具变形。

1）装配夹具制造误差

装配夹具的准确度对产品装配的准确度和两个装配件配合面之间的协调准确度有很大影响。装配夹具的误差在装配总误差中属于系统误差。装配夹具制造好以后，通过测量装配夹具各定位件的实际尺寸，可以确定装配夹具误差的实际大小。在这种情况下，通过调整定位件可使其误差达到最小。还可以根据在装配夹具中装配出来的产品实际尺寸统计数据来调整装配夹具的定位件，以一批产品误差的平均值作为调整的修正值。

2）装配夹具变形

在装配过程中的夹具，由于种种原因总会伴随产生一定的不希望有的变形，实际上有些不希望有的变形很微小，不影响装配协调和使用要求，我们没有必要去分析和处理它们；但有些变形比较明显，且会影响装配协调和装配质量，应该予以重视，对它们进行必要的控制。

例如，装配夹具结构的刚度不够，受自重和工艺载荷的作用而产生变形。这可由装配夹具结构的刚度设计来控制。装配夹具的钢制构架、框架和梁，常采用焊接结构，焊后存在内应力和变形，且焊接应力在时效期内随时间而变化，使结构的尺寸和形状不稳定，这可通过控制焊接结构应力与变形的方法来解决。对装配夹具的残余变形详细地予以掌握，在使用时就可以把它当作系统误差来修正。对难以控制的地基沉降，为避免它引起的型架、设备变形，应在型架、设备的结构设计上设法解决。

（4）工件和装配夹具之间的协调误差

工件和装配夹具之间的协调误差包括零件、组合件之间的协调误差，零件、组合件与装配夹具定位面和定位孔之间的协调误差，以及各装配夹具之间的协调误差。由于这些协调误差的存在，必然引起强迫装配，使工件产生弹性变形，在装配以后产生变形误差。

在装配夹具中进行装配时，零件按装配夹具的定位基准面定位。因为零件的定位表面与装配夹具的定位基准面的形状和尺寸都有误差，零件表面和夹具定位基准面之间不可能完全贴合，必然存在一些间隙，需要通过夹具夹紧件施加一定的夹紧力，迫使零件定位表面与夹具定位基准面相贴合。但当装配件装配连接完并松开夹紧件后，由于结构内存在内应力，装配件将产生回弹变形，使装配件的形状相对于装配夹具定位基准面产生一定的误差。

在条件公差下，强迫装配允许消除的装配单元配合面（或交点孔）之间的协调误差取决于：

是否用装配夹具进行装配、被强迫装配的装配单元的刚度比和装配单元与装配对象的刚度比，以及装配对象许可的变形量和许可的装配残余应力。

（5）连接变形误差

各种连接均可能使装配件变形。铆接时，由于钻孔力、铆接力以及铆钉沿全长膨胀不均匀等各种因素，均会使结构产生变形，并在结构中产生残余应力；焊接时，由于零件各处受热不均匀以及焊缝在冷却时局部收缩引起的焊接变形误差。

（6）温度变形误差

飞机部件的尺寸大，飞机零件、装配件与工艺装备的材料不同，热膨胀系数不同，车间的温度随季节和时间变化而异，必然使工艺装备和工件产生变形误差。

3. 各种装配方法的装配准确度分析

（1）以骨架外形为装配基准

当骨架零件的刚度比蒙皮的刚度大时，一般是采用以骨架外形为基准进行装配。

采用以骨架外形为基准装配时，产品装配的准确度主要取决于骨架装配的准确度。骨架装配的准确度又取决于骨架零件和组合件的准确度以及装配夹具（型架）的准确度。由于骨架零件和装配夹具在制造时都产生一定的误差，当骨架零件在夹具上定位时，零件和装配夹具的定位面之间不可能完全贴合，必然出现一定间隙，通过夹紧件施加夹紧力使骨架零件产生变形可消除一部分间隙。因此，骨架装配的准确度主要取决于装配夹具的制造误差 $\Delta_{夹具}$ 和骨架在装配夹具中的定位误差 $\Delta_{定位(骨架-夹具)}$。

蒙皮在装配好的骨架上安装时，蒙皮与骨架之间也不可能完全贴合，必然存在蒙皮在骨架上的定位误差 $\Delta_{定位(骨架-蒙皮)}$。此外，产品外形的误差还应包括蒙皮厚度的误差 $\Delta_{蒙皮厚度}$。但可以认为，这两个误差对产品最后装配准确度的影响相对来说比较小。

最后还应考虑到在装配过程中由于连接和其他原因引起的变形误差 $\Delta_{变形}$。变形误差的大小取决于许多结构和工艺因素，难以准确确定其数值。根据实际经验，变形误差在组合件装配中占装配总误差的 $30\%\sim40\%$，在段件和部件装配中占总误差的 $10\%\sim20\%$。

综上所述，以骨架外形为基准装配的误差尺寸链方程可写成

$$\Delta_{装配} = \Delta_{夹具} + \Delta_{定位(骨架-夹具)} + \Delta_{定位(骨架-蒙皮)} + \Delta_{蒙皮厚度} + \Delta_{变形} \qquad (5-46)$$

式中：$\Delta_{定位(骨架-夹具)}$ 和 $\Delta_{定位(骨架-蒙皮)}$ 正是骨架零件和装配夹具之间协调误差 $\nabla_{骨架-夹具}$ 以及骨架和蒙皮之间协调误差 $\nabla_{骨架-蒙皮}$。如考虑到在装配定位过程中通过夹紧件的夹紧使骨架零件外形与装配夹具定位面贴合及使蒙皮与骨架零件外形相贴合的因素，将使协调误差有所减少，故应对这两种协调误差加上修正系数 $K_{夹紧}$。

因此，误差尺寸链方程可改写成

$$\Delta_{装配} = \Delta_{夹具} + (\nabla_{骨架-夹具} + \nabla_{骨架-蒙皮})K_{夹紧} + \Delta_{蒙皮厚度} + \Delta_{变形} \qquad (5-47)$$

因变形误差可表示为装配总误差的一部分，即

$$\Delta_{变形} = m\Delta_{装配} \qquad (5-48)$$

所以误差尺寸链方程最后可写成

$$\Delta_{装配} = \frac{1}{1-m}\left[\Delta_{夹具} + (\nabla_{骨架-夹具} + \nabla_{骨架-蒙皮})K_{夹紧} + \Delta_{蒙皮厚度}\right] \qquad (5-49)$$

式中：$m=0.1\sim0.2$，用于段件和部件装配；$m=0.3\sim0.4$，用于组合件和板件装配。

（2）以蒙皮外形为装配基准

采用以蒙皮外形为基准进行装配，可以显著提高飞机外形准确度。

采用以蒙皮外形为基准装配时,首先在装配夹具中安装定位蒙皮,通过夹紧力使蒙皮外形与装配夹具定位表面贴合。这种装配方法的特点是按装配夹具直接形成封闭环尺寸,因此装配后产品外形的准确度主要取决于装配夹具的制造误差 $\Delta_{夹具}$。

由于蒙皮有制造误差,当在装配夹具中定位时,蒙皮不可能与装配夹具定位面完全贴合,在蒙皮外形和装配夹具定位面之间必然有间隙而产生定位误差 $\Delta_{定位(蒙皮-夹具)}$。此误差是由蒙皮和装配夹具之间的协调误差 $\nabla_{蒙皮-夹具}$ 引起的,考虑到蒙皮在装配夹具中通过夹紧力使蒙皮产生弹性变形与装配夹具定位面相贴合,$\nabla_{蒙皮-夹具}$ 将减小,故应加修正系数 $K_{夹紧}$。

同样,最后还应考虑到装配过程中产生的变形误差 $\Delta_{变形}$。

于是,在夹具内以蒙皮外形为基准装配的误差尺寸链方程为

$$\Delta_{装配} = \Delta_{夹具} + \nabla_{蒙皮-夹具}K_{夹紧} + \Delta_{变形} \qquad (5-50)$$

令 $\Delta_{变形} = m\Delta_{装配}$,则误差尺寸链方程最后可写成

$$\Delta_{装配} = \frac{1}{1-m}(\Delta_{夹具} + \nabla_{蒙皮-夹具}K_{夹紧}) \qquad (5-51)$$

（3）按装配孔装配

按装配孔装配时,是以产品中的一个零件作为基准零件,其余零件则按装配孔在基准零件上进行装配定位。

按装配孔装配的准确度首先取决于基准零件的制造误差 $\Delta_{基准零件}$ 和在基准零件上定位的其他各零件的制造误差 $\Delta_{零件}$。零件制造误差包括零件上装配孔的位置误差 $\Delta_{零件装配孔}$ 和零件外形的误差 $\Delta_{零件外形}$,这两项误差的总和就是零件外形相对于装配孔的误差,即

$$\Delta_{零件外形} + \Delta_{零件装配孔} = \nabla_{零件(外形-装配孔)} \qquad (5-52)$$

此外,当基准零件和其他零件按装配孔定位时,由于装配孔轴线不可能完全重合而形成协调误差 $\nabla_{装配孔(基准零件-零件)}$。

最后,产品装配的准确度还取决于蒙皮厚度误差 $\Delta_{蒙皮厚度}$ 和蒙皮在骨架上的定位误差 $\Delta_{定位(蒙皮-骨架)}$ 即 $\nabla_{蒙皮-骨架}$,以及装配变形误差 $\Delta_{变形}$。

由以上可知,按装配孔装配时,装配误差尺寸链方程可写成

$$\Delta_{装配} = \Delta_{基准零件} + \nabla_{零件(外形-装配孔)} + \nabla_{装配孔(基准零件-零件)} + \nabla_{蒙皮-骨架}K_{夹紧} + \Delta_{蒙皮厚度} + \Delta_{变形}$$

$$\qquad (5-53)$$

令 $\Delta_{变形} = m\Delta_{装配}$,则

$$\Delta_{装配} = \frac{1}{1-m}(\Delta_{基准零件} + \nabla_{零件(外形-装配孔)} + \nabla_{装配孔(基准零件-零件)} + \nabla_{蒙皮-骨架}K_{夹紧} + \Delta_{蒙皮厚度})$$

$$\qquad (5-54)$$

4. 提高装配准确度的方法

为使飞机装配能够顺利进行,希望进入装配的零件和组合件具有互换性。所谓互换性是指零件和装配件的几何形状、尺寸及物理机械性能在一定的误差范围以内,在装配时不需要经过修配、补充加工或调整,在装配以后能够完全满足规定的技术要求。因此,具有互换性的零件和装配件对装配工作是十分有利的。因在装配过程中,不需要对进入装配的零件和装配件进行试装和修配,所以减少了手工修配工作量,缩短了装配周期,便于组织均衡的有节奏的生产。实际上,在飞机成批生产中,许多钣金零件、机械加工件、装配件都是可以互换的,即在装配时不需要修配和补充加工。

但对一些复杂结构中准确度要求很高的某些重要尺寸,为了保证装配后能达到所要求的

准确度,过分提高零件和装配件的制造准确度,有时在经济上是不合理的,在技术上有时也难以做到。因此,在飞机装配中,对某些准确度要求很高的配合尺寸,则采用各种补偿的方法,以便最后能达到所要求的准确度。

所谓补偿方法,就是对于零件或装配件某些准确度要求高的尺寸,在装配时或装配后,通过修配、补充加工或调整,部分消除零件制造和装配误差,最后达到所要求的准确度。采用补偿方法时,飞机装配工作量将有所增加,但从整个制造过程来看,将取得更好的经济效益。

飞机装配中采用的补偿方法可以分为两类。一类是从工艺方面采取的补偿措施,称为工艺补偿;另一类是从结构设计方面采取的补偿措施,称为设计补偿。

① 工艺补偿方法。工艺补偿是从工艺方面采取的补偿措施,如装配时进行相互修配,或装配后进行最后精加工,或者直接进行强迫装配。

② 设计补偿方法。设计补偿是从飞机结构设计方面采取的补偿措施,以保证产品的准确度。如在飞机结构中采用垫片补偿、间隙补偿、连接补偿件以及可调补偿件等。

5.2.3　飞机制造的互换协调方法

1. 飞机制造中互换性的基本概念

一般机器制造中所说的互换性,指的是独立制造的零件和组合件,在装配时可以不经任何修配或补充加工,装配后就能满足产品使用的技术要求。

由于飞机构造与制造的特点,决定了飞机制造保证互换性的内容与特点。在飞机制造中,零件、组合件和部件达到互换,除了在几何尺寸方面应具有互换性外,还特别要求在气动力外形、结构强度和重量(包括重心)等方面达到互换要求。

(1) 飞机制造中的互换要求

1) 气动力外形的互换要求

气动力外形的互换是对飞机产品的特殊要求,因为气动力性能是评价飞机产品性能的一个极为主要的内容。而飞机的大部分零件都是与气动外形有关,有的是直接构成飞机的外形,有的是间接的、通过与其他零件装配后对飞机的气动外形产生影响。

气动力外形互换包括两个内容:一是组合件及部件本身的气动力外形达到互换要求;二是组合件、部件安装在飞机上以后,达到与相邻组合件及部件相对位置的技术要求。例如,机翼部件在总装时,或在使用中因损坏而更换时,用任一机翼装上飞机后,飞机的上反角、安装角以及后掠角等有关的相对位置几何参数,也应完全符合技术条件的要求。

2) 部件对接接头的互换要求

要求互换的组合件或部件,在与相邻的组合件或部件对接时,应当无须任何修配或补充加工即能接合在一起,而且对接后达到规定的技术要求。

因为飞机各部分之间往往采用空间多点的复杂连接形式,所以保证互换要求也需要使用一些特殊的方法。现以图 5-26 所示的中翼和外翼对接为例,对它们对接的技术要求做简要的介绍:

① 对接接头叉耳间的配合要求,以及对接螺栓孔的同心度要求;

② 对接处蒙皮对缝的间隙要求;

③ 对接处两个部件端面的切面外形的吻合性要求;

④ 两个部件内各种导管、电缆等在对接面处连接的技术要求。

前三项要求都直接影响到飞机气动性能,而第一项除了与部件气动力性能有关外,还与部件之间的连接强度有关。因此,这些要求都很严格。

　　根据上述要求,在飞机生产过程中,如果采用一般机器制造的公差配合制度和通用量具是难以保证其互换的,必须应用特殊的保证互换的方法。又因为飞机构造上的特点,有的内容难以做到完全互换,只能要求达到一定程度的互换。例如,为了达到部件间蒙皮对接缝的间隙要求,可在蒙皮边缘留一定的加工余量,待装配时通过修配来达到。

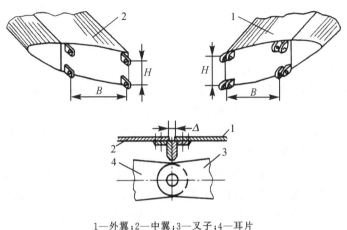

1—外翼;2—中翼;3—叉子;4—耳片

图 5 - 26　外翼与中翼对接

　　3) 强度互换要求

　　零件、组合件和部件,它们的物理机械性能及加工尺寸,应保持在一定的误差范围内,以保证产品的强度和使用可靠性。

　　4) 重量(包括重心)互换要求

　　飞机的重量及重心对飞机的性能有重要影响,因此要求生产出的组合件和部件的重量及重心应符合技术条件的规定。

　　上面提到的保证互换的内容,是从飞机及其部件总的要求方面而言的,这些要求必须通过飞机生产过程中各个阶段来实现。由于飞机构造的特点与所采用的加工方法的影响,所以在保证互换性的方法上,除了那些形状简单而规则、尺寸小而刚度大的机械加工零件(如起落架构架、作动筒,操纵系统的零件等)外,凡与气动外形有关的零件和装配件不能靠采用公差配合制度,及各种通用量具来保证其互换要求,而必须采用一种建立在模线-样板基础上的保证互换性的方法和计算机辅助设计与制造技术。

　　(2) 使用互换和生产互换

　　在飞机制造中,对零件、组合件和部件提出的互换性要求有两类:一类是使用中的互换性,称为使用互换;另一类是生产中的互换性,称为生产互换。

　　① 使用互换。飞机在使用中,如果某个零件、组合件或部件损坏,可以随意用一个备件将其更换,而不需要进行挑选或修配工作,经更换后飞机的使用性能仍然满足规定的要求,这是使用互换。

　　② 生产互换。在生产过程中,飞机零件、组合件、部件以及各种机构在装配时无须经过挑选和修配,在装配后就能满足制定的技术要求,具有这样性质的互换性称为生产互换。如果零件和组合件等具有生产互换性,那么在生产中不但可以减少装配工作量,从而缩短装配周期和降低装配费用,而且还便于组织有节奏的流水生产;所以,在成批生产的条件下,飞机上有相当

数量的零件和组合件等具有生产互换性。

但是,对于那些尺寸大、刚度小、形状复杂的零件及组合件,若保证其全部几何尺寸的互换,往往技术上比较困难,而且在经济上也不合理。此时,对这类零件、组合件或部件只能要求达到一定程度的互换,即对某些难以保证互换的尺寸,事先留有一定的加工余量,在装配时进行修配;也可以借助可调补偿件,在装配时进行调整,以达到装配技术要求。

必须指出,保证零件、组合件或部件的生产互换,应该根据生产的产量和生产条件来确定要求互换的程度。在确定互换程度时,应在确保产品质量的条件下,考虑最经济的原则。

2. 保证协调准确度的基本方法

无论是采用一般机械制造中的公差配合制度,还是采用飞机制造中的模线—样板工作方法达到产品的互换性,其基础都是保证产品准确度——制造准确度与协调准确度。

在飞机制造中,保证零件、组合件和部件的互换性,除了要保证其制造准确度外,更重要的是保证相互配合工件之间的协调准确度。而达到工件与工件之间的协调准确度,就要首先保证有关的工艺装备之间的协调准确度。

众所周知,制造任何零件,其几何形状和尺寸的形成,一般都是根据图纸所绘制的形状和标注的尺寸,在生产中通过一定的量具、工艺装备(夹具、模具等)和机床而获得。在这一过程中,先根据标准的尺度与量具制造出生产过程中使用的各种测量工具或仪器,然后用它们制造各种工艺装备,最后通过工艺装备和机床加工出工件的形状和尺寸。可见,整个生产过程是尺寸传递过程。

显然,两个相互配合零件的同名尺寸取得协调,它们的尺寸传递过程之间必然存在一定的联系。如图 5-27 所示,工件 A 和 B 是要相互协调的,假定 L_A 和 L_B 是协调尺寸,则它们的形成经过了许多次尺寸传递,其中有的是两个尺寸公共的环节,有的是两个尺寸各自的环节。后者将产生两个尺寸的协调误差∇_{AB}。

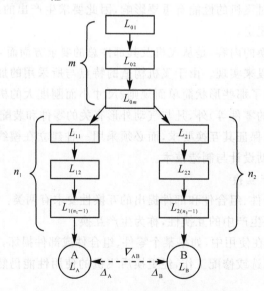

图 5-27　尺寸 L 的制造与协调路线

我们可以用一个联系系数 K 来表示两个零件在尺寸传递过程中的联系紧密程度:

$$K = \frac{2m}{n_1 + n_2}$$

式中：m——尺寸传递中公共环节的数量；

　　n_1——A 零件尺寸传递中各自环节的数量；

　　n_2——B 零件尺寸传递中各自环节的数量。

若 $m=1$，就是两个零件在尺寸传递中只有一个公关环节，此时 K 的值最小。随着 m 的增大，两个零件的有关尺寸联系愈加密切，K 值增大；当 $m=n_1$（或 n_2），而且 $n_2=n_1+1$（或 $n_1=n_2+1$）时，K 值趋近于 1，此时 K 值最大，这表明了两个零件的协调性最佳。

基于这一原理，在生产中有三种不同原则取得 L_A、L_B 两个尺寸协调的过程，即独立制造原则、相互联系原则和相互修配原则。

下面详细讨论各种协调原则的原理及其特点。

（1）按独立制造原则进行协调

这种协调原则传递尺寸的过程如图 5－28 所示。它是以标准尺上所定的原始尺寸开始尺寸传递，对 L_A 和 L_B 来说，原始尺寸是它们发生联系的环节，称为公共环节。在这里，尺寸传递过程中只有一个公共环节，以后的各个环节都是单独进行的。

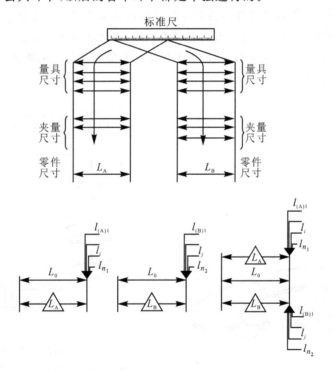

图 5－28　按独立制造原则传递尺寸的过程

此时，生产误差的方程式可以写成下列形式：

$$\Delta_A=\Delta_o+\sum_{i=1}^{n_1}\Delta_i \tag{5-55}$$

$$\Delta_B=\Delta_o+\sum_{j=1}^{n_2}\Delta_j \tag{5-56}$$

式中：Δ_o——原始尺寸的误差；

　　Δ_i——A 零件尺寸传递中的第 i 个环节的误差；

　　Δ_j——B 零件尺寸传递中的第 j 个环节的误差；

n_1、n_2——A、B零件尺寸链的环节总数量。

因此，A和B零件尺寸的协调误差可由下式确定：

$$\nabla_{AB}=\Delta_A-\Delta_B=\sum_{i=1}^{n_1}\Delta_i-\sum_{j=1}^{n_2}\Delta_j \tag{5-57}$$

协调误差带的公式为

$$\omega_{AB}=\sum_{i=1}^{n_1}\omega_i+\sum_{j=1}^{n_2}\omega_j \tag{5-58}$$

由此得出一个重要结论：相互配合的零件，按独立制造原则进行协调时，协调准确度实际上要低于各个零件本身的制造准确度。

现以图5-29所示的口盖与蒙皮的协调为例，讨论这种协调原则的应用。

口盖与蒙皮开口之间的间隙要求比较小，而且要求均匀；口盖直径 D 的偏差即使是几毫米，在使用上并不会造成任何困难，也不会对飞机性能有任何影响。两个零件的协调准确度要求比每个零件制造准确度要高。但是，按照独立制造原则，分别制造口盖和蒙皮，如图5-30所示，其过程是：根据口盖和蒙皮开口的设计尺寸通过测量工具按尺寸分别制造口盖的样板和蒙皮开口的样板，然后按照口盖的样板制造口盖的冲模，用冲模冲制口盖零件，同时，根据蒙皮开口样板在蒙皮上开口。用这种方法时，为了保证两个零件比较高的协调准确度，就要求各个样板和模具等应具有更高的制造准确度。

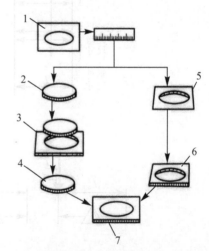

1—设计图纸与尺寸；2—口盖样板；3—口盖冲模；
4—口盖；5—口盖开口样板；5—蒙皮；7—口盖与蒙皮

图5-30　按独立制造原则制造口盖与蒙皮

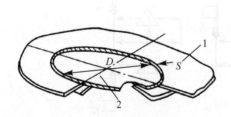

1—蒙皮；2—口盖

图5-29　蒙皮与口盖协调

（2）按相互联系制造原则进行协调

这种协调原则传递尺寸的过程如图5-31所示，当零件按相互联系制造原则进行协调时，零件之间的协调准确度只取决于各零件尺寸单独传递的那些环节，尺寸传递过程中的公共环节的准确度，并不影响零件之间的协调准确度。

此时，生产误差的方程式可写成下列形式：

$$\Delta_A=\Delta_\circ+\sum_{k=1}^{m}\Delta_k+\sum_{i=m+1}^{n_1}\Delta_i \tag{5-59}$$

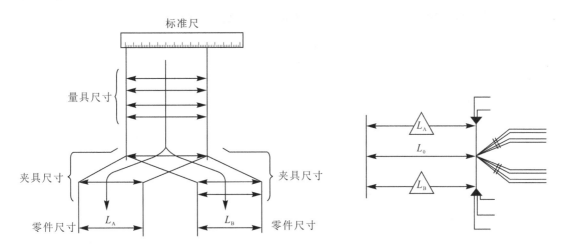

图 5 - 31　按相互联系制造原则传递尺寸的过程

$$\Delta_B = \Delta_。+ \sum_{k=1}^{m} \Delta_k + \sum_{j=m+1}^{n_2} \Delta_j \tag{5-60}$$

式中：Δ_k——公共环节中第 k 个环节的误差；

　　Δ_i——A 零件尺寸传递过程中单独有的第 i 个环节的误差；

　　Δ_j——B 零件尺寸传递过程中单独有的第 j 个环节的误差。

因此，A 和 B 零件尺寸的协调误差可由下式确定：

$$\nabla_{AB} = \Delta_A - \Delta_B = \sum_{i=m+1}^{n_1} \Delta_i - \sum_{j=m+1}^{n_2} \Delta_j \tag{5-61}$$

协调误差带的基本公式为

$$\omega_{AB} = \sum_{i=m+1}^{n_1} \omega_i + \sum_{j=m+1}^{n_2} \omega_j \tag{5-62}$$

这里又可以得出一个重要结论：如果其他条件相同，采用独立制造和相互联系制造两种不同的协调原则，那么即使零件制造准确度相同，得到的也是不同的协调准确度。按相互联系制造原则能得到更高的协调准确度，而且，在尺寸传递过程中公共环节数越多，协调准确度也就越高。

现仍以前面列举的口盖与蒙皮协调来说明这种协调原则。采用相互联系制造原则时，口盖和蒙皮的制造过程如图 5 - 32 所示。首先通过测量工具按图纸上的设计尺寸加工出口盖样板，这块样板就作为加工口盖和蒙皮的共同标准，即按它加工口盖冲模和蒙皮开口样板。然后，由冲模制出口盖，按样板在蒙皮上制出孔。此时，口盖样板加工的准确度只影响零件的制造准确度，而不影响零件之间的协调准确度。

（3）按相互修配原则进行协调

这种协调原则传递尺寸的过程如图 5 - 33 所示。它的联系系数 K 最大，趋近于 1。在一般情

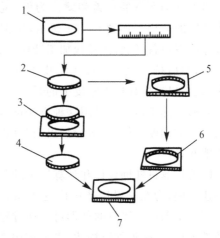

1—设计图纸与尺寸；2—口盖样板；3—口盖冲模；
4—口盖；5—蒙皮开口样板；5—蒙皮；7—口盖与蒙皮

图 5 - 32　按相互联系原则制造口盖与蒙皮

况下,这种协调原则比按相互联系制造原则能够达到更高的协调准确度。

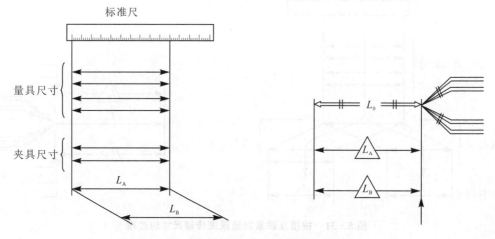

图 5 - 33　按相互修配原则协调两个零件尺寸

此时,生产误差的方程式也可写成下列形式:

$$\Delta_A = \Delta_o + \sum_{k=1}^{m} \Delta_k \tag{5-63}$$

$$\Delta_B = \Delta_o + \sum_{k=1}^{m} \Delta_k + \Delta_{m+1} = \Delta_A + \Delta_{m+1} \tag{5-64}$$

式中:Δ_{m+1}——A 零件尺寸传递给 B 零件的环节误差。

因此,A 和 B 零件的协调误差可由下式确定:

$$\nabla_{AB} = \Delta_A - \Delta_B = \Delta_{m+1} \tag{5-65}$$

协调误差带基本公式为

$$\omega_{AB} = \omega_{m+1} \tag{5-66}$$

由此,可以得出另一个结论:采用相互修配原则进行协调时,协调准确度仅决定于将 A 零件的尺寸传递给 B 零件时这一环节的准确度。

再以前面所举的口盖和蒙皮为例,说明相互修配原则的应用。如图 5 - 34 所示,根据口盖设计尺寸制造口盖样板,按样板加工冲模,由冲模制造口盖,然后按口盖零件加工蒙皮上的开口。或者是,先按口盖样板加工蒙皮上的开口,再按开口的实际形状加工口盖。采用这种方法可以保证较高的协调准确度。但是,应当指出,相互修配的零件不能互换。

随着计算机辅助设计和计算机辅助制造技术的迅速发展,为在飞机制造中广泛采用独立制造原则创造了条件。飞机的外形可以通过建立相应的数学模型,准确地加以描述,飞机结构件的几何形状与尺寸,也可以准确地存储在计算机内。在此基础上,产品的几何信息就直接传递给计算机

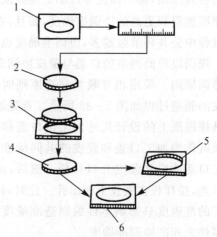

1—设计图纸与尺寸;2—口盖样板;
3—口盖冲模;4—口盖;5—蒙皮;6—口盖与蒙皮
图 5 - 34　按相互修配原则制造口盖与蒙皮

绘图设备和数控加工设备,输出图形和进行加工。这样,机械加工零件和成形模具,以及与外形有关的工艺装备定位件等工艺装备,可以达到很高的制造准确度,保证了协调要求,还可能提高协调准确度。因此,使用计算机辅助设计和计算机辅助制造技术实现独立制造,是飞机制造技术发展的方向。

3. 基于模线—样板的互换协调方法

(1) 模线—样板

由于飞机外形是复杂的曲面,而它的协调准确度要求又很高,如果采用一般机器制造的保证互换性的方法,是很难达到要求的。因此,在飞机制造中,引用了传统造船业中的"放样技术"作为生产中传递几何形状与尺寸的原始依据,如此一来,便形成了飞机制造中保证互换性的方法:模线—样板工作方法。

模线—样板工作方法是按相互联系制造原则建立的。根据这种方法,在飞机制造中尺寸传递过程可表述如下:

首先将飞机部件、组合件的外形及结构,按1:1的比例尺寸在专门的图板上准确地画出飞机的真实外形与结构形状,这就是模线。在生产中,模线就作为了飞机外形与结构形状的原始依据,然后根据模线加工出具有工件真实外形平板,这就是样板。在生产中,样板即作为加工或检验各种工艺装备及测量工件外形的量具。如图 5-35 所示是模线—样板工作方法在保证机翼部件某个切面工艺装备之间和零件之间相互协调的原理图。

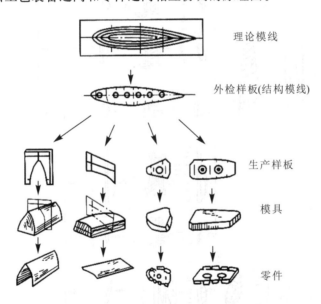

理论模线

外检样板(结构模线)

生产样板

模具

零件

图 5-35　模线—样板工作方法原理图

(2) 以模线—样板为基础的协调系统

从零件加工到部件装配经过了许多生产环节,每个环节都会产生制造误差。为了保证制造准确度和协调准确度,须保证所使用的大量工艺装备本身的制造准确度和相关的工艺装备之间的协调准确度。为此,在飞机制造中,工艺装备的制造应遵循一定的协调路线。

传统飞机制造以模线—样板为基础,按相互联系制造的原则保证零件、工艺装备以及零件与工艺装备之间的相互协调,如图 5-36 所示。在设计协调过程方案中,要特别注意保证基准零件或组合件的准确度。在讨论协调问题时,还应考虑零件或组合件在装配中所用的不同方法,

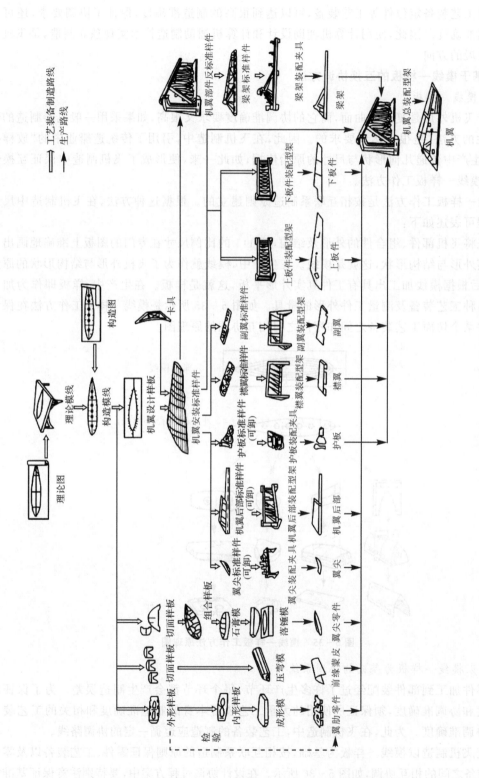

图5-36 模线样板—标准样件协调系统示意图

包括装配定位和装配基准。不同装配方法,具有不同的传递几何形状与尺寸的环节数量与次序。因此,在该协调路线下,制造标准样件周期长,技术要求高,所花费用多。随着计算机三维辅助设计技术的发展,现在这个协调路线已不适用。

5.3　飞机装配工装

飞机产品结构复杂,零部件数量多,且多数零件为尺寸大、刚性小的钣金件,装配过程中极易发生变形。因此,为了满足飞机产品最终的装配准确度要求,在飞机装配过程中,采用了大量的装配工装。

应用装配工装,不但可以确定飞机零件之间的相互位置,控制飞机气动外形,保证飞机的准确度要求和部组件的互换协调要求,而且应用工装还可以提高零件和组合件的刚性,保持其形状,限制装配过程中的连接变形。此外,应用工装还可以改善劳动条件,提高装配效率。因此,工装在飞机装配过程中占有非常重要的地位。

当前飞机装配中应用的工装主要有两种结构形式:刚性工装和柔性工装。刚性工装专用性强,稳定性好,但是设计制造周期长,存储占地面积大,结构开敞性差,不利于各种先进的自动化连接设备和连接技术的应用。而柔性工装正好克服了刚性工装的上述缺点,具有数字化、柔性可重复利用的特点,同时结构开敞性好,在产品装配时便于各种自动化连接设备应用。

5.3.1　工装构成

装配工装也称装配型架或装配夹具,其通常由骨架、定位件、夹紧件和辅助设备等组成。

(1) 工装骨架的构造

骨架的结构形式大体可分为框架式、组合式、整体底座式和分散式四类。

1) 框架式

这种骨架是山槽钢或钢管焊成的框架,如图 5-37 所示。它多用于隔框、翼肋、大梁等平面形状的组合件、板件,以及小型立体组合件、段件,如翼尖、舱门、小尺寸的尾翼。

2) 组合式

组合式骨架一般是由底座、立柱、支臂、梁等标准化元件组成的,如图 5-38 所示。梁一般是由槽钢焊成封闭的匣形剖面,通过螺栓固定在底座或立柱上。定位夹紧元件大都固定在梁上。立柱、底座的材料一般为铸铁,表面加工出孔便于通过螺栓相互连接。

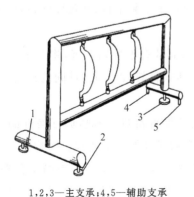

1,2,3—主支承;4,5—辅助支承

图 5-37　三点支撑的框架式骨架

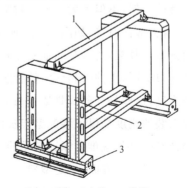

1—梁;2—立柱;3—底座

图 5-38　组合式骨架

组合式骨架的主要特点是规格化、标准化程度高。它类似于积木式结构,因此,使设计和制造都有可能缩短周期,当机型改变时,元件大多可重复使用。根据梁的布置方式的不同,组合式骨架可分为单梁、双梁、三梁和四梁式。

3) 整体底座式

整体底座式骨架是指型架的骨架中有一个整体的底座,底座用多支点可调支承支撑在车间地面上,型架的其他骨架及所有的定位夹紧元件都固定在底座上,如图5-39所示。这种形式的骨架主要是可降低对地基的要求,地基如有变动,可调整各支承点,以保持底座的正确位置,从而保证型架准确度的稳定性。

底座式骨架的优点在于通过定期检查的办法可消除地基变动的影响。此外,型架是浮动的,搬移比较方便。整体式底座一般可用钢管、型钢或钢板焊成平面框架,如图5-39所示。它也可以由铸造的标准块体直接拼接而成。

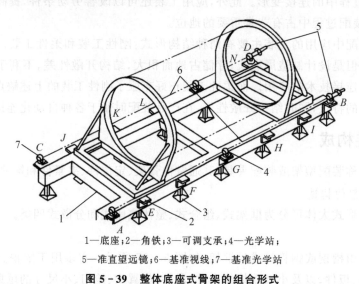

1—底座;2—角铁;3—可调支承;4—光学站;
5—准直望远镜;6—基准视线;7—基准光学站

图 5-39 整体底座式骨架的组合形式

4) 分散式

分散底座式骨架的特点是不设整体骨架,定位夹紧元件及调整、锁紧机构均固定在以车间地基为基础的分散的底座上。底座有固定底座和导轨底座,通过车间地基连成一个整体,因此工装的尺寸稳定性主要取决于车间地基和各分散底座的稳固程度。分散底座式骨架的优点在于取消了整体骨架,不但大大节省了材料,而且大幅简化了工装结构,开敞性好,多用于筒段机身部装、机身大部件对接,如图5-40所示。

采用分散式骨架,要求车间地基比较稳固,否则如地基有不均匀下沉,将严重影响型架准确度。此外,地基与工件(铝合金)的膨胀系数差比整体式骨架(钢)与工件间的差值大,这也影响骨架准确度,这些是分散式骨架致命的弱点。

装配工装的刚度是保证装配型架长期稳定性、飞机装配准确度和协调互换性的重要条件之一,型架刚度不好,就难以保证产品的装配准确度和协调互换性的要求。影响装配型架刚度的主要因素有以下三方面:一是型架的总体结构形式选取不当;二是结构布局不合理;三是一些安装重要的接头定位器的部位局部刚性不足。因此,在选定型架骨架的结构后,必须对装配型架的刚度进行校核验算。

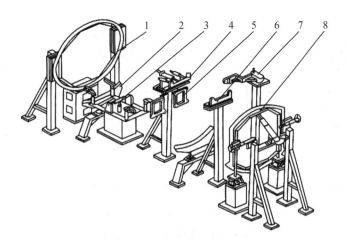

1—型架平板；2—托架；3—前起落架接头定位器；4—上壁板定位器；
5—侧壁板定位器；6—上壁板定位器；7—框定位器；8—型架平板

图 5 - 40　分散式骨架的组合形式

（2）定位件与夹紧件

使用装配工装时，首先需要保证所定位的工件处于正确、可靠的位置，把它们夹紧在这个位置上，这就是定位件、夹紧件必须完成的任务。定位是指工件被夹紧后所占有的位置。因此，定位与夹紧虽然作用不同，但它们是密切相关的，所以在结构上常常合为一体，成为定位夹紧件。对夹紧件的要求是夹紧可靠、操作方便迅速、不损伤工件。压紧力作用的方向应保证外形或零件间贴合可靠，避免压紧力破坏定位件的正确位置。

1）外形定位夹紧件

外形定位件主要是用来确定飞机部件的气动力外形的定位件，一般可分为 3 类：卡板、内型板及真空吸盘。

卡板和内型板能定位切面外形，主要用于刚性工装。卡板一般位于部件外形的外侧，如图 5 - 41(a)所示。内型板一般用于定位蒙皮内形，如图 5 - 41(b)所示。有些板件型架，除了使用卡板之外，还使用内卡板，如图 5 - 41(c)所示。内卡板与内型板的区别只在于后者是外形定位件，而前者对外形表面来说只是个夹紧件(但两者都能定位长桁)，所以内卡板要与外卡板配合使用。位于部件下方，起支承作用的卡板一般称为托板，如图 5 - 41(d)所示。

真空吸盘是组合件装配中最为典型的一类定位夹紧元件，如图 5 - 42 所示，通常用于点阵式柔性工装，是工装的执行末端，其底座为球铰运动链结构，可在一定角度范围内进行转动。当应用于柔性工装时，多个真空吸盘构成吸盘点阵，其柔性的实现主要依靠多点重构，即调整各吸盘的空间位置和转动角度来构造不同的外形包络面。相比卡板，真空吸盘的调整更为灵活，且吸盘点阵具有良好的开敞性，便于开展多种数控作业。

2）接头定位件

接头定位件包括工艺接头和叉耳式接头。

工艺接头是为了装配时定位和夹持工件的需要而加在飞机结构较强部位上的暂时性接头，如通常突出于部件气动力表面，通过工艺孔和临时紧固件与工件连接；当飞机装配完成后，即可拆卸。工艺接头通常在部件装配、大部段对接中用于定位和支撑尺寸大、重量大、刚性较

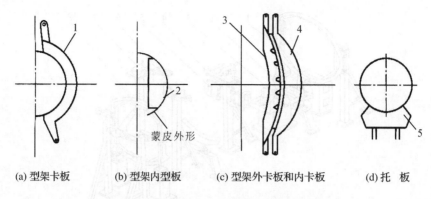

(a) 型架卡板 (b) 型架内型板 (c) 型架外卡板和内卡板 (d) 托 板

1—卡板;2—内型板;3—内卡板;4—外卡板;5—托板

图 5 - 41 卡板、内型板及托板

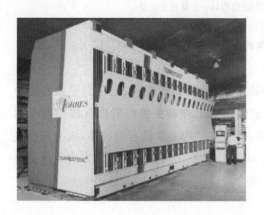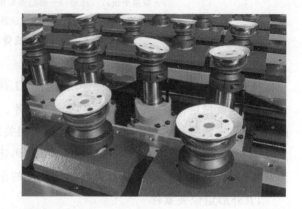

图 5 - 42 真空吸盘

好的段件、部件,因此,应具有一定的精度和足够的刚度和强度。图 5 - 43 为支承机身壁板用的工艺接头。

工艺接头作为一种定位方法具有以下优点。

① 一般板件、段件、部件都具有较大的刚度,这就有可能用少数几个小面积的"点"定位来代替卡板的"线"定位,从而使型架结构大大简化。

② 工艺接头可以在段件装配、部件装配和部件对接等各个阶段共同使用,更好地保证定位基准不变和提高定位及协调准确度。

③ 工艺接头是定位孔和接头定位件相结合的进一步发展。它具有定位孔定位方法的简便,又具有接头定位的刚度及精度。它的位置选取比较灵活,一般都位于部件的外表面,选择安排在最有利的位置上,因此比用内定位的内型板、定位孔定位件等更为方便,既保证了支承刚度,又有利于内部结构的装配和部件的对接工作。

叉耳式接头主要用于保证各部件的互换和对接接头的协调,其通过定位孔和定位销对工件进行连接定位,接头具有较高的加工精度、结构刚度和良好的协调及互换性。其公差一般选用间隙配合。定位件精度选用与产品同级或适当地略高。图 5 - 44、图 5 - 45 分别为单叉耳接头定位面及多叉耳接头定位面。

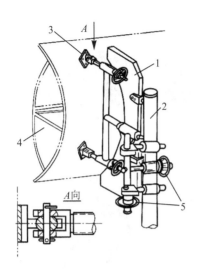
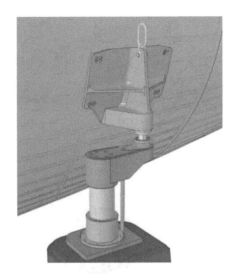

1—卡板；2—支柱；3—工艺接头；4—侧壁板；5—调整机构

图 5 - 43 支承机身壁板用的工艺接头

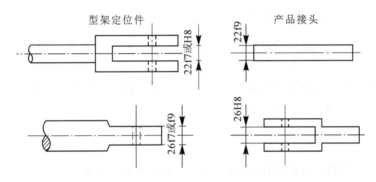

图 5 - 44 两种不同形式的单叉耳接头定位面

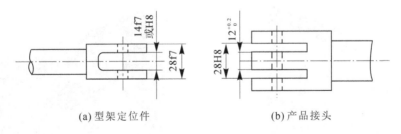

(a) 型架定位件   (b) 产品接头

图 5 - 45 多叉耳接头定位面

3）特殊定位夹紧件

对于带弯边的隔框、翼肋、梁及其缘条、直线和曲线形状的长桁等零件，采用常用的弹簧式、螺旋式、杠杆式等定位夹紧件，如图 5 - 46 所示。

对于刚度较小、外形较复杂的零件，可采用具有连续定位的定位件（如曲线板）；反之，则采用多个单独的定位件，仅定位与控制零件的局部外形。

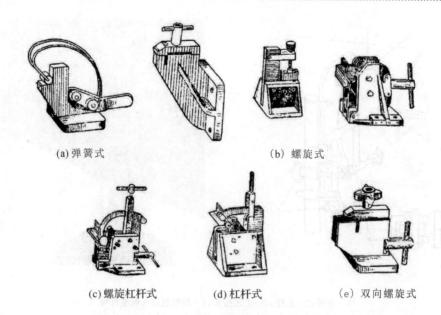

(a) 弹簧式　　　　　　　　　(b) 螺旋式

(c) 螺旋杠杆式　　　　(d) 杠杆式　　　　(e) 双向螺旋式

图 5 - 46　几种常用型材定位夹紧件

5.3.2　典型结构装配工装形式

飞机的三级装配过程是产品结构刚度由小变大的过程。根据各阶段自身特点,其装配工装在结构上也各有其特点。下面以机身为对象进行说明。

① 在机身壁板组件装配阶段,由于壁板刚性较弱,装配时需要定位装配的各个零件并控制其形状,这一阶段主要采用卡板或真空吸盘定位,定位件数量多,局部可以采用零件之间相互定位,如图 5 - 47 所示。

② 在机身部件装配阶段,主要定位参与装配的壁板组件并控制其外形。由于壁板形成组件后一般具有一定的刚度和整体性,因此,定位件的布置密度减小,采用多个分散的独立工装(定位器)结合工艺接头定位支撑各组件,如图 5 - 48 所示。

图 5 - 47　壁板组件装配工装

图 5 - 48　机身部件装配工装

③ 在部件对接阶段,主要确定具有较大刚度的部件之间的几何位置关系,因此,工装结构多采用分散式结构,不设整体骨架,采用工艺接头结合托板来定位,利用单向的千斤顶(大型 POGO 柱)通过工艺接头支撑定位各机身部件,如图 5 - 49 所示。

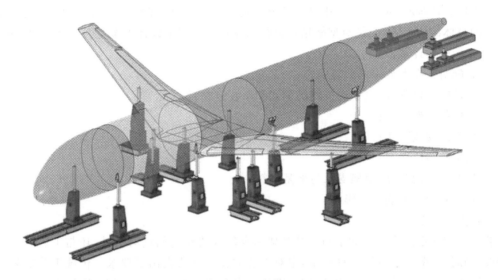

图 5 - 49　大部件对接 POGO 柱工装

5.3.3　装配工装的设计与安装

(1) 装配工装的设计

1) 工装的技术要求

a. 准确度和协调性要求

装配工装的制造准确度以及安装准确度是保证飞机装配准确度的基础,因此工装的制造和安装准确度应高于装配对象的制造准确度;同时,为保证工装之间有协调性要求的部位,工装要有良好的协调性和必要的制造准确度,其协调误差应小于产品件的协调误差。尤其针对工装的定位件需要正确地选择定位件的结构、配合精度、安装方法。

b. 刚性及稳定性要求

装配工装的刚性是保证其长期稳定的基础,因此必须具有足够的结构刚性,其自身重量所产生的挠度在任何方向上都不得大于产品准确度的 1/3。同时,要注意采用合理的结构布局,以减轻结构重量,增加刚度。工装除了具备相应的刚度外,还要保证长期工作的稳定性,例如确保一些重要接头定位器的耐磨性;活动部件要有小而稳定的间隙,并采用耐磨的材料。在对工装进行刚度验算时要充分考虑多种因素,例如工装的焊接内应力、螺栓连接的间隙、操作中的冲击力、铆接振动、架内的过分强迫装配和意外载荷、热膨胀影响等。

c. 装配效率要求

工作结构应该简单、开敞并尽可能轻便,使工人接近工件方便、安全,并能够在最有利的姿势下进行操作,保证装配工作在最有利的条件下进行,从而提高劳动生产率,降低事故发生概率。此外,产品的上架和下架也要安全、方便。

d. 工艺性要求

工装构件的加工应简单、方便,准确度易于保证,安装、调整应容易且安全,检修方便、成本低廉。型架结构要简单,元件应标准化。

2) 总体结构设计

装配型架的设计,首先是总体结构的设计。型架的总体结构设计是能否获得优良型架结构的关键性设计阶段,对一些大、中型复杂型架更是如此。这一阶段主要有两项工作:一是选定型架的总体结构形式,二是对型架结构进行总体布局。型架设计方案主要应确定如下内容:

① 型架的设计基准;

② 装配对象在型架中的放置状态;

③ 工件的定位基准,主要定位件的形式和布置方式,尺寸公差;

④ 工件的出架方式;

⑤ 型架的安装方法;

⑥ 型架的结构形式;

⑦ 骨架刚度的验算,型架支承与地基估算;

⑧ 温度对型架准确度的影响。

(2) 装配工装的安装

装配工装的定位准确度除了与工装骨架和定位件的制造精度有关外,还与工装的安装密切相关;同时,装配工装的协调性要求,也对工装的安装方法提出了要求。传统工装安装方法是通过制造一套大尺寸的标准样件,用标准样件来安装各类工装。随着数字化技术的发展,目前广泛采用激光跟踪仪进行型架安装,如图 5 - 50 所示。

图 5 - 50　激光跟踪仪安装定位型架

5.4　飞机结构连接的基本方法

飞机结构件的服役寿命是影响飞机整体使用寿命的主要因素。目前,飞机结构件采用的连接方式主要是机械连接,一架大飞机有多达上百万个连接件。紧固件连接是飞机疲劳破坏的薄弱环节,结构的疲劳破坏多数由孔壁产生疲劳裂纹扩展至整个结构。因此,为满足现代飞机高寿命的要求,可通过各种途径改善连接点的技术状态(表面质量、配合性质、结构形式等),其中一个重要的可行途径是,通过改善制孔连接工艺提高装配连接质量。

5.4.1　制　孔

1. 常规制孔

（1）制孔过程

传统飞机装配中的制孔主要以风钻为主,工艺顺序为钻孔、扩孔、铰孔、锪窝、孔的光整加工等,如图 5-51 所示。

钻孔:用钻头在实心工件上钻出通孔或者较深的盲孔。

铰孔:在孔壁上切除微量材料以提高尺寸精度和孔壁表面质量。

锪窝:在已有孔的一端用较大的带角度的钻头在孔四周锪出一个锥形面。

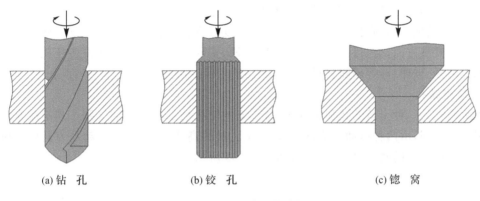

| (a) 钻　孔 | (b) 铰　孔 | (c) 锪　窝 |

图 5-51　制孔工艺过程

（2）刀具材料

刀具材料包括刀具切削部分材料和刀具主体部分材料两类,不同部分对材料性能要求不同。例如:切削部分,要求高硬度、高耐磨性、高耐热性等;主体部分,要求足够的强度和韧性。

飞机装配制孔工艺中应用较多的刀具材料为高速钢、硬质合金、人造金刚石、立方氮化硼等。

① 高速钢:高速钢是在高碳钢中加入较多的合金元素 W、V、Cr、Mo 等与 C 生成碳化物制得。高速钢具有较高的强度和冲击韧度,是制造各种刃型复杂刀具的主要材料。

② 硬质合金:硬质合金是以高硬度难熔金属的碳化物(WC、TiC)为主要成分,以钴或镍为黏结剂,制成的冶金制品。其耐热性较高速钢提高很多,允许的切削速度为高速钢的 4～10 倍,但抗弯刚度仅有高速钢的 50%,冲击韧度不足高速钢的 1/25～1/10。

③ 人造金刚石:金刚石是人们所知物质中硬度最高的,可达 10 000 HV,人造金刚石是在超高压、高温条件下由石墨转化而成。

④ 立方氮化硼:立方氮化硼是由六方氮化硼在合成金刚石的相同条件下加入催化剂转变而成的,其硬度和耐磨性仅次于金刚石,但耐热性高于金刚石(达 1 400 ℃),化学惰性大,当温度在 800 ℃ 以上时易与水发生化学反应,故不宜用水基切削液。

对于碳纤维复合材料,当孔径小于 8 mm 时,通常使用硬质合金麻花钻钻孔,孔的出口面必须加衬垫,避免孔出口处损伤;当孔径大于 8 mm 时,先用硬质合金钻头钻一小孔,再用电镀金刚石套料钻制出大孔。

2. 超声振动制孔

超声振动制孔是在普通钻削的基础上增加一个周期性的振动,使切削用量按某种规律变化,以达到改善切削效能目的的一种新颖加工方法。图 5 - 52 展示了超声波振动制孔原理。

在刀具上附加频率、振幅、方向可控的振动,使加工过程变为间断、瞬间、往复的微观断续切削过程。切削区被周期性打开,脉冲切削的平均切削力、温度显著下降,有利于提高零件加工精度和刀具寿命。同时,瞬时脉冲切削力峰值很大,有利于改善加工表面完整性。

超声波振动制孔在难加工材料加工方面取得了传统钻削工艺难以达到的效果,如切削

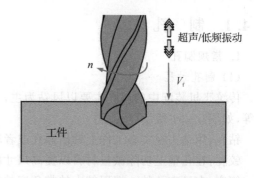

图 5 - 52 超声波振动制孔原理

力减小、入钻精度提高、孔扩量减少、出口毛刺高度减少、钻头寿命提高等,成为现代钻削技术的一个重要发展方向。但目前还处于不成熟阶段,实际生产线上的制孔设备还比较少。主要适合加工陶瓷、玻璃、硅等硬脆材料,可加工孔径 0.3 mm 的精密小孔。

3. 螺旋铣孔

螺旋铣孔是一种全新的孔加工方法,与传统的制孔加工有很大的区别。其实质是一个断续铣削加工过程,由两种运动合成,第一运动是主轴的高速旋转,第二运动是刀具中心轴绕孔中心做旋转运动的同时 z 轴向下进给,如图 5 - 53 所示。

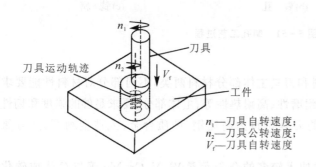
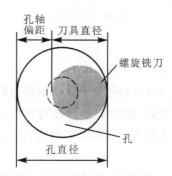

n_1—刀具自转速度;
n_2—刀具公转速度;
V_f—刀具自转速度

图 5 - 53 螺旋铣孔加工示意图

螺旋铣孔技术特点:

① 刀具中心的轨迹是螺旋线而非直线,属于偏心加工,孔径与刀具直径不一样,实现了单一直径刀具可以加工一系列直径孔,可在实际加工中减少换刀次数,减少存刀数量,降低加工成本。

② 螺旋铣孔过程是一个断续切削的过程,有利于刀具的散热,降低了因温度累积而造成刀具磨损、破损失效的风险。

③ 螺旋铣孔的偏心加工的方式使得切屑有足够的空间从孔槽中排出,排屑方式不再是影响已加工孔表面粗糙度的主要因素。

4. 孔挤压强化

孔挤压强化是在室温下,利用比被挤压材料硬度高的挤压工具,对孔壁、孔角、沉头窝及孔周端面施加压力,使被挤压部位的表面层金属发生塑性变形,并形成残余应力层,可抑制裂纹萌生,延长裂纹扩展时间,提高孔壁的抗应力腐蚀和抗疲劳腐蚀能力,进而增强飞机连接疲劳寿命的技术。挤压强化技术作为一种应用成熟的强化工艺,目前已广泛应用于飞机维修和制

造中。

孔挤压强化分为芯棒直接挤压、衬套挤压、滚柱滚压和滚珠挤压等，如图 5 - 54 所示。

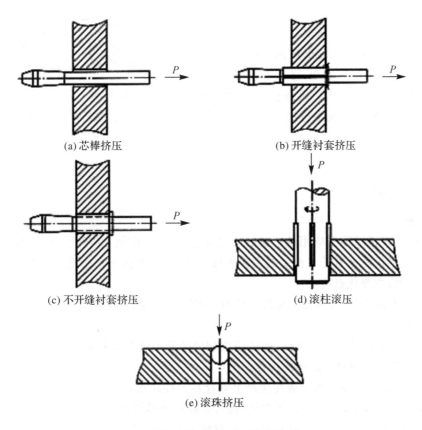

(a) 芯棒挤压　　　　　　　　　　　(b) 开缝衬套挤压

(c) 不开缝衬套挤压　　　　　　　　　(d) 滚柱滚压

(e) 滚珠挤压

图 5 - 54　冷挤压工艺简图

(1) 芯棒直接冷挤压强化

其工艺过程是使挤压棒以过盈形式强行通过紧固件孔，使孔壁受压产生弹塑性变形，形成强化层，从而提高紧固件连接结构的抗疲劳性能。

在挤压过程中孔壁中部材料要比端部材料回弹大，对于厚板，挤压后孔形常呈喇叭形，薄板则呈锥形，如图 5 - 55 所示。由于材料的轴向流动，挤压后材料在孔口附近堆积，形成凸台，如图 5 - 56 所示。

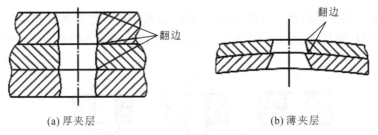

(a) 厚夹层　　　　　　　　　　　(b) 薄夹层

图 5 - 55　挤压后孔的变形

(2) 衬套冷挤压强化

衬套挤压的强化原理与芯棒冷挤压相似，其工艺过程是使挤压棒以过盈方式强行通过预先放入孔中的衬套，通过衬套挤压孔壁使其发生弹塑性变形而形成残余应力层（强化层）。这种强化方式主要用于含高强材料（高强钢、钛合金等）的复合夹层上的紧固件孔的强化，亦可用于铝合金夹层的挤压。

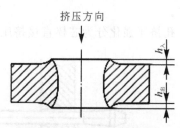

图 5-56　挤压后孔端的凸起

（3）滚柱滚压和滚珠挤压强化

滚柱滚压强化是利用均布在圆周上的数对高硬度、高光度滚柱，通过螺旋运动，将孔壁粗糙表面碾平，使孔径稍有胀大的一种工艺。滚珠挤压强化是将选定尺寸的高硬度钢珠挤过预先经过润滑的孔。使孔的几何精度和表面质量都有所提高的一种工艺。这两种方法由于不能使孔径产生足够塑性变形，仅能使孔的抗疲劳性能有所改善，不能带来大的疲劳寿命增益。

5.4.2　连　接

1. 铆　接

铆接是近代飞机结构中应用最广泛的连接方法。从 20 世纪 30 年代飞机机体采用铝合金薄壁结构以来，它仍然一直是飞机上的主要连接方法，其原因在于它比较能适应飞机结构及其装配工作的要求，主要优点有：

①操作工艺容易掌握，铆接质量便于检查，而所产生的故障又比较容易排除，因此铆接强度比较稳定可靠。

②铆接所用工具设备机动灵活，能适应比较复杂和不够开敞的结构。

③应用于各种不同材料之间的连接。

但是铆接方法无论在结构上或在生产上都存在一些缺点：

①削弱了结构强度，增加了机体重量，而且铆缝的疲劳性能低。

②铆接变形比较大，蒙皮表面不够平滑，铆缝前密封性又差。

③在生产上劳动强度大，钻铆工作的生产率低，劳动条件差。

这些缺点正推动着铆接工艺的发展，由于铆接工具设备不断改进，新的铆接方法不断采用，使得铆接结构的疲劳寿命和密封性能都有了显著提高。此外，铆接工作量大，需要不断提高铆接的机械化、自动化程度，以提高铆接质量，改善劳动条件，提高劳动生产率。为此发展了各种形式的自动铆接设备。

由于飞机机体各部位结构的要求不同，飞机装配中需采用各种不同的铆钉和铆接方法。

（1）普通铆接

普通铆接是指最常用的凸头或埋头铆钉铆接，其铆接过程是制铆钉孔，制埋头窝（对埋头铆钉而言），放铆钉，铆接，如图 5-57 所示。铆接方法根据作用力的不同，分为锤铆和压铆。

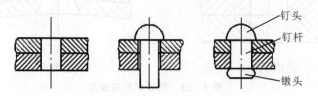

钉头
钉杆
镦头

图 5-57　铆接典型工序

锤铆是利用气动铆枪活塞撞击铆卡，铆卡撞击铆钉，在铆钉的另一端由顶铁顶住，使钉杆墩粗,形成墩头。锤铆按锤击铆钉的部位可分为正铆和反铆,如图 5-58 所示,正铆是用顶铁顶住铆钉头,铆枪在钉杆一面直接锤击钉杆而形成镦头;反铆是铆枪在铆钉头那面锤击,用顶铁顶住钉杆而形成墩头。在飞机生产中广泛采用反铆法,对于工件表面平滑度要求的部位,应采用正铆。

正铆与反铆的特点如下:

① 正铆:优点是工件表面质量好、变形小,缺点是顶铁重,工人劳动强度高。

② 反铆:优点是顶铁轻巧,操作灵活,受工件结构限制较少,而且部分锤击力能使工件紧贴消除间隙,缺点是易使工件变形,甚至造成钉头附近局部下陷。

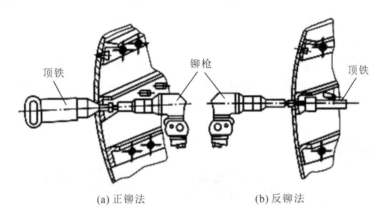

(a) 正铆法　　　　　　　　　(b) 反铆法

图 5-58　正铆与反铆

压铆是利用压铆机的静压力使铆钉杆镦粗而形成墩头。压铆时无噪声和振动,钉杆镦粗比较均匀,工件的铆接变形较小,连接强度比锤铆高 2%～3%,铆接质量稳定,生产率高。因此生产上应尽可能多用压铆,但能否采用压铆,主要取决于工件结构的开敞性,压铆率已作为评价铆接结构工艺性的重要性指标之一。

(2) 密封铆接

飞机在高空飞行,气压随飞行高度增加而降低,为了使座舱内有一定的气压,保证乘坐人员的舒适性,舱体必须密封。由于飞机经常在高温、严寒、雨淋、日晒恶劣环境中飞行,密封要求比较高。

现代飞机的机身和机翼的一部分结构形成整体油箱,对于油箱,要求在高温或低温以及各种载荷条件下不漏油。

基于上述要求,密封铆接结构能够承受一定内外压差;密封材料要求能承受-70～100 ℃的温度变化,且在各种气体、燃油、氧气中能保持稳定;密封结构不仅能承受静载荷,还能承受振动载荷。总之,在强度、密封、重量、寿命等方面都有严格要求。

普通铆接不能密封,其存在的泄漏途径如图 5-59 所示,一是沿铆钉(或螺栓)与钉孔之间的缝隙存在的泄漏,二是沿零件之间的缝隙存在的泄漏。密封铆接就是为了消除这些缝隙以堵住泄漏。

1) 密封形式

① 缝内密封:在零件之间的贴合面上以及钉孔处涂以密封胶或腻子或敷上胶膜,如图 5-60(a)所示,既能消除铆钉孔的泄漏,又能消除零件间贴合面的泄漏,是一种可靠的密封方式,但此方法工序繁琐,工作量较大。

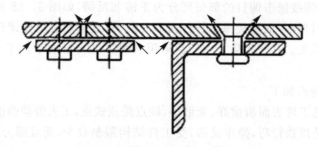

图 5 - 59　因铆缝而存在的泄漏途径

② 缝外密封：铆接以后，在铆缝外涂以密封胶，如图 5 - 60(b)所示。工序比缝内密封少，多数情况下与缝内密封同时采用。

③ 表面密封：在缝内、缝外密封之后，再涂一层密封胶，多用于整体油箱。

④ 紧固件自身密封：通过铆钉与钉孔的干涉配合使零件在铆接后具有自身密封性。

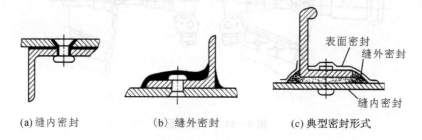

(a) 缝内密封　　　　(b) 缝外密封　　　　(c) 典型密封形式

图 5 - 60　密 封 形 式

2) 密封材料

对于飞机连接结构密封材料的主要要求，首先是对金属有很好的黏合力，在结构受力和产生变形的情况下也能保证可靠地密封；第二是耐老化性能，要求和飞机有同样的使用寿命；第三是在汽油、煤油中，在低温、高温下密封胶仍能保持良好的密封性能；第四是密封胶有良好的工艺学，不能有毒性。密封铆接中使用的密封胶主要是聚硫橡胶。

(3) 干涉配合铆接

干涉配合铆接是通过铆接工艺过程，使沿整个夹层厚度内的钉孔乃至沉头窝均能获得一定的干涉量的铆接方法。干涉配合铆接与其他连接，如螺栓、销钉类紧固件的干涉配合连接不同，后者在安装前钉杆大于孔径，需要机械或冷冻法安装，而干涉配合铆接用的钉杆在施铆前与钉孔之间的配合是有间隙的，两者之间的干涉量是在施铆过程中形成的。干涉配合是一种连接强化技术，能显著提高结构的疲劳寿命，并获得良好的密封性，目前，干涉配合铆接和干涉配合螺接已广泛应用在飞机结构中。

(4) 电磁铆接

电磁铆接技术就是基于塑性动力学——应力波理论，因此也被称为应力波铆接。电磁铆接的机理是以冲击大电流瞬间释放强大的电能，经过电磁转换，产生强大的磁场力，以应力波形式加载于铆钉，使其成形，如图 5 - 61 所示。

电磁铆接可以应用于各种材料铆钉的铆接成形，可以实现比较理想的、均匀的干涉配合，形成长寿命、高可靠性的连接。电磁铆接可以有效地施铆。

电磁铆接属于冲击加载，加载速率高、应变率大，材料的变形方式不同于压铆等准静态加

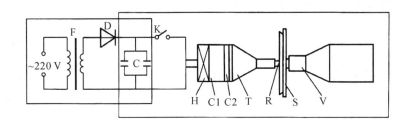

F—升压变压器;D—整流器;C—电容器;K—开关;H—缓冲器;
C1—铆枪线圈;C2—次级线圈;T—应力波调节器;R—铆钉;S—试件;V—顶铁

图 5 - 61　电磁铆接设备原理图

载,其具有以下优势:

① 采用电磁铆接时,铆钉在几百微秒到几毫秒的时间内完成塑性变形,钉杆碰撞和镦头的成形几乎同时完成,因而在钉杆和钉孔间形成的干涉量比较均匀,接头疲劳寿命长。

② 电磁铆接一般一次完成镦头的成形,避免了锤铆时由于多次锤击加载使材料冷作硬化,可有效地施铆钛合金、不锈钢之类的强度高、屈强比高、对应变率敏感的难成形材料铆钉,形成良好的连接。对于大直径铆钉或厚夹层结构,应用电磁铆接也可以实现良好的干涉配合。

③ 电磁铆接是冲击距离为零的冲击加载,对复合材料不易产生初始安装损伤,可以实现比较理想的干涉配合。

2. 螺栓连接

螺栓连接是飞机结构主要连接形式之一。它具有强度高、可靠性好、安装方便、易于拆卸等特点,广泛应用于飞机主承力结构部位的连接。近年来由于飞机整体结构的应用不断增加,尤其是复合材料用量增加,飞机连接件中铆接数量大幅减少,螺接比重显著提高。飞机螺栓连接中,除应用标准螺栓外,还使用高锁螺栓连接和干涉螺栓连接。

(1) 高锁螺栓连接

高锁螺栓是一种快速安装的螺栓,它具有强度高、重量轻(与普通螺栓相比,可以减轻39%)、安装方便等优点,可控制夹紧力,提高疲劳寿命。如图 5 - 62 所示为我国建立的3 种高锁螺栓标准,图(a)为普通形式;图(b)为带有密封环,可保证密封;图(c)中的钉杆有微量凸起部分,使孔表面压光强化,以产生预应力。

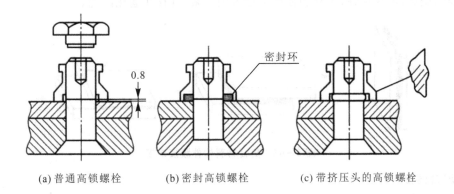

　　(a)普通高锁螺栓　　　　(b)密封高锁螺栓　　　(c)带挤压头的高锁螺栓

图 5 - 62　高锁螺栓

高锁螺栓、螺母的安装过程如图 5-63 所示。

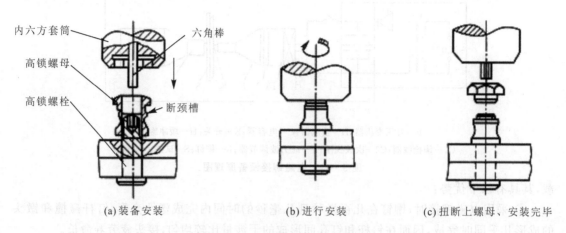

(a) 装备安装　　　　　　　(b) 进行安装　　　　　(c) 扭断上螺母、安装完毕

图 5-63　高锁螺栓、螺母安装过程

（2）干涉配合螺接

干涉配合螺接就是具有较大过盈量配合的螺栓连接，它是一种传递横向力的受剪螺栓连接。干涉配合螺栓同时受轴向拉力和径向压力；被连接件的孔壁周围受径向压力和切向拉力作用。螺栓和被连接件的连接部分均得到强化，因而可以提高结构的疲劳寿命，同时获得钉杆和孔壁间的密封性能，常用于承受疲劳载荷的重要受力结构部位。形式上干涉配合和过盈配合是一样的，但干涉配合螺栓连接是为传递载荷和提高疲劳寿命而专门设计的，而过盈配合螺栓连接通常用于传递载荷和定位。

干涉配合工艺导入的残余应力场可显著提高结构孔的疲劳寿命，但也可能导致应力腐蚀。干涉量过大，切向拉应力超过了材料的应力腐蚀门槛会导致应力腐蚀裂纹的产生和扩展。因此在干涉量选取时，对于应力腐蚀开裂门槛值低的材料，其干涉量不宜过大。

3. 胶接连接

胶接是通过黏结剂将零件连接成装配件，如图 5-64 所示。胶接不削弱基体材料，形成的连接缝是连续的，受力时应力分布较均匀，密封性好，可以连接薄板，且能减轻结构重量，提供疲劳强度，因此被广泛应用于各类异种材料件、结构复杂件、薄壁结构件及油箱的连接。但胶接质量控制困难，不易检查，承载和使用温度范围受限，且存在老化问题。

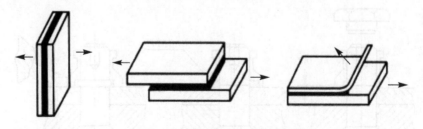

图 5-64　复合材料构件胶接连接

4. 混合连接

为提升复合材料零件的连接强度和密封质量，可采用混合连接，如图 5-65 所示。其是基于胶接与螺栓或者铆钉连接，结合机械连接的负载优势与胶接的轻质高强，通过合理的设计使各种连接形式达到优势互补，从而确保结构件具有无可替代的安全可靠性。

胶螺连接工艺:连接处预先制孔,涂覆后安装螺栓并拧紧,或者在已固化的胶接接头上制孔,安装螺栓并拧紧。

胶铆混合连接:在胶层固化后铆接或者在胶层未固化时铆接。

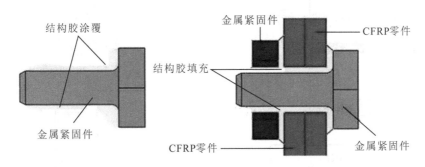

图 5 - 65 复合材料构件混合连接——胶螺连接

5. 焊 接

对于热塑性复合材料零部件的连接,除了使用传统的机械连接、胶接、混合连接等,还可以使用焊接技术来实现热塑性复合材料的连接。

激光焊接:激光焊接方法的原理是通过快速熔化、凝固和冷却的过程,使两种材料在界面处同时发生相互扩散和混合,实现复合材料的强搭接连接,如图 5 - 66(a)所示。

感应焊接:感应焊接是在焊接面之间放入一层金属粉末填充的胶膜作为电磁场感应器,利用金属感应器在电磁场作用下产生热量,加热焊接面的树脂至熔融状态,焊接施加的压力一直保持至接头冷却至室温,形成焊接面,如图 5 - 66(b)所示。

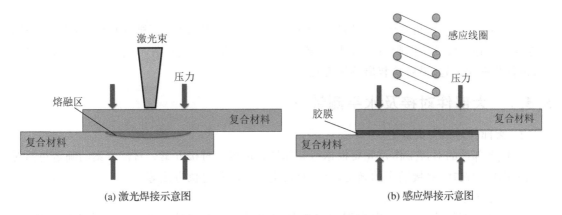

(a) 激光焊接示意图   (b) 感应焊接示意图

图 5 - 66 激光焊接和感应焊接示意图

振动焊接:利用电磁传动装置在复合材料零件之间产生相对运动的一种摩擦焊方法。在振动焊过程中,零件在压力作用下往复运动产生热量,使接头处的材料温度升高到熔点,在材料充分融化之后停止运动,塑料在压力下凝固而形成持久焊缝,如图 5 - 67(a)所示。

电阻焊接:电阻焊是热塑性复合材料最适合和最成熟的焊接技术之一,当电流流过电阻元件(通常是金属网)时,焊接界面产生的热量使材料熔化,随后熔化的材料冷却凝固,从而实现焊接,如图 5 - 67(b)所示。

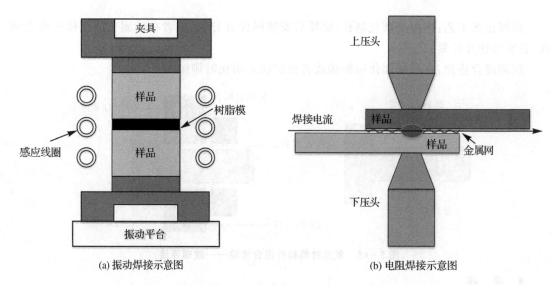

(a) 振动焊接示意图　　　　　　　　(b) 电阻焊接示意图

图 5 - 67　振动焊接和电阻焊接示意图

5.5　飞机总装配

　　飞机总装配是部件装配过程的延续,是飞机装配工作的最后阶段。飞机总装配的任务是将飞机各部件对接成整架飞机,在飞机上安装各种设备、装置和系统,并进行调整、试验和检验。总装涉及工作量大,协调关系复杂,装配难度大,占用时间长,是飞机装配过程的重要组成部分。

　　在成批生产中,飞机总装配采用流水生产的组织形式,基准部件(机身)沿着流水线移动,其他部件则在总装的不同阶段进行装配,各系统、设备、附件等也在各不同阶段安装到飞机上去,进行调整和试验,最后总装出整架飞机。

5.5.1　大部件对接及水平测量

1. 大部件对接方案确定

　　飞机大部件的对接工作首先要根据待装部件合理确定对接方案。对接方案的确定包括对接基准部件的选择、对接顺序的确定,以及对接定位基准及定位方法等。

　　(1) 对接基准部件的选择

　　对接基准部件的选择,需要根据对接部件的相对位置和对接面的结构形式来进行选取。机身与机翼对接时,通常根据机翼与机身的相对位置(是上单翼或是中单翼还是下单翼)以及对接面的结构形式来选择其中的一个部件作为基准部件。对于以机身为基准部件的对接方法,其主要适用于上单翼飞机的平台式不可卸式对接、叉耳接头与腹板连接的不可卸式对接;或者是中单翼和下单翼飞机的围框式平面对接、叉耳式接头对接。对于以机翼为基准部件的对接方法,其主要适用于下单翼飞机叉耳接头与 T 形件结合的不可卸式对接。对于垂直尾翼、水平尾翼与机身对接,一般均以机身为基准部件。各类承力整流罩、短舱、吊挂等通常选择它们所处的部件(机身或机翼)作为基准部件。

　　对于对接基准部件的选择,主要有以下几个基本原则:首先,基准部件的尺寸及刚性必须要大,稳定性要好,不会因与被对接部件的连接而引起基准部件变形或产生位置变化;其次,基准部件应当具备构成基准的条件,例如,有可作为测量基准的测量点,有高精度的孔或可安装适当的工艺接头作为被对接部件或段件的定位基准;最后,基准部件应当有可利用的结构支撑,能对基准部件作少量的位置调整,使基准部件处于正确的空间位置。对于实际生产过程,应当以上述三点为依据和指导原则,灵活地选择对接基准部件。

（2）对于对接顺序的确定

确定对接顺序时应着重考虑以下几点:

① 对接任务应当能迅速扩大工作面,为下阶段工作创造条件,有利于缩短周期;前一步的对接过程应当不影响其他部件的对接通路;在无严格的顺序要求时,尽可能保证对接工作方便、开敞;在不影响全机其他工作面工作的情况下,尽可能减少占地面积;起落架安装一般在飞机移动之前进行。

② 对于飞机大部件的装配过程,需要结合以上原则,合理确定装配顺序和装配方案。

图 5 - 68 为某大型客机分装配及最后总装配流程图。

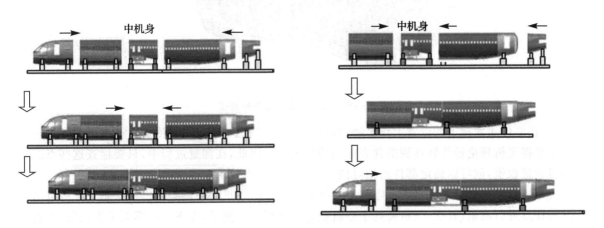

图 5 - 68　中机身作为基准部件的不同对接顺序

（3）对接定位基准及定位方法的选择

对接定位基准及定位方法的选择,需要考虑不同机型的具体结构和进入对接的状态。

为保证部件或段件在对接时处于正确位置,必须选择合适的定位基准及定位方法。常用的对接定位基准包括水平测量点,对接面(含孔)或接头连接孔及定位导销孔,部件或段件外形等基准。图 5 - 69 所示为机身对接定位基准特征。

常用的对接定位方法包括:直接利用分离面上的高精度孔或连接孔用导销定位;水平测量法,即通过水平测量点将基准部件调平,通过测量将待对接的部件或段件调整到正确位置后,与基准部件连接;采用对接工装定位,用固定到基准部件对接面、接头孔等结构上的安装量规或安装夹具来定位对接部件或段件;以及上述各种定位方法的综合使用。

在飞机大部件对接过程中,对接用的有关基准,宜集中一次建立,以便保证相对位置的正确性。对接用的主要工装有:对接型架、对接平板、对接车、托架、吊挂、对接安装量规、夹具、模型和工艺接头等。

2. 水平测量

飞机的机长、机高可直接测量,而飞机机翼上下反角、后掠角对称性、垂直尾翼垂直度、机身同轴度等需要用水平测量的方法测定。水平测量的基本工作原理和过程是:首先在部件装

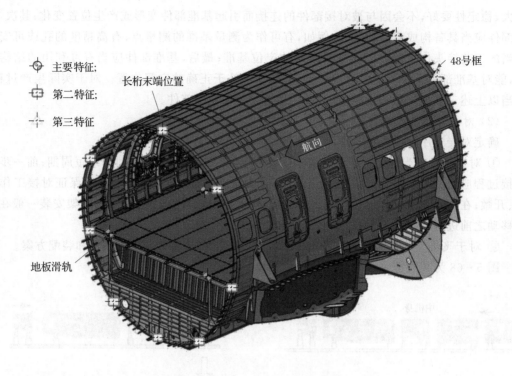

图 5 - 69 机身对接定位基准特征

配时,在部件表面规定的位置上作出测量点的记号,这些记号称为水平测量点。水平测量点实际上是将飞机理论轴线转移到部件表面的测量依据。因此,在测量过程中,只要检查这些点的相对位置数值,就可以确定部件间相对位置是否符合技术要求。

飞机水平测量对于飞机的状态有着严格要求:首先,飞机必须调整到水平状态下才可以对其特征点进行测量;其次,飞机要处于空机状态下进行水平测量,即飞机内部无工作人员,飞机内部无燃油、弹药等,飞机没有任何外加载荷。

飞机水平测量点分布图及测量原理如图 5 - 70 所示。

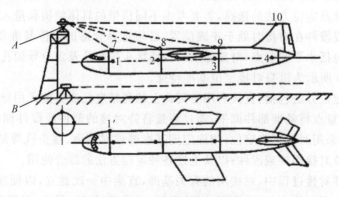

图 5 - 70 水平测量原理图

机体表面上各测量点都在部件装配时标出,测量时以机身 2 段为基准。测量过程大致分为以下几步:

① 将 1、2 和 1′ 调在同一个水平面内,再将 7、8 调在同一个垂直面内;

② 将 1、3 和 1′调在同一个水平面内,再将 7、9 调在同一个垂直面内;

③ 将 1、4 和 1′调在同一个水平面内,再将 7、10 调在同一个垂直面内。

此时便可确定机身的同轴度。

机翼的安装角、上反角(下反角)、舵面转角测量如图 5－71 所示。首先将飞机调平,机翼安装角、下反角分别通过测量点差值 a、b 来检查;活动翼面的开启角通过 c、d 来检查。垂直安定面的垂直度通过测量顶点到两尾翼的距离即可。

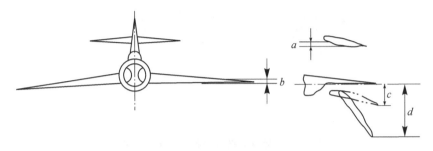

图 5－71　翼面测量原理图

机翼后掠角仅测其对称性,方法是通过机翼两端头处测量点至机身测量点的距离来检查,如图 5－72 所示。

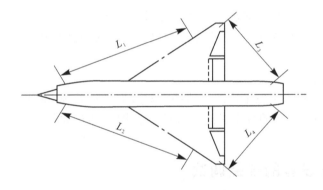

图 5－72　机翼后掠角测量原理图

在水平测量时,测量点数要合适,而不是越多越好。

传统水平测量技术一般采用水平仪、光学经纬仪、钢直尺、钢卷尺等水平测量仪器及工具对水平点进行测量,该方法采用人工读数、记录和手工计算,需对飞机调整水平状态,效率较低。

由于传统的飞机水平测量方法存在着测量过程复杂、人为误差大、自动化程度低等缺点,已经严重落后于自动化装配任务的发展需求,近年来,激光跟踪仪、激光雷达、iGPS 等先进的数字化测量仪器在飞机水平测量中被广泛应用,大大提高了飞机水平测量的精度、自动化程度,降低了劳动强度。

基于数字化测量技术的飞机水平测量方法,首先需要进行测量设备布局的确定。测量设备布局根据单个测量设备的覆盖范围、飞机的外形尺寸,以及测量点的分布进行设计。在实际应用中,可根据被测物的尺寸和位置而随意摆放和调整测量设备的位置,只要保证所有测量点被覆盖、测量精度满足要求,同时还要减少转站次数。图 5－73 所示为翼身对接水平测量时激光跟踪仪的布站示意图。

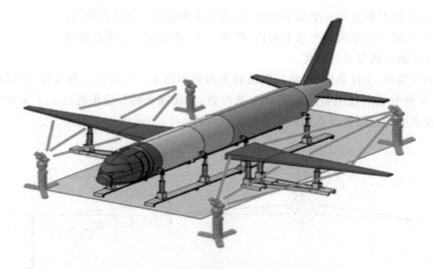

图 5 - 73　翼身对接激光跟踪仪布站示意图

采用数字化测量设备进行水平测量的主要步骤如下：

① 区域划分。根据被测量的飞机整机水平点的位置来划分区域，确定测量设备的布局及转站方案。

② 统一测量坐标系。将所有测量设备坐标系统一成一个坐标系。统一坐标系是实现多台测量设备联合应用的重要步骤。可在合适的位置布置几个公共测量点，应用测量软件的坐标拟合功能完成坐标系拟合。

③ 水平点的测量。

④ 数据处理。根据水平测量检测表的要求对数据进行处理，得到飞机装配质量；或将被测点三维坐标数值与这些点的数模理论坐标值进行比较，通过软件系统计算飞机整机水平点变形量偏差。

5.5.2　系统与设备的安装调试

系统与设备的安装调试主要包括：安装调整发动机，安装试验油箱及燃油和滑油系统，安装调整发动机操纵系统；液压和冷气系统的设备、附件和导管的安装、敷设和试验；起落架及其收放机构、信号系统的安装、调整和试验；飞机操纵系统的安装与调整；电气、无线电、仪表设备与电缆的安装、敷设和试验；高空救生设备的安装和试验；特种设备的安装和试验等。

1. 安装依据

飞机总装配的安装依据是图纸和技术条件，但因飞机结构要充分利用机内有限空间，管路、线路及各种附件等的布置很少是设计在同一个平面内的，安装图纸难以表达这种空间的复杂关系，故图纸往往是原理图或半安装图，安装工作往往还要用"样机"作为补充依据。"样机"是根据设计和制造的需要而制造的 1：1 比例尺寸的飞机某些部件的模型，在样机上根据实际结构完成各系统的安装。

近年来，随着虚拟现实技术的发展，基于 VR/AR 技术的虚拟数字样机也广泛运用到飞机总装配作业中，其具有的可视化程度高、经济性好等特点，在很大程度上补偿了技术图纸和实物样机的不足。

2. 安装工作的划分

安装工作的划分主要基于以下原则：

① 为了减少飞机总装配工作量,缩短飞机总装配周期,应尽可能地把系统安装、调整和试验工作安排到部件装配阶段完成,即把每个部件装配成模块(功能较完整的部件),飞机总装配时把这些模块对接起来即可。

② 总装中,必须在飞机上安装调试的工作称为装配站工作;不在飞机上的总装工作(各种准备、组合及调试工作)称为工作台工作。在总装车间内,应尽可能地把工作安排在工作台(各种准备及组合工作)上完成 ,减少装配站工作,如可将一些液压、冷气等系统的附件和导管在工作台上预先组合,固定在固定板上,并进行局部的调整和试验。在装配站上工作仅仅是将固定板装上飞机、接通管路等。

③ 各个系统的电缆,可根据长度和走向预先在样板工作台上组合、通电,装上飞机时只要把电缆固定在飞机上的卡箍内、连好插线座即可。

④ 对于发动机装置,可在装配站外预先在发动机上安装上液压泵、压气机、进气管、滑油及燃油导管以及电缆等,进行局部的系统试验,甚至可预装发动机罩等。

3. 安装工作的注意事项

系统与设备安装工作的注意事项主要有:

① 尽量避免切削加工,金属屑掉入电气系统中,容易造成电路短路。

② 电气系统中的电缆要进行百分之百的短路、断路检验。

③ 小直径导管预先在工作台上集成束后再装上飞机,而且导管尽量做成直的。

④ 要提防工具或标准件遗落在机体内,安装试验工作完毕后,要检查清除机内多余物。

⑤ 功能调试是总装配工作的重点。飞机是一个系统工程产物,对系统整合要求很高。在完成系统整合后,需要充分调试系统。飞机的液压、电器、起落架、航电及发动机等设备必须经过充分调试,保证可靠性后才可以交付用户。

习　　题

1. 阐述如何确定飞机机构的设计和工艺分离面。
2. 阐述典型装配基准的装配过程及其误差累积特点。
3. 飞机装配定位方法有哪些,分别简述各自的特点。
4. 阐述装配工艺过程设计的主要内容。
5. 阐述制造准确度与协调准确度的概念。
6. 简述飞机装配误差的主要来源和提高飞机装配准确度的方法。
7. 选取一种典型定位方法进行装配准确度分析,并列出尺寸链方程。
8. 简述制孔工艺过程。
9. 阐述锤铆的工艺过程。
10. 简述如何确定飞机大部件对接方案。

参考文献

[1] 王云渤.飞机装配工艺学[M].北京:国防工业出版社,1990.

[2] 程宝蕖.飞机制造协调准确度与容差分配[M].北京:国防工业出版社,1979.

[3] 刘忠梁.飞机装配协调互换问题与装配型架设计安装[M].北京:航空工业出版社,1991.

[4] 姚任远.飞机装配技术[M].北京:国防工业出版社,1993.

[5]《航空制造工程手册》总编委.航空制造工程手册[M].北京:航空工业出版社,1995.

[6] 范玉青.现代飞机制造技术[M].北京:北京航空航天大学出版社,2001.

[7] 王亮.飞机数字化装配柔性工装技术及系统研究 [D].北京:北京航空航天大学,2010.

[8] 姜杰凤.电磁铆接技术在大飞机铆接装配上的应用[J].机械工程与自动化,2011(3): 167-169.

[9] 何胜强.大型飞机数字化装配技术与装备[M].北京:航空工业出版社,2013.

[10] 韩志仁,贺平,郑晖.飞机制造技术基础[M].北京:北京航空航天大学出版社,2015.

[11] 薛红前.飞机装配工艺学[M].西安:西北工业大学出版社,2015.

[12] 姚卫星,顾怡.飞机结构设计[M].北京:国防工业出版社,2016.

[13] 刘军.典型飞机结构长寿命设计及试验技术[M].北京:国防工业出版社,2016.

[14] 康永刚.飞机装配工艺装备[M].西安:西北工业大学出版社,2018.

[15] 王燕礼,朱有利,曹强,等.孔挤压强化技术研究进展与展望[J].航空学报,2018,039 (002):1-17.

第 6 章 飞机数字化与自动化装配

20 世纪 80 年代以来,随着计算机辅助设计/制造(CAD/CAM)技术、计算机信息技术、自动化技术和网络技术发展成熟,各种先进的数字化技术在飞机制造业中得到了飞快的发展和应用。在飞机装配技术方面,借助于数字化技术的发展,依靠基于单一产品数据源的数字量传递的互换协调体系,实施数字化尺寸工程技术,通过装配仿真实现了装配过程的优化;通过发展应用数字化、柔性化、自动化的工装技术,以及先进的自动化连接设备和各种长寿命连接技术,结合先进的数字化测量检验技术,实现了飞机结构的数字化、柔性化、自动化及高质量、高效率、长寿命装配,逐渐形成了由数字化装配工艺设计技术、柔性工装技术、数字化测量技术、先进连接技术、自动化产线技术等构成的数字化与自动化装配生产模式。

6.1 现代飞机装配模式的发展

由于飞机制造互换协调方式的不同,飞机装配技术在发展中形成了两种典型的装配模式:一是基于模拟量传递的传统装配模式;二是基于数字量传递的数字化装配模式,成为现代飞机装配技术发展应用的新方向,并与机器人技术、数字孪生、人工智能技术融合,正在向智能装配方向发展。

6.1.1 传统装配模式

在传统的装配模式下,互换协调主要基于模拟量传递,零件的制造装配基于相互联系原则制造,即从模线到样板样件一直到飞机零件的制造和装配,各个环节之间是依次利用和依靠的关系,环环相扣、缺一不可,整个过程主要采用串行模式,导致飞机制造周期长。在装配过程中,装配工艺文件的制定主要依据二维图纸或图表方式,零件的定位、连接以及检验都主要依靠模拟量形式的工艺装备和工具来完成,这使得飞机装配精度不高,装配效率低。

1. 装配特点

在传统装配模式下,装配工艺设计以二维设计图纸、图表、设计要求和各种标准手册等文档为依据,采用串行化模式完成飞机设计数据向工艺数据的转换;在装配工艺设计过程中,工艺设计数据以模拟量形式或各种文档形式在不同单位或部门之间进行传递,飞机工艺数据制定不能形成一个有机整体,从而增加了工艺数据的传递环节并导致大量的重复数据定义和组织工作,进而增加了工艺数据的误差积累,且使得飞机工艺数据的唯一性难以保证。

在传统装配模式下,飞机产品的零件定位主要采用刚性专用装配工装,工装依靠模拟量形式的卡板等定位件定位,工装主要靠实物标准样件和标准工装来协调制造,结构相对复杂、规模大、刚性好、制造安装周期长;装配过程中的连接主要通过风动工具由工人手工操作完成,装配孔位置主要通过模拟量形式的钻模板等来确定,连接质量差、效率低,工人劳动强度大;装配完成后的产品检验以及工装的日常维护检验主要依靠模拟量形式的标准样件和标准工装完成,标准样件、工装的制造主要依靠互相修配原则制造,制造成本高、周期长。

因此,二维图纸化的工艺文件、刚性化专用工装、手工连接、标准样板/工装检验,是传统装配模式的典型特征,如图 6-1 所示。传统装配模式在传统的飞机制造中发挥了重要作用,但由于主要基于模拟量传递实现互换协调,使得装配精度和装配效率相对较低,这是早期飞机的寿命和可靠性相对低下的重要原因之一。

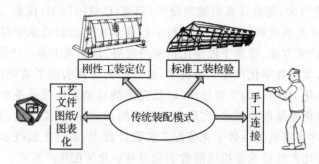

图 6-1 传统装配模式的典型特点

2. 装配流程

传统装配模式下的飞机装配流程如图 6-2 所示。其装配过程以串行方式为主,工艺设计完成以后才能进行工装设计制造,而装配工艺规划虽然可以和模线、样板的绘制并行进行,但样板设计制造又要与装配工艺设计中协调路线制定互相联系,这种以串行为主的装配流程,使得整个飞机的装配周期较长。

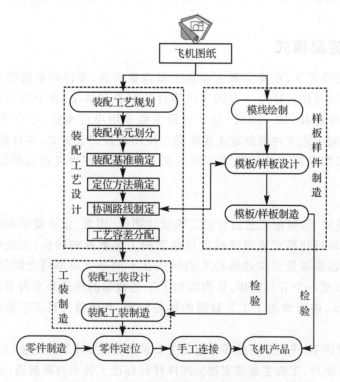

图 6-2 传统装配模式下的飞机装配流程

在传统装配模式下,由于没有其他方法验证工艺方案的可行性以及工艺方案的优劣,只能通过在实际装配中验证,因此,对工艺设计人员的个人素质要求比较高,尤其是关键的决策环节,完全依赖于工艺员的工作经验和业务能力。此外,这种主要基于工艺员经验的工艺设计方法,也不利于推行新的工艺方法。

传统装配模式下,采用刚性专用的工装定位,对于产量比较大的飞机产品的装配,便于组织生产,提高效率,但针对小批量产品的装配,却提高了装配成本和装配周期,而且当产品改型时,增加了工装的存储占地面积,因此,传统的装配流程不利于多品种小批次产品的装配。

6.1.2 数字化装配模式

现代飞机制造中,通过充分应用各种数字化技术,实现了飞机从设计制造到装配检验的全数字量传递,形成了数字化辅助工艺设计、柔性工装定位、数控自动钻铆设备连接以及数字化测量设备检验的数字化装配模式。

1. 装配特点

在数字化装配模式下,工艺设计以三维 CAD 模型以及技术要求、生产要求等数字信息为主要依据,通过定义数字量形式的工艺数据,保证了工艺数据能在飞机工艺设计及制造的不同环节和部门之间实现直接输入式的数据传递和灵活的共享利用,从而减少了飞机工艺数据的重复定义环节和工艺数据的传递误差。

在数字化装配模式下,采用数字化的柔性工装定位,工装自动化、柔性化、数字化,定位精度高,而且可"一架多用"。装配连接采用各种数字化自动钻铆设备,其数控程序可根据产品数字模型采用离线编程方式实现,提高了整个装配过程的自动化程度和数字化精度。工装检验和产品检验主要采用各种数字化的测量设备,检测数据可以以数字量形式传给工艺人员,进行工艺优化,测量精度高,省去了传统装配模式下的大量标准工装和标准样件。

因此,工艺设计数字化、装配工装柔性化、钻铆连接自动化以及检验检测数字化,是现代数字化飞机装配模式的显著特点,如图 6-3 所示。现代飞机制造通过发展应用数字化装配模式,缩短了飞机产品的研制周期,提高了飞机的装配效率和装配质量,促进了飞机装配技术的发展。

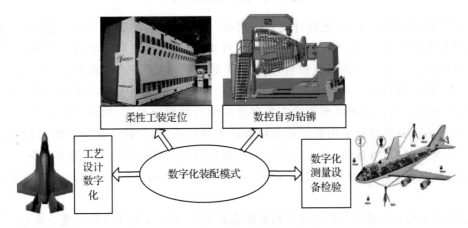

图 6-3 数字化装配模式的显著特点

2. 装配流程

在数字化装配模式下,整个装配工艺设计并行进行,工艺设计过程中,所有数据以三维数字量形式存在和传递,保证了飞机工艺设计和制造中工艺数据的唯一性和一致性;同时,利用数字化装配工艺仿真技术,可对工艺设计内容进行虚拟验证,提前发现装配工艺设计中的问题,可进一步优化装配工艺。在装配过程中,通过利用数字化柔性工装定位、数控自动化钻铆设备制孔连接以及数字化测量设备检验,实现了工艺数据的全数字量传递,从而提高了飞机装配质量和效率。数字化装配流程如图 6-4 所示。

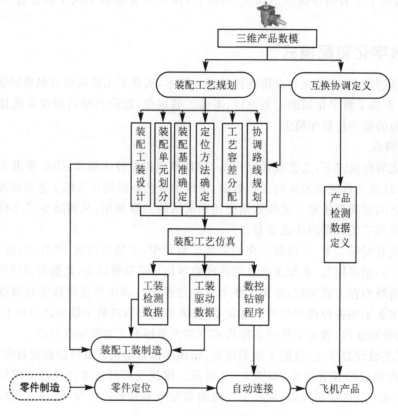

图 6-4 数字化装配流程

在数字化装配模式下,工艺设计通过采用并行设计模式,可大为缩短工艺设计周期,同时通过增加装配仿真环节,不仅可验证工艺的可实施性,还可获得工装驱动数据、工装检测数据以及用于数控钻铆设备的数控程序等数字量数据,为下一步的装配提供数据准备,保证飞机产品的装配精度。通过采用具有可重构功能数字化柔性工装定位,针对不同飞机产品,工装可根据产品结构和外形要求在数字量的驱动数据驱动下,快速调形重构,从而大大节省了工装的研制周期。采用数控自动钻铆设备制孔连接,在数字量形式的数控钻铆程序驱动下,装配精度高,效率快,可大大缩短飞机装配周期。产品检验采用数字化测量设备,机动灵活,测量速度快,测量精度高,而且检测数据以数字化形式存在,便于与其他工艺数据通信和交流。

因此,数字化装配模式与传统的飞机装配模式相比,发生了根本性的改变。在整个装配过程中通过应用基于三维数模的数字化装配工艺设计、数字化柔性装配工装、数控钻铆设备以及数字化测量设备,实现了整个装配过程中的全数字量传递,使得飞机装配效率、装配质量大幅度提高,而装配成本、装配周期大幅度降低。因此,数字化装配模式是现代飞机装配技术的一次革命性变革。

6.2　数字化装配工艺设计

6.2.1　基于模型的数字化定义

在通常的 CAD 系统中,工程技术人员所建立的产品数字化模型仅是三维几何模型,而尺寸和公差的标注、表面粗糙度、表面处理方法、热处理方法、材质、结合方式、间隙的设置、连接范围、润滑油涂刷范围、颜色、要求符合的规格与标准等(非几何)制造工艺信息还在二维图纸上。这样仅依据三维几何模型往往难以进行产品的生产和检验。在实际工程中就产生既用三维模型,又离不开二维图纸的矛盾状态。从数据管理看,数据源二元化难以保持数据一致性。

波音公司在 B787 项目中,全面推行基于模型的数字化定义技术(Model Based Definition,MBD)。MBD 技术取消了传统的二维图纸,将三维尺寸标注、注释和公差标注等信息集成在三维的 CAD 实体模型文件中。图 6-5 所示为基于 MBD 的零件三维建模示例。

MBD 采用协同研制模式,对传统的串行模式带来了变革。在并行设计过程中,工艺部门参与完成的工作主要包括提前开展装配方案设计、容差分配设计、产品工艺设计、工业工程的设计与评估、工作指令的设计以及相关制造验证和仿真工作。MBD 协同工艺设计这种新模式,能大大缩短研制周期、提高研制质量、降低研制成本,从而更好地满足现代飞机研制需求。

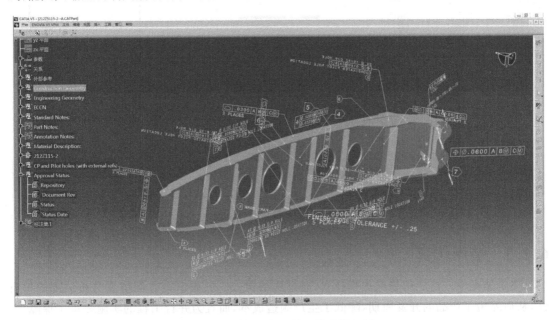

图 6-5　基于 MBD 的三维建模示例

6.2.2　基于 MBD 的装配工艺规划

MBD 环境下的工艺设计采用了数字化技术,在数字化研制过程中,加强了工艺设计、分析、评估等工作环节以及工程设计之间的协同。因此,飞机制造手段和组织管理控制模式都发生了根本性的改变,如图 6-6 所示。这种改变带来了更有效的数据组织结构及更为高效的、更丰富的工艺指令文件,为提高生产效率带来了便利。

工艺人员在并行工程环境下,借助相关的计算机辅助工艺设计、仿真分析等工具,开展相

关的装配工艺设计活动,主要包括以下内容:

① 装配仿真。装配仿真是以装配干涉为目标,开展产品、工装、运动机构、人机工效等工作仿真。

② 容差设计与分析。容差设计与分析包括定义装配尺寸协调路线、形位公差的尺寸分析、装配协调的迭代优化。根据分析得到的敏感度分布,调整装配协调方案。

③ 制造结构转换。制造结构转换是工艺人员进行产品重新组合划分的工作。

④ 装配指令(Assembly Order,AO)设计。此环节是进行装配过程设计,也是工艺人员主要的工作,与以前相比增加了装配顺序仿真,在 AO 编制时进行装配顺序仿真,多次循环迭代得到了最优装配顺序。MBD 环境下 AO 的表现形式是三维的。

⑤ 零组件厂际交付状态规范书编制。在 MBD 环境下,厂际交付状态规范书加入了循环迭代的定义协调路线和装配顺序仿真过程,从而能够更好地保证飞机各个部件之间的协调性。

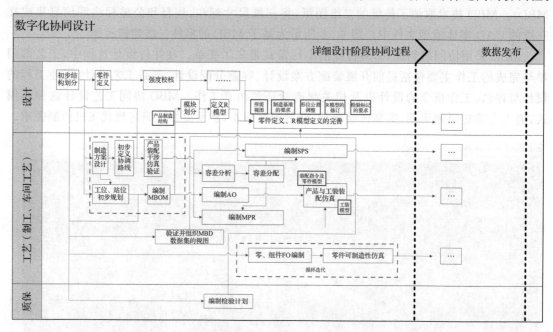

图 6 - 6 数字化协同设计模式

6.2.3 装配仿真

飞机装配中广泛应用装配仿真技术,通过从结构、工艺、效率等方面仿真分析装配的可行性,从而缩短了产品的开发周期,降低了生产制造成本,而且为并行工程的实施提供了保障。

飞机装配仿真主要分为三方面:装配工艺仿真、人机工程仿真及装配生产过程仿真。

装配工艺仿真是在三维可视化仿真环境中对装配流程进行划分、装配顺序进行分解及规划装配/拆卸路径,检验各组件、部件等的可装配性,从而解决装配过程中各组件、部件及工艺装备在空间中的干涉问题,找出具有可行路径的产品结构装配顺序,进而优化产品与装配资源设计。

人机工程仿真通过编辑人体的动作、姿态来模拟工人在装配现场的行走路线、上架方式及作业姿态,结合人机工效评估结果对人体姿态、工艺方法、工装结构及生产线布局进行修改和优化,确保工人在装配现场具备高度的可视性、可达性、可操作性、舒适性及安全性,进而提高装配工作效率,节约优化生产资源,缩短产品装配周期。

装配工艺仿真和人机工程仿真须通过数字化建模系统(如 CATIA、DELMIA)开展。图 6-7 为我国大型客机 C919 机身部件对接的装配工艺仿真与人机工程仿真。

装配生产过程仿真根据装配工艺仿真和人机仿真结果,建立产品、工艺、资源与生产进度计划数字化模型,进行车间布局规划设计,动态模拟整个装配生产过程,确定合理的生产流程节拍,找出生产进度计划与关键工艺资源之间可能存在的矛盾和冲突,分析影响生产进度的瓶颈与根源,提前找到解决生产能力平衡问题的方法,使生产过程平稳有序进行。装配生产过程仿真需要采用与三维几何建模、装配工艺仿真兼容的仿真系统完成,如与 CATIA、DELMI 配套的 QUEST 系统,如图 6-8 所示。

随着虚拟现实技术的发展,沉浸式装配仿真技术逐步发展应用。沉浸式装配仿真是一种虚实结合的仿真,人可以在虚拟环境中通过数据衣和数据手套直接进行零部件的虚拟安装,分析其可达性和便利性,优化设计方案,如图 6-9 所示。这种仿真的真实感更强、可视性更好,工艺指导性更强;但是由于虚拟现实技术应用尚未成熟,且设备价格非常昂贵,推广应用仍在发展中。

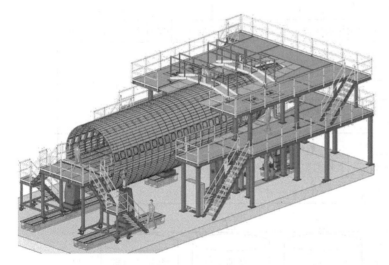

图 6-7　装配工艺仿真与人机工程仿真

图 6-8　生产过程仿真

图 6-9　沉浸式飞机装配仿真

6.2.4 基于数字量传递的互换协调方法

现代飞机制造过程采用了基于数字量传递的互换协调方法。数字量传递互换协调是指以飞机主几何（包括统一基准系统和实体几何）为数字量依据，由计算机以三维数字量形式提供飞机产品模型，以及产品与产品之间、产品与工装之间、工装与工装之间的协调关系，并把这些数字量数据作为设计、制造、装配及检验全流程所有环节共同的数字量标准，如图 6-10 所示。

相比传统飞机装配采用的基于模线样板-标准样件互换协调方式，数字量互换协调采用单一产品数据源，大幅减少了由实物传递转换形状和尺寸的环节，可以在广泛应用独立制造原则的基础上，实现更高准确度的装配互换协调。数字量互换协调不仅利于实施设计制造并行工程，还大力推动了现代飞机全球异地协同制造。

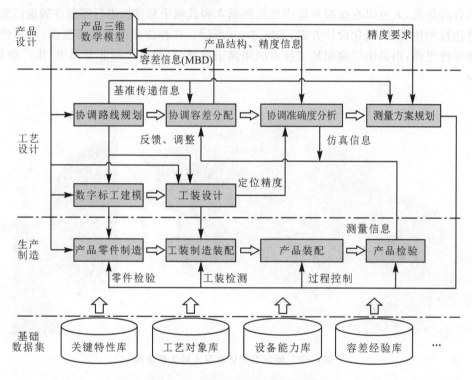

图 6-10 数字化装配典型协调路线

1. 三维几何装配容差分析

基于尺寸偏差传递的装配协调准确度分析是实现飞机复杂产品装配互换协调的基础。在数字化设计制造模式下，飞机装配准确度分析是在三维仿真环境下，建立考虑输入随机偏差的装配仿真模型，包括定义产品及工装的装配特征尺寸偏差的统计分布参数、产品装配定位夹紧连接约束条件、产品装配顺序、装配测量关键特征等，在蒙特卡罗统计抽样基础上，开展装配偏差传递仿真，分析零件制造偏差、工装定位偏差、装配定位约束条件、装配顺序等因素对装配关键特征偏差统计分布状态的影响，进而在实际制造过程开始前，优化容差分配及工装工艺设计，保证装配互换协调。装配偏差仿真分析流程如图 6-11 所示。图 6-12 展示了装配偏差仿真具体案例，为机身壁板组件装配过程中长桁轴线位置度偏差仿真及敏感度分析。目前，飞机三维尺寸装配容差分析主要采用商用软件，如 3DCS、VSA、R&T 等。

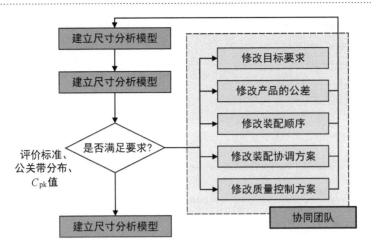

图 6-11　装配偏差仿真分析流程

空客公司开发了 A350 复材结构装配容差分析仿真专用工具软件 ANATOLEFLEX，其通过集成 CATIA 复材建模软件、ANATOLE 偏差建模器以及 SAMTECH 有限元求解器，充分考虑了复材零件的制造偏差形态与各向异性力学行为，可满足大型客机复合材料结构的容差分配与验证需求，如图 6-13 所示。

2. 几何物理协同的复合材料结构装配容差分析

飞机装配过程中，存在重力、消除协调偏差的装配力、制孔连接力等载荷。由于复材零件为脆性层合构造，受力易损伤，且对残余应力更为敏感（尤其是层间应力），因此在复材产品装配协调准确度分析中融入了装配应力水平的分析。借助有限元仿真复材结构各铺层的装配应力状态，将表征应力水平的指标（如 Mises 应力或损伤准则判据）与几何特征一起作为装配关键特征进行分析控制，优化容差分配与工艺工装设计。

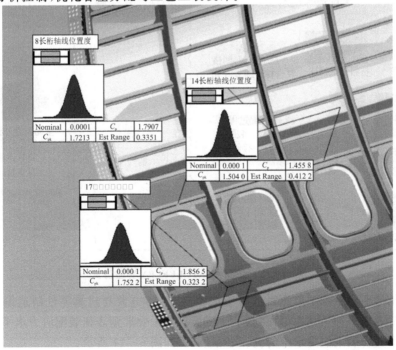

图 6-12　机身壁板组件装配——长桁轴线位置度偏差仿真及敏感度分析

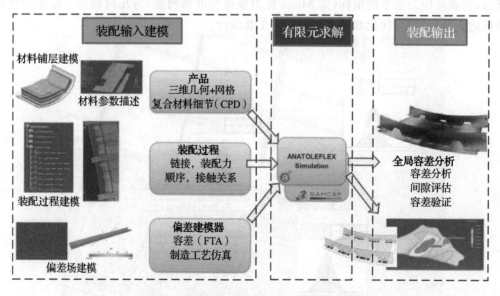

17长桁轴线位置度			
Nominal : 0.0001			
Process Variance : 0.0029			
HLM Variance : 0.0055			

Contributors	Effective Tol...	Sensitivity	Effect
1. L17 - 与蒙皮装配曲面 -> | SPF | 0.200 | A|	0.2995	1.4973	45.58%
2. L17 - Assembly Op: L17长桁装配 -> Floating Locators	N/A	N/A	26.29%
3. L17 - 定位孔1 -> Size: Min: 0.000 Max: 0.010; | POS | Dia 0.100 (M) | A| B| C|	0.1332	N/A	9.01%
4. 下侧蒙皮 - L17定位孔1 -> Size: Min: 0.000 Max: 0.010; | POS | Dia 0.100 (M) | A| B| C|	0.1332	N/A	9.01%
5. 左侧壁板装配工装 - 下蒙皮工艺耳片定位销B -> Size: Min: -0.017 Max: -0.006; | POS | Dia 0.100 |	0.0930	N/A	4.39%
6. L17 - 第一基准面1 -> | FLT | 0.100 |	0.0891	0.8908	4.03%
7. L17 - 定位孔2 -> Size: Min: 0.000 Max: 0.010; | POS | Dia 0.100 (M) | A| B| C|	0.0232	N/A	0.27%
8. 下侧蒙皮 - L17定位孔2 -> Size: Min: 0.000 Max: 0.010; | POS | Dia 0.100 (M) | A| B| C|	0.0232	N/A	0.27%
			100.00%

图 6-12 机身壁板组件装配——长桁轴线位置度偏差仿真及敏感度分析(续)

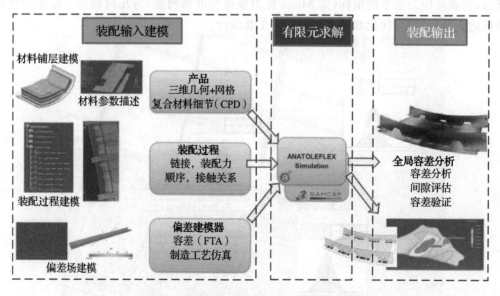

图 6-13 空客 ANATOLEFLEX 容差仿真

瑞典查尔姆斯理工大学采用系数矩阵法建立了 A350 复材机翼零件制造偏差、夹具定位偏差与装配应力水平的量化模型,并基于 Tsai-Hill 失效准则表征装配应力水平,利用蒙特卡罗抽样获得了翼肋装配应力水平的统计分布情况,如图 6-14 所示。

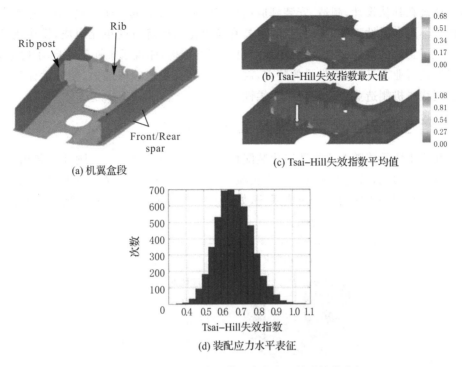

(a) 机翼盒段

(b) Tsai-Hill 失效指数最大值

(c) Tsai-Hill 失效指数平均值

(d) 装配应力水平表征

图 6-14 A350 机翼盒段装配应力水平偏差统计分析

6.2.5 数字孪生驱动的装配工艺设计

近年来,数字孪生技术蓬勃发展,也进一步推动了飞机数字化装配工艺设计的发展。

数字孪生的本质是对物理实体或流程的数字化镜像。数字孪生融合了人工智能、机器学习和精密传感,以建立一个可以实时更新的、现场感极强的"真实"模型,用来支撑物理产品全生命周期各项活动的精准决策。

数字孪生驱动的飞机装配工艺设计的核心思想是,在数字化装配工艺中融入能够反映现场装配产品实时装配状态的数据,包括制造定位偏差、定位状态、变形量、受力等,构建能精确描述产品装配几何物理属性与行为的孪生工艺模型,实现产品装配工艺设计—反馈—改进优化的动态机制。

6.3 柔性工装

飞机装配中应用的工装主要有两种结构形式:刚性工装和柔性工装。

刚性工装专用性强,一个工装只用于一个对象,稳定性好,但是设计制造周期长、存储占地面积大,而且结构开敞性差,不利于各种先进的自动化连接设备和连接技术的应用。

柔性工装是具有柔性可重复利用功能的装配工装,其可通过快速重组、重构来适应多种飞机零组件的装配定位要求,即具备"一架多用"的功能,从而达到降低制造成本,快速研制的目的,同时结构开敞性好,在产品装配时便于各种自动化连接设备应用。

柔性工装一般具有柔性化、数字化、模块化和自动化的特点。柔性化表现在工装具有快速重构调整的能力,从而一套工装可以用于多种产品的装配,这也是柔性工装的最根本特点。数字化特点体现在其从设计、制造、安装到应用均广泛采用数字量传递方式,是一种数字化的工装。模块化体现在柔性工装的硬件主要由具有模块化结构特点的单元组成,模块化结构单元的重构实现了工装的柔性;各模块化单元可自动调整重构,体现了柔性工装自动化的特点。

飞机制造行业多品种、小批量的特点,需要工装具有快速响应能力,使得柔性工装优势明显,因此,现代飞机制造业中广泛应用了柔性工装。

6.3.1 柔性装配工装的构成及工作原理

柔性装配工装是伴随着飞机数字化装配技术的发展而出现的。与刚性工装相比,柔性工装为实现其柔性功能,已发展成为一个集机械定位装置、数控系统、在线测量系统、集成控制管理系统等多种软硬件构成的综合集成系统,如图 6-15 所示,各系统在工装调整时协同工作,从而实现了工装的柔性可重构功能。

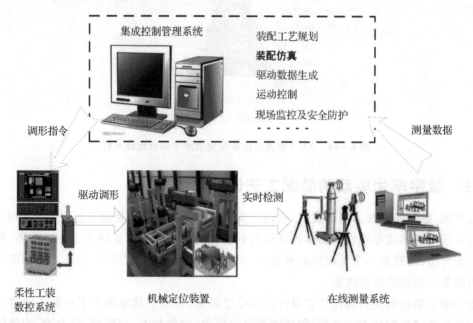

图 6-15 飞机装配柔性工装系统构成

柔性工装系统的工作原理:首先在集成控制管理系统下进行装配工艺规划,同时进行装配工艺仿真,将生成的工装理论驱动数据解析为数控系统动作指令并传递至柔性工装的数控系统;数控系统根据动作指令计算各定位器轴的调形轨迹,驱动定位器调形;定位器调形到位后,在线测量系统实时测量定位器位置,并将测量数据传递至集成控制管理系统;集成控制管理系统将测量数据与理论数据进行比较,看是否满足装配要求,如不满足,系统会自动生成优化数据由数控系统进一步调形,直到定位器位置精度满足装配要求。

6.3.2 柔性装配工装的典型应用

飞机装配一般分为组合件装配、部段件装配、大部件对接装配。不同的装配对象,有不同的定位与装配特点。因此,柔性装配工装也有多种类型,以适应各种装配对象需要。

1. 组合件装配柔性工装

在组合件装配中,装配工作量最大的是壁板组件。由于构成壁板组件的零件结构刚性较弱,装配时需要定位各个零件并控制其形状,这一阶段定位件数量多,主要采用工装定位。对于连接片、角片等简单零件,可利用零件之间的相互关系定位。

(1) 数控柔性多点工装

传统壁板组件装配工装的结构形式主要如图 6-16 所示,工装骨架采用框架式结构,定位件主要采用刚性卡板,卡板外形用来定位蒙皮,同时其上有长桁定位槽、辅助定位构件和定位孔等,卡板与工装骨架刚性连接,因此,在传统的壁板装配中,仍是壁板组件与工装"一对一"的装配模式。

数控柔性工装的核心思想是,使传统型架工装中固定的卡板定位支点变为由数控系统控制,可快速精准地调整卡板定位支点位置,从而可通过更换不同壁板组件对应的定位卡板来实现工装的"一架多用"功能。

数控柔性多点工装的原理如图 6-17 所示,通过在传统工装框架式骨架上增加多个可重构调形单元,将卡板定位支点设计在可重构调形单元上,利用数控技术精确控制可重构调形单元在竖直方向和水平方向运动,实现卡板定位支点的快速精确调形重构,使工装安装不同壁板的工装卡板就可用于不同壁板装配,进而可用于多个壁板类组件的装配。

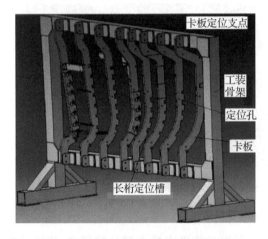

图 6-16 传统壁板组件装配工装结构

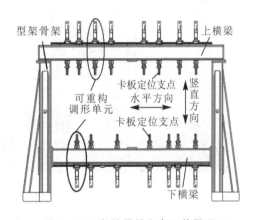

图 6-17 数控柔性多点工装原理

数控柔性多点工装工作流程如图 6-18 所示,依序分为离线编程、在线检测两个模块。首先,利用离线编程与仿真管理系统将壁板类组件、工装卡板与数控柔性多点工装进行预装配,建立装配关键点零件,对该装配关键点零件进行计算,自动生成工装理论驱动数据;其次,控制系统运行理论驱动数据,各可重构调形单元自动运动调整到位,同时利用在线测量系统检测各调形单元的位置精度;再次,在机械上通过锁死锁紧螺母,电气上通过伺服电机的抱闸,双重锁死可重构调形单元,保证卡板定位支点位置的固定;最后,安装卡板。数控柔性多点工装的结构形式与当前各主机厂应用的型架类似,工人可以按现有的装配工艺进行壁板组件的装配工作。

由上可见,数控柔性多点工装在运行过程中,通过工装的数控系统,依靠卡板理论位置数据驱动,实现了调形数据的数字量传递,从而提高了工装系统的定位精度。图 6-19 为两个不同壁板对应的卡板安装于数控柔性多点工装上。

(2) 行列吸盘式柔性工装

随着各种新型材料的应用以及整体壁板数量的增多,壁板的结构刚性增强,同时由于结构

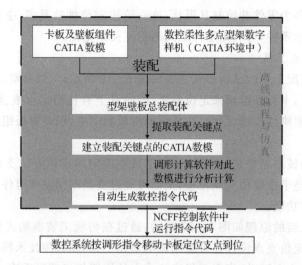

图 6-18　数控柔性多点工装工作流程

图 6-19　数控柔性多点工装应用实例

整体化,使得装配工作大幅减少。因此,装配中主要利用工装来支撑大型结构零件,便于装配操作。零件定位是利用零件上的定位孔或零件之间的其他定位特征进行定位,这样既简化了装配流程,又简化了工装结构,同时使得利用柔性工装成为了可能。

行列吸盘式柔性工装主要由多个行列式排列的立柱单元组成,各立柱单元为模块化结构,独立分散排列,每个立柱单元上装有夹持单元,夹持单元为带真空吸盘的 POGO 柱形式,如图 6-20 所示。POGO 柱在程序控制下可进行三维移动定位,生成与装配件曲面完全符合并均匀分布的吸附点阵,从而可精确、可靠地定位和夹持零件。当壁板外形发生变化时,吸附点阵布局能根据产品要求自动调整重构,生成新壁板的外形,从而实现了飞机装配中工装与壁板"一对多"的柔性装配模式。行列吸盘式柔性工装整体结构大,主要用在机身以及机翼壁板组件的装配中,而且工装结构开敞性好,多与自动钻铆机配合使用,形成自动化装配单元。

行列吸盘式柔性工装中 POGO 柱夹持单元的运动调整主要通过伺服电机驱动,因此其控制系统主要采用标准数控系统的形式,通过现场总线控制多个 POGO 柱调形单元的自动调形。图 6-21 所示为其控制系统架构。

行列吸盘式柔性工装在应用时,驱动数据采用理论数据。首先根据装配件数模及工装数模,计算得到工装的理论驱动数据,然后将理论驱动数据传给控制系统,控制系统控制各

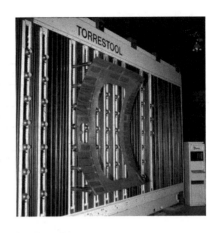

图 6 - 20　行列吸盘式柔性工装结构形式

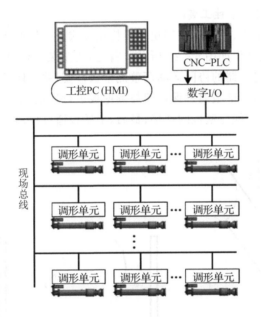

图 6 - 21　行列吸盘式柔性工装控制系统架构

POGO 柱单元迅速调形重构,生成与壁板曲面符合并均匀分布的点阵。在控制系统的精确控制下,调形重构时间不超过 2 min。

点阵布局调整到位后,根据零件上的定位特征和工装的定位特征,使零件上架,真空系统启动,可靠地吸附住零件;当零件被完全吸附后,即可开始装配。点阵真空吸盘的定位精度很高,对壁板来说,其蒙皮外形模线(OML)的定位精度可达 0.03 mm。多点阵真空吸盘式柔性工装的应用流程如图 6 - 22 所示。

2. 部段件装配柔性工装

在段件或部件装配中,主要是定位参与装配的组件并控制其外形。由于组件一般具有一定的刚度和整体性,因此,定位件的布置密度减少,此时可多利用组件之间的相互关系定位,以减少定位件的数量,避免定位的不协调,同时简化工装结构。此外,由于民用飞机和军用飞机的部件结构差异较大,因此,其柔性装配工装的形式也有所不同。

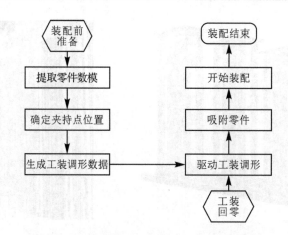

图 6-22　多点阵真空吸盘式柔性工装应用流程

（1）民用飞机机身装配柔性工装

民用飞机机身通常由上、下、左、右四块壁板拼接而成。每块壁板由带长桁蒙皮、隔框和连接角片组成，其典型装配过程如图 6-23 所示。首先，由工装对侧壁板进行多点夹持，完成侧壁板上架；然后，通过各定位器的协同运动调整侧壁板位姿，并对侧壁板外形偏差进行校正；而后，将客舱地板骨架上架，下壁板通过保形架与侧壁板进行连接；之后，进行客舱地板骨架与侧壁板的连接，及货舱地板组件与壁板的连接；最后，上壁板通过保形架与侧壁板进行连接，从而形成机身筒段。

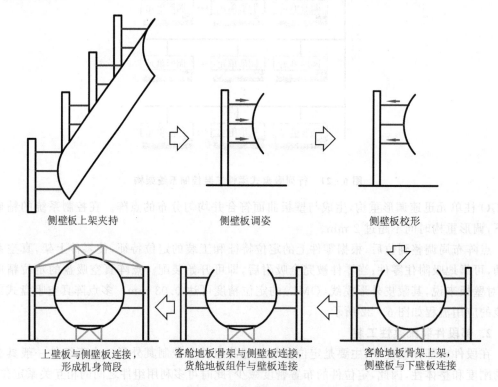

侧壁板上架夹持　　　　　　　　侧壁板调姿　　　　　　　　侧壁板校形

上壁板与侧壁板连接，
形成机身筒段

客舱地板骨架与侧壁板连接，
货舱地板组件与壁板连接

客舱地板骨架上架，
侧壁板与下壁板连接

图 6-23　民用飞机机身筒段部件装配过程示意图

民用飞机机身装配柔性工装主要为三坐标式多点柔性工装，如图 6-24 所示。该工装采用多个定位器从侧面定位支撑机身壁板组件,各定位器相当于一个多轴数控设备,可在程序控制下进行 X、Y、Z 三个方向平移运动,末端通过球头副与壁板工艺接头连接,从而实现对不同规格壁板的柔性定位夹持。同时,各定位器末端安装有三向力传感器,可实时监测装配力的变化。三坐标式柔性工装通过将多个定位器由统一的控制系统控制,解决了传统装配定位调姿中由工人手动操作机械装置难以保证多定位器运动协调的问题,实现了飞机部件以可预见的确定方式平稳地移动调姿。

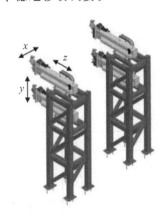

图 6 - 24　侧向支撑的三坐标式多点柔性工装

在应用过程中,工装首先根据待装配部件的数模计算出工装的理论驱动数据,构成部件的各组件安装到定位器上,然后定位器在控制系统驱动下到达理论位置。此时利用激光跟踪仪测量各组件的实际位置数据,将其值与理论位置数据进行比较:如果符合公差要求,就进行装配;如果不符合,则需要重新计算定位位置,重新调整定位器,直到满足装配误差要求。整个装配流程如图 6 - 25 所示。

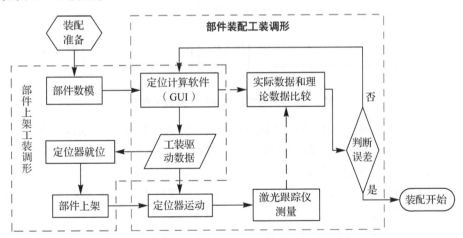

图 6 - 25　柔性工装工作原理

(2)军用飞机机身装配柔性工装

以某型军用飞机后机身为例,其为典型的半硬壳式结构,结构示意图如图 6 - 26 所示,主要结构由 4 个"眼镜式"钛合金加强框、桁梁、隔板、壁板等组件组成,各组件具有较强的结构刚性和工艺刚性。其中,4 个加强框为其横向主承力构件;加强框之间通过桁梁相连,形成主要的纵向受力骨架,为后机身的纵向分离面提供支持;壁板是构成后机身气动外形的主要结构件。

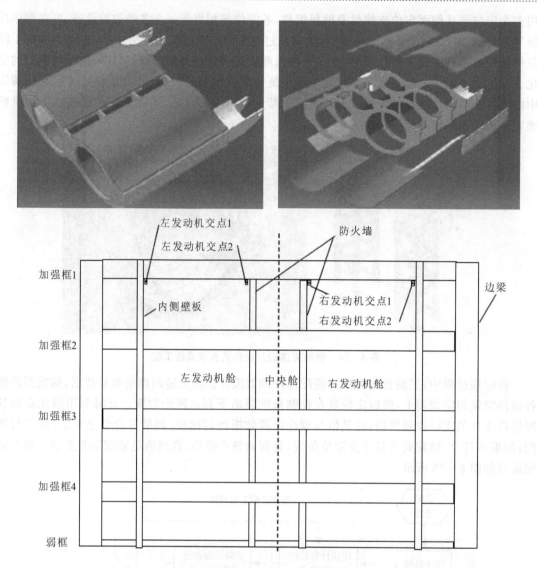

图 6 - 26 某飞机后机身部件结构示意图

后机身部件包含的组件及板件数量多、外形复杂、协调环节多,主要装配工艺如下:

① 以骨架外形为装配基准,先形成刚性骨架,再进行壁板总装,误差积累是"由内向外",其中骨架装配的关键是加强框的定位;

② 加强框通过工装结合定位孔定位,其他构件以加强框作为定位基准,采用孔定位、基准零件定位等方法进行装配;

③ 后机身连接方式以铆接为主,连接工作繁杂,局部有密封要求;

④ 为保证装配精度和准确度,各重要部位在上架定位后需进行精加工。

后机身部件柔性工装结构采用多梁式的组合式骨架形式,主要由框架、横梁及定位器构成,如图 6 - 27 所示。其是在传统机身部件装配工装的结构基础上,融合柔性工装技术的思想设计完成的。其基本原理是将原本固定的横梁、定位器可移动化——横梁可沿导轨在 X 向移动、定位器可沿 Y 和 Z 向移动,将每一个定位器都视作一个独立模块,通过增加或减少横梁及定位器的数量、位置以及更换不同形式的定位、夹紧元件,来实现工装的"一架多用"功能,从而达到降低制造成本、快速响应的目的。

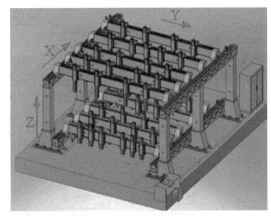

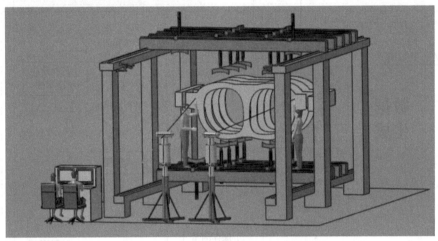

图 6 - 27　柔性装配平台

装配过程中，工装定位器首先根据理论数模预装配得到的理论数据调整，运动到位后，再利用数字化测量设备对其位置精度进行检查，如果误差不在要求范围之内，工装定位器继续调整，直到满足误差要求为止。工装定位器到达正确位置后，锁死其位置，然后机身主承力构件——加强框上架，测量其上的关键定位点数据。将测量数据与由产品数模得到的理论数据进行比较，如果满足误差要求，则以其为基准，装配其他辅助零件；如果不满足误差要求，则采用相应工艺措施，直到满足误差要求为止。产品装配完成后，对其进行测量检验，测量数据根据数模得到的理论数据比较：如果满足要求，则产品合格；如果不满足要求，则返回设计和工艺进行讨论分析，如图 6 - 28 所示。从工装定位到中间的装配环节，直到最终的产品检验，整个后机身装配工艺流程中实现了全数字量传递，保证了最终产品的装配准确度。

3. 部件对接柔性工装

飞机结构形成大部件后，刚性更好，工装结构多采用分散式结构，不设整体骨架，对接工装与民用飞机机身部件装配柔性工装类似，采用 3 个或 4 个 POGO 柱通过工艺接头（有时还需结合支撑托板）从底面支撑定位各部件，如图 6 - 29 所示。在部件对接中，主要是确定具有较大刚度的部件之间的几何位姿关系。

在应用过程中，首先通过装配仿真得到工装的理论位置数据，并将其转化为工装驱动数

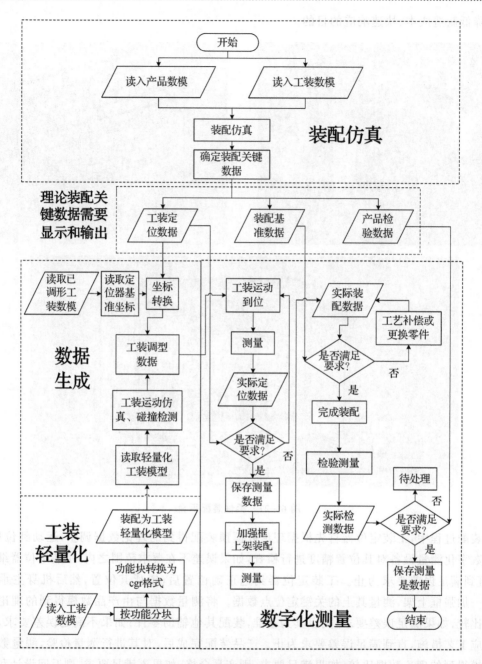

图 6-28 后机身部件数字化柔性装配数据流

据,将工装理论驱动数据传给控制系统,控制系统控制各个定位器自动调整到位,大部件上架,准备对接;然后,利用激光跟踪测量设备测量部件的位姿关键特征点的实际位置,并通过对接匹配优化软件将位姿关键特征点的实际数据与理论数据进行比较及优化计算,得出关键特征点的优化位置数据,并同时计算出各定位器的优化驱动数据,将其传给控制系统,驱动各定位器运动到位;到位后继续测量、比较理论数据和实测数据,直到满足装配误差要求。在装配过程中,各定位器末端的力传感器实时监测装配过程中的载荷变化,一旦遇到载荷突变情况,则立即反馈给控制系统停止工装运动,保证了对接安全可靠。整个装配流程如图 6-30 所示。

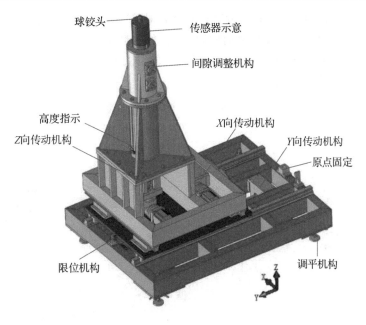

图 6 - 29　底面支撑的三坐标 POGO 柱式柔性工装

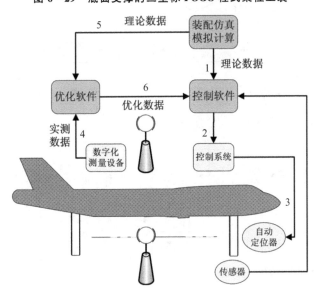

图 6 - 30　大部件对接柔性工装装配流程

以国产支线客机 ARJ21 为例,其大部件自动化对接工装平台包括 14 个 POGO 柱定位器(定位器布局如图 6-31 所示)及其驱动控制系统、激光跟踪测量系统、基于 DELMIA 的对接关键点理论数据生成模块、对接匹配优化软件等。对接过程主要包括三个阶段:对接准备、建立中机身基准平台、大部件对接。

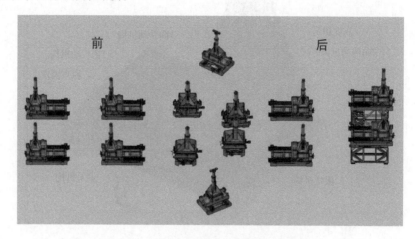

图 6-31 ARJ21 自动化对接装配工装布局

如图 6-32 所示,以中机身与前机身的对接为例说明部件 ARJ21 对接柔性工装的工作流程,中机身与后机身对接与此相同(定义飞机的航向为 Y 向,水平方向上垂直于航向的方向定义为 X 向,飞机高度方向定位为 Z 向)。

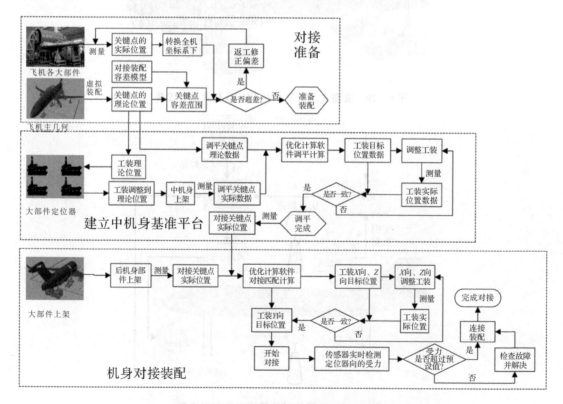

图 6-32 ARJ21 大部件自动化对接流程图

（1）对接准备

对接准备工作主要包括检验进入装配的部件制造质量和通过虚拟装配提取装配关键点及工装的理论位置数据两部分。该阶段的任务首先是保证进入对接的各大部件符合设计容差要求，没有超差；其次是提取装配关键点和工装的理论位置数据，为下一步建立中机身对接基准平台及大部件对接提供数据准备。

① 利用激光跟踪仪测量各大部件上装配关键点的位置坐标，并转化为飞机坐标系下的位置坐标。

② 在装配仿真软件 DELMIA 中，按飞机设计坐标系定位工装和各部件，利用理论数据生成模块提取各部件的装配关键点理论数据以及各个定位工装的理论位置数据。

③ 根据对接装配的容差模型以及各装配关键点的理论数据，在飞机坐标系下与各数据的实际位置数据进行比较，判断有无超差点：如果有超差，需要对大部件进行修配；如果没有超差，证明部件符合对接装配容差要求，可以装配。

④ 将中机身调平关键点理论数据及工装位置理论数据提取出来，其中调平关键点数据自动传递给优化计算软件，工装理论位置数据自动转化为控制指令格式。

（2）建立中机身/机翼部件基准平台

① 工装控制系统接收上步获得的工装驱动数控指令，驱动工装自动运动到理论位置，吊装中机身/机翼部件上架。

② 利用激光跟踪仪测量中机身/机翼部件上的 4 个调平关键点位置坐标，根据六大协调因素，4 个调平关键点取在中机身蒙皮上靠近前后对接框的位置，如图 6-33 所示。这样既可优先保证机身的气动外形要求，又便于激光跟踪仪测量。测量完成后，需要将调平关键点的理论位置数据传递给优化计算软件。

③ 根据调平关键点的理论位置数据和实际位置数据，利用对接匹配优化软件，计算得到工装的调整数据，并自动转化为工装运动数控指令形式，传递给数控系统。

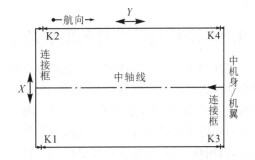

图 6-33　4 个调平关键点位置分布

④ 控制系统驱动工装调整到位，调整完成后用激光跟踪仪测量工装的实际位置，如果超过允许的偏差范围，用手动控制定位器调整到优化计算得到的位置。

⑤ 利用激光跟踪仪测量中机身/中央翼上的对接装配关键点的位置坐标，其中，前端为与前机身对接的 16 个关键点，后端为与后机身对接的 16 个关键点，并将数据传给优化计算软件。根据对接的六大协调因素要求，机身部件上的对接装配关键点分别取自 2 根 18 长桁、2 根龙骨梁以及 4 根长桁上，如图 6-34 所示。

（3）机身对接

① 工装控制系统驱动前机身工装自动运动到理论位置，吊装前机身部件上架。

② 利用激光跟踪仪测量前机身上对接的 16 个装配关键点的位置坐标，将数据传给优化计算软件。

③ 以中机身前端的 16 个装配关键点的位置坐标为目标数据，前机身上相应的 16 个装配关键点为优化对象，利用对接匹配优化软件进行优化计算，并自动转化为前机身工装运动的数

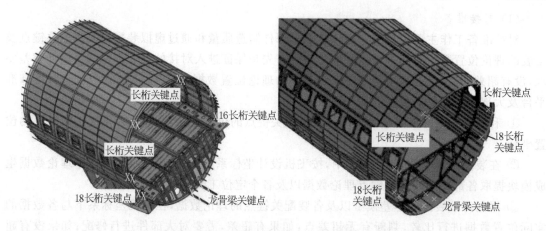

图 6-34 中机身前端、后端对接关键点分布

控指令,直接传给数控系统。

④ 控制系统驱动工装 Z 向、X 向调整,调整完成后用激光跟踪仪测量工装在 Z 向和 X 向的实际位置,如果超过允许的偏差范围,用手动控制定位器调整到达优化计算得到的位置。

⑤ 控制系统驱动工装 Y 向运动,完成对接以及钻铆连接等操作,对接过程中,工装上的传感器实时将受力状况反馈给控制系统,一旦工装载荷超过设定值,控制系统将自动停止工装动作。

6.3.3 柔性装配工装的发展趋势

柔性多点工装的柔性依靠多点调形重构实现,因此,大多数柔性多点工装都需要一个专门的多轴控制系统来控制各个点(比如 POGO 柱)的运动调形。这虽然提高了调形重构的效率和精度,但却增加了工装的成本。同时,随着复材在飞机结构中的大量应用,利用柔性工装实现对带误差飞机结构件外形调整的需求愈发凸显,而传统三坐标式工装定位驱动自由度有限,因此,通用性更强、模块化程度更高、驱动自由度更多的工业机器人式柔性工装应运而生。

为了降低柔性工装的制造成本,实现精益制造,作为欧洲 ADFAST(Automation for Drilling, Fastening, Assembly, Systems integration and Tooling)飞机先进自动化装配技术项目的重要组成部分,瑞典林雪平大学(Linkoping University)提出了一种经济上可承担的可重构工装 ART(Affordable Reconfigurable Tooling)概念,如图 6-35 所示。ART 工装的柔性仍是通过多点重构实现的,但其各个点的重构却是由一个低成本的工业机器人来调整配置完成的。通过使用低成本的机器人代替专用昂贵的数控系统来调整配置工装,可大大降低工装的成本。ART 工装利用工业机器人来被动调整工装的思路,代表了柔性工装低成本化发展的方向,图 6-36 所示为空客机翼装配可重构柔性工装 ReFlex 应用研究,这种 ReFlex 工装充分发挥了 ART 的优势。

北京航空航天大学与中国商飞上飞公司合作,针对 C929 复材机身壁板组件装配中复材隔框在蒙皮内型面定位协调的接触间隙与接触力控制难题,开发了面向复材机身隔框定位协调的机器人精准柔顺装配控制系统(见图 6-37),实现了复材机身隔框精准、低应力定位协调;针对 C929 大型复材机身部件装配侧壁板位姿、外形、受力的精确协同控制难题,开发了一种多并联机器人协同驱动的复材壁板调姿校形工装系统(见图 6-38),单个定位器由 6 足并联机器人集成 6 向力/矩传感器和点阵吸盘夹持单元构成。多机器人协同运动实现形-位-力协同调控。

图 6-35　可承担的柔性工装

图 6-36　基于 ART 原理的 ReFlex 工装应用试验

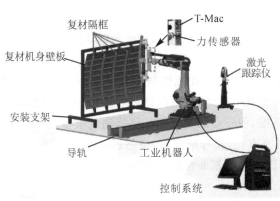

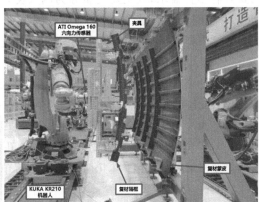

图 6-37　机器人精准柔顺装配控制系统

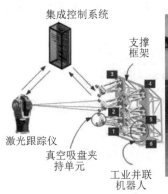

图 6-38　多并联机器人协同驱动的复材机身壁板调姿校形工装

6.4　数字化测量

飞机产品体积大、曲面复杂,其测量和检测一直是一个难题,在传统制造中经历了从采用标准样件到标准样件和常规光学仪器(水平仪、经纬仪)混合等检测方式,但随着现代飞机制造要求的提高,传统的检测方法在准确度和效率上都已无法满足现代飞机测量的要求。现代飞机制造中,各种数字化测量技术的发展和应用,不仅提升了测量准确度和效率,而且实现了飞机产品从设计、制造到检验的全数字量传递。数字化测量检测已经成为现代飞机数字化制造集成系统重要且必不可少的组成部分。

数字化测量技术是指利用数字化的测量设备如激光跟踪仪、室内 GPS、测量照相仪、雷达扫描仪、电子经纬仪等,根据飞机产品的数字化模型定义,在计算机的控制下完成飞机装配中关键特征点的自动、快速、精密的测量并处理其数据所涉及的所有相关技术的总称。数字化测量检测技术最早用于飞机装配工装的安装过程中,而随着其发展,数字化测量技术在现代飞机装配中得到了更为广泛和深入的应用。

6.4.1　飞机装配测量的类型

飞机几何特征的多样化、装配流程的复杂性以及装配协调与准确度的要求,使得飞机装配测量具有多种需求,其主要类型分为两大类,即空间点位测量和复杂曲面测量。

1. 空间点位测量

通过用测量手段获取空间点的坐标数据,进行定位和评估。主要采用激光跟踪仪、激光雷达。

(1) 零组件定位

飞机的装配定位就是要确定零组件之间的相互位置。在飞机数字化装配中,为了提高装配精度,简化工装结构,可在装配过程中测量零组件上的结构特征,进行零组件的定位或调整,也可以在组合件上安装光学目标件作为定位基准,便于应用激光跟踪仪等测量设备。

通常定位特征都选择主要结构件的 K 孔、交点孔、叉耳端面等,虽然这些关键特征点的测量精度要求较高,但由于其几何要素比较简单因而通常都非常易于测量。

(2) 部件对接

在大部件对接过程中,测量系统对各部件上已标出的对接关键特征点进行实时测量,将测量数据传递给对接工装的分析计算系统,分析计算系统将实测值与理论值进行处理,进而驱动柔性工装运动实现自动化对接。图 6-39 为 C919 机身部件对接过程中采用激光跟踪仪测量机身对接关键特征点。

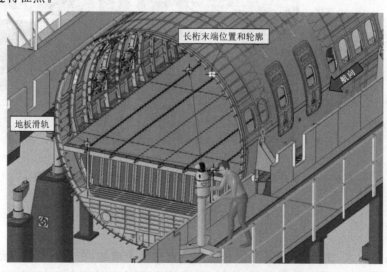

图 6-39　激光跟踪仪测量中机身对接关键特征点

（3）全机水平测量

全机水平测量是飞机制造阶段最后的综合性检验工序，反映了飞机整机装配后各部件的相对位置及各部件的安装质量，是确保飞机安全性的重要环节。

传统的飞机水平测量方法是利用水准仪、标尺、铅锤和卷尺等工具，将测得的数据向全机坐标轴系投影，通过水平测量公差进行对比。全部测量过程均由人工实现，精度低、误差大，工作量大且过程复杂。

利用数字化测量技术可直接获取水平测量点的三维坐标，无须进行飞机调平操作即可实现自动化测量，与传统方法相比，精度与效率极大提升。图 6-40 为飞机水平测量方案测量布局。

图 6-40　全机水平测量

（4）工装安装及定检

装配工装是飞机零部件装配定位的重要基准和依据。在工装安装过程中，由数字化测量技术检测工装上设置的检测点坐标，可实现工装的快速精确安装。此外，由于地基沉降、定位夹紧元件磨损等因素，工装在长期过程中其定位准确度会降低，需要定期使用数字化测量设备对其定位精度进行检测。图 6-41 为采用激光跟踪仪对工装定位精度进行监测。

图 6-41　利用激光跟踪仪进行工装监测

2. 气动外形质量检测

部件装配后的气动外形质量是评定飞机装配质量的一项重要内容，主要包括部件外形准确度和表面平滑度。随着飞机性能的提高，对飞机气动外形质量的要求也在不断提高。

长期以来,部件装配的外形依据是装配工装上的卡板,由人工使用塞尺等进行检查。近年来,激光雷达、摄影测量、三维扫描等被广泛应用于部件气动外形检测。数字化测量设备的使用,不仅在精度上满足了测量需要,同时极大地提高了测量效率。

6.4.2 常用数字化测量设备

常用的数字化测量设备主要有激光跟踪仪、激光扫描仪、iGPS(室内GPS)、激光雷达和照相测量系统等,其中,激光跟踪仪、激光雷达及 iGPS 的测量精度更高、测量范围更大,可用于工装安装、部件装配、大部件对接等装配生产环节,是实现飞机数字化柔性装配的主要测量工具;摄影测量系统、激光扫描仪具有体积小、便于携带的优点,可用于某些特定装配要求的测量或辅助其他精确测量设备进行协同测量。

1. 激光跟踪仪

激光跟踪仪是 20 世纪 80 年代中后期发展起来的一种大尺寸空间坐标测量系统,能够对空间运动目标进行连续动态跟踪及三维坐标实时测量。其测量精度高、效率高、实时快捷、操作简便,测量范围可从一米到上百米,在同等精度条件下,测量效率比传统的大型三坐标测量机(CMM)、经纬仪测量系统等提高数倍。但是随着测量距离的增大,测量误差也会逐渐加大。

激光跟踪仪主要由跟踪头、目标反射镜、控制电箱和测量软件构成。作为极(球)坐标测量系统,激光跟踪仪结合了激光精密测距和自动跟踪功能。其测量原理是:在待测目标点放置一个反射器(靶镜),跟踪头发射激光束到反射器上并接收反射回来的光束。如图 6-42 所示,P 为被测点,通过测角系统与测距系统来确定反射器球心到跟踪头的垂直角(α)、水平角(β)及距离 L,从而得到 P 点的空间坐标:

$$\begin{cases} x = L\cos\alpha\cos\beta \\ y = L\cos\alpha\sin\beta \\ z = L\sin\alpha \end{cases} \tag{6.11}$$

激光跟踪仪可以在装配过程中进行动态跟踪测量,实时与 CAD 理论值进行比较,动态显示各个方向的偏差,指导操作者装配的调整方向。

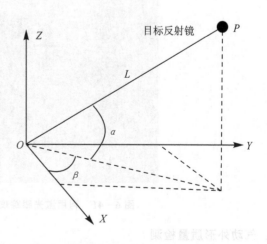

图 6-42 激光跟踪仪测量原理

2. iGPS

iGPS(室内空间测量定位系统)是一种大尺寸空间测量技术,借鉴地球定位导航系统思想,通过在区域空间内布置多个发射基站,采用光电扫描的角度测量方式,构造整体测量控制场。

iGPS 测量系统主要由覆盖工作空间的发射站网络、接收传感器、中央计算机、无线通信系统和其他辅助设备组成,如图 6-43 所示。图 6-44 所示为激光发射器。

图 6-43 iGPS 测量系统

图 6-44 激光发射器

激光发射器发射出两个呈扇形的激光面,这两个激光扇面与垂直平面的夹角分别为 30° 和 -30°[见图 6-45(a)],扇面的覆盖范围为 ±30°[见图 6-45(b)]。激光发射器呈 360°高速旋转,两个激光扇面在测量区域内高速旋转划扫。该系统中需要接收装置用于接收和处理来自激光发射器的信号。一个发射器对测量区域内任何一个接收器只能获得两个角度信息:仰角和方位角,它们都是利用时间差计算出来的。只有方位角和仰角两个元素是不足以计算接收器空间位置的,还需要有另外一个激光发射器再利用三角形原理[见图 6-45(c)]才可以计算得到。

多个接收器(传感器)可在测量场内同时工作,摆脱了人工瞄准测角的局限性,可实现多任务测量,提高自动化水平和测量效率,同时可以通过增加发射基站来拓展测量空间,相比激光跟踪仪,解决了量程范围和测量精度之间的矛盾。

美国波音公司在 B747、F/A18、B777 等飞机总装对接中,都应用了 iGPS 技术。而在最新的 B787 部件对接中,iGPS 技术应用更加成熟,实现了 B787 大部件精确对接装配,如图 6-46 所示。

3. 激光雷达

激光雷达是一种球坐标系的测量系统,是一种支持非接触和非目标式超大尺寸物体型面检测的多功能测量系统,如图 6-47 所示。

激光雷达的硬件组成包括激光扫描头、支座、控制柜及反光镜。当激光扫描头的测量光线无法直接指向被测位置时需使用反光镜。反光镜作为雷达的辅助测量设备,可以改变激光头测量光线的方向。对反射镜进行标定后,再对被测物在反光镜中的像进行测量,即可得到被测物实际三维坐标。

激光雷达可实现大尺寸空间的高精度自动非接触式检测,可简化工艺和节省人力成本,但设备成本相对更高。

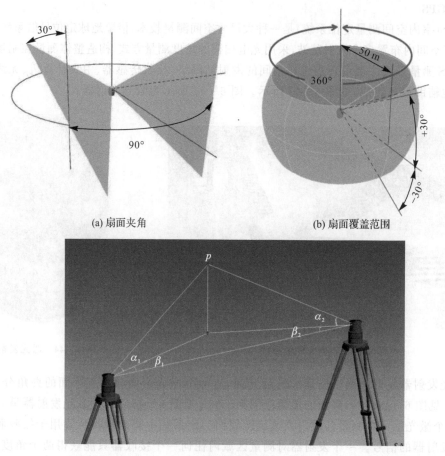

(a) 扇面夹角　　　　　　　　　　　　　(b) 扇面覆盖范围

(c) 三角计算法

图 6 – 45　激光雷达测量原理

用室内GPS测量进行装配

图 6 – 46　iGPS 在 B787 总装对接中的应用

　　图 6 – 48 为应用激光雷达对 A380 机身段测量的示意图,由一位技术人员进行测量,整个过程不到 1 h,对比用数字摄影测量技术测量同样的机身段(见图 6 – 49),却需要两个技术人员,测量过程大约需要 20 h,可见激光雷达对效率的提高。

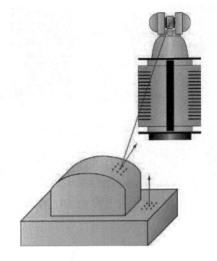

图 6 - 47　激光雷达

图 6 - 48　激光雷达测量 A380 机身段

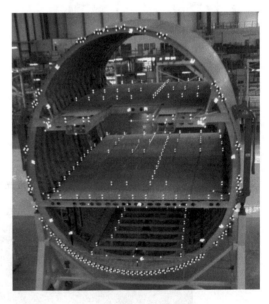

图 6 - 49　数字摄影测量技术测量 A380 机身段

图 6 - 50 为应用激光雷达对 B787 起落架舱门(复合材料)进行的检测,共检测 640 个理论点,耗时 4 min。

4. 激光扫描仪

激光扫描仪通过高速激光扫描,快速获取被测对象表面的三维坐标信息,提供扫描物体表面的三维点云数据。激光扫描仪的工作原理是基于激光测距技术。扫描仪通过向工件表面发射并接收大量激光束,确定被测工件表面各点与扫描的距离,如图 6 - 51 所示。激光扫描仪具有高效率、高精度的优势,而且具有快速实时、非接触式测量等优势,不足之处是无法对某一点进行精准测量。

3D 激光扫描可将得到的三维数据与三维图纸进行对比,判断是否有偏差,并给出修正方案,或进行逆向建模。图 6 - 52 为激光扫描仪测量机翼蒙皮外形的工作场景。

图 6-50　激光雷达检测起落架舱门型面

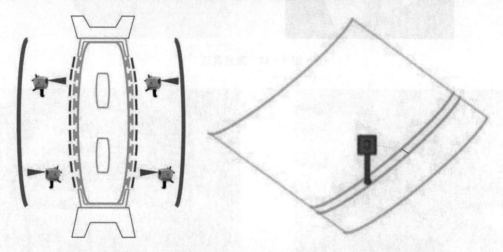

图 6-51　激光扫描仪工作示意

图 6-52　激光扫描仪测量机翼蒙皮外形

5. 数字摄影测量

数字摄影测量是通过对图像的处理和计算,将 2D 图像恢复成数字 3D 模型。两张或以上的图像就可以完成计算和转换的工作。

数字摄影测量基于双目立体视觉和图像处理技术,利用三角定位和后方交会技术实现数据分析,如图 6-53 所示。测量时,通过"三角形交会"定位方法确定照片中点的位置,通过求解单相机共面方程或多相机共线方程获取相片的相对方位或绝对方位。但是由于测点和相机的空间绝对位置未知,所以目前多使用光束平差计算的方法,将变量整体考虑求得最优值,从而获得最终测量点的空间坐标值。

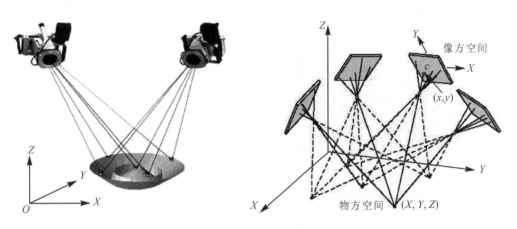

图 6-53 数字摄影测量原理

数字摄影测量系统基本硬件包括:一台以上专业测量数码相机、一套基准尺、回光反射标记(包括编码标志和非编码标志)、投点器、自动定向靶标、一台计算机及一套系统软件,如图 6-54 所示。

(a) Nikon D800

(b) 投点器

3 mm
4 mm
5 mm
6 mm

(c) 荧光标志点

3 mm

6 mm   12 mm

(d) 测量编码点

(e) 测量基准尺及其他辅助测量配件

图 6-54 数字摄影测量系统硬件

飞机装配中,摄影测量主要应用于外形和点位测量,如图 6-55 所示。

反射标记物

图 6-55　A380 舱门装配过程采用摄影测量

6.4.3　通用测量分析软件

在飞机装配中,利用先进的数字化测量设备可以精确快速获取测量对象的数据信息,这些数据由测量分析软件进一步分析、处理。利用软件最优拟合算法,可以在有限测量数据基础上,拟合出最逼近测量对象实际情况的图形信息,进而与理论模型进行对比,得出最优分析结果。

SA 软件是专为使用数字化测量系统的用户开发的,使用方便,可自由配置、二次开发。该软件为各种数字化测量设备(Leica、FARO、SMX 及 API)提供了简单的通信端口,如各种激光跟踪仪都具有相同的用户端界面。图 6-56 为利用 SA 软件进行特征点测量及误差显示。

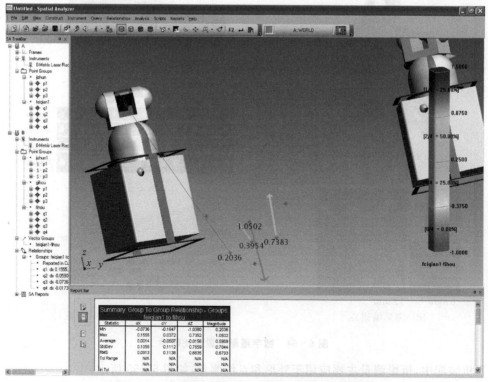

图 6-56　利用 SA 软件进行特征点测量及误差显示

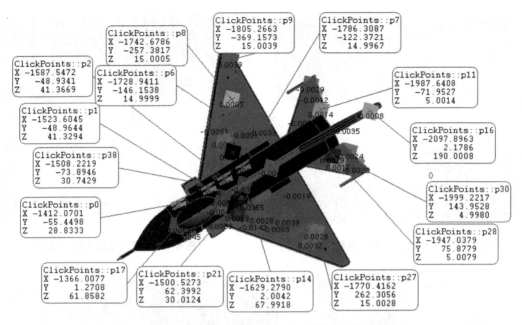

图 6-56 利用 SA 软件进行特征点测量及误差显示(续)

6.5 自动化连接

随着现代飞机对机体结构的寿命、质量、密封、防腐等各方面的要求越来越高,使得现代飞机装配中对制孔及连接比以往要求更精、更严;此外,现代飞机结构中复合材料、钛合金等各种新型材料应用比重的大幅提升,也增加了装配中制孔及连接的难度。

为了提高飞机装配中的制孔和连接质量,满足现代飞机的高性能要求,现代飞机制造中通过发展和应用各种自动化设备,并将其与柔性工装相结合,形成各种形式的自动化装配单元,从而实现了飞机连接全过程的柔性化、自动化、精确化,提高了飞机产品装配质量和效率。

6.5.1 自动化补偿

由于零件外形制造误差、工装定位误差等因素,当零件定位装夹后,在零件之间或零件与工装之间的配合面会出现形状、尺寸不协调的状况,如界面间隙、干涉等。为保证制孔连接质量,必须采用适当的补偿措施进行修正,如在线打磨干涉或加垫补偿间隙等。

传统装配过程采用手工作业进行补偿,工人手持塞尺等实物量具在零件连接处依次进行测量并手工记录,然后再手工加垫补偿间隙或打磨干涉。整个过程费时费力,工艺质量难以保证。空客等飞机制造商已开始探索基于数字化、自动化的精益补偿技术。针对 A350 复合材料机翼壁板装配,空客公司首先利用数字化测量设备快速、精确地获取机翼壁板与翼肋的配合面外形数据,并拟合配合面间隙和干涉的三维形状数据,如图 6-57 所示;然后根据间隙和干涉的形状数据生成柔性机器人末端执行器的运动轨迹,如图 6-58 所示;最后利用装有垫片涂覆末端执行器的工业机器人在零件表面对应间隙处自动精确地施加垫片,如图 6-59(a)所示;利用装有铣削末端的工业机器人在零件表面对应干涉处进行自动铣削,如图 6-59(b)所示。通过采用精益化工艺补偿技术,空客大幅提升了 A350 复合材料机翼壁板装配的工艺修正质量,进而保证了装配应力的控制效果,同时显著缩减了工艺成本和周期。

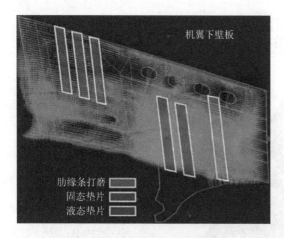

图 6-57　配合面三维形状测量与拟合

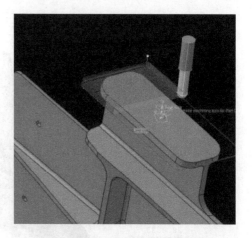

图 6-58　柔性机器人运动轨迹生成

(a) 机器人在翼肋缘条处施加的垫片

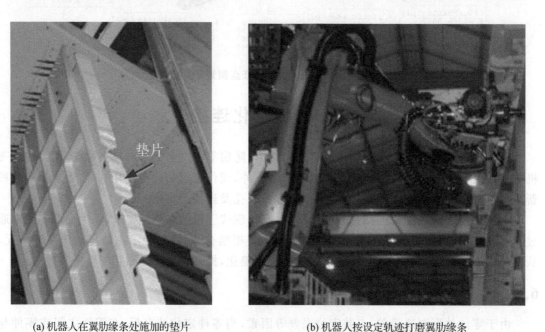

(b) 机器人按设定轨迹打磨翼肋缘条

图 6-59　柔性机器人在零件对应位置自动施加垫片和铣削干涉

6.5.2　自动制孔

自动化制孔装备系统是飞机柔性装配技术的一个重要应用和研究方向,利用自动化制孔装备进行自动精密制孔,改善各连接点的技术状态(表面质量、配合性质、结构形式等),可以很好地满足现代飞机制造高寿命、高质量、高速度、低成本的要求。本小节将介绍飞机装配工艺中常用的自动化制孔装备,包括自动制孔单元、数控制孔机床、机器人制孔系统及柔性导轨自动制孔系统。

1. 自动制孔单元

自动制孔单元(Automatic Drilling Unit, ADU)是一种先进的制孔工具,如图 6-60 所示,能采用不同的转速以一定的进给率钻出高质量的孔,且孔边很少出现毛刺。由于没有停止和减压现象,刀具能够长时间保持锋利,而且穿透时没有颤动,因而能减少刀具断裂的可能,能有效提高制孔效率与孔的质量。其组成结构如下:

① 钻模:为保证制孔的孔的位置精确度,需制作钻模。钻模由两部分组成,一是钻模板,用以保证所制孔的位置准确性;二是角板,可以将钻模固定到型架上。

② 刀具:按照被加工的材料和钻模尺寸选择刀具。

③ 衬套:使工件和刀具不发生偏摆,保证孔的精度与同心度。

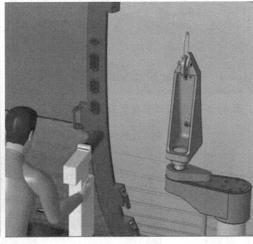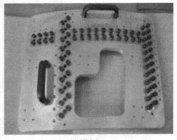

自动制孔单元

钻模板

图 6 - 60　自动制孔单元

2. 数控制孔机床

数控制孔机床是数字控制的以钻削为主的孔加工机床,可完成钻、扩、铰、攻丝等多道工序,适用于孔间距离有一定精度要求的孔加工。飞机装配制孔工艺所采用的数控机床按功能和布局可分为龙门式自动制孔机床、托架式自动制孔机床、单立柱式自动制孔机床。

(1) 龙门式自动制孔机床(见图 6 - 61)的特点

① 壁板固定不动或者只相对机床本体平动,机床本体为龙门式结构并装备有可进行空间 5 坐标方向运动的末端执行器。

② 制孔过程中壁板不做空间运动,可以将重力影响减至最低。

③ 机床一般体积较大、刚度强并且稳定性较好,可以完成硬质材料或复合材料壁板的大孔径钻铆和机身机头等大部件拼接制孔环铆等其他普通自动制孔机床所不能完成的工作。

(2) 托架式自动制孔机床(见图 6 - 62)的特点

① 装备有托架系统,托架装载着壁板在空间中运动,保证制孔主轴始终处于待制孔点的法向。

② 可以自动完成壁板的定位、夹紧、制孔/锪窝、涂胶、送钉、铆接/安装、铣平等装配工艺操作,可以实现飞机大型壁板的快速、高效、精确装配,提高装配质量和装配效率。

托架式自动制孔机床典型代表为德国 BROTJE 公司的集成壁板装配单元(Integrated Panel Assembly Cell,IPAC)CPAC 系列自动钻铆机,目前该系列的制孔机床已经在国内外的航空制造业中得到广泛应用。

(3) 单立柱式自动制孔机床(见图 6 - 63)的特点

①末端执行器吊装在单立柱上,结构形式近似与机器人制孔系统,末端执行器在单立柱上

图 6 - 61　龙门式自动制孔机床

图 6 - 62　IPAC CPAC 系列自动钻铆机

图 6 - 63　单立柱式自动制孔机床

完成 5 轴运动,调整空间位姿,完成对产品壁板的自动制孔工作。

②机床结构相对简单,示教操作简便并且效率高,造价较低,在小批量产品壁板制孔的工作中得到广泛应用,柔性度较高。

③ 单立柱式自动制孔机床为单面制孔,不可避免地会造成壁板变形,并且不具备铆接、螺接的能力,仅能完成小型孔的制孔工作。

单立柱式自动制孔机床主要由支撑单立柱、末端执行器、视觉系统、导轨系统等组成,该类型机床已成功应用于 A380、A400 机翼的小批量制孔工作中。

3. 机器人制孔系统

机器人制孔系统一般采用工件不动、机器人移动的方式,灵活性好,且对工件的适应性较好,同时能极大地提高制孔效率和精度。机器人制孔系统主要由六坐标工业机器人、配套的末端执行器、控制系统及配件组成。

制孔机器人一般采用传统的六坐标工业机器人,并利用工业机器人自带的系统接口根据产品需要进行系统集成以及二次开发。传统的六坐标工业机器人负载能力有限,刚度较差,制孔时易受反作用力导致大变形,而对其进行改进与加强后,重复精度又无法满足精密制孔的需求。机器人精密制孔系统则根据需要对机器人进行加强加固,同时通过视觉系统等传感器对重复定位误差和变形误差进行反馈、修正和补偿,保证末端执行器的制孔位置精度和姿态精度。

机器人配有专门的机器人导轨,机器人沿导轨运动,完成对整个大型壁板产品以及多个产品的制孔工作,机器人导轨的运动一般作为机器人第七轴集成至机器人自动制孔系统中。末端执行器安装在机器人第六轴的法兰盘上,完成制孔、锪窝、探孔等工作。

制孔过程的完成需要机器人自动制孔系统进行精确的空间多坐标系转换,主要包括机器人坐标系、工具坐标系、工件坐标系、世界坐标系,根据工件坐标系中壁板相应制孔点的位置,调整相应的机器人、机器人导轨、末端执行器的空间位姿来完成制孔工作。

机器人制孔技术目前已经广泛应用于飞机自动化装配过程中。图 6 - 64 为 ONCE 机器人制孔系统,该系统已经成功应用于波音 F/A - 18E/F"超级大黄蜂"后缘襟翼的制孔与测孔、B787 飞机可移动式后缘制孔以及 B737 飞机副翼制孔锪窝。

图 6 - 64　ONCE 机器人制孔系统

4. 柔性导轨自动制孔

柔性导轨自动制孔设备是一种用于飞机自动化装配制孔的便携式自动化设备,如

图 6-65 所示,主要由制孔系统、真空吸盘柔性导轨、运行底座、视觉系统、法向找正系统组成。

通常机身和机翼都有大量的平缓曲面,柔性导轨自动制孔设备可以通过导轨的真空吸盘吸附在壁板表面,并且可以完成任意角度的稳定吸附,根据需求完成制孔、锪窝、法向检测、照相定位、刀具检测、压脚压紧及真空吸屑等工作。与传统的五坐标数控自动制孔机床、机器人自动制孔设备相比,柔性导轨制孔系统具有成本低、重量轻、移动便携、柔性度高等特点,在机翼和机身装配的自动制孔中得到了广泛应用。

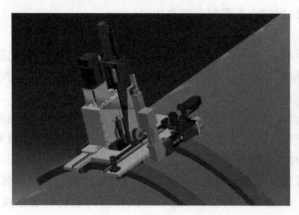

图 6-65 B787 机身装配柔性导轨自动制孔系统

6.5.3 自动钻铆

在飞机装配中,自动钻铆技术主要应用于紧固件安装工作量大、表面质量要求严、紧固件种类单一和具有较好开敞性的装配件。与传统的手工铆接相比,自动钻铆具有工作效率高、质量波动小以及铆接结构抗疲劳性能等优势。

自动钻铆机是集电气、液压、气动、自动控制为一体,应用于航空航天紧固件安装的专用设备,它不仅可以实现组件(或部件)的自动定位,还可以一次完成制孔、锪窝、涂胶、送钉和紧固件安装的过程,是现代飞机装配中常用的设备。

1. 双机器人自动钻铆系统

双机器人自动钻铆系统如图 6-66 所示,通常需要两个独立的机器人,它们分别位于铆接组件的两侧。在钻铆过程中,机器人完成末端执行器的精确定位和定姿,由主动端末端执行器

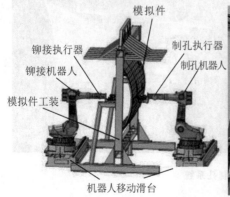

图 6-66 双机器人自动钻铆系统

完成制孔/锪窝、密封剂涂覆以及送钉等操作,被动末端执行器对铆钉施加铆接力,实现铆接。铆接过程中,由监测及标定系统对加工及定位精度进行实时测量,整个系统由中央控制器按工艺顺序进行控制。

2. 大型自动钻铆设备

大型自动钻铆设备一般由动力系统、控制系统、定位夹紧系统、钻削系统、紧固件选择与送料系统、紧固件安装系统等组成,如图 6-67 所示。环框形自动钻铆机是用于机身蒙皮装配的自动钻铆设备,其以环框形式架于工装之上。机床整体沿机身方向,利用轨道运动,加工部位分为两个单元:上端加工部位沿环状轨道围绕机身蒙皮运动,可以实现定位、夹持连接件、钻紧固件、探测孔径、注入密封胶等功能;下端为铆接辅助设备,能够在蒙皮下部运动,与上端加工部位共同完成蒙皮装配的铆接工作。

图 6-67　利用环框形自动钻铆机完成机身蒙皮装配

6.5.4　电磁铆接

国外许多大型飞机部件装配已采用了低电压电磁铆接设备。Electroimpact 公司研制的 E3000、E4000、E5000、E6000、E7000 等系列电磁铆接设备广泛应用于波音、空客等飞机复材机身机翼结构连接装配。图 6-68、图 6-69 分别为 B787 机身装配、A380 机翼壁板装配中应用 EI 公司电磁铆接设备。

图 6-68　B787 复合材料机身段装配采用电磁铆接设备

图 6 - 69　A380 机翼壁板装配采用电磁铆接设备

6.5.5　自动涂胶密封

　　飞机的密封性对于其安全飞行及飞机寿命有着不可忽视的影响,较差的密封性甚至能够危及飞行员的人身安全。由于飞机大部件结构几何特征、尺寸的多样性、非标性等特点,因而涂胶工艺主要采用人工作业方式。该方式存在涂胶量不均匀、质量一致性差、可操作性差、涂胶材料威胁工人健康等问题。

　　近年来,基于工业机器人的自动涂胶技术发展迅速。自动涂胶机器人系统主要包括工业机器人、涂胶末端执行器及数字化扫描测量设备等,可实现自动挤胶、刮胶、基准识别、胶形检测等功能,自动涂密封胶工作原理如图 6 - 70 所示。图 6 - 71 为利用工业机器人实现自动涂密封胶。

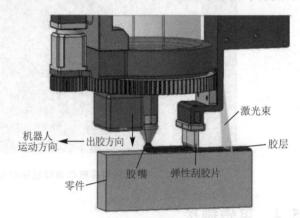

图 6 - 70　自动涂密封胶工作原理

图 6 - 71　工业机器人自动涂密封胶

6.6　飞机自动化装配生产线

现代飞机批量生产过程中广泛采用自动化装配生产线来提高劳动生产率,稳定和提高产品质量,改善劳动条件,缩减生产占地面积,降低生产成本,缩短生产周期,保证生产均衡性。

6.6.1　飞机装配生产线的特点

现代飞机装配生产线是在精益生产等现代管理理念指导下,利用数字化装配设备建成的生产线。其工艺规划、自动化装备应用及现场管理等方面都与传统的生产线有着显著差别。

1. 工艺规划

精益生产追求没有浪费和停工等待,合理的工艺规划是实现精益生产的基础。因此工艺规划要求科学适当,工艺划分精细,串行与并行安排得当,工序作业时间一致性好,生产具有一定的节拍性,并使生产线达到以下要求:

① 被装配对象在各道工序上按一定的时间间隔投入和产出,按照节拍进行生产,产能易于控制。

② 节拍相等。每个工人在相同的时间间隔内完成一个作业循环。

③ 生产过程连续性好。装配线流程较为通畅,不会产生挤压或脱节。

④ 能够在规定时间内完成该站位的所有装配工作。

⑤ 每个工作小组都有固定的装配站位,进行专业化装配工作。

为了实现上述要求,在工艺规划过程中都需要进行流程分析和能力计算,通过分解或合并操作工序使装配节拍尽量接近,同时还要使自动装配站位产能达到最大,设备利用率最高。

2. 自动化设备与辅助装备

为了提高生产能力和产品质量,生产线规划与建设中注重整体能力,而不是某个关键环节或关键站位,因此,生产过程中的每个环节都采用自动化设备与装备,特别是物流环节,采用移动工装和辅助运输装置使生产线的工作效率得到大幅提升。

3. 现场可视化管理

高效率的生产方式需要与之相应的管理手段,现代化生产线上均可看到信息系统的使用。管理信息系统是提高管理水平的有效手段,其可以使管理流程规范化、标准化,使管理信息可视化,达到管理的透明化。各部门的工作紧密围绕着生产线的生产活动,保证生产不间断地有序进行。生产线管理一般应具备如下能力:

① 每个装配站位都有明显的工作状态标识来跟踪装配进度,显示站位工作状态。若出现问题,则立即显示问题类型与性质,并有相关人员到现场解决问题。

② 资源管理部门按计划和可视化看板将生产资源配送到工位,提高生产效率。细致的分工使每个工作地的作业单一重复,进而提高生产效率。

③ 零件、标准件和工具摆放在专用的架车上,停放在装配工位旁边,使员工能够快速准确获取。

④ 可有效地对设备进行运行监控管理。操作者对自动化设备实施自主维护保养,运行监控系统对设备运行状态进行监控,根据运行状态安排专业人员进行维修。

图 6-72 所示为我国自主研制的支线客机 ARJ21 部装车间产线可视化管控系统。

图 6-72　部装车间生产线可视化管控系统

6.6.2　飞机装配生产线规划

飞机装配生产线规划是以产品产量、生产周期和目标成本等为依据,研究分析装配流程和生产组织,通过能力分析与计算,合理划分工艺分离面,规划工艺组合件与段件装配,对装配工艺流程、工作场地、工艺装备、工具、设备、库房、人员数量及生产作业形式等进行合理规划和仿真优化。

1. 产能分析与作业能力平衡优化

产能是指企业的固定资产在一定的时期(年、季、月等)内,在先进合理的组织条件下,经过综合平衡所能生产的一定种类产品的最大数量。装配生产线的产能可定义为在单位时间(如一年)内,在生产组织流程划分、资源配置、零件供应等各方面生产条件稳定的前提下,经过综合平衡后所能生产出的质量合格、满足客户要求的最大产品数量。生产能力是一种客观的存在,在一定时期内是相对稳定的,但也会随着各方面因素的变化而变化。

产能分析是装配生产线规划与优化的基础工作,也是指导生产线规划与现场运行状态控制的依据之一,准确的产能分析结果对装配制造过程的生产节拍控制和生产过程管理具有重要参考价值。对于一个装配生产线,在其布局及组织条件给定的前提下准确求解并预测系统单位时间内的生产效能,不仅有益于提高生产效率、改善产品质量,也有助于工作绩效考核。同时,有助于辅助现场控制人员快速定位装配系统的制约因素,提高现场对工艺更改的反应能力。多年来,产能分析伴随装配制造模式的变化而不断发展,在规划和控制生产线装配作业方面发挥了重要作用。

装配线的生产能力平衡,是指在严格遵循生产线装配节拍的前提下,将所有生产工序进行分解与组合,调整作业负荷,优化资源配置,使得生产线的全部工序时间平均化,使每个站位或工位分配的工作量尽量充足和均衡,使作业时间尽可能相近以确保装配生产过程的各个阶段和各道工序都要按照规定的节奏、在相同的时间间隔内生产和交付等量的成品,使各项工作的负荷保持相对稳定,避免发生时松时紧的现象,从而均衡地完成生产任务。

其中,装配周期是指某装配站位在正常的生产环境下,以单套资源完成单件产品的装配所需要的平均时间。装配节拍则是指某装配站位在正常的生产环境下,以单套资源连续完成两件产品装配所需要的间隔时间。由于飞机生产线内的装配站位生产周期及节拍时间普遍较长,所以一般以"天/件"为单位计算。需要注意的是,装配周期与装配节拍有所区别。在单套资源的条件下,一个装配周期就是一个装配节拍。通过并行增加装配资源数量可以整数倍降低装配节拍时间,而装配周期时间保持不变。一般情况下,装配节拍等于装配周期与资源套数之商。

飞机装配车间通常由若干不同功能的装配站位组成的多条生产线组成,而不同生产线中不同装配站位的生产能力通常是不平衡的。此时,车间综合生产能力通常根据"瓶颈站位"的装配节拍计算生产能力。由于瓶颈站位装配周期最长,是装配车间生产能力的限制性环节,故其直接决定了全机的装配周期及节拍的大小,因此可将其作为产能分析计算的标准依据。关键装配路径是全机装配过程中装配周期最长的装配站位串行所组成的装配线路,该线路周期累加之和直接决定了全机的装配周期。根据全机部装站位的装配周期、逻辑组织关系等数据,可自动分析关键装配线路,详细内容如图 6-73 所示。

获得装配生产线的关键装配路径后,即可对关键路径上的工作站位及站位内工序进行详细的产能工时分析。在实际装配过程中,产能往往受到多重环境因素的影响,例如装配人员的生理因素、操作环境因素、工况条件和强度等。因此在求解产能过程中,需要考虑并量化这些因素对产能计算的影响。

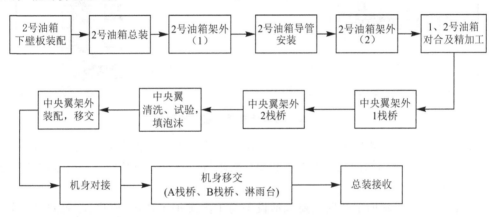

图 6-73　全机总装关键装配路径

在此基础上,运用离散事件仿真软件 Quest 测试各种参数,例如设施布局、资源配置等可替换方案,能够量化不同决策对产量和资源利用率的影响;通过对装配生产线中各作业执行单位的产能和相互衔接关系进行可视化的装配过程仿真,可以直观地获得装配生产线的基本运行情况和主要性能参数,为上述静态装配生产线作业能力分析提供动态仿真补充支持。

2. 装配生产线工艺布局

生产线工艺布局是以产品产量和生产周期为依据,根据产量和生产周期,合理划分工艺分离面、规划工艺组合件与段件装配,确定大型自动化设备和工装的数量及工作区面积,以装配流程为主线,对工作场地、工艺装备、工具、设备、仓库、运输、人员数量及生产作业形式等进行合理规划和布置设计。工艺布置设计要充分利用生产面积,合理安排生产线,优化产品生产周转路线。

（1）工艺布置规划方法

工艺布置首先要进行区域规划与划分,确定各类场地的面积和在厂房内的分布区域,其中主要规划内容如下:

① 主生产区。一般以部件为单元来划分装配生产线的区域,如前机身装配区、后机身装配区、机翼装配区、尾翼装配区。各部件装配区域的划分及区域内的工艺布置,应以装配顺序为依据,按生产流程的先后顺序确定。总装生产线按流程和节拍布置为直线式脉动生产线,也可以按机位并行排列布置,不同的布置方式对厂房内辅助设施建设有一定影响。图 6-74 为 C919 大部件对接区域划分示意图。

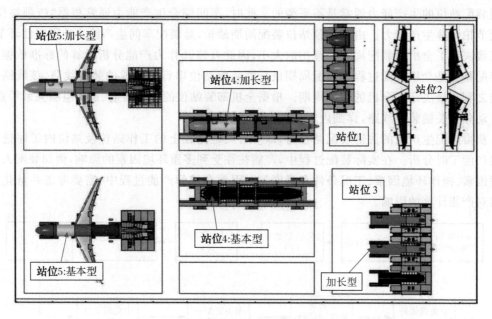

图 6-74 C919 大部件对接区域划分

② 特殊生产区。在装配中有一些工艺过程对环境有特殊要求,如油箱清洗时对环境有清洁度和防爆要求,密封结构固化时有温度和湿度要求等。对这些有特殊环境要求的装配过程,需要规划特殊生产区。

③ 辅助生产区。辅助生产区主要包括设备与工具维护工作区、库房、配胶间等。装配厂一般都需要有维护组或维护工段,进行设备维修与维护以及刀具集中刃磨。库房一般都需要有零件库、标准件库、材料库、成品库、工具库等。装配中使用的密封胶、密封剂一般需要由一定的设备和工具进行配制,并需要在特定的环境中保存。

④ 办公区。办公区主要包括工艺部门、生产计划调度部门、产品检验部门以及行政管理部门的办公区。有些办公区以设立在生产区附近为宜,便于处理生产中的问题,如生产调度和技术支持团队的办公地点。

⑤ 生活区。生活区主要包括更衣室、盥洗室、班组学习休息区等。

（2）主要设备与设施规划

飞机装配生产线上的设备种类比较少,相对零件生产线而言,规划工作较为简单。主要设备包括自动制孔设备,自动铆接设备,数字化测量设备,油箱清洗设备,密封检漏设备,各种试验用试验台、电源车、油泵车,吊装运输的吊车和地面运输装置等。

① 钻铆设备。钻铆设备的配备应根据飞机结构特点、质量要求和产品产量综合考虑。首先要确定在哪些装配部位需要采用自动制孔或自动钻铆,然后选择钻铆设备。一般壁板组件可选用带自动托架的 C 形或环框形钻铆设备,翼面类部件可选用五坐标机床式钻铆设备,小型机身部件可选用机器人钻铆设备。为了提高生产效率、稳定产品质量,在批量生产中钻铆设

备通常都专用于某个装配部位。如果选择大型固定式钻铆设备作为通用设备,用于不同的装配件的钻铆,应考虑其对不同装配部件的适用性,根据产量分析设备的利用率,工位设置应以几个组件运输的最短路径为原则,可与地面运输设备统一规划,形成一条以自动钻铆为核心、几个组件装配为一体的专用生产线。

② 油箱清洗设备。飞机油箱装配后必须对油箱进行清洗,以达到清洁度要求。为此在厂房规划时要考虑采用哪种方式进行油箱清洗,可选择地面泵站或清洗油车。地面泵站方式,油箱比较大,清洗工位固定,可长时间连续工作;清洗油车使用方便、灵活,工位可以调整,但油箱较小,不能长时间连续工作。

③ 数字化测量设备。数字化测量设备是装配生产线的必备设备,针对装配过程的不同测量需求,一般需配备激光跟踪仪、照相或激光扫描等测量设备。

④ 运输设备。大型产品零部件在各装配工位之间的周转需要有运输设备,一般选择空中吊运的吊车或地面移动的运输装置。选择空中吊运方式时,厂房的高度要适宜,应充分考虑吊具的尺寸,保证有足够的高度空间,满足产品在空中行走的要求。吊车的运输方式简单灵活,适用范围广。现代装配生产线地面运输一般选用电动驱动运输装置或气垫运输装置。电动驱动运输装置体积小、承载力大,可以前后运动和左右运动,运动方式灵活,不需要大的转弯移动空间,是在工业产品生产转运、仓储物流、设备安装等行业广泛应用的重载搬运设备。气垫运输装置是一种结构简单、使用灵活方便的运输装置。这种装置特别适用于不能承受振动、对平稳性要求很高的精密设备的搬运。气垫运输装置运动所需的驱动力小,比较省力,但对厂房地面的平整度要求较高。

3. 精益物流规划

精益物流是保障生产线顺利运转的重要环节,物流配送需将准备好的完全成套件,按指定的架次、在指定的时间、按照规定的路线送到指定的地点,保证装配工作有序地进行。物流包括两个层次,第一个层次主要指企业内部物流,尤其是与装配生产线相关的物流配送和管理;第二个层次是企业外部的物流,涉及产品组成零组件的供应商,以供应链为基础。

企业内部物流是伴随着装配生产过程而产生的。面向飞机装配生产线的生产现场物流配送需要结合飞机的装配流程、产品特征、生产线布局,充分考虑到物流通道和配送手段,尽量减少传送、等待的时间,降低仓库、生产线的库存。尤其是飞机零组件/大部件体积大、占用空间大、运送不方便,对物流通道和配送手段都提出了更高的要求。

在主制造商—供应商的制造模式下,企业外部物流的保障对于装配生产线的连续运转尤为重要。企业外部物流要整合供应链资源,加强对供应商的管理,提高零部件质量,统一信息、技术、设备、操作标准,建立供应商到货时间窗口,提高到货的准确性,确保供应商快速、高质量地安全供货。

自动化生产线的建设目标是实现物流的准时化配送。为达到这一目标,开发了物料配送管理模块,实现对物料入库和出库信息的采集,并录入核心装配数据库。待开工计划制订完成后,根据待开工 AO 指令信息,从数据集成平台的核心装配数据库中搜索相关的待配送物料,自动生成物料配送计划并下达到相关的仓储管理部门和工人班组,实现对零部件及成品的准时化配送。

(1) 数据采集与管理

利用电子扫描、DCT(数据采集终端)、Barcode(条形码)或 RFID 芯片存储等自动化数据采集手段,实时获取物流过程和 AO 指令分配、物料与品质信息,建立完整的制造信息数据库及生产控制、品质管理平台,透明化生产线的执行流程,满足生产过程的全面追溯及实时控制需要,并通过 SPC(统计过程控制)等分析工具不断改善产品品质,提升竞争力。

① 建立统一、完善的编码规则,对生产线 AO 指令以及所需零件、部件、成品、物料、工装、仪器、设备、工具等进行编码,使每一个对象都有唯一的编码,便于对装配到飞机上的零部件和成品进行追溯。

② 对零件、部件及成品的入库、出库以及装配状态进行实时的数据采集,实现对其状态的透明化显示。

③ 利用条码实现对现场工人的派工,便于工人直接基于条码搜索对应的 AO 指令及相关装配信息(装配可视化演示、待安装零部件及成品件清单、使用工具或仪器)等。

(2) 生产调度管理

建立生产线各站位装配操作的 AO 指令业务模型,并为各站位建立生产计划模板,使操作人员根据模板快速拟定每架次飞机从上线到下线的总体装配计划,即细化到每天需完成的 AO 指令;并且在制定生产计划过程中,系统根据 AO 指令的业务模型,自动基于待开工 AO 指令统计一个生产周期内零部件及成品的库存情况和缺件情况。

由于受现场实际完工状态和缺件情况的影响,AO 指令不可能完全按照计划执行,因而系统需要根据实际情况自动排出现场可开工的 AO 指令以及已经满足开工的工艺条件。对于缺件而无法执行的 AO 指令,由操作人员修改生产计划,或者根据缺件情况保留工序到下一站位安装。

建立现场生产计划及生产执行状态的可视化看板,根据现场的实际情况,动态反馈各个 AO 指令的执行状态信息和统计分析结果。

(3) 工业级核心装配数据库

建立工业级核心装配数据库应包括以下方面:

① 建立产品 AO 指令数据库。对生产线中的装配工作编制 AO 指令,指令包含装配工艺过程文字描述、装配工艺动画演示、相关检验数据和指标,以及装配所需零件、部件、成品、工具、物料、设备、工装、人员等信息;AO 指令要依照指令执行的前后继承关系,分站位、分块管理。

② 建立总装所需零件、部件、成品数据库。记录所有零部件、成品的相关信息及其与 AO 指令的对应关系。库中包含静态信息和动态信息,静态信息记录零部件及成品的类型、存放地点、相关供货厂商以及与 AO 指令的对应关系(双向关联);动态信息记录对应装配完成架次飞机所使用的零部件及成品等信息,包含编号、来源、批次、生产日期及装配完成日期等。

③ 建立装配线人力资源数据库。包含工人、工艺、检验、军代表等,工人以班组进行分类,与 AO 指令建立关联关系,可以根据 AO 指令找到对应的装配班组,亦可根据工人信息找到相关的 AO 指令,工艺、检验及军代表同上。

④ 建立装配过程管理数据库。记录装配过程数据,主要是各 AO 指令完成后检验所测数据,同时具备电子存档功能,即在记录数据的同时,生成电子存档数据(不可修改,最好以 PDF 格式生成档案)。包含信息有:AO 指令中所记录的技术指标;所使用零部件、成品的型号、批次、厂家、生产时间;装配开始时间和指令封闭时间;装配人员、指导工艺、检验和军代表。

⑤ 建立工装、仪器、设备、工具等数据库。记录工装、仪器、设备、工具等的产品型号、生产厂家、检验周期、检验时间、检验档案、管理部门、维护部门等相关信息,特别针对需要检验的仪器和工装,根据上次的检验时间,对于近期需要检验的,在相关管理人员登录系统后系统自动

给出提示,包括送检时间、送检部门等。

（4）物流运输装备

在飞机装配生产线上的物流环节主要包括小型零件的配送、大部件的搬运、整机的移动。针对小型零件的配送,可以依靠小型推车等人工的手段来实现;而大部件的搬运、整机在生产线上的移动,在大型飞机的装配生产上就成为了一个非常重要的环节。大部件的运输手段主要有吊运、车运两大类;在吊运方面有单钩吊车、多钩同步吊车两大类;车运方面有传统的牵引车、人工推车、智能化运输装备三大类;智能化运输装备分为无人搬运车（AGV）智能运输装备、大吨位全向运输装备。

目前,国外先进的飞机装配生产线已广泛应用了 AGV 智能运输装备、气垫运输装备、大型液压全向运输装备等智能运输装备。在飞机模拟量生产阶段,装配生产对飞机零部件搬运的位置精度没有严格的要求,搬运仅仅是将部件运输到需要装配的位置,在这一阶段,飞机生产的物流装备主要利用吊车、人工推车、牵引车等来实现飞机零件或者部件的运输;而在数字化装配生产阶段,尤其是大型飞机的数字化生产线上,由于飞机零件或部件的重量较大,对零件进入生产线的定位要求要满足数字化装配的需求,定位精度要求较高,而不是简单的搬运,这时依靠人工或者吊运的手段就不能实现物流的需求,因此就需要能够满足高精度定位需求且运输能力较强的智能化运输装备。

① 传统物流运输装备。传统物流运输装备一般由车架、轮子、导向机构、产品安装座（或托架）、调整机构等组成,包括零部件运输车、成品运输车等,如图 6-75 所示。

② AGV 智能运输装备。AGV 智能运输装备是指具有循迹功能,能高精度定位的一种搬运装备,如图 6-76 所示,可以人工遥控实现全方位运行,也可以沿固定路线自动循迹运行,具有完备的安全员保护措施,可自动识别运输路线上的障碍物。在飞机数字化装配生产线上,由于部件装配站位和对接站位之间路线相对固定,装配厂房环境复杂,对接站位对部件运输到位精度要求较高,因此,此类运输装备用于较大部件从装配站位到对接站位的运输非常适合,既提高了运输速度、运输精度及安全性,又大大减轻了工人的劳动强度。该智能运输装备还可以进行群控,即多台智能运输装备位于同一厂房,配置中央调度系统,对装备的任务进行管理,实现无人物流运输。目前,该类运输装备已在国外先进的飞机数字化装配生产线上广泛应用。

图 6-75　传统物流运输装备

图 6-76　AGV 智能运输装备

③大吨位全向运输装备。大型飞机数字化装配生产线上存在较多的大部件搬运,常采用吊车或拖车进行运输。由于生产厂房内环境复杂,而这些部件的体积、重量均较大,传统的运输方式安全性、可达性都受到较大限制,尤其在厂房之间搬运成为很大难题。大吨位全向运输装备是指运输能力在 30 t 以上,具有横移、原地回转及汽车模式等多种运行模式的运输装备,如图 6-77 所示。该装备还可配备辅助循迹系统,在运行时对运输装备的位置进行监控及操作提示,能够适应厂房内复杂环境的运输,同时又能实现厂房之间的部件搬运,且有着较为精确的定位精度,操作快速、安全。如大型飞机的全机身运输、整机翼运输,就采用了该运输装备。

图 6-77 大吨位全向运输装备

6.6.3 总装自动化生产线

1. 移动装配生产线

总装移动装配生产线是飞机装配的先进生产模式之一。在飞机总装阶段,基准部件(机身)沿着流水线移动,其他部件则在总装的不同阶段进入装配。各系统、设备、附件等也在各个不同的阶段安装到飞机结构上,并进行调整和试验,最后总装出整架飞机。在整个装配过程中,飞机始终以平稳的速度移动,便于评估生产状况进而减少生产过程中的库存。移动总装配生产线具有以下优点:

① 提高生产效率、缩短生产周期;

② 减少总装厂房占用面积,提高装配车间单位面积利用率;

③ 改善装配现场的工作环境,使作业标准化,更易保证质量和生产安全;

④ 对整个企业和整个飞机生产供应链起到规范和带动作用。

波音公司于 1999 年建成 B737 总装移动生产线。该生产线以 2 in/min(50.8 mm/min)的稳定速度将飞机从一个装配站移动到下一个装配站,总装时间由 22 天减少到 11 天,生产周期缩短 50%,产品存货降低 50%,储备存货降低 59%。美国洛克希德·马丁公司的 F-35 总装采用脉动装配线模式,装配线上仅有 120 名工人,每架飞机在装配线上以 1.22 m/h 的速度前移,不仅可以提高生产率,节省装配空间,而且在整个项目寿命期内可节省成本 3 亿美元。B737、F-35 总装脉动生产线如图 6-78 所示。

移动装配生产线是一种流水线装配方式,要求零组件标准化、模块化,并且互换性好;工序、工步分解精细,节拍一致性好;工人工作分工细致,操作动作标准化、规范化;物料配送准确,在预定的时间点必须将标准件、成品等配套完整送达;生产组织管理严谨,出现问题必须立即解决。这种装配方式效率高,但专用设施投资大、生产节拍与流程管控技术要求高。

图 6 - 78　B737、F - 35 总装脉动生产线

2. 脉动装配生产线

另一种先进的飞机总装配生产模式是脉动装配线,其将飞机总装配分成多个站位,按站位组织装配。飞机在运送到站位位置后静止停放,在一定时间(装配节拍或间歇时间)内完成装配任务后,再通过相关运输设备(如 AGV、智能运输线等)移动到下一个站位。

脉动装配线是一种不完全的移动装配线,重点强调站位工序平衡。其将全部装配工作按照工序和工时划分成用时相等的多个装配工位,被装配对象进入一个工位就停顿下来,完成该工位所有装配工作,然后移动到下一个工位再停顿下来进行新的装配工作,依次完成各个工位的装配工作后最终完成全部装配。脉动装配线是飞机装配深入推行精益生产理念的成果,已成为现代飞机生产的新模式,世界各大航空制造企业竞相采用。

B787 总装配采用了脉动式装配线,总装车间分为零号、一号、二号、三号及四号共 5 个工作区,如图 6 - 79、图 6 - 80、图 6 - 81 所示。为了适应总装脉动生产模式,波音对大部件进行了模块化设计制造,即在交付总装之前,各部件已基本完成线缆、管路等安装,形成模块化的部件结构。这样既可减少原来安装线缆、管路所需的传统工装,也为脉动式生产线的构建、物料自动配送系统的实施等提供了条件。

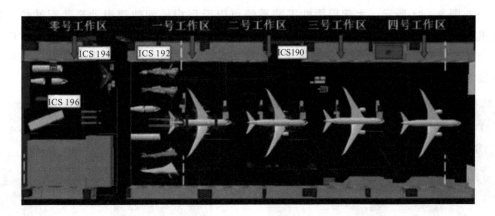

图 6 - 79　B787 总装配线工作分区

图 6-80　B787 总装脉动生产线

图 6-81　不同工作区的分界

① 零号工作区。完成机翼部件(如翼梢小翼、襟翼、副翼、前缘等)的安装及运动测试等工作,形成机翼整体部件;完成尾椎和水平尾翼的预装配。图 6-82 所示为 B787 总装零号工作区。

图 6-82　B787 总装零号工作区

② 一号工作区。完成前机身、中机身、后机身、左右机翼、尾段 6 大部件的对接装配,如图 6-83、图 6-84 所示。大部段柔性工装系统可以沿厂房地面轨道滑动至装配站位。借助激光跟踪仪等数字化测量设备,先定位中机身,然后前机身、后机身以及左右机翼同时以中机身作为基准进行调姿定位,最后安装垂尾和水平安定面。各部段连接采用了柔性导轨自动钻孔连接设备。当大部件对接完成后,工装与机体一起沿轨道移动到二号工作区。

图 6-83　B787 机身对接

图 6-84　B787 机翼与机身对接

③ 二号工作区。完成主起落架(见图 6-85)、发动机(见图 6-86)、地板、绝缘毯、次结构件等的安装;完成各部件内的管路、电缆、液压及环控系统等的安装收尾工作(交付时大部分已完成,如图 6-87 所示)。二号工作区飞机位置升高了 64 in(162.56 cm),以便安装主起落架,发动机等。

图 6-85　安装主起落架

图 6-86　发动机的安装

图 6-87　前机身交付时内部的各系统电缆、管路已预先安装

④ 三号工作区。三号装配站位如图 6-88 所示,在此进行隔热毯、洗手间、座椅、行李架等内饰安装;安装辅助动力系统装置(见图 6-89)并进行初步试验。

图 6-88　三号装配站位

图 6-89　辅助动力装置系统的安装

⑤ 四号工作区。完成各类测试工作,包括液压系统测试、航空电子试验、飞行控制试验、起落架收放测试等,如图 6-90 所示。各测试系统都在地面以下空间进行工作,地面以上的装配工作显得清晰有序。当装配好的飞机由四号工作区移动到喷漆车间(见图 6-91)时,总装生产线就有一次脉动。

图 6 - 90　B787 总装四号工作区

图 6 - 91　B787 客机喷漆

习　　题

1. 简述基于 MBD 的装配工艺规划的主要工作。
2. 阐述基于数字量传递的互换协调方法的内涵。
3. 阐述三维几何装配容差分析的过程。
4. 阐述柔性工装的构成、工作原理及典型应用形式。
5. 阐述飞机装配测量的类型,并列举常用数字化测量设备。
6. 阐述双机器人自动钻铆的工作原理。
7. 简述如何对装配产线作业能力进行平衡优化。
8. 阐述装配产线的工艺布局划分方法。
9. 阐述移动装配线和脉动装配线的工作原理。
10. 阐述 B787 总装脉动生产线的工作区划分及相应工作内容。

参考文献

[1] 范玉青. 大型飞机数字化制造工程[M]. 北京:航空工业出版社,2011.

[2] 卢鹄,肖清明,李汝鹏,等. C919 大型客机的协同数字化工艺设计[J]. 航空制造技术,2011 (13):26-30.

[3] 王亮. 飞机数字化装配柔性工装技术及系统研究[D]. 北京:北京航空航天大学,2010.

[4] 武锋锋. 机身部件数字化柔性装配关键技术及系统研究[D]. 北京:北京航空航天大学,2016.

[5] 翟雨农. 翼面类复合材料壁板装配连接理论及应力分析方法研究[D]. 北京:北京航空航天大学,2017.

[6] 冯子明. 飞机数字化装配技术[M]. 北京:航空工业出版社,2015.

[7] 柯映林,朱伟东,王青. 飞机数字化装配技术及装备[M]. 北京:科学出版社,2022.

[8] Falgarone F H, Thiébaut F, Coloos J, et al. Variation Simulation During Assembly of Non-rigid Components. Realistic Assembly Simulation with ANATOLEFLEX Software [J]. Procedia CIRP, 2016, 43:202-207.

[9] Söderberg R, Wärmefjord K, Lindkvist L. Variation simulation of stress during assem-

bly of composite parts[J]. CIRP Annals，2015，64(1)：17-20.

[10] 郭飞燕,刘检华,邹方,等.数字孪生驱动的装配工艺设计现状及关键实现技术研究[J]. 机械工程学报,2019,55(17):110-132.

[11] 李东升,翟雨农,李小强.飞机复合材料结构少无应力装配方法研究与应用进展[J].航空 制造技术,2017(9):30-34.

[12] 杨应科,李东升,沈立恒,等.大型复合材料机身壁板多机器人协同装配调姿控形方法 [J].航空学报,2023,44(14):295-306.

[13] Jamshidi J，Kayani A，Iravani P，et al. Manufacturing and assembly automation by integrated metrology systems for aircraft wing fabrication[J]. Journal of Engineering Manufacture, 2010, 224(1)：25-36.

[14] 雷沛,夏凤琴,孙海龙,等.面向飞机大部件的密封胶自动涂覆机器人系统研究[J].航空 制造技术,2023,66(12):59-67.

[15] Kihlman H，Ossbahr G，Engström M，et al. Low-cost automation for aircraft assembly [R]. SAE Technical Papers，2004.

[16] Jonsson M，Ossbahr G. Aspects of reconfigurable and flexible fixtures[J]. Production Engineering，2010，4(4)：333-339.

[17] Millar A，Kihlman H. Reconfigurable flexible tooling for aerospace wing assembly [R]. SAE Technical Paper 2009-01-3243，2009.

[18] Hempstead B，Thayer B，Williams S. Composite Automatic Wing Drilling Equipment (CAWDE)[R]. SAE Technical Paper 2006-01-3162，2006.

[19] Thompson P，Hartmann J，Ed Feikert，et al. Flex Track for use in Production[R]. SAE Technical Paper 2005-01-3318，2005.

[20] Calawa R，Smith S，Moore I，et al. HAWDE Five Axis Wing Surface Drilling Machine [R]. SAE Technical Paper 2004-01-2806，2004.

[21] Hogan S，Hartmann J，Thayer B，et al. Automated Wing Drilling System for the A380-GRAWDE[R]. SAE Technical Paper 2003-01-2940，2003.

[22] Chouvion B，Popov A，Ratchev S，et al. Interface Management in Wing-Box Assembly [R]. SAE Technical Papers 2011-01-2640，2011.

[23] 许国康.飞机总装移动生产线技术[J].航空制造技术,2008,20:40-43.

[24] 李西宁,支劲伟,蒋博,等.飞机总装数字化脉动生产线技术[J].航空制造技术,2016, (10):48-51.